Festigkeitseigenschaften

und

Gefügebilder

der

Konstruktionsmaterialien.

Von

Dr.-Ing. C. Bach und R. Baumann,
Professoren an der Technischen Hochschule Stuttgart.

Zweite, stark vermehrte Auflage.

Mit 936 Figuren.

Berlin.

Verlag von Julius Springer.

1921.

ISBN-13:978-3-642-89267-7   e-ISBN-13:978-3-642-91123-1
DOI: 10.1007/978-3-642-91123-1

Vorwort zur ersten Auflage.

Der mitten in der ausführenden Technik stehende Ingenieur empfindet in fortgesetzt steigendem Maße das Bedürfnis, sich möglichst rasch über das Tatsachenmaterial zu unterrichten, das auf dem Gebiet der Elastizität und Festigkeit der Konstruktionsmaterialien vorhanden ist und als ausreichend zuverlässig gelten kann. In den Darlegungen eines Lehrbuches der Elastizität und Festigkeit ist dieses Material naturgemäß nur zu einem kleinen Bruchteil vorhanden und hier meist auch nicht derart angeordnet, wie es die rasche Befriedigung des erwähnten Bedürfnisses erfordert. Diese Sachlage veranlaßte zur Herausgabe der vorliegenden Zusammenstellung, die den bezeichneten Stoff unter ausgiebiger Verwendung von Gefügebildern nebst den dazugehörigen Erläuterungen in gedrängter und übersichtlicher Form enthält, soweit er in der Materialprüfungsanstalt Stuttgart in den reichlich drei Jahrzehnten ihres Bestehens gewonnen worden ist.

Dem Charakter der Zusammenstellung entsprechend erschien es angezeigt, alles das, was als Allgemeingut gelten kann, als bekannt vorauszusetzen, auch auf Literatur nur insoweit zu verweisen, als geboten war, um dem Leser zu ermöglichen, weitergehende Darlegungen in bezug auf das angeführte Versuchsmaterial nachzuschlagen.

Die Arbeit, die zu Anfang des Jahres 1914 begonnen worden war, beansprucht, im Sinne des eingangs Bemerkten, nur ein Beitrag zu sein, über dessen Wert die Fachgenossen zu urteilen haben werden; mir erschien das Material ausreichend wertvoll, der Öffentlichkeit bekannt gegeben zu werden und es nicht in den Prüfungsakten vergraben liegen zu lassen. Die Zusammenstellung kann unter diesen Umständen keine vollständige sein; ebenso haften ihr Unvollkommenheiten an. Jede unmittelbare Mitteilung, die geeignet ist, Mängel zu beseitigen, wird deshalb mit Dank entgegengenommen werden.

Bei meiner großen Inanspruchnahme durch andere Tätigkeit hatte Herr Professor R. Baumann die Hauptarbeit zu leisten, die ihm übrigens als Vertreter der Metallographie auch sachlich zufiel.

Die Natur der Aufgabe brachte es mit sich, daß früher schon Veröffentlichtes heranzuziehen war.

Stuttgart, im Oktober 1914.

C. Bach.

Vorwort zur zweiten Auflage.

Die zweite Auflage enthält zahlreiche Ergänzungen sowohl durch Erweiterung der früheren Angaben als auch durch Aufnahme neuer Versuchsergebnisse. Sie sind in dem Umfange aufgenommen worden als es möglich war und die Rücksicht auf die hohen Herstellungskosten gestattete. Die Zahl der Figuren ist von 710 auf 936, die der Textseiten von 151 auf 190 gestiegen.

Wie bereits im Vorwort zur ersten Auflage ausgesprochen, wird jede Mitteilung, die geeignet ist, Mängel zu beseitigen, mit Dank entgegengenommen werden.

Stuttgart, im März 1920.

C. Bach.   R. Baumann.

Inhaltsverzeichnis.

Einleitung.

Versuche, die bei der mechanischen Prüfung durchgeführt zu werden pflegen.

I. **Zugversuch** bei gewöhnlicher und höherer Temperatur.
   a) Ermittlung der Dehnungszahl α, des reziproken Wertes des Elastizitätsmodul E[1]), vgl. S. 4 und 5.
   b) Ermittlung der Proportionalitätsgrenze[1]) σ_p kg/qcm der federnden oder gesamten Dehnungen vgl. d) sowie S. 5.
   c) Ermittlung der Elastizitätsgrenze[2]) σ_e kg/qcm; Begriff unsicher; als Kennzeichen wird nach heutigem Stande seitens der Industrie in der Mehrzahl der Fälle eine bleibende Dehnung von $0{,}03\,^0/_0$ (Fried. Krupp A-.G.) angesehen.
   d) Ermittlung der (oberen und unteren) Streckgrenze[3]) σ_s kg/qcm, d. h. der Zugspannung, bei der das Material verhältnismäßig rasch nachzugeben beginnt, ohne daß Zerstörung eintritt; Begriff nur ausreichend sicher bei Material mit ausgeprägter Streckgrenze wie z. B. Flußeisen: Sinken der Wage, Auftreten von Streckfiguren s. S. 10. Bei anderen Metallen wird als Kennzeichen angesehen eine bleibende Dehnung von $0{,}2\,^0/_0$ (Kriegsmarine, Eisenbahnverwaltungen) oder $0{,}5\,^0/_0$ (Internationaler Verband für die Materialprüfungen der Technik). Die Streckgrenze wird nicht selten mit der Elastizitätsgrenze verwechselt oder auch — fälschlich — Elastizitätsgrenze genannt. In Einzelfällen ist Verwechslung mit der Proportionalitätsgrenze σ_p, d. i. die Spannung bis zu der die Dehnungen den Spannungen proportional sind, zu beobachten. Vgl. auch die Bemerkungen zu Fig. 5, S. 6, sowie Figur 760, S. 140.
   e) Ermittlung der Zugfestigkeit[3]) K_z kg/qcm.
   f) Ermittlung des Arbeitsvermögens[3]) A mkg/ccm (in Fig. 5 durch Strichelung hervorgehobene Fläche der Dehnungslinie bis zur Höchstlast); wird als ein Maß der Zähigkeit angesehen.
   g) Ermittlung der Bruchdehnung[4]) $\varphi\,^0/_0$; gilt als Maß der Zähigkeit; Meßlänge $l = 11{,}3\,\sqrt{f}$, vgl. S. 6, Fußbemerkung 3 sowie S. 190, Fußbemerkung.
   h) Ermittlung der Querschnittsverminderung[3]) $\psi\,^0/_0$; ist als Zähigkeitsmaß mehr als berechtigt außer Gebrauch gekommen.
II. **Druckversuch**[5]) bei gewöhnlicher und bei höherer Temperatur.
   Ermittlungen a) bis d) wie unter I. Zu unterscheiden sind die Würfelfestigkeit, ermittelt an Würfeln, und die Säulenfestigkeit, bestimmt an

---

[1]) Näheres s. z. B. C. Bach, Elastizität und Festigkeit, §§ 2 und 8.
[2]) „ „ „ „ „ „ „ „ § 4.
[3]) „ „ „ „ „ „ „ „ §§ 3, 9, 10.
[4]) „ „ „ „ „ „ „ „ § 8.
[5]) „ „ „ „ „ „ „ „ §§ 11 bis 15; Knickung §§ 23 bis 26.

Prismen von größerer Höhe[1]). Letztere ist um etwa $^1/_5$ kleiner als die erstere. Meist pflegt die Würfelfestigkeit angegeben zu werden. Vgl. auch das S. 6, 8 Bemerkte sowie S. 14, 158, 170, bei zähem Material tritt meist σ_s (Quetschgrenze) an die Stelle von K; die Größe pflegt sich nicht wesentlich von der Streckgrenze des Zugversuchs mit demselben Material zu unterscheiden. Über das Verhalten von Hohlzylindern (Wellenbildung) vgl. Fig. 8, 53.

III. **Biegungsversuch**[2]) bei gewöhnlicher und bei höherer Temperatur.

Ermittlungen a) bis d) wie unter I. Bestimmung der Biegungsfestigkeit K_b, nur bei sprödem Material möglich, vgl. die Bemerkungen zu Fig. 4, S. 5 sowie S. 86, 124. Ermittlung der Durchbiegung und des Biegungswinkels bis zum Bruch als Maß der Zähigkeit. Technologische Biegeproben im Einlieferungszustand, bei 200° C, bei Rotglut, nach vorausgegangener Härtung usf. Hin- und Herbiegeprobe bei Draht, dünnen Blechen usf.: Ermittlung der Zahl der Biegungen um je 90° und zurück in die Gerade, um 90° nach der anderen Seite usf., die das Stück aushält, bis es bricht.

IV. **Drehungsversuch.**[3])

a) Ermittlung der Schubzahl β, die sich meist zu etwa $2,5\alpha$ bis $2,7\alpha$ ergibt Ermittlungen b) bis d) wie unter I.

e) Bei Ermittlung der Drehungsfestigkeit nach den üblichen Gleichungen ist der Abweichung der Dehnungslinie von der Geraden Rechnung zu tragen, vgl. die Bemerkungen zu Fig. 7. Bei Hohlkörpern liegen die Verhältnisse ähnlich wie bei Druckbeanspruchung (Wellenbildung[4]).

f) Bei Ermittlung des Arbeitsvermögens A_d ist dem Umstand Beachtung zu schenken, daß eine örtliche Einschnürung nicht eintritt, vgl. S. 7, Fig. 7.

g) Ermittlung der Anzahl der Verdrehungen bis zum Bruch auf eine bestimmte Länge.

V. **Schlagversuch,** Kerbschlagprobe (vgl. S. 8, 16 und 18).

VI. **Kugeldruckprobe** (nach Brinell) als Härteprüfung, vgl. S. 35, Fußbemerkung 1.

---

[1]) Näheres s. z. B. C. Bach, Elastizität und Festigkeit, § 13, wo auch der Einfluß nur teilweiser Belastung der Druckflächen auf die berechnete Druckfestigkeit behandelt ist, sowie Zeitschrift des Vereines deutscher Ingenieure 1913, S. 1969 f. und Deutsche Bauzeitung, Mitt. über Zement, Beton- und Eisenbetonbau, 1914, S. 33 f.

[2]) Näheres s. z. B. C. Bach, Elastizität und Festigkeit, § 22.

[3]) „   „ „ „   „   „   „   § 32 bis 36.

[4]) „   „ „ „   „   „   „   „   § 35 (8. Aufl.)

Vorbemerkung.

Für die Zeichnungen, die das Verhalten des Materials beurteilen lassen, sind mit seltenen Ausnahmen in gleichartigen Figuren stets gleiche Maßstäbe gewählt, so daß sie untereinander verglichen werden können (z. B. 1000 kg/qcm Spannung = 1 cm, bei Elastizitätsversuchen = 2 cm; $0{,}1\,^0/_0$ Dehnung bei Elastizitätsversuchen und $10^0/_0$ Dehnung bei Zerreißversuchen = 2 cm; 100^0 C = 1 cm).

In die Figuren sind die beobachteten Werte eingeschrieben (vgl. Fußbemerkung 3, S. 5), so daß Zahlentafeln nach Möglichkeit vermieden werden konnten.

Angaben über die Vorbereitung von Probestücken für die metallographische Untersuchung, sowie über die Gefügebestandteile bei Eisen und Stahl sind im Anhang enthalten. Die Gefügebilder sind von geätzten Schliffen hergestellt (vgl. Anhang), sofern nichts anderes angegeben ist. Jedes Gefügebild enthält einen Maßpfeil, der die Vergrößerung kennzeichnet. Diese, ebenfalls angegeben und mit V bezeichnet, wurde nach Möglichkeit einheitlich gewählt (150-, 75-, 7,5fach); in Sonderfällen mußte hiervon abgewichen werden.

Eine kurze Übersicht über die Metallographie des Flußeisens findet sich in der Arbeit „Kurze Einführung in die Metallographie von Kesselblechen", die in Heft 83/84 der Mitteilungen über Forschungsarbeiten, herausgegeben vom Verein deutscher Ingenieure, sowie in der Zeitschrift des Bayerischen Revisionsvereins 1910 erschienen ist.

Die Schrift „Über das Vergüten von Eisen und Stahl", Stuttgart 1917 (von R. Baumann), behandelt die Vorgänge, die sich beim Härten und Vergüten abspielen; in ihr ist auf die Abbildungen des vorliegenden Buches Bezug genommen, sie bildet eine Ergänzung desselben. Deshalb waren die Figurennummern der 1. Auflage auch in der vorliegenden 2. Auflage anzuführen, was dadurch geschah, daß sie in Klammern gesetzt wurden.

Zur Betrachtung der wiedergegebenen Stereoskopbilder, welche Bruchflächen usf. weit deutlicher zeigen als Einzelbilder, können, falls besondere Stereoskope nicht vorhanden sind, gewöhnliche Operngläser verwendet werden, deren Okulare herausgeschraubt wurden.

Prüfungsergebnisse.

I. Flußeisen, Flußstahl.

A. Material der im Handel üblichen Beschaffenheit.

Das im Maschinenbau zur Verwendung gelangende Flußeisen soll in der Regel keine geringere Zugfestigkeit als 3400 kg/qcm besitzen.

Flußeisen geringerer Zugfestigkeit pflegt sich als weniger zäh zu erweisen. So erhielten z. B. zahlreiche Kesselbleche mit $K_z < 3400$ kg/qcm im Betrieb Risse. Doch kann für Sonderzwecke bei besonders sorgfältiger Herstellung und Behandlung

(Glühen) auch Flußeisen von großer Güte mit sehr geringer Zugfestigkeit erzeugt werden. Versuche mit 0,5 mm dicken Dynamoblechen ergaben z. B.

$$K_z = 2436 \qquad 2316 \qquad 2532 \text{ kg/qcm}$$
$$\varphi = 18,0 \qquad 23,5 \qquad 25,0 \quad {}^0/_0$$

Auch als Ersatz für Kupfer wird in neuerer Zeit Weicheisen erzeugt, das ähnliche Werte der Zugfestigkeit und sogar höhere Bruchdehnung aufweist (vgl. auch S. 44).

Material mit $K_z \gtrless 5000$ kg/qcm (im ausgeglühten Zustand) ist nach den Vereinbarungen des Deutschen Verbandes für die Materialprüfungen der Technik als Stahl zu bezeichnen.

Im Handel pflegt das Flußeisen in „Härte"-Klassen eingeteilt und nach Nummern bezeichnet zu werden. Da durch die Bezeichnung „hart" der Eindruck ungenügender Zähigkeit wachgerufen werden kann, was nicht beabsichtigt ist, sind im folgenden nur die Nummern angeführt. Es pflegt zu besitzen

Flußeisen   I $K_z = 3400$ bis 4200, im Durchschnitt 3800 kg/qcm,
„   III $K_z = 4500$ „   5500, „   „   5000   „
„   V $K_z = 6000$ „   7500, „   „   6500   „

„Maschinenstahl" hat meist ähnliche Eigenschaften wie das „Flußeisen III".

Spezifisches Gewicht: γ durchschnittlich je $= 7,85$.

Ausdehnung durch die Wärme: $\alpha_w = 1 : 80000 = 12,5$ Milliontel, genauer:

Flußeisen I:
$$\alpha_w = 11,475 + 0,0053\, t \text{ Milliontel} \quad (t = 0 \text{ bis } 500^0 \text{ C, Dittenberger 1902)[1][2]},$$
$$\alpha_w = 11,54 \; + 0,0067\, t \qquad \text{„} \qquad (t = 20 \text{ bis } 400^0 \text{ C, Stribeck 1911)[2]},$$

Flußeisen V:
$$\alpha_w = 11,181 + 0,00526\, t \qquad \text{„} \qquad (t = 0 \text{ bis } 500^0 \text{ C, nach Dittenberger 1902)[1]}.$$

Flußeisen I.

Figur 1 und 2, gewonnen aus Zugversuchen mit zwei verschiedenen Stäben aus Flußeisen I. Trennung der gesamten und der bleibenden Dehnungen, deren Unterschied die Federung darstellt, durch wiederholten Belastungswechsel[3]). Näheres s. C. Bach, Elastizität und Festigkeit, insbesondere § 4 und § 8. Die Dehnungszahl α oder ihr reziproker Wert, der Elastizitätsmodul E, sollte, sofern nicht besondere Gründe vorliegen, stets aus der Federung berechnet werden, was auch heute noch häufig übersehen wird, weshalb das folgende Beispiel angeführt werde. Nach Figur 1 ist auf der Spannungsstufe 506/2025 kg/qcm die gesamte Verlängerung auf $l = 10$ cm

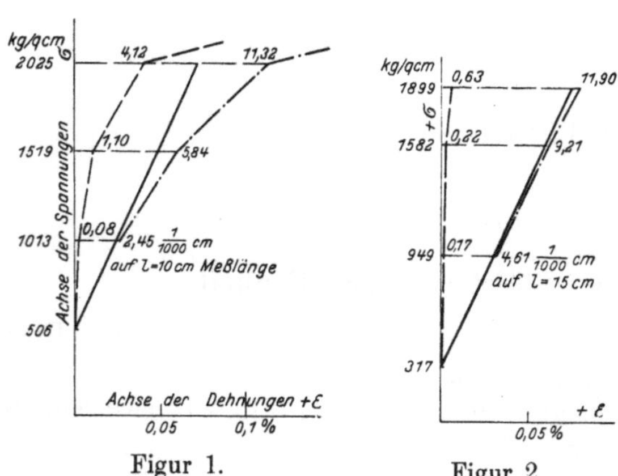

Figur 1.   Figur 2.

11,32, die bleibende 4,12. somit die federnde $11,32 - 4,12 = 7,20 \dfrac{1}{1000}$ cm. Somit

---

[1]) Näheres s. Zeitschrift des Vereines deutscher Ingenieure 1902, S. 1536 oder Mitteilungen über Forschungsarbeiten Heft 9.

[2]) C. Bach, Die Maschinenelemente, XII. Aufl., S. 126. Die Größe ist in Millionteln angegeben, was übersichtlicher erscheint und überdies den unmittelbaren Vergleich mit der Dehnungszahl für die elastische Formänderung ermöglicht.

$$\alpha_{fed} = \frac{7{,}20}{(2025 - 506)\,1000\cdot 10} = \frac{1}{2\,110\,000} = 0{,}475 \text{ Milliontel,}$$

$$\alpha_{ges} = \frac{11{,}32}{(2025 - 506)\,1000\cdot 10} = \frac{1}{1\,340\,000} = 0{,}747 \qquad \text{„}$$

Der durch letztere Rechnung (gesamte Verlängerungen statt der Federung zur Ermittlung der Dehnungszahl) begangene Fehler beträgt $100\cdot(11{,}32 - 7{,}2):7{,}2 = 57^0/_0$! In der Regel wird der Fehler allerdings weit geringer ausfallen, bei dem gemäß

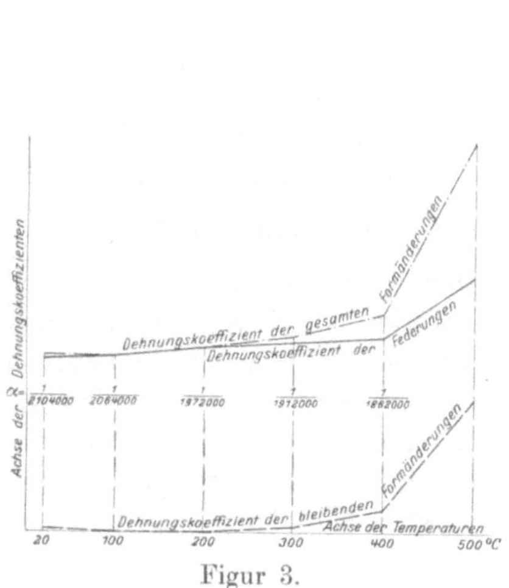

Figur 3.

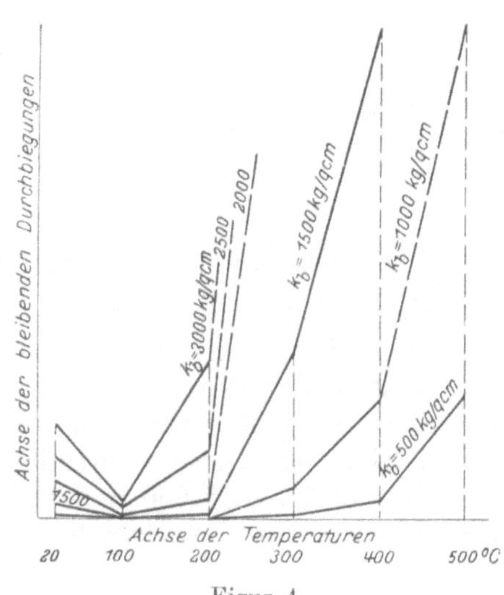

Figur 4.

Figur 2 geprüften Material z. B. auf der obersten Stufe nur betragen $100\cdot[11{,}90 -(11{,}90 - 0{,}63)]:(11{,}90 - 0{,}63) = 5{,}6^0/_0$, was immer noch reichlich viel erscheint, wenn bedacht wird, daß von den Prüfungsmaschinen eine Genauigkeit von $\pm\,1^0/_0$ verlangt zu werden pflegt.

Die Dehnungszahl liegt bei Flußeisen I meist zwischen $\alpha = \dfrac{1}{2\,050\,000}$ und etwa $\dfrac{1}{2\,180\,000} = 0{,}49$ bis 0,46 Milliontel. Über den Einfluß der Behandlung vgl. Fig. 314.

Figur 3. Abhängigkeit der Dehnungszahl (gewonnen aus Biegungsversuchen) von der Temperatur; Einfluß erheblich von etwa 400^0 C an.

Figur 4. Abhängigkeit der Größe der bleibenden Formänderung (gewonnen aus Biegungsversuchen — jeder Linienzug entspricht einer bestimmten größten Biegungsbeanspruchung k_b, berechnet aus den üblichen Gleichungen[4] —) von der Temperatur; bei 100 und 200^0 C ist die Durchbiegung für k_b bis 2000 kg/qcm geringer als bei 20^0 C. Über die Gründe, weshalb Biegungversuche angestellt worden sind und nicht Zugversuche, vgl. C. Bach, Die Maschinenelemente, XII. Aufl., S. 95 sowie das in Fußbem. 2, S. 9 zuletzt genannte Buch, S. 69.

---

[3] Erste Mitteilung Z. Ver. deutsch. Ing. 1884, S. 740 f. In die Figuren sind jeweils die beobachteten Werte eingeschrieben, im vorliegenden Fall die Größe der gesamten und der bleibenden Verlängerungen, dagegen nicht deren Unterschied, die Federung, die durch sie gegeben ist. Die federnden Formänderungen sind mit voller Linie, die bleibenden gestrichelt, die gesamten strichpunktiert gezeichnet.

[4] Letzteres ist nur zulässig, solange zwischen Dehnungen und Spannungen mit Annäherung Proportionalität besteht. Bei Flußeisen ist dies z. B. jenseits der Streckgrenze nicht mehr der Fall. Näheres s. C. Bach, Elastizität und Festigkeit, § 22.

Figur 5. Dehnungslinie bis zum Bruch, erlangt bei einem Zugversuch. Obere und untere Streckgrenze[1]) σ_{so} und σ_{su}. Länge x des Streckvorgangs als Maß der Zähigkeit[2]). $\overline{ED} = K_z =$ Zugfestigkeit. $AG = \varphi^0/_0 =$ Bruchdehnung[3]). Fläche $ABCDE =$ Arbeitsvermögen A in mkg/ccm. Abfall der Linie bei $D — F$ als Kennzeichen (und Folge) der örtlichen Querschnittsverminderung ψ. Durchschnittliche Werte[4]):

$$\sigma_{so} = 2000 \text{ bis } 3000 \text{ kg/qcm};$$
$$K_z = 3400 \text{ bis } 4200 \text{ kg/qcm};$$
$$\varphi = 20 \text{ bis } 35^0/_0;$$
$$\psi = 50 \text{ bis } 60^0/_0;$$
$$A = 7 \text{ bis } 10 \text{ mkg/ccm}.$$

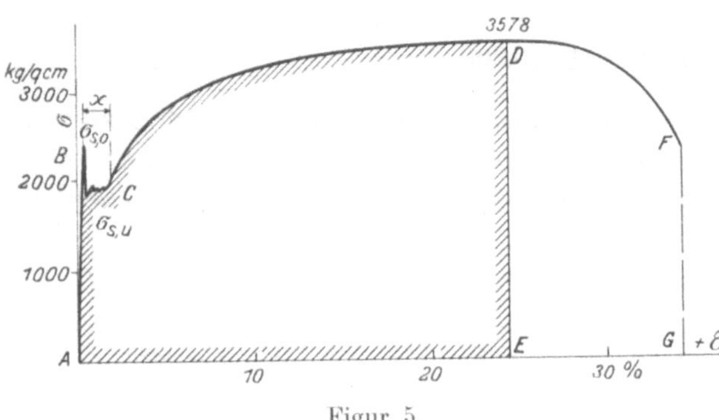

Figur 5.

Über den Einfluß der Walzrichtung vgl. Bemerkung zu Figur 64, S. 18.

Figur 6. Dehnungslinien, erlangt bei Druckversuchen; obere und untere Streckgrenze bei Flußeisen (und Schweißeisen). Bei zähen Stoffen kann von einer Druckfestigkeit nicht gesprochen werden. Für die meisten Fälle der Anwendung begrenzt das Eintreten größerer bleibender Zusammendrückung die Verwendbarkeit. Wendepunkt als Folge der bedeutenden Querschnittsvermehrung: Die geprüften Körper sind in Fig. 51, 648, 666 und 867 abgebildet. Durchschnittliche Werte der Streckgrenze wie beim Zugversuch. — Die Spannungen sind auf den ursprünglichen

---

[1]) Näheres Z. Ver. deutsch. Ing. 1904, S. 1040 f.; 1905, S. 615 f. Mitteil. über Forschungsarbeiten, Heft 29. Der Abfall bei B erscheint dem „Ferrit" (s. S. 18) fast ausschließlich eigentümlich. In Einzelfällen ergibt sich ein noch viel bedeutenderer Unterschied zwischen der oberen und unteren Streckgrenze. In zwei Fällen war sogar die obere Streckgrenze bei höherer Spannung zu beobachten als die Zugfestigkeit (wobei zu beachten ist, daß die Spannung, wie üblich, durch Teilung der Belastung mit dem ursprünglichen Querschnitt des Stabes ermittelt wurde, vgl. Elastizität und Festigkeit, 8. Aufl., S. 13). Im Folgenden seien einige Beispiele angeführt:

Bezeichnung	1	2	3	4	5
obere Streckgrenze kg/qcm . .	3813	8438	4400	3700	4313
untere „ „ . .	2656	7350	3300	2760	2969
Zugfestigkeit kg/qcm	3938	8975	4600	3640	4250
Bruchdehnung φ $^0/_0$	33,0	16,7	33,1	37,3	32,2
Querschnittsverminderung ψ $^0/_0$	69	46	74	74	72

Die Werte von φ und ψ zeigen, daß es sich nicht um Material handelt, dessen Streckgrenze durch Kaltziehen höher gelegt worden ist. Wäre dies der Fall, so würden sie weit kleiner sein (vgl. I, C, a).

[2]) Z. Ver. deutsch. Ing. 1905, S. 778 f. Mitteil. über Forschungsarbeiten, Heft 29.

[3]) Mitteil. über Forschungsarbeiten, Heft 29. S. a. C. Bach, Elastizität und Festigkeit § 3 und § 8; Maschinenelemente, XII. Aufl., S. 8. Wird die Meßlänge bei gleichem Stabquerschnitt kleiner gewählt, wie neuerdings beabsichtigt, so wächst die prozentuale Bruchdehnung infolge der Einschnürung und starken Streckung an der Bruchstelle. Über Umrechnung auf verschiedene Meßlängen vgl. die vorstehend angeführten Stellen, sowie S. 190. Erfolgt der Bruch nicht in dem mittleren Teil des Stabes, so ergibt die Länge der Dehnungslinie einen etwas kleineren Wert für die Bruchdehnung als die Ausmessung des Stabes, bei der die einseitige Lage des Bruches Berücksichtigung findet. Hierüber vgl. C. Bach, Elastizität und Festigkeit § 8, 8. Aufl., S. 149. Hat der Stab mehrere Einschnürungen, was namentlich bei sehr zähem Material vorkommt — s. Fig. 154 —, so kann sich aus der Dehnungslinie ein zu großer Wert für die Bruchdehnung ergeben. Dies ist bei den folgenden Figuren im Auge zu behalten. Die eingeschriebenen Zahlen sind durch Messung an den zerrissenen Probestäben erlangt worden.

[4]) Über den Einfluß der Dicke, auf die das Material gewalzt wird, vgl. S. 32 und 112, über den der Zerreißgeschwindigkeit S. 88, 106 und 158.

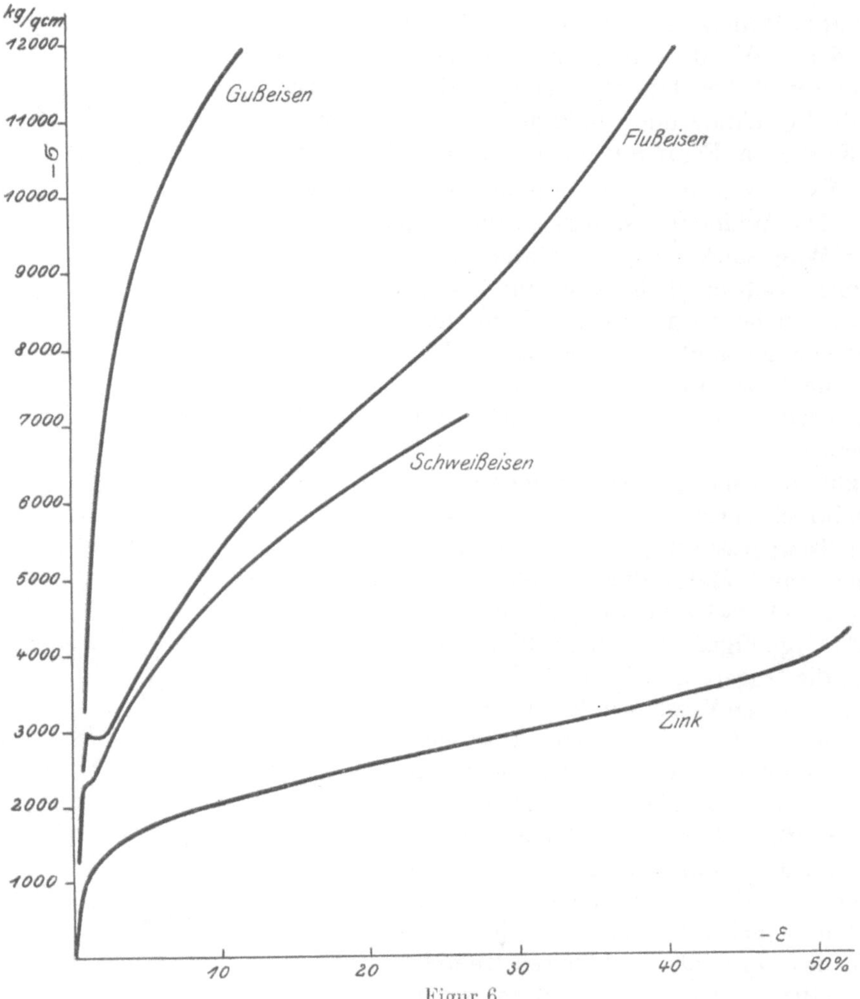

Figur 6.

Querschnitt bezogen. In Wirklichkeit nimmt der Querschnitt mit fortschreitender Belastung zu (Fig. 51 usw.).

Figur 7. Schaulinie, erhalten aus einem Drehungsversuch bis zum Bruch. Ausgeprägte Streckgrenze. Kein Absinken vor dem Bruch (vgl. damit Fig. 5, Strecke DF). Arbeitsvermögen (Stabdurchmesser 2,00 cm) $A_d = 44$ mkg/ccm, also etwa viermal so groß wie beim Zugversuch; bei letzterem wird das volle Formänderungsvermögen nur an der eingeschnürten Stelle ausgenützt. Mit Rücksicht auf die weitgehende bleibende Formänderung können auch hier die üblichen Formeln zur Spannungsberechnung höchstens bis zur Streckgrenze angewendet werden.[1] Die (6)

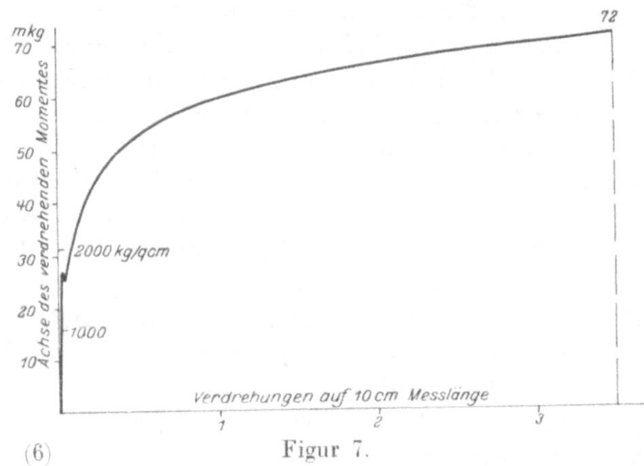

Figur 7.

Schubzahl β beträgt $1 : 800\,000$ bis $1 : 850\,000 = 1,25$ bis 1,18 Milliontel.

[1] C. Bach, Elastizität und Festigkeit, 8. Aufl., S. 345.

Figur 8. Widerstandsfähigkeit von Hohlzylindern[1])
verschiedener Wandstärke s mit gleichem mittleren
Durchmesser d bei Druckbeanspruchung gemäß
Figur 8b. Formänderung vgl. Figur 53. Die strichpunk-
tierte Kurve in Figur 8a entspricht der Gleichung
$K = 4\,\sigma_s\sqrt[3]{s:d}$, sofern $\sigma_s =$ Spannung an der Quetschgrenze. Die Widerstandsfähigkeit (in kg/qcm) hängt
von der Wandstärke ab, die Materialfestigkeit kann
bei dünnen Rohren nicht ausgenutzt werden. Dies ist bei Biegungs- und Drehungs-
beanspruchung von gleicher Bedeutung. Die
angegebene Gleichung hat auch bei anderem Material gute Übereinstimmung mit
den Versuchswerten gezeigt.

Figur 9. Abhängigkeit der oberen und
unteren Streckgrenze σ_s und Zugfestigkeit K_z
von der Temperatur[2]) (gewonnen aus Zugversuchen mit 2 Materialien). Abfallen der
Streckgrenze, Verschwinden derselben bei 300
bis 400⁰ C (vgl. Figur 12; mehrere Bleche aus
Kesseln, die längere Zeit im Betrieb gestan-
den hatten, ließen Verschwinden der Streckgrenze von 200⁰ C an erkennen), Ansteigen
und Wiederabfallen der Zugfestigkeit, deren
Höchstwert bei 200 bis 300⁰ C gelegen ist.

Figur 10. Abhängigkeit der Bruchdeh-
nung φ und Querschnittsverminderung ψ von
der Temperatur[2]) (Zugversuche). Abfallen
der Dehnung bei 100 bis 200⁰ C. Empfindlichkeit des Materials in höheren Temperaturen (Blauwärme), insbesondere gegen
scharfe Ecken usf.; vgl. auch S. 18, Figur 64,
sowie S. 36 f. Flußeisen verliert in der Wärme
nicht immer gleich viel an Dehnung; die für
ein Kesselblech erlangten Werte sind gestrichelt in Figur 9 und 10 eingezeichnet
(Kesselblech „T" in Figur 29 der in Fußbemerkung 2 zuletzt erwähnten Schrift). Über
den Einfluß der Erwärmung nach vorausgegangener Quetschung s. S. 36 f.

Figur 11. Abhängigkeit der bei der Kerbschlagprobe zum Bruch verbrauchten
Arbeit von der Temperatur (kleine Stäbe, vgl. Bemerkungen zu Figur 59 bis 64, 176
sowie 9 und 10). Gestrichelte Darstellung bedeutet, daß die Stäbe nicht ganz gebrochen sind. Die Arbeit, die zum völligen Bruch erforderlich wäre, ist dann etwas
größer als der beobachtete Wert. Meist ist der Unterschied jedoch gering. Abnahme
des Schlagwiderstandes in der Kälte. Zunahme bis etwa 100⁰ C, vgl. das zu Figur 64
Bemerkte sowie die geringere Formänderung, Figur 4. Oberhalb von 500⁰ C nimmt
die Dehnbarkeit des Materials rasch zu. Vgl. auch das zu Figur 63, 64, 176 Bemerkte.

Figur 12. Dehnungslinien bis zum Bruch bei verschiedenen Temperaturen
(Zugversuche). Fehlen der ausgeprägten Streckgrenze von $t = 400⁰$ C an. Zittriger
Verlauf bei 100 und 200⁰ C (meist 80 bis 150⁰ C). Über die Länge x vgl. das zu Figur 5
Bemerkte. Die Dehnungslinien wurden mit demselben Material erlangt, das die in
Figur 9 und 10 voll gezeichneten Linienzüge ergeben hatte.

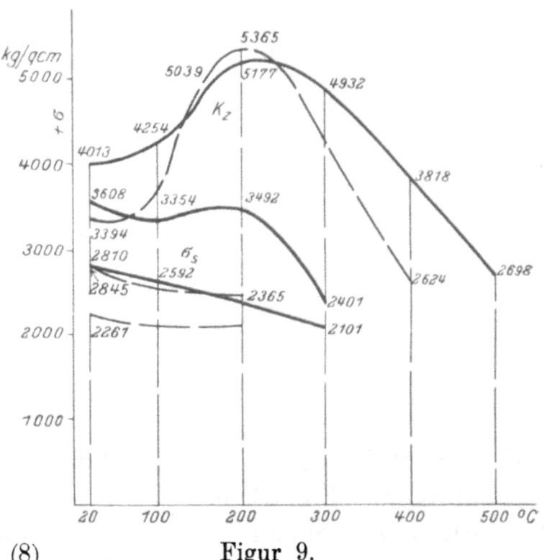

――――――
[1]) C. Bach, Elastizität und Festigkeit, 8. Aufl., S. 209 f.

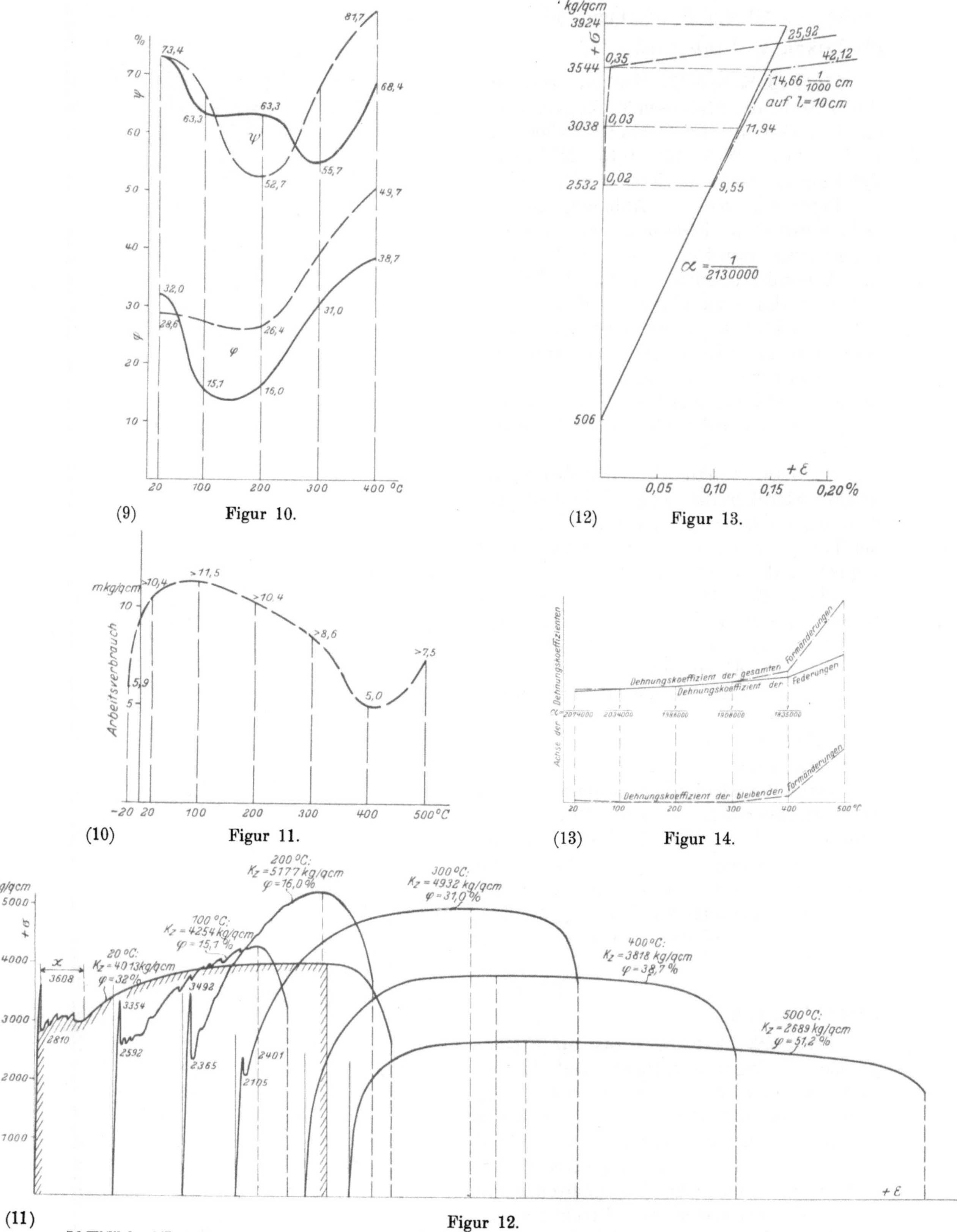

(9) **Figur 10.**

(12) **Figur 13.**

(10) **Figur 11.**

(13) **Figur 14.**

(11) **Figur 12.**

²) Vgl. Z. Ver. deutsch. Ing. 1904, S. 1300 f., 1342 f.; 1906, S. 1 f., 258 f., Mitteil. über Forschungsarbeiten, Heft 33, sowie die Zusammenstellungsarbeit R. Baumann, Die Festigkeitseigenschaften der Metalle in Wärme und Kälte 1907.

Flußeisen III vgl. S. 58, Figur 303f.

Flußeisen V (Flußstahl).

Figur 13, Seite 9. Elastizitätsversuch mit einem Stab aus Flußeisen V (Zugversuch), im Durchschnitt ist $\alpha = 1:2050000$ bis $1:2200000 = 0,49$ bis $0,45$ Milliontel. Vgl. Bemerkungen zu Figur 1 und 2.

Figur 14, Seite 9. Abhängigkeit der Dehnungszahl der Federung. gewonnen aus Biegungsversuchen, von der Temperatur. Einfluß erheblich von etwa 400^0 C an. Vgl. Bemerkung zu Figur 1 und 4.

Figur 15. Bleibende Formänderungen, gewonnen aus Biegungsversuchen; vgl. die Bemerkungen zu Figur 4. Die bleibenden Durchbiegungen sind bei gleicher Spannung entschieden kleiner als bei Flußeisen I.

Figur 16. Abhängigkeit der oberen und unteren Streckgrenze, Zugfestigkeit, Bruchdehnung und Querschnittsverminderung von der Temperatur (Zugversuche). Vgl. das zu Figur 9 und 10 Angeführte.[1])

Figur 17. Dehnungslinien bis zum Bruch bei verschiedener Temperatur (Zugversuche); vgl. Figur 10 und 12.

Figur 18. Abhängigkeit der zum Bruch verbrauchten Arbeit bei Kerbschlagproben von der Temperatur (kleine Stäbe, vgl. das zu Figur 11 und 59 bis 64 und 176 Bemerkte, sowie Figur 16f.).

Figur 19. Schaulinie, erhalten aus einem Drehungsversuch bis zum Bruch; $d = 2,00$ cm, $\beta = 1:835000 = 1,2$ Milliontel. Vgl. die Bemerkungen zu Figur 7. $A_d = $ rd. 25 mkg/ccm gegenüber $A = 9$ mkg/ccm beim Zugversuch, der ergeben hatte $\sigma_{so} = 4680$, $\sigma_{su} = 4550$, $K_z = 7800$ kg/qcm, $\varphi = 18^0/_0$, $\psi = 45^0/_0$.

Streckfiguren.

Figur 20. Flachstab. bis zur Streckgrenze auf Zug beansprucht. Auf der polierten Oberfläche treten unter etwa 45^0 zur Stabachse geneigte parallele Linien auf, längs denen das Fließen beginnt. Der Stabteil a-a-a-a hat sich noch nicht gestreckt. Am unteren Stabende zeigt sich ein zweites, um 90^0 verdrehtes System von Streckfiguren.

Figur 21. Gezogener Flachstab mit Walzhaut. die längs den Fließlinien abgesprungen ist (vgl. das zu Figur 20 Bemerkte).

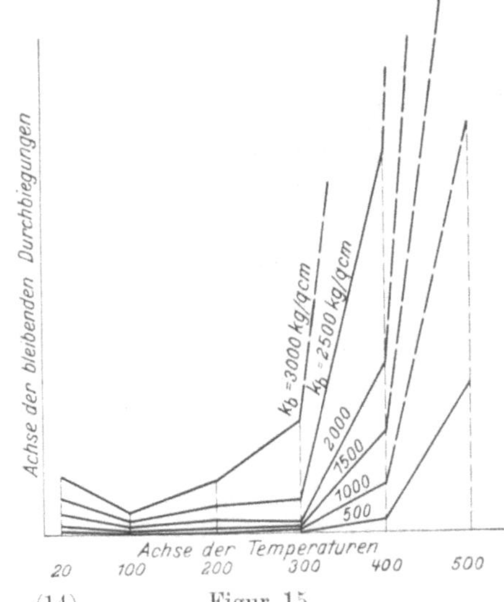

(14) Figur 15.

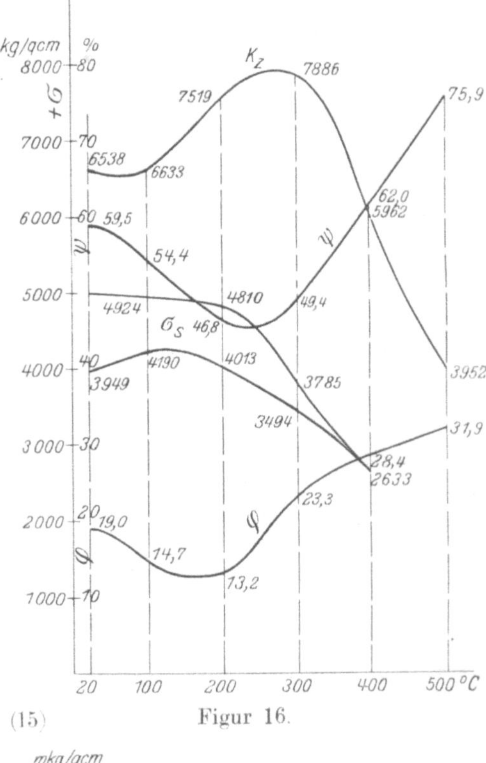

(15) Figur 16.

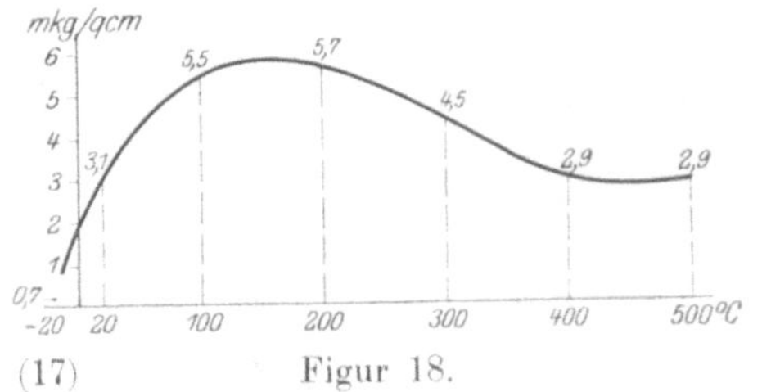

(17) Figur 18.

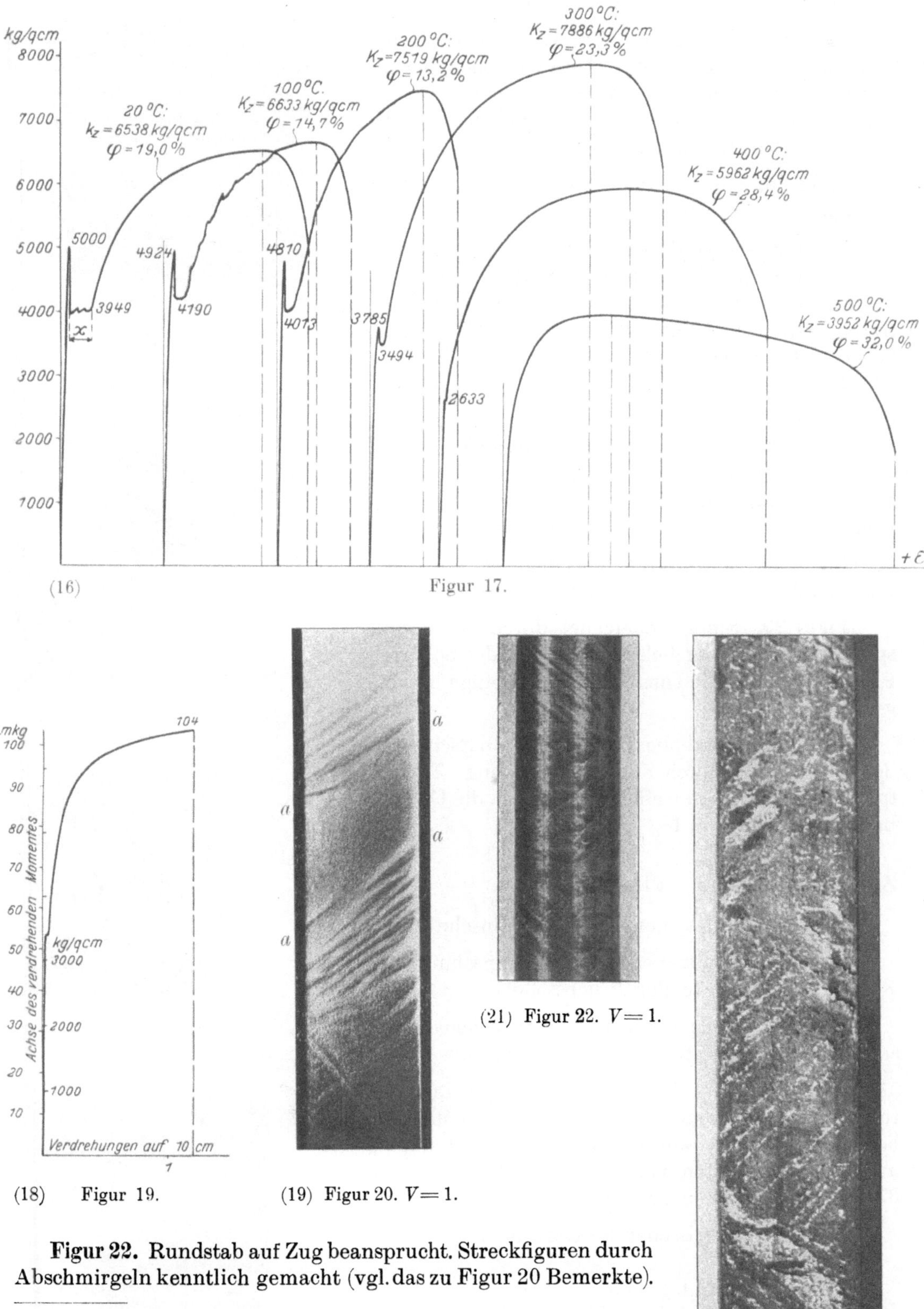

(16)   Figur 17.

(18)   Figur 19.   (19) Figur 20. $V = 1$.

(21) Figur 22. $V = 1$.

Figur 22. Rundstab auf Zug beansprucht. Streckfiguren durch Abschmirgeln kenntlich gemacht (vgl. das zu Figur 20 Bemerkte).

[1] Bei Material ähnlicher Art und Behandlung ist die Bruchdehnung kleiner, wenn die Zugfestigkeit höher liegt. Für Flußeisen kann bei 20° C für je 100 kg/qcm Zunahme von K_z die Dehnung $\varphi\,\%$ um etwa 0,5 kleiner gefunden werden.

(20) Figur 21. $V = 1$.

Figur 23, Rundstab mit Streckfiguren.

Figur 24. Gebogener I-Träger (Auflager rechts und links, Belastung in der Mitte von oben her an 2 Stellen). Abspringen des Walz-Zunders nach Überschreiten der Streckgrenze und dadurch Kennzeichnung der Orte der höchsten Beanspruchung.

Figur 25. Spiralartige Streckfiguren im Blech um einen Nietkopf[1]).

Figur 26. Spiralartige Streckfiguren auf der Innenfläche einer Nietverbindung, bei der die Niete aus Blei bestand, also Wärmespannungen nicht auftraten. An der in Figur 26 unten liegenden Stirnfläche treten Streckfiguren nicht auf.

Figur 27. Streckfiguren an den Stirnflächen der beiden Bleche, die zu einer Nietverbindung gehören, bei der die Niete warm eingezogen war (vgl. dagegen Figur 26). Die Streckfiguren gehen von den Flächen aus, auf denen sich die beiden Bleche berühren.

Figur 28. Spiralartige Streckfiguren um einen Kugeleindruck (Kugeldruckprobe, vgl. S. 35).

Figur 29. Eindruck, erzeugt durch eine Kegelspitze, die mit 5,2 kg belastet war. Auf der polierten Fläche ist durch die Quetschung das Gefüge hervorgetreten.

Figur 30. Staboberfläche nach Überschreiten der Streckgrenze durch Zugbeanspruchung. Zutagetreten der einzelnen Gefügekörner, vgl. die Gefügebilder Figur 65 f., S. 18.

Zerrissene Stäbe. Flußeisen I.

Figur 31. Zerrissener Rundstab. Einschnürung.

Figur 32. Zerrissener Flachstab; Einschnürung; Klaffen in der Mitte der Bruchstelle[2]).

Eigur 33. Übliche Form von zerrissenen Rundstäben. Kegelstumpfförmige Bruchflächen.

Figur 34 bis 37. Zerrissene Flachstäbe, in Richtung der Achse gesehen; Wölbung der Seitenflächen bei Figur 34 und 35 auf den Breitseiten nach innen, auf den Schmalseiten nach außen, bei Figur 36 und 37 an beiden Stellen nach innen.

Figur 38. Zerrissener Sechskantstab.

---

[1]) Z. Ver. deutsch. Ing. 1912, S. 1890 f.
[2]) Über den Einfluß der Stabform vgl. C. Bach, Elastizität und Festigkeit § 9. Über das Verhalten von Stäben mit Eindrehung, dasselbe Buch, § 9, sowie Z. Ver. deutsch. Ing. 1912, S. 1314 f.

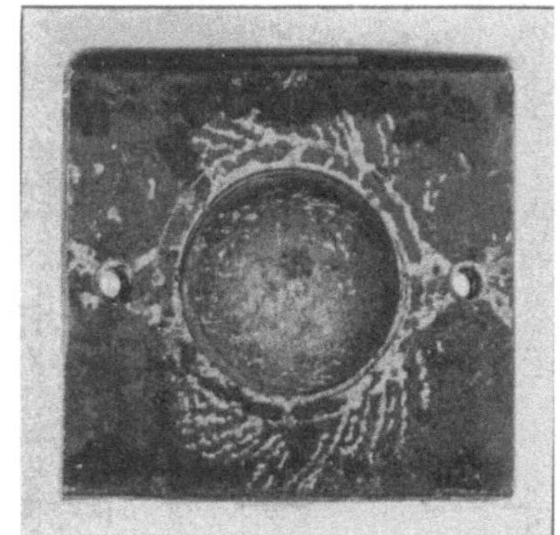

(23)   Figur 25.

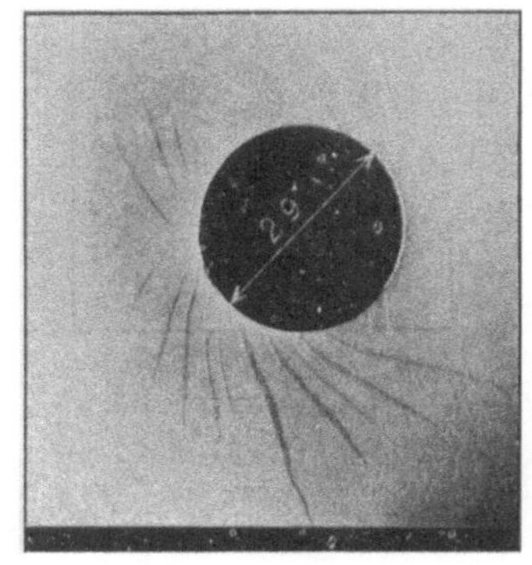

(24)   Figur 26.

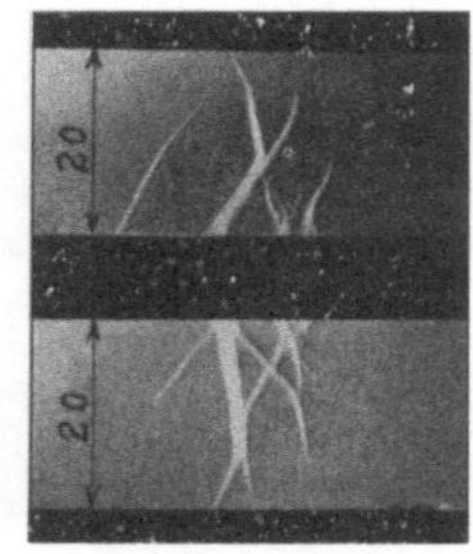

(25)   Figur 27.

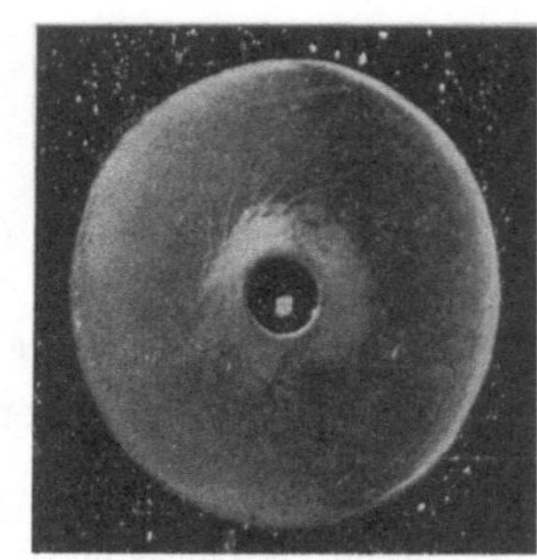

(26)   Figur 28. $V = 1.$

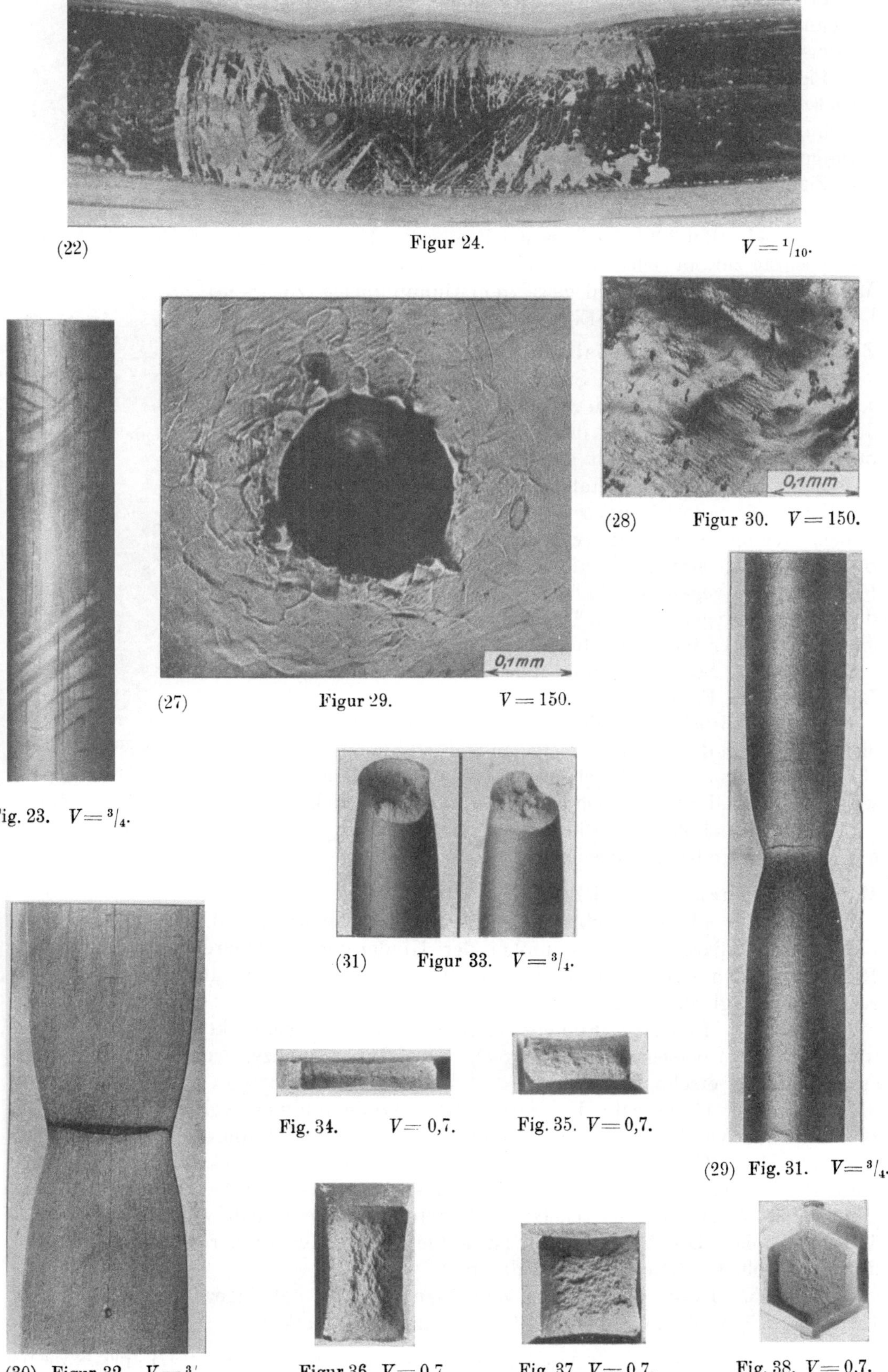

(22)   Figur 24. $V = {}^1/_{10}$.

(28)   Figur 30. $V = 150$.

(27)   Figur 29. $V = 150$.

Fig. 23. $V = {}^3/_4$.

(31)   Figur 33. $V = {}^3/_4$.

Fig. 34. $V = 0,7$.   Fig. 35. $V = 0,7$.

(29) Fig. 31. $V = {}^3/_4$.

(30) Figur 32. $V = {}^3/_4$.   Figur 36. $V = 0,7$.   Fig. 37. $V = 0,7$.   Fig. 38. $V = 0,7$.

Figur 39. Zerrissener Rundstab; der Kegel hat sich ganz an der einen Stabhälfte ausgebildet, der Hohlkegel ganz an der andern, vgl. dagegen Figur 33.

Figur 40. Der Querschnitt des zwischen den beiden Kegelstümpfen, Figur 33, längs deren Oberflächen der Bruch erfolgte, stehengebliebenen Ringwulstes von dreieckförmigem Querschnitt ist deutlich zu erkennen.

Figur 41 bis 43. Bruchflächen mit unreinen Stellen, wie sie häufig in Handelseisen vorkommen. Näheres s. S. 20f.

Figur 44. Bei 300° C zerrissener Flachstab. Bruch erfolgte schräg zur Stabachse, was manchmal bei wenig zähem Material (ferner bei Bandstahl, gewalztem Aluminium usf.) zu beobachten ist. Sehr geringe Einschnürung („kurzer" Bruch).

Zerrissene Stäbe. Flußeisen V (Flußstahl).

Figur 45. Zerrissener Stab. Geringe örtliche Einschnürung, kurzer Ansatz des Kegels, Material ausgeglüht. Je reiner das Material ist, desto glatter bleibt die Staboberfläche, desto feiner fällt das Bruchgefüge aus.

Figur 46. Zerrissener Stab aus demselben Material wie bei Figur 45, jedoch vergütet (vgl. S. 52f); fräserartiger Bruch. Wenig aufgerauhte (vgl. Figur 30), ziemlich glatte Staboberfläche; stärkere örtliche Einschnürung als bei Figur 45 (48 gegenüber $37^0{}_0$), trotz geringerer Bruchdehnung ($7,5$ gegenüber $18.9^0{}_0$) und höherer Zugfestigkeit (8815 gegenüber 6656 kg qcm).

Figur 47. Stahlstäbe mit fräserartigem Bruch; vgl. Bemerkung zu Figur 46.

Figur 48. Bruchfläche mit großen Zähnen, deren Rücken sich als Risse in den nicht gebrochenen Stabteil fortpflanzen (Figur 48, links). Diese Erscheinung ist bei besonders gewalztem Material, auch bei Sonderstahl — z. B. $25^0{}_0$-Nickelstahl — usf. zu beobachten.

Figur 49 und 50. Stahlstäbe, durch das Zerreißen magnetisch geworden, wie die anhängenden Feilspäne anzeigen.

Weitere Probekörper. Flußeisen I.

Figur 51. Flußeisenzylinder, stark zusammengedrückt. Ursprünglich $h = d = 30$ mm. Faßartige Gestalt infolge der Hinderung der Querdehnung durch die Reibung an den Druckflächen. Wenig zähes Material reißt auf, ähnlich wie Figur 54 rechts zeigt (vgl. auch Figur 648). Dehnungslinie Figur 6.

Figur 52. Längerer Flußeisenzylinder, zusammengedrückt. Seitliches Ausweichen nach Überschreiten der Streck- bzw. Quetschgrenze, wodurch die Widerstandsfähigkeit erschöpft ist.

Figur 53. Gestauchte Rohrabschnitte. Wellenbildung, vgl. das zu Figur 8 Bemerkte[1]). Wandstärken der Rohrstücke 0,2 0,5 1 und 2 mm.

Figur 54. Gestauchte Rohrabschnitte, verzinkt. Die dicke, hier wenig gut haftende Feuerverzinkung blättert ab (links abgebildeter Probekörper), die dünne galvanische Verzinkung — rechts abgebildeter Zylinder — hält weitgehende Formänderung aus. Die Schweißnaht ist aufgeplatzt. (Zu dünner Zinkbelag erfährt durch Abstoßen usf. leicht Beschädigung.)

Figur 55. Durch Verdrehung gebrochener Stab[2]), vgl. dagegen Figur 136, 157, 158 sowie Figur 667, S. 124 und das zu Figur 7 Bemerkte.

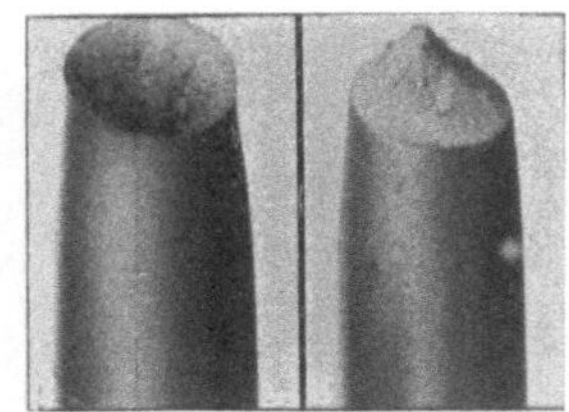

(32)   Figur 39. $V = {}^3/_4$.

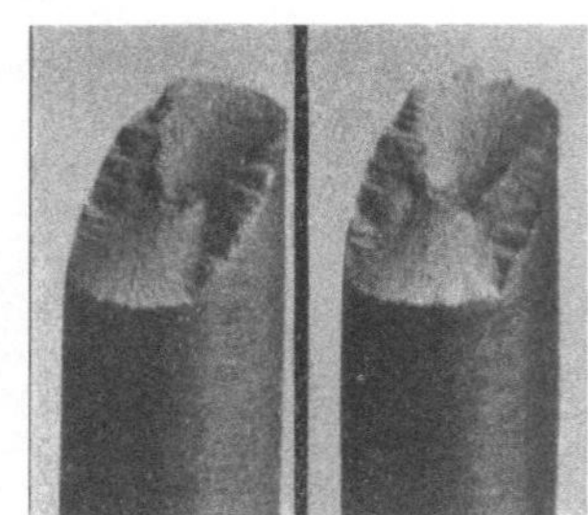

(33)   Figur 40. $V = {}^3/_4$.

(34)   Figur 41. $V = 1$.

---

[1]) Über Druckversuche mit Wellflammrohren s. Z. Ver. deutsch. Ing. 1904, S. 1227f.; 1905, S. 2062f.

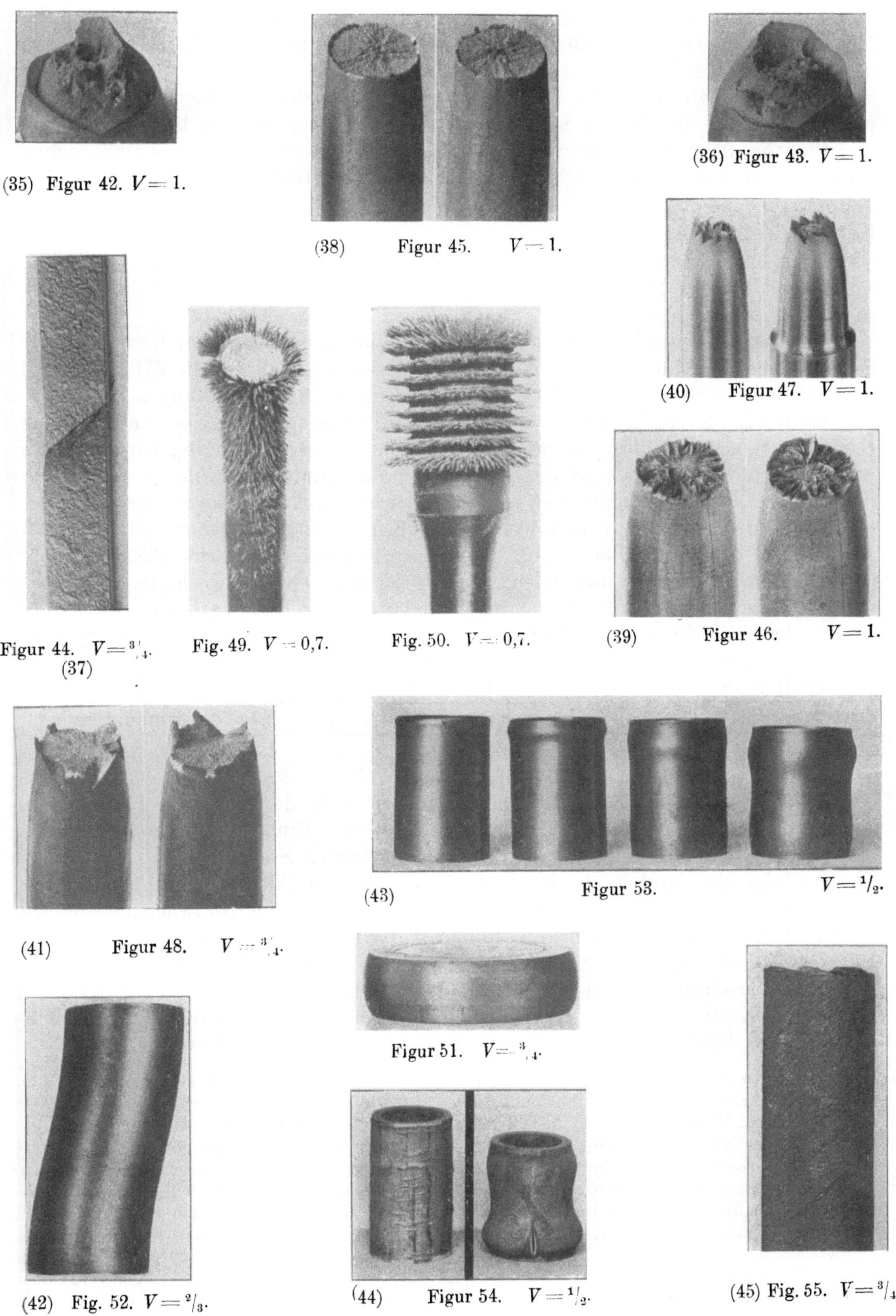

(35) Figur 42. $V = 1$.

(38)   Figur 45. $V = 1$.

(36) Figur 43. $V = 1$.

(40)   Figur 47. $V = 1$.

Figur 44. $V = {}^3/_4$.   Fig. 49. $V = 0{,}7$.   Fig. 50. $V = 0{,}7$.   (39)   Figur 46. $V = 1$.
(37)

(41)   Figur 48. $V = {}^3/_4$.

(43)   Figur 53. $V = {}^1/_2$.

Figur 51. $V = {}^3/_4$.

(42)   Fig. 52. $V = {}^2/_3$.   (44)   Figur 54. $V = {}^1/_2$.   (45) Fig. 55. $V = {}^3/_4$.

Mitteil. über Forschungsarbeiten, Heft 29 und 33.   Formeln zur Berechnung der Elastizität:
Z. Ver. deutsch. Ing. 1910, S. 1675 f.; C. Bach, Die Maschinenelemente, XII. Aufl., S. 264.
   [2]) Drehungsversuche mit Schrauben: Z. Ver. deutsch. Ing. 1895, S. 854 f., 889 f.

Figur 56. Hartbiegeprobe, gebrochen. Dies ist namentlich auch häufig bei Kesselblech zu beobachten, dessen Zugfestigkeit der unteren zulässigen Grenze von 3400 kg/qcm nahe liegt[1]).

Figur 57. Kaltbiegeprobe. Gutes Material zeigt auf der Außenseite keinen Anriß. Manchmal treten bei dicken Stäben nach dem Entlasten Anrisse bei a oder b ein.

Figur 58. Bruchfläche einer Stange aus gezogenem Material von $K_z = $ rd. 4000 kg/qcm. Ähnliches Aussehen zeigen auch die Bruchflächen von Hartbiegeproben bei sprödem Material.

Kerbschlagproben.[2])

Figur 59. Kerbschlagprobe, zähes Material. Einschnürung am oberen Bruchrand, gelenkartiger Bruchverlauf. („Vergüteter" Stab, vgl. S. 52f.) Sehniges Aussehen der Bruchflächen.

Figur 60. Kerbschlagprobe, kennzeichnend für sprödes Material, körnige Bruchflächen. Auch der Biegungswinkel gibt einen gewissen Anhalt für die Zähigkeit. Vgl. das zu Figur 61 und 62 Bemerkte. Über den Einfluß der Behandlung s. S. 60.

Figur 61. Kerbschlagprobe an Material mit ausgesprochener Schichtenbildung. Hat diese Schichtenbildung mehrfache Ablenkung der Bruchrichtung zur Folge, wie im vorliegenden Fall, so wird der Arbeitsverbrauch zum Durchschlagen weit größer, obwohl das Material verunreinigt ist. Aus demselben Grunde kann auch Schweißeisen sowie Bronze von bestimmter Art große „Kerbzähigkeit" ergeben (vgl. Figur 765, S. 143 sowie das S. 120 Bemerkte). Ebenso erweist sich gutes Schweißeisen als sehr widerstandsfähig gegen Belastungen, die ihre Richtung häufig wechseln.

Bei ausgeglühtem Flußeisen ist manchmal zu beobachten, daß schmale Stäbe großen Arbeitsverbrauch aufweisen, während breite Stäbe geringe Widerstandsfähigkeit zeigen. So fand sich z. B. für Stäbe von 30 mm Höhe[3])

Stabbreite	5	10	20	25	30	40 mm
Material A	20,8	20,4	3.5	2,7	2,7	2,2 mkg/qcm
Material B	13,1	14,7	13,0	6,4	1,8	— mkg/qcm
„ B, vergütet	27,3	38,4	39,7	32,8	38,3	— „

Figur 62. Derselbe Stab wie Figur 60, jedoch nicht durchgeschlagen, sondern langsam gebogen. Näheres, auch in bezug auf den Einfluß der Geschwindigkeit bei sprödem Material, siehe an der unter [3]) genannten Stelle.

Im folgenden sind in der Regel die Ergebnisse mit „kleinen" Stäben angeführt. Diese haben 10 mm Höhe und Breite des Stabes, 5 mm Höhe des Bruchquerschnitts, 1,3 mm Durchmesser der Bohrung, 70 mm Auflagerentfernung (gegenüber 30, 15, 4, 120 mm bei den „großen" Stäben, die der Vereinbarung des Deutschen Verbandes für die Materialprüfungen der Technik entsprechen). Auch bei den kleinen Stäben nimmt die Kerbschlagarbeit mit größerer Stabbreite ab; sprungweise Veränderlichkeit, wie bei Figur 61 bemerkt, konnte jedoch nicht beobachtet werden.[4])

---

[1]) Näheres siehe Mitteil. über Forschungsarbeiten, Heft 135/136, sowie auszugsweise Z. Ver. deutsch. Ing. 1912, S. 1115f. und Stahl und Eisen, 1913, S. 1554f. „Härten" erfolgte von dunkler Kirschrotglut in Wasser von 28° C, gemäß den deutschen Materialvorschriften für Dampfkessel.

[2]) Bei der Kerbschlagprobe erfolgt Messung der zum Durchbrechen eines gekerbten Stabes erforderlichen Arbeitsmenge A. Ihr Wert ist nicht unbestritten, doch wird zugegeben werden müssen, daß sie in gewisser Hinsicht Aufschluß über die Zähigkeit des Materials gewährt, namentlich insoweit diese von der Behandlung beeinflußt wird. In manchen Fällen verhält sich Material, das sich im Betriebe nicht bewährt hat, bei der Kerbschlagprobe wenig zäh (kleiner Arbeitsverbrauch, geringe Formänderung an der Bruchstelle, kleiner Biegewinkel), während es beim Zugversuch nicht viel geringere Bruchdehnung usf. aufweist, als gutes Material. Die Kerbschlagprobe wird daher als wertvolle Ergänzung der früher üblichen mechanischen Prüfungen anzusehen sein (s. das zu Figur 64, S. 18, Figur 312, S. 60, Figur 805, S. 148, Bemerkte). Ihr Wesen erscheint gekennzeichnet dadurch, daß der Bruch beim Durchschlagen an der durch die Kerbe verschwächten Stelle eintreten, das Material also dort auf sehr beschränktem Gebiet sein ganzes Formänderungsvermögen äußern muß. Da die Ergebnisse durch zahlreiche, vom Material unabhängige Umstände beeinflußt werden,

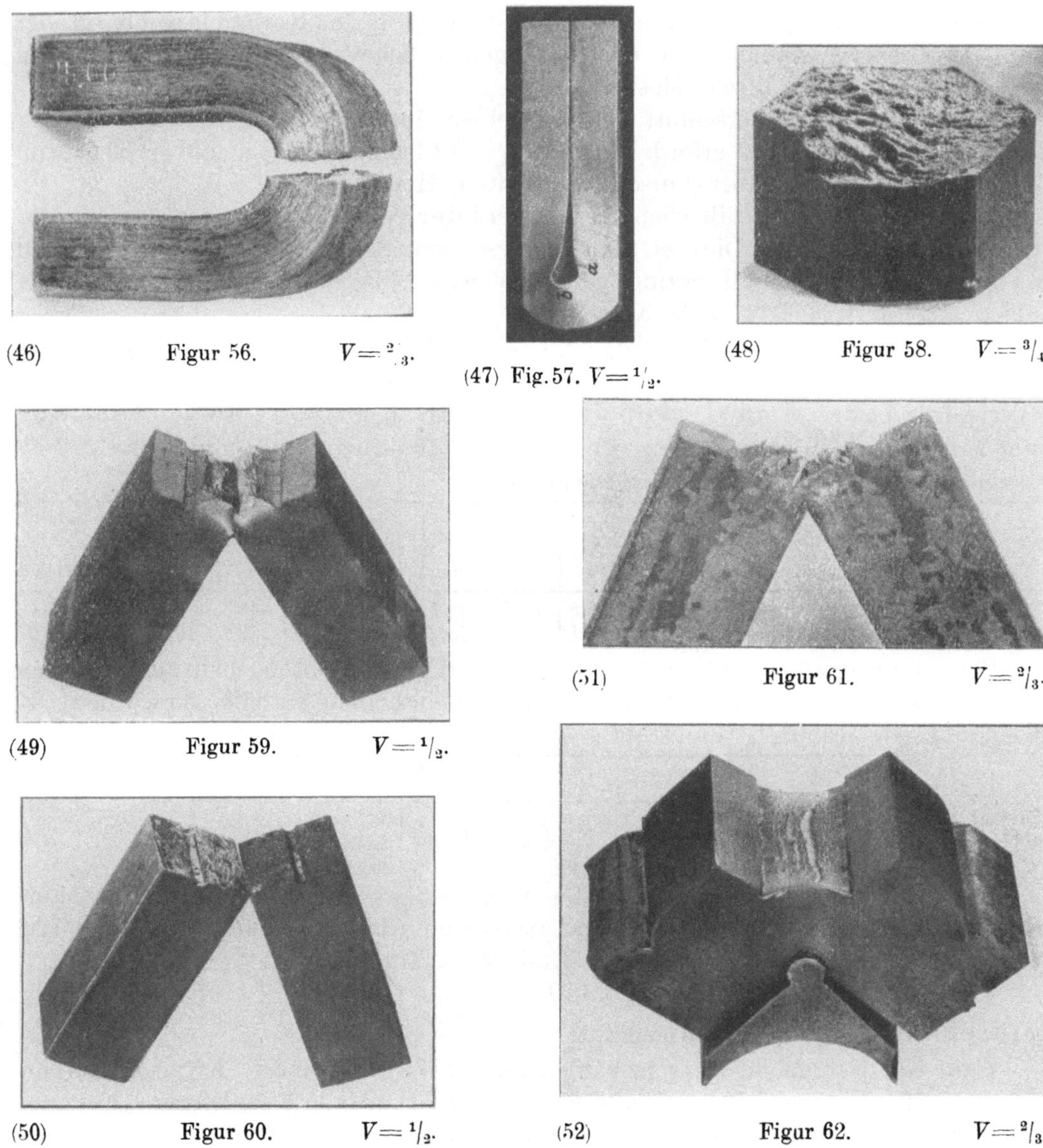

(46) Figur 56. $V = {}^2/_3.$

(47) Fig. 57. $V = {}^1/_2.$

(48) Figur 58. $V = {}^3/_4.$

(49) Figur 59. $V = {}^1/_2.$

(51) Figur 61. $V = {}^2/_3.$

(50) Figur 60. $V = {}^1/_2.$

(52) Figur 62. $V = {}^2/_3.$

erscheint jedoch Vorsicht bei den Schlußfolgerungen geboten. Diese wird sich auch empfehlen, wenn die Kerbschlagprobe, die ein Maß für die Spaltbarkeit beim Schlagversuch bildet, zu einer günstigeren Beurteilung führt als der Zugversuch. Ein Beispiel hierfür s. bei Figur 64, S. 18.

Um vergleichbare Werte zu erhalten, ist in neuerer Zeit als Kerbe ein gebohrtes und nach dem Stabrand hin aufgeschnittenes Loch vereinbart worden, s. die Bemerkung zu Figur 62. Zerbrechen soll durch einen Schlag erfolgen, der den Stab in der Mitte zwischen den Auflagern trifft. Das manchmal noch übliche Verfahren, die Stäbe durch mehrere Schläge zum Bruch zu bringen und die hierbei aufgewendeten Schlagarbeiten zusammenzuzählen, erscheint weniger zuverlässig. Die erlangten Werte des Arbeitsverbrauchs sind größer, als die, welche beim Brechen durch einen Schlag gefunden werden und auch sonst in mehrfacher Hinsicht mit den letzteren nicht vergleichbar. Dasselbe gilt in erhöhtem Maße bei Verwendung einseitig eingespannter Stäbe. Weiteres s. bei Figur 59 f.

Die Umrechnung der Schlagarbeit erfolgt auf den Stabquerschnitt f an der gekerbten Stelle und nicht, wie an sich richtiger wäre, auf das an der Formänderung beteiligte Stabvolumen, weil dieses nicht bekannt ist, auch vom Bruchvorgang usf. abhängt. Es wird also gesetzt $A_k = A : f$.

[3]) Näheres s. Z. Ver. deutsch. Ing. 1912, S. 1311 f. Wie daselbst nachgewiesen, ist dies eine Folge des Bruchvorgangs. Vergütetes Material ließ die Erscheinung nicht beobachten; auch anderes Material ergab nicht immer den unvermittelten Abfall der zum Durchschlagen verbrauchten Arbeit. Querbohrungen hatten bei dem Material A Erhöhung des Schlagwiderstandes zur Folge.

[4]) Hiernach ist es nicht möglich, eine für alle Materialien und Stabbreiten zutreffende Verhältniszahl aufzustellen, die angibt, wievielmal die Kerbschlagarbeit (mkg/qcm) bei den „kleinen“

Figur 63. Bruchquerschnitt einer bei 20^0 C ausgeführten Kerbschlagprobe (großer Stab) aus dem Ausfüllmaterial einer autogenen Schweißung. $A_k = 3,2$ mkg/qcm (gegenüber 21,6 beim Blech selbst).

Figur 64. Bruchquerschnitt von demselben Material, erzeugt bei 200^0 C. Der Bruch erscheint viel zäher, erforderte auch $A_k = 12,1$ mkg/qcm (gegenüber 23,3 beim Blech selbst, s. Mitteil. über Forschungsarbeiten, Heft 83/84, S. 27)[1].

Bedeutend pflegt bei Blechen der **Einfluß der Walzrichtung** auf den Arbeitsverbrauch auszufallen. Dies erscheint um so bemerkenswerter, als in bezug auf K_z und φ dieser Einfluß gering gefunden wird. Beispielsweise seien folgende Zahlen angeführt (ausgeglühtes Kesselblech).

Stabachse parallel Walzrichtung A_k 19,2   18,2   17,9   13,2   12,5   mkg/qcm

Stabachse senkrecht Walzrichtung A_k 14,5   11,7   10,4   9,2   8,6   „

Verhältnis beider Werte   0,76   0,64   0,58   0,70   0,69 (große Stäbe)

Zum Vergleich seien noch Zahlen von K_z und φ für einige Fluß- und Schweißeisen-Kesselbleche angeführt (Material ausgeglüht):

	Flußeisen								Schweißeisen					
	K_z	φ	K_z	φ	K_z	φ	K_z	φ	K_z	φ	K_z	φ	K_z	φ
längs .	3376	33,9	3495	31,8	3926	28,8	4025	28,2	3300	12,4	3481	18,5	3763	20,6
quer .	3335	30,7	3578	27,1	3811	26,1	4074	25,0	2889	5,6	3397	10,9	3545	10,7

Bei Stangenmaterial können K_z und φ in der Querrichtung bedeutend kleiner ausfallen, namentlich wenn das Material Schlackeneinschlüsse enthält. So wurden z. B. folgende Werte ermittelt (Flußstahl)

	K_z	φ	K_z	φ
längs	7413	21	9395	20
quer	7145	9,5	5701 bis 8454	2 bis 6
Material:	gleichförmig		stark schlackenhaltig	

Zur Prüfung eignen sich, wenn die Abmessungen der Stangen zur Entnahme von Zugstäben in der Querrichtung nicht ausreichen, Aufdornversuche, vgl. Figur 124. (Näheres Elastizität und Festigkeit, 8. Aufl., § 58, Ziff. 2.)

Über dicke Schmiedestücke s. S. 110.

Gefügebilder,[2] (Material ausgeglüht).

Figur 65. Gefügebild von sehr kohlenstoffarmem **Flußeisen**. Körniger Aufbau.

Figur 66. Gefügebild von Flußeisen (Material I). Helle Eisenkörner („**Ferrit**") und dunkle Inseln („**Perlit**"). Jede der letzteren enthält 0,8 bis 0,9% Kohlenstoff.

Figur 67. Gefügebild von Flußeisen. Abzählen des „**Perlit**"-Gehaltes mittels eines auf Glas geritzten oder auf eine klare photographische Platte gezeichneten Netzes, das über das Bild gelegt wird. Sind z. B. 23 von 100 Feldern dunkel, so enthält das Material $0{,}23 \cdot 0{,}8$ bis $0{,}23 \cdot 0{,}9 = 0{,}184$ bis $0{,}207 =$ rd. 0,2% Kohlenstoff (nur bei ausgeglühtem Material, s. die Bemerkung zu Figur 367f. S. 70).

Figur 68. Gefügebild von Flußeisen höherer Festigkeit (Material V). Mehr „**Perlit**" als bei Figur 66 und 67. Das Gefügebild von Material III s. S. 58.

Figur 69. Schlackeneinschlüsse. Weitere Bilder s. S. 20f.

Stäben kleiner oder größer ermittelt wird, als sie bei „großen" Stäben gefunden worden wäre. Für mittlere Verhältnisse hat sich diese Zahl zu ungefähr 2 ergeben (Mitteil. über Forschungsarbeiten, Heft 135/136, S. 2): „kleine" Stäbe brauchen ungefähr halb so viel mkg/qcm als „große" nicht zu breite Probekörper; bei großer Breite kann sich das Verhältnis umkehren.

[1] Die hiermit scheinbar im Widerspruch stehende Abnahme der Bruchdehnung bei höherer Temperatur (Figur 10, 16) wird zu beachten sein und veranlassen, trotz des größeren Arbeitsverbrauches bei der Kerbschlagprobe — Spaltbarkeit geringer —, auf die Vermeidung scharfer Ecken bei Auftreten höherer Wärmegrade besonders sorgfältig bedacht zu sein, s. Figur 218f., S. 44.

[2] Eine ausführliche Beschreibung der Metallographie von Flußeisenkesselblech ist gegeben im Anhang zum Heft 83/84 der Mitteil. über Forschungsarbeiten; s. a. Z. des Bayerischen Revisionsvereins 1910, S. 41f.

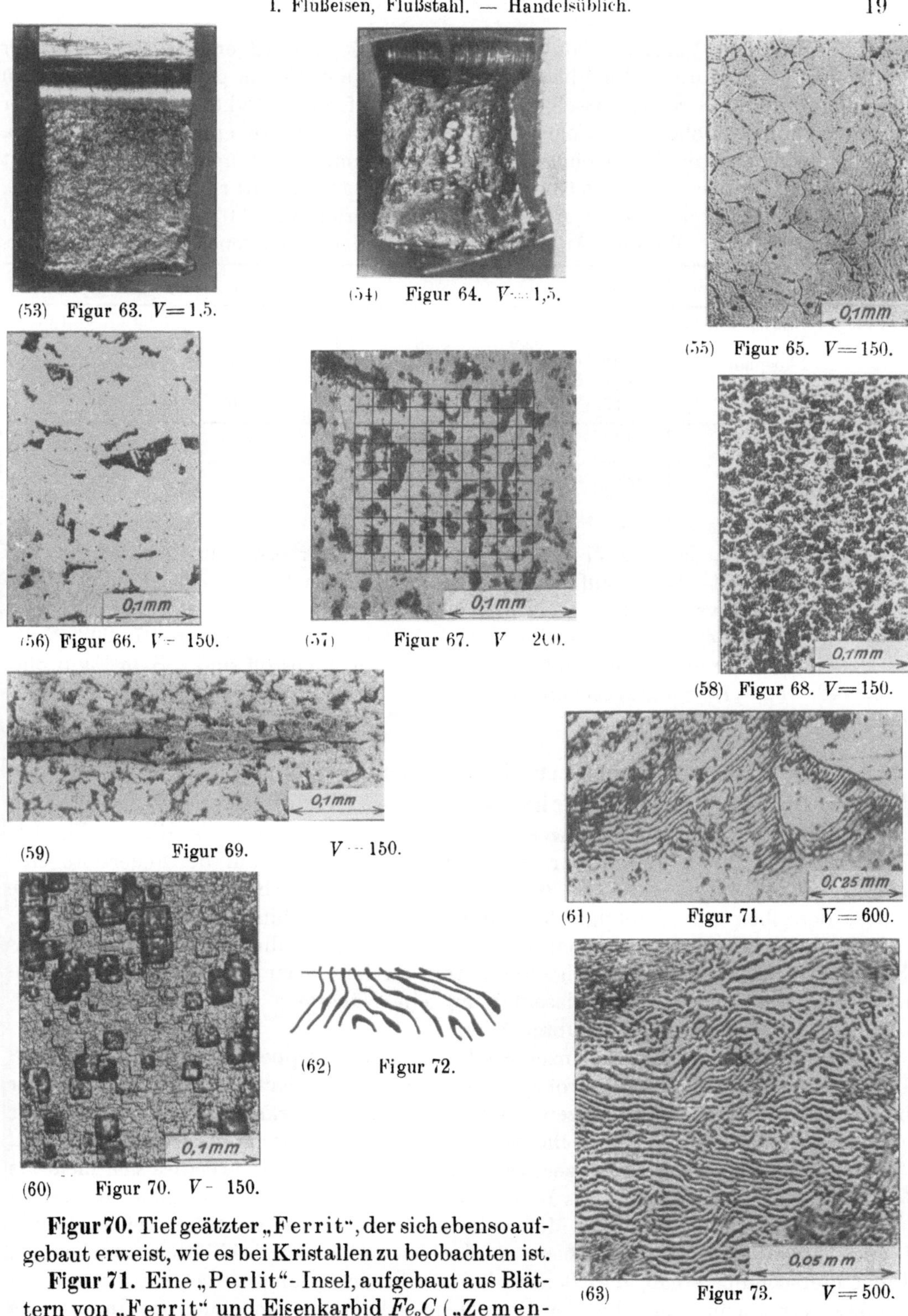

(53) Figur 63. $V = 1,5$.

(54) Figur 64. $V = 1,5$.

(55) Figur 65. $V = 150$.

(56) Figur 66. $V = 150$.

(57) Figur 67. $V = 200$.

(58) Figur 68. $V = 150$.

(59) Figur 69. $V = 150$.

(61) Figur 71. $V = 600$.

(62) Figur 72.

(60) Figur 70. $V = 150$.

(63) Figur 73. $V = 500$.

Figur 70. Tief geätzter „Ferrit", der sich ebenso aufgebaut erweist, wie es bei Kristallen zu beobachten ist.

Figur 71. Eine „Perlit"-Insel, aufgebaut aus Blättern von „Ferrit" und Eisenkarbid Fe_3C („Zementit", Kohlenstoffgehalt 6,7 %), das sehr hart ist. Auch Zementit ist weiß; die nach dem Ätzen erhabenen Zementitteile zeigen infolge Lichtspiegelung und Schlagschatten auf den Gefügebildern dunkle Ränder.

Figur 72. Schematischer Querschnitt durch eine Perlit-Insel. Der in der Tat ebenfalls weiße Zementit ist schwarz gezeichnet.

Figur 73. „Perlit" aus Stahl. Kohlenstoffgehalt 0,8 %.

Wie aus dem Vergleich von Figur 65, 66, 67, 68 und 73 ersichtlich, nimmt der Perlitgehalt stetig und allmählich zu: das Gefüge des Eisens geht ohne Sprung in dasjenige von Stahl über; dasselbe ist in bezug auf die Festigkeitseigenschaften der Fall, weshalb die oben S. 4 angegebene willkürliche Grenze einzuführen war. Da die Zugfestigkeit mit dem Kohlenstoffgehalt zusammenhängt und beim Perlitgehalt dasselbe der Fall ist, läßt das Gefügebild eine Schätzung der Zugfestigkeit zu.

Figur 74 bis 79 und 448. Gefügebilder von Material mit 0,11, 0,20, 0,36, 0,48, 0,62, 0,99 und 1,07 $^0/_0$ C. Weitere Angaben gehen aus der folgenden Zahlentafel hervor.

Figur	74	75	76	77	78	79	448 (S. 83)
Gehalt an Kohlenstoff $^0/_0$	0,11	0,20	0,36	0,48	0,62	0,99	1,07
„ „ Mangan $^0/_0$	0,29	0,49	0,68	1,15	1,12	—	—
„ „ Phosphor $^0/_0$	0,01	0,03	0,04	0.09	0,11	—	—
„ „ Schwefel $^0/_0$	0,03	0,03	0.03	—	—	—	—
„ „ Silizium $^0/_0$	0,17	0,13	0.29	0,74	0,40	—	—
σ_{so} kg/qcm	2614	2904	3528	—	—	—	3409
σ_{su} „	2593	2901	3451	—	—	—	—
K_z „	3802	4574	6071	—	—	—	6422
q $^0/_0$	32,3	24,0	19.7	—	—	—	11,0
q' $^0/_0$	72	61	52	—	—	—	12

Das Material, das Fig. 77 und 78 ergeben hat, war etwas ungleichförmig. Das Gefügebild deutet daher auf höheren Kohlenstoffgehalt hin, als die chemische Durchschnittsanalyse ergab.

Über die Bedeutung des Perlitgehalts bei Zapfen usf. vgl. Figur 207, 208, S. 42.

Gefügebilder von Material mit mehr als 0,8 $^0/_0$ Kohlenstoff sind z. B. in Figur 368, 396, 448, 452, 478 wiedergegeben; das Gefüge besteht aus Perlit (dunkel; 0,8 $^0/_0$ C) und Zementit (weiß; 6,7 $^0/_0$ C).

B. Material mit Fehlern, die von der Herstellung herrühren.

Lunker, Schlackenteile, nicht metallische Einschlüsse, Seigerung usf.

Figur 80. Blech mit unganzer Stelle (Lunker, Doppelung, s. das zu Fig. 108 Bemerkte) aus einem Flammrohr, bei dem sich im Betrieb auf der Feuerseite eine Blase gebildet hatte. Wie Fig. 80 zeigt, besteht das Blech aus 2 Schichten. Die innere derselben wurde infolge der unvollkommenen Verbindung der beiden Blechhälften durch die Heizgase wesentlich stärker erhitzt als die äußere, die durch das Kesselwasser gekühlt war. Infolgedessen trat im Laufe der Zeit weitgehende Trennung beider Schichten sowie Blasenbildung ein. Näheres s. Mitteilungen über Forschungsarbeiten Heft 135/136 unter 1.

Figur 81. Blech mit unganzer Stelle (Lunker, Doppelung, s. das zu Fig. 108 Bemerkte) aus einem Wellflammrohr. Die mangelhafte Beschaffenheit des Materials war beim Schweißen und beim Walzen des Wellrohres nicht erkannt worden. Das Rohr erhielt im Betrieb einen Riß. Näheres s. das oben erwähnte Heft 135/136 unter 21.

Figur 82. Stange mit unganzer Stelle (Lunker, die Fehlstelle erwies sich mehr als 5 m lang). Vgl. auch Fig. 111. Das Material war für Eisenbetonkonstruktionen bestimmt.

Figur 83. Flachstahl für Meßwerkzeuge. Beim Beizen traten viele dunkle Punkte, beim Abschleifen erhabene, dunkelblau anlaufende Abblätterungen zutage. Die Untersuchung ergab, daß beides durch zahlreiche, langgestreckte Schlackeneinschlüsse verursacht war, die der Oberfläche nahe lagen und auch im Innern des Materials auftraten.

Figur 84. Längsschnitt durch den Flachstahl (ungeätzt). Die Schlackeneinschlüsse und der Beginn einer Abblätterung sind deutlich zu erkennen.

Figur 85. Längsschnitt durch die Wand einer Sauerstofflasche, dunkle, kohlenstoff- und schlackenreiche Schicht nahe der Oberfläche, in der wegen ihrer geringen Zähigkeit Anrisse entstanden. Die Flasche ist explodiert.

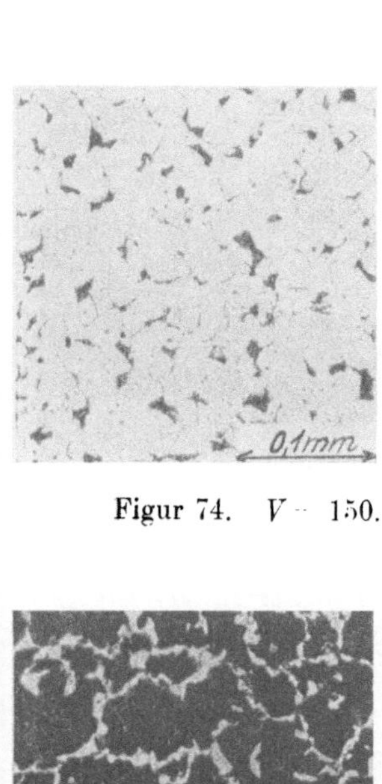

Figur 74. $V = 150$.

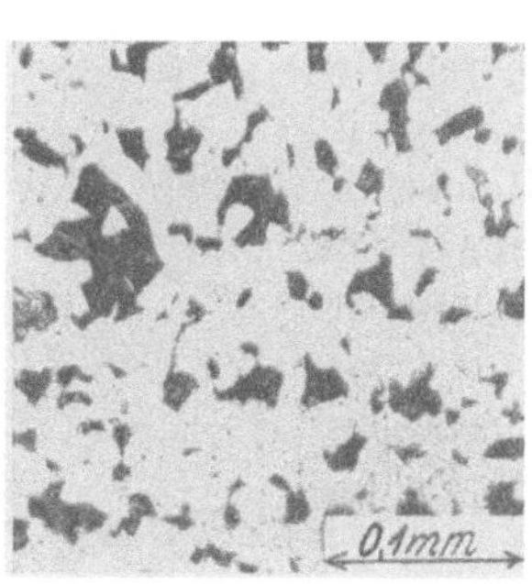

Figur 75. $V = 150$.

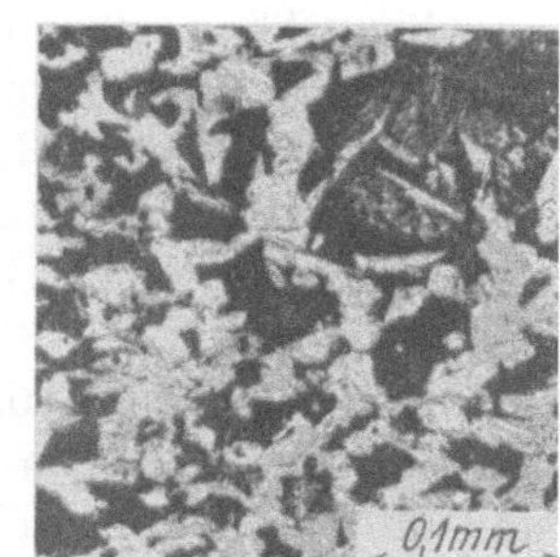

Figur 76. $V = 150$.

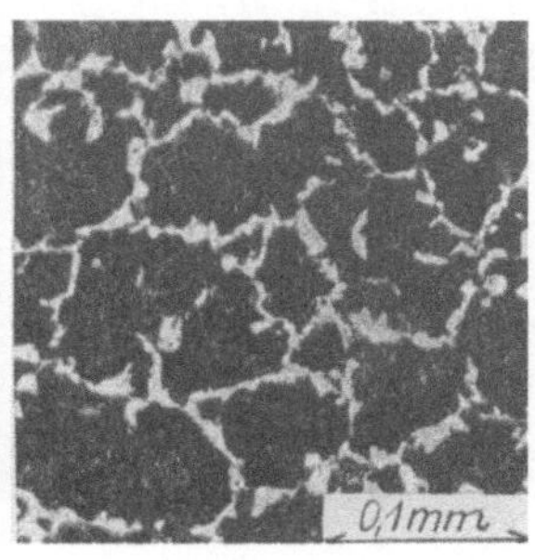

Figur 77. $V = 150$.

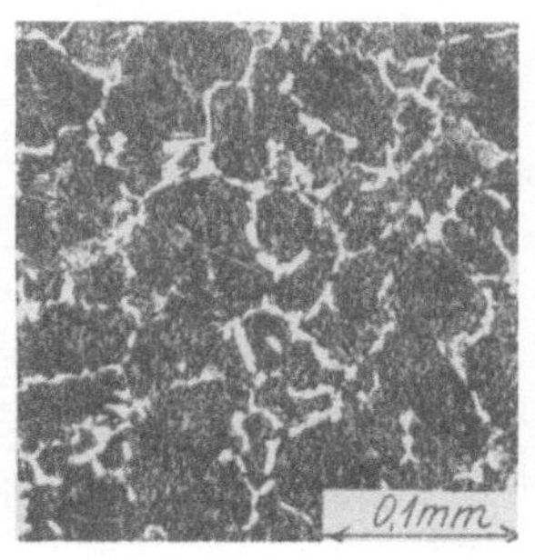

Figur 78. $V = 150$.

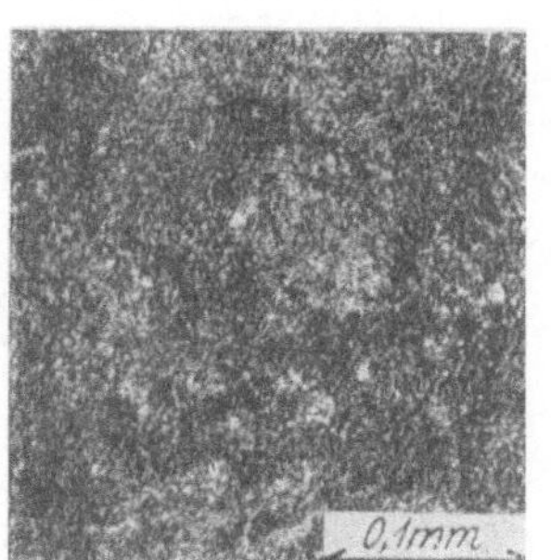

Figur 79. $V = 150$.

(64) Figur 80. $V = 0{,}4$.

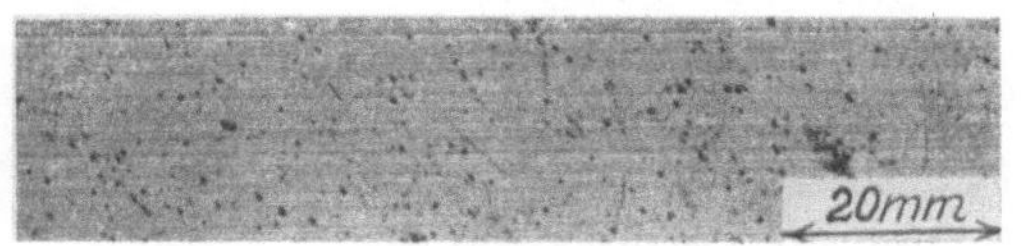

Figur 83. $V = {}^3/_4$.

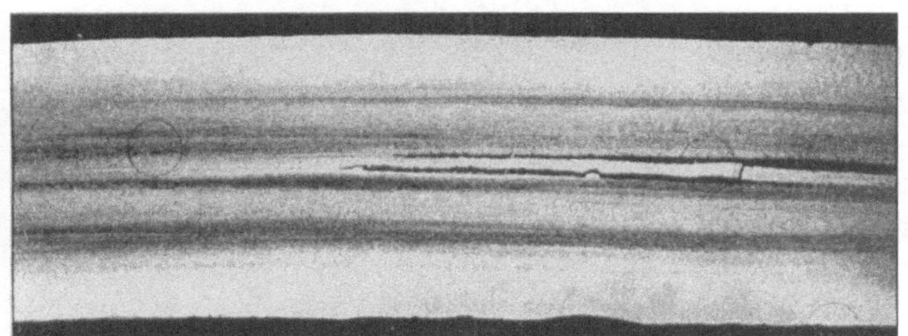

(65) Figur 81. $V = 2{,}5$.

Figur 82. $V = {}^1/_2$.
(66)

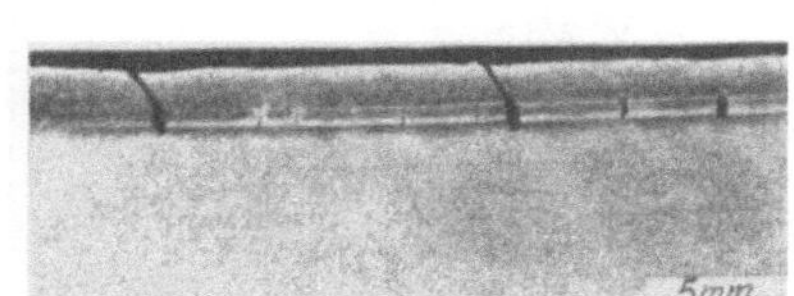

Figur 85. $V = 2$.

Figur 84. $V = 150$.

Figur 86. Stelle aus Fig. 80: Scharfe Trennung im Gefügebild. Oben Ferrit (hell) und Perlit (dunkel). unten Reichtum an punktförmigen Schlackenteilen. (Über die Bedeutung von Ferrit. Perlit. Zementit vgl. S. 18 und 187).

Figur 87. Stelle aus Fig. 80. Langgestreckte, dunkle Schlackenteile neben den dunklen Perlitinseln.

Figur 88. Von einer Schlackenschicht durchsetzte Stelle aus einem Kesselblech mit Rißbildung.

Figur 89. Wie Figur 88; anderes Kesselblech.

Figur 90. Sättigung mit kleinen Schlackenteilchen; Blech wie bei Fig. 89. Perlitinseln fehlen.

Figur 91. Wie Figur 88. anderes Kesselblech. Schliff ungeätzt.

Figur 92. Geschmiedete Stücke aus Chromnickelstahl. Beim Schmieden, namentlich, wenn dieses bei höherer Temperatur erfolgte, traten Längsrisse ein.

Figur 93. Schnitt durch eines der Stücke. Als Ursache der Risse ist ein Schlackeneinschluß zu erkennen, der hier im Querschnitt auftritt, aber langgestreckt ist. In seiner Umgebung ist das Material ärmer an Perlit (entkohlt).

Figur 94. Preßschmiedestück mit Anriß.

Figur 95. Ansicht des Ausgangsmaterials. Die Falte ist von langgestreckten Schlackenteilen erfüllt; sie macht die Stücke unbrauchbar.

Figur 96. Mannesmannrohr. im Betriebe aufgeplatzt. Anrisse im Innern, von Schlacken gefüllt.

Figur 97. Einer der Anrisse aus Figur 96, mit Schlacken gefüllt. durch eine im ursprünglichen Material vorhandene Ader verursacht.

Figur 98. Querschnitt durch einen Stahlstab mit helleren und dunkleren Stellen.

Figur 99. Gefüge an einer der helleren Stellen. Kohlenstoffgehalt etwa $0,4^0/_0$.

Figur 100. Gefügebild von der Mitte (dunkelste Stelle) Kohlenstoffgehalt etwa $0,8^0/_0$.

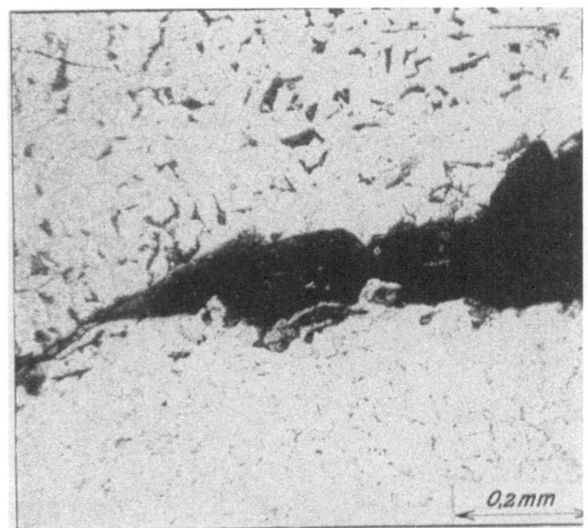

(67)   Figur 86. $V = 75$.

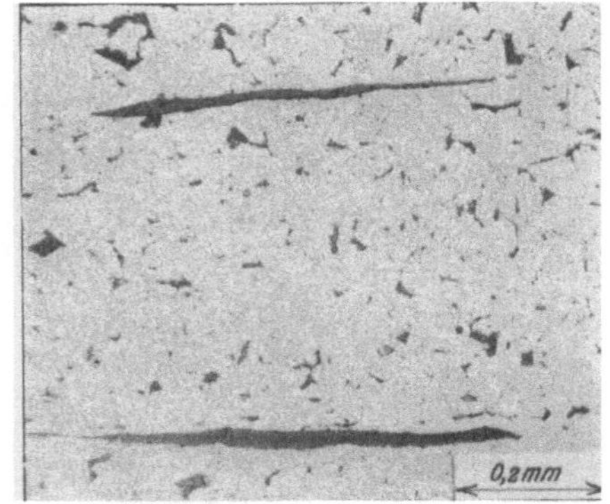

(68)   Figur 87. $V = 75$.

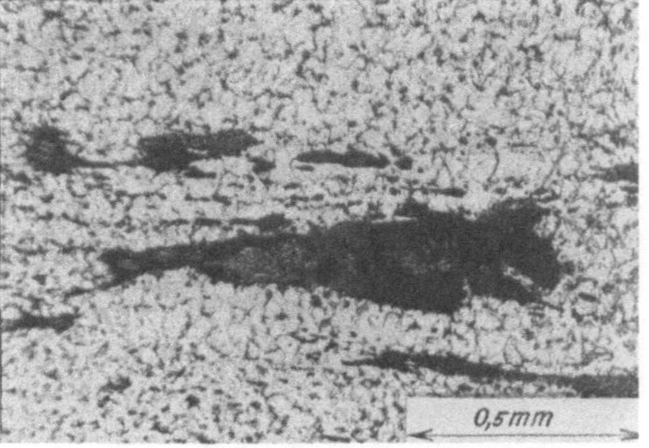

(69)   Figur 88. $V = 50$.

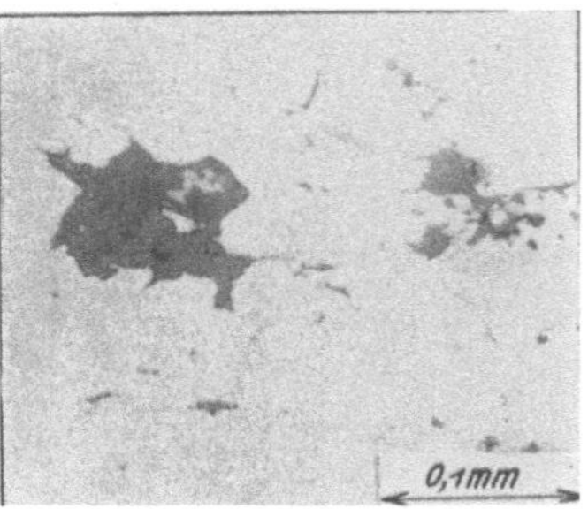

(72)   Figur 91. $V = 150$.

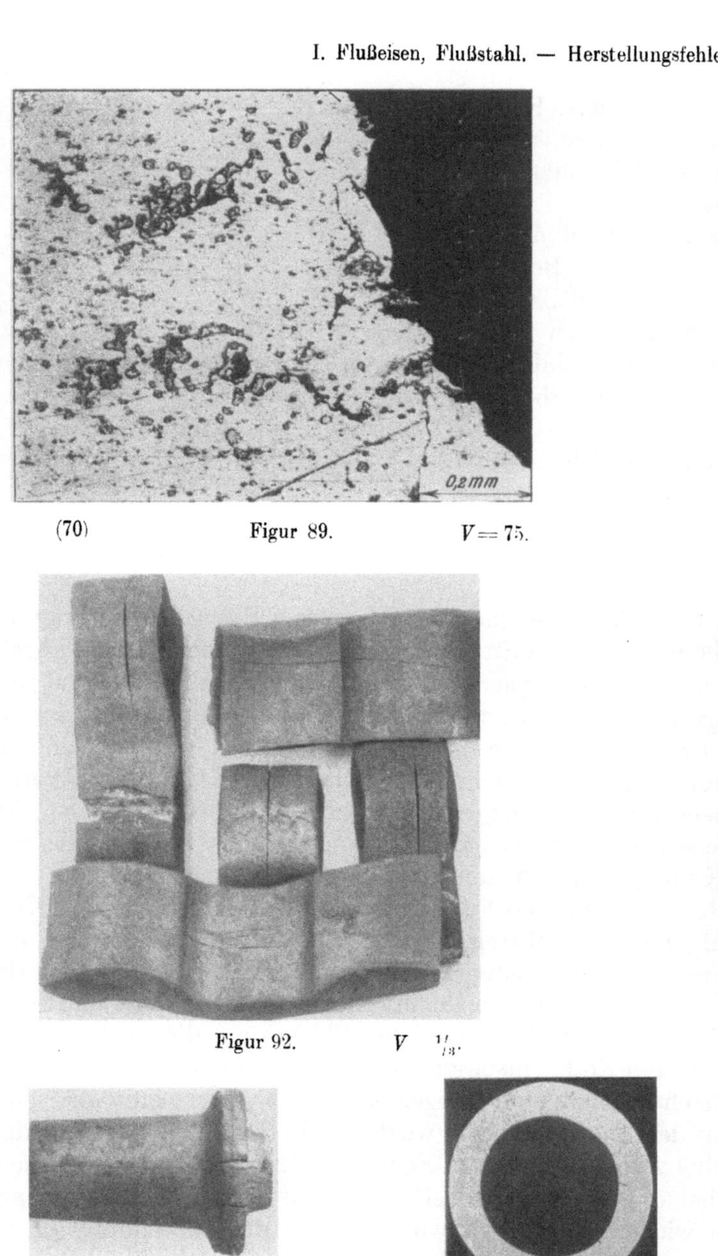

(70) Figur 89. $V = 75$.

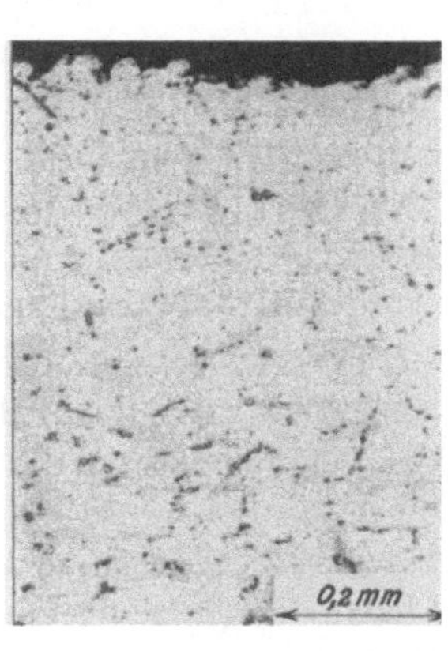

(71) Figur 90. $V = 75$.

Figur 92. $V \ {}^{1}\!/_{13}$.

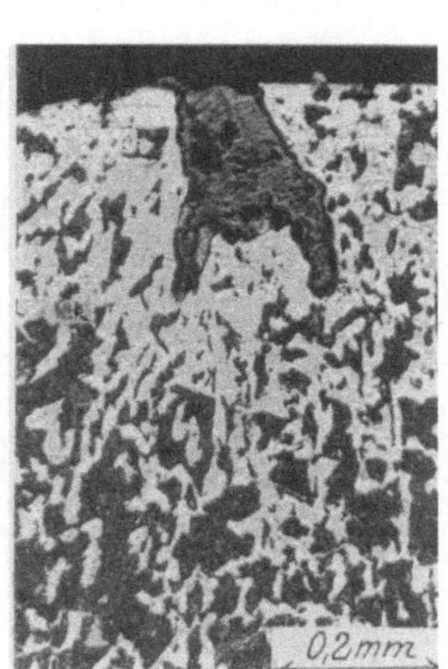

Figur 93. $V = 75$.

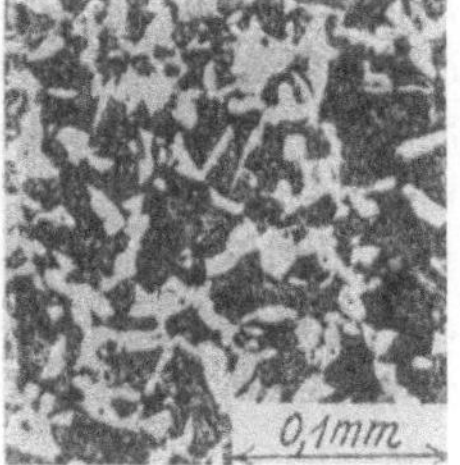

Figur 94. $V = 0,3$.

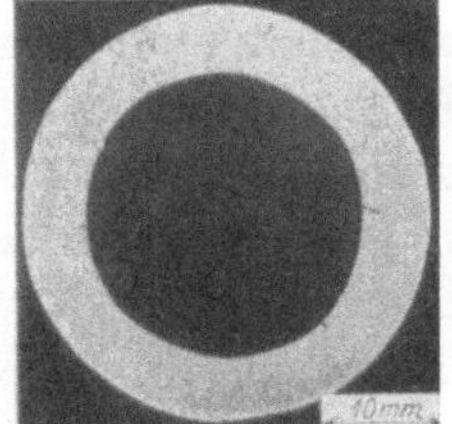

Figur 96. $V = 0,8$.

Figur 99. $V = 150$.

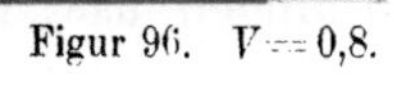

Figur 95. $V = 0,3$.

Figur 98. $V = 0,9$.

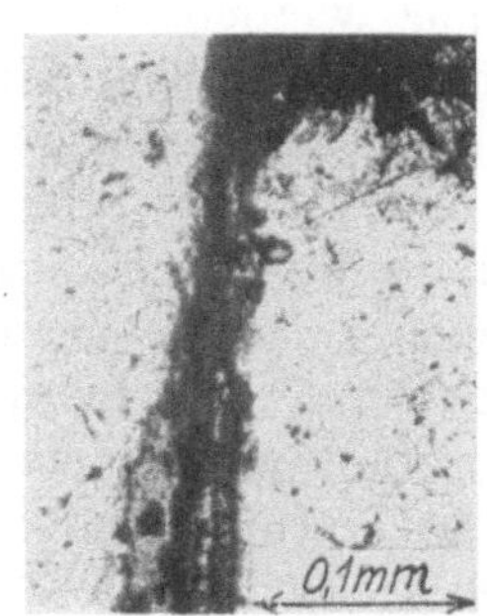

Figur 97. $V = 150$.

Figur 100. $V = 150$.

Figur 101. Wie Figur 88, anderes Kesselblech. Die Schlacken sind in der hellen perlitarmen Mittelschicht eingelagert (Schliff geätzt), was sehr häufig zu beobachten ist.

Figur 102. Schlackeneinschluß mit kristallartiger Zeichnung, aus mehreren Bestandteilen aufgebaut (vgl. Figur 105, 594, 595, 652, 653).

Figur 103. Schlacken, die einen großen Bereich des Materials einhüllen und damit schon bei geringer Menge die Zähigkeit erheblich mindern können.

Figur 104. Schlackenreiche Schicht in Kesselblech; längliche Gestalt der Einschlüsse in der Walzrichtung.

Figur 105. Grober Schlackeneinschluß aus mehreren Bestandteilen (Kesselblech).

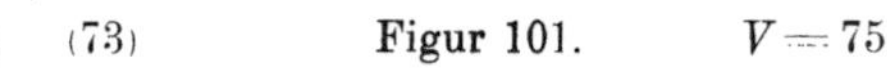

(73)   Figur 101. $V = 75$.

Figur 106 und 107. Schlackeneinschlüsse aus gezogenem Eisen, teils von rundlicher Gestalt (länglich), teils beim Walz- und Streckvorgang zertrümmert (Schliffe ungeätzt).

Figur 108. Ganzer Querschnitt durch das Eisen, von dem Figur 106, 107 herrühren. In der Mitte ist die Seigerzone des Blockes, aus dem die Stange ausgewalzt wurde, als dunkles Viereck noch zu erkennen. Infolge der Formänderungen beim Walzen hat der Kern seine Lage zu den Außenseiten nicht beibehalten, er erscheint etwas verdreht. Das in die Form gegossene Flußeisen erstarrt am Rand und am Boden zuerst. Dabei scheiden sich zuerst die schwerer schmelzbaren Bestandteile, d. s. Kristalle aus reinem Eisen mit geringerem Kohlenstoffgehalt (senkrecht zur Abkühlungsoberfläche, wie bei Hartguß, S. 114, 128) ab. Der Rand und Fuß des Blockes ist daher ärmer an Kohlenstoff und an Verunreinigungen, die Mittelzone reicher. (Es kann vorkommen, daß in der Mitte selbst wieder reineres Eisen auftritt, vgl. Figur 164, S. 35.) Man pflegt diesen bekannten Vorgang als „Seigerung" zu bezeichnen. Kohlenstoff, Phosphor und Schwefel seigern; sie sammeln sich daher an den Stellen des Blockes an, die zuletzt erstarren, d. i. im Kern und am oberen Ende; insbesondere an der Übergangsschicht zwischen Rand und Kern. Es entsteht deshalb eine „Seigerzone", deren Querschnitt in Figur 108 dunkel erscheint, die mit dem Block gestreckt wird: Bei Blechen verläuft sie als dunkle Schicht im Innern parallel zur Walzhaut, vgl. Figur 81, 112, 128; bei Profilen dagegen kann der Kern gegenüber den Außenseiten jede beliebige Lage einnehmen, wenn der Block beim Auswalzen wiederholt gedreht wird. Infolge der Abkühlung schwindet der Block, es entstehen am oberen Ende Saugstellen, Lunker, die beim Auswalzen zu unganzen Stellen, Doppelungen usw. führen. Am oberen Ende sammeln sich auch infolge des Auftriebes die leichteren Schlackenstoffe usw. an. In der Regel darf nicht darauf gerechnet werden, daß solche Fehlstellen beim Auswalzen zuschweißen. Sie führen zu Riß- und Blasenbildungen. Zweck der neueren Blockpreßverfahren ist außer dem Schließen der Hohlräume die Verminderung der Seigerung.

Figur 109. Längsschnitt zu Figur 108 (Schliff ungeätzt).

Figur 110. Längsschnitt durch ein Stück einer kalt gezogenen Stange (ungeätzt). Der Kern ist ausgebohrt. Infolge der Beanspruchung beim Ziehen und wegen der geringen Zähigkeit des durch die Seigerung stärker verunreinigten Kernmaterials sind Risse senkrecht zur Stangenachse eingetreten. Ähnliches ist manchmal bei Rohren zu beobachten. Das Kernmaterial bildet bei solchen die innere Oberfläche. Es entstehen dann Risse an der Rohrinnenwand, Figur 96. Gelangen solche Schlackenadern infolge der Bearbeitung an die Oberfläche, so können sie, da sie wie Anrisse wirken, die Widerstandsfähigkeit der Konstruktionsteile bedeutend vermindern (vgl. auch Figur 116, 117, 121, 124, 162, 218, 219, 335).

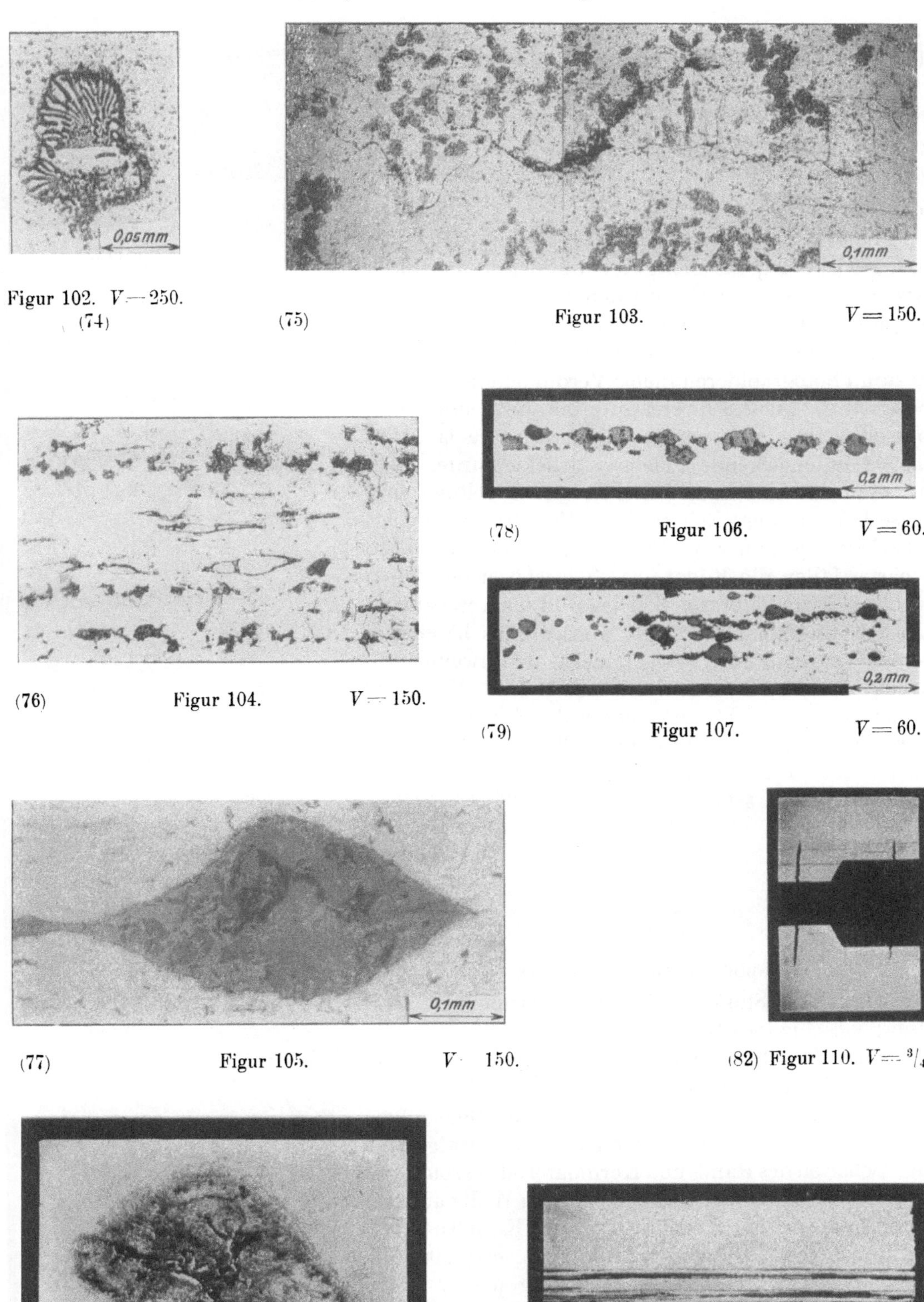

Figur 102. $V = 250$.

(74)

(75)

Figur 103. $V = 150$.

(76) Figur 104. $V = 150$.

(78) Figur 106. $V = 60$.

(79) Figur 107. $V = 60$.

(77) Figur 105. $V = 150$.

(82) Figur 110. $V = {}^3/_4$.

(80) Figur 108. $V = 2,5$.

(81) Figur 109. $V = 1,5$.

Figur 111. Querschnitt durch die Stange, von der Figur 82 herrührt. Seigerzone und Schlackenader.

Figur 112. Querschnitt durch ein Kesselblech mit Rißbildung, das starke Seigerung aufwies. Vgl. Figur 134 (im Durchschnitt $0,10\,^0/_0\,C.\ 0.43\,^0/_0\,Mn.\ 0,05\,^0/_0\,S$, $0,05\,^0/_0\,P,\ 0,04\,^0/_0\,As$).

Schwefeldrucke.

Figur 113. Schwefeldruck[1]. Während bei den bisher wiedergegebenen Figuren die Seigerzonen durch Ätzen sichtbar gemacht wurden und hierauf photographische Abbildung stattfand, ist Figur 113 dadurch erlangt worden, daß ein Stück Bromsilberpapier (wie es zum Photographieren dient; Verdunkelung ist nicht nötig) in $5\,^0/_0$ iger Schwefelsäure getränkt, mit Fließpapier abgetrocknet und etwa eine Minute lang auf die zu untersuchende Fläche gedrückt wurde. Nach Fixieren im Fixierbad, Waschen und Trocknen sind diese Drucke lange Zeit haltbar. Zur Prüfung genügt Überfeilen; je feiner die Fläche bearbeitet wird, desto schärfer fallen die Bilder aus. Schwefelreiche Stellen färben sich dunkelbraun. Soll das Bild zur Abschätzung des Schwefelgehaltes benützt werden, was häufig geschieht, so empfiehlt es sich meist, den zweiten Abdruck von derselben Stelle zu verwenden. Vgl. auch Figur 132, 443. 592, 664. ferner das S. 187 unter E, sowie das zu Figur 126 und 128 Bemerkte. Die chemische Untersuchung ergab:

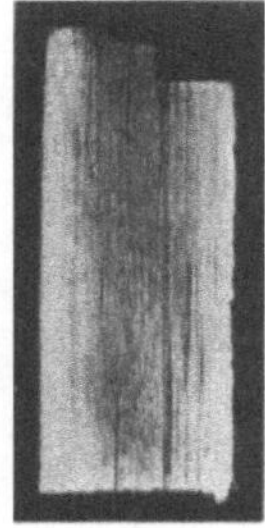

Figur 111. $V = {}^3/_4.$
(83)

Figur 112. $V = {}^1/_4.$
(84)

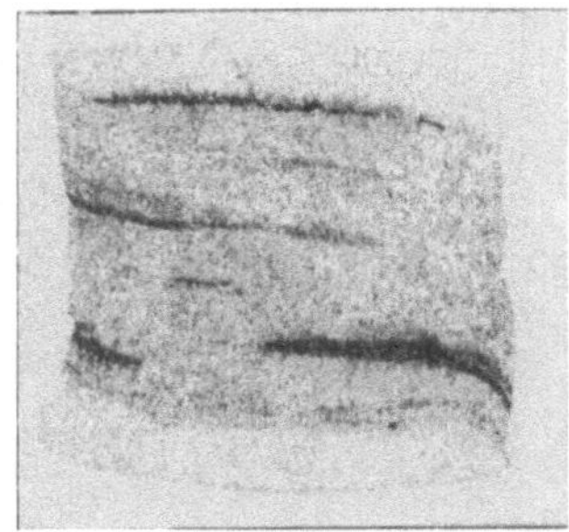

(85)   Figur 113. $V = {}^3/_4.$

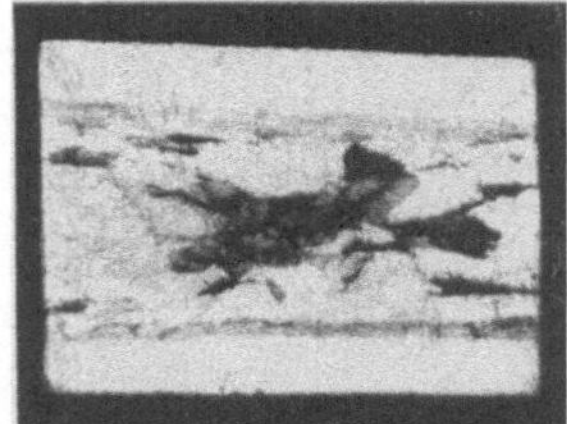

(86)   Figur 114. $V = {}^3/_4.$

		ganzer Querschnitt	dunkle Schichten
Mn	$^0/_0$	0,460	0,486
S	$^0/_0$	0.111	0,220
P	$^0/_0$	0,149	0,221
As	$^0/_0$	0,206	0,251
Cu	$^0/_0$	0,652	(viel)

Beispiele verschiedener Art.

Figur 114. Stark entwickelte Seigerung bei Flacheisen; vgl. Figuren 129. 130.

Figur 115. Stark entwickelte Seigerung bei einem Preßteil. Mit den durch die Dunkelfärbung des Kernes gekennzeichneten Unterschieden des Kohlenstoffgehaltes sind große Verschiedenheiten der Festigkeitseigenschaften des Rand- und Kernmaterials verbunden. So fand sich z. B. bei einer gebrochenen Welle aus anderem Material am Rand $0,40\,^0/_0\,C$, im Kern $0,64\,^0/_0\,C$, am Rand $\sigma_s = 3010, K_z = 6201$ kg/qcm, $\varphi = 20$, $\psi = 40\,^0/_0$ im Kern $\sigma_s = 4634$, $K_z = 7725$ kg qcm, $\varphi = 7,5$, $\psi = 30\,^0/_0$.

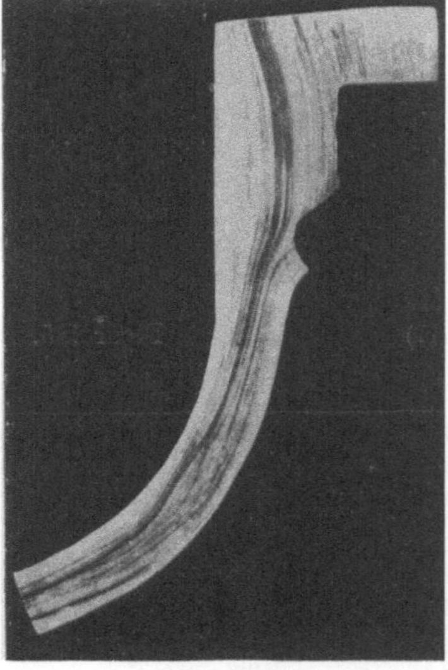

(87)   Figur 115. $V = 0,4.$

Figur 116. Schlackeneinschlüsse als Bruchursache bei einem Preßschmiedestück.

Figur 117. Gebrochener Fräser.

Figur 118. Von demselben Stück, wie Figur 117. Deutlich sind nach dem Abbrechen des Schaftes im Schraubstock Schichten hervorgetreten, die darauf hinweisen, daß auch die Spaltung, die Figur 117 zeigt, durch eine Schlackenschicht verursacht ist.

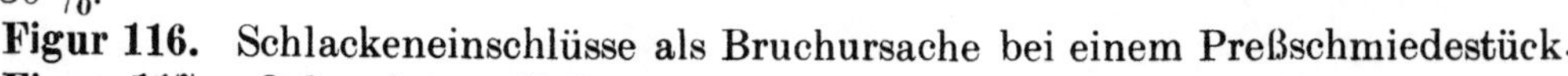

[1]) Metallurgie, 1906, S. 416.

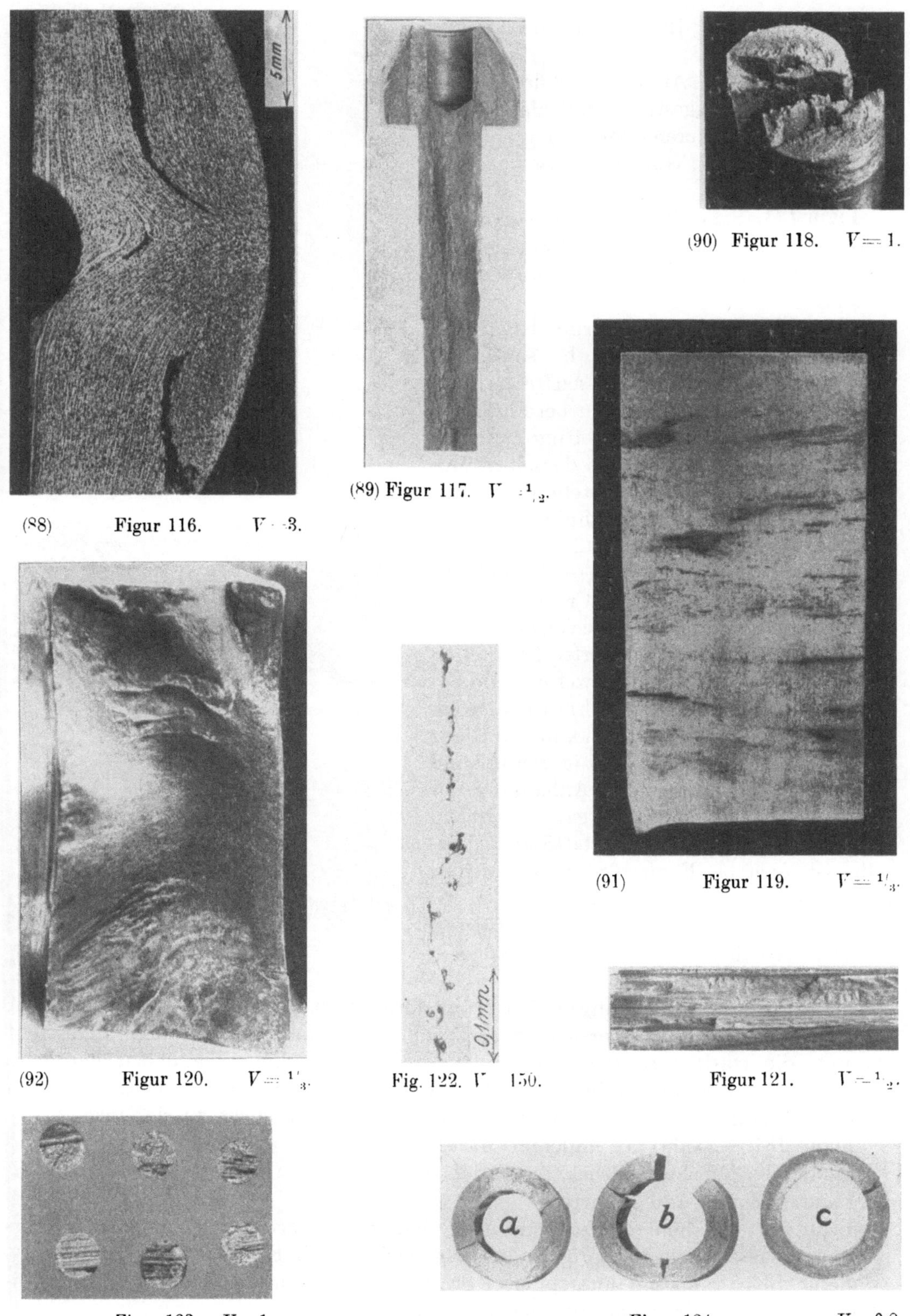

Figur 119. Querschnitt durch den Arm einer gekröpften Kurbelwelle (Gasmotor), welche im Betriebe gebrochen ist, mit starker Seigerung[1].

[1] Außen: $\sigma_s = 1960$, $K_z = 3790$ kg/qcm, $\varphi = 23{,}6^0/_0$, $\psi = 44^0/_0$} $A_k = 1{,}7$ bis $2{,}5$ mkg/qcm
Innen: $\sigma_s = 2030$, $K_z = 4200$, $\varphi = 16{,}1^0/_0$, $\psi = 31^0/_0$} (große Stäbe).

Figur 120. S. 27. Bruchfläche, zu Figur 119 gehörig.

Figur 121. S. 27. Aus der Bruchfläche eines Stahlrohrs mit langgestreckten Schlackeneinschlüssen, durch inneren Überdruck gesprengt.

Figur 122. S. 27. Schlackeneinschluß daraus (ungeätzt).

Figur 123. S. 27. Bruchflächen von Querzerreißstäben daraus (vgl. die Zahlen auf S. 18). Die Schlackenschichten sind deutlich sichtbar.

Figur 124. S. 27. Aufgedornte Ringe aus demselben Material (Ring a, b), sowie aus zähem, von Schlackeneinschlüssen freiem Stahl – Ring c — (vgl. die Angaben bei Figur 64). Sehr geringe Aufweitung bei Ring a und b.

Figur 125. Zwei Stäbe aus derselben Motorenwelle, der eine ohne Fehlstelle, der andere mit Schlackeneinschlüssen, ähnlich wie bei Figur 121 bis 124. $K_z = 10281$ und 9611 kg/qcm; $\varphi = 13,7$ und $3,0\,^0/_0$; $\psi = 54$ und $4\,^0/_0$ $(0,34\,^0/_0$ C, $4,25\,^0/_0$ Ni, $1,56\,^0/_0$ Cr. $0,46\,^0/_0$ Mn$)$.

Figur 126. Überfeilte Fläche von demselben Material, das Figur 113 lieferte. Die Stellen der stärksten Verunreinigung weisen beim Bearbeiten mit einer scharfen Schruppfeile sowie beim Überhobeln einen anderen Glanz auf als das Nachbarmaterial. Figuren 113 und 126 zeigen, daß sehr starke Anhäufung der Verunreinigungen am Übergang zwischen Rand und Kern in Nestern stattfindet. Dasselbe ist auch bei Figur 108 und 111 usf. zu beobachten.

Figur 127. Sichtbarmachen von feinen Rissen durch Überhobeln mit spitzem Stahl.

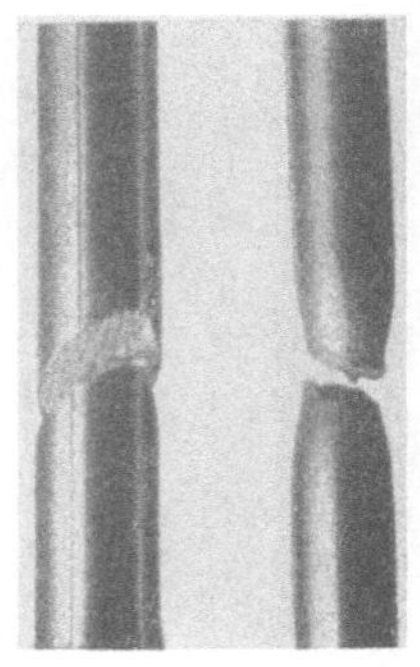

Figur 125. $V = 1$.   (93) Figur 126. $V = 1$.

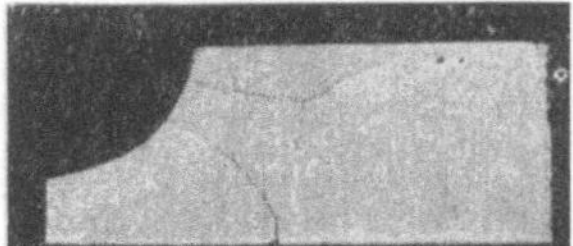

(94)   Figur 127. $V = {}^3/_4$.

(95)   Figur 128. $V = {}^1/_2$.

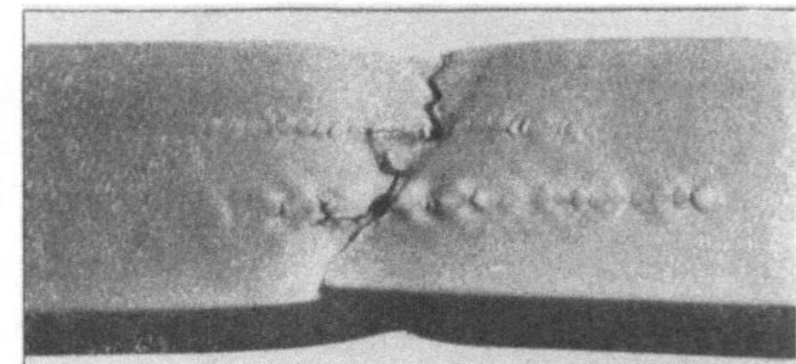

(96)   Figur 129. $V = {}^2/_3$.

Figur 128 Kennzeichnung der Seigerung durch Rosten (Stab autogen geschweißt).

Figur 129 und 130. Zerrissener Stab aus dem Material, von dem Figur 114 stammt, die stark verunreinigten Stellen erscheinen heller. Sie haben geringere Zähigkeit und erhalten deshalb Anrisse, die an der Staboberfläche sichtbar werden („Adern", „Nähte", „Härteadern" usw.), wenn die Adern nicht zu tief liegen.

Figur 131. „Naht" an anderem Material.

Figur 132. „Schwefeldruck" von dem in Figur 131 abgebildeten Stab (vgl. das zu Figur 113 und 130 Bemerkte).

Figur 133. Bei höherer Temperatur im Palminbad zerrissener Stab. Die Seigerstreifen erweisen sich als porös und haben nachträglich Fett ausgeschwitzt.

Figur 134. Stab mit ausgeprägter Schichtenbildung infolge starker Verunreinigung („blättrige" Bruchfläche); Querschnittbild: Figur 112.

Figur 135. Kerbschlagprobe mit geringer Zähigkeit; Seigerstreifen. Vgl. das zu Figur 61, S. 16 Bemerkte.

Figur 136. Flußeisen von geringer Zähigkeit, durch Verdrehung gebrochen, vgl. Figur 55, S. 14 und Figur 667, S. 124.

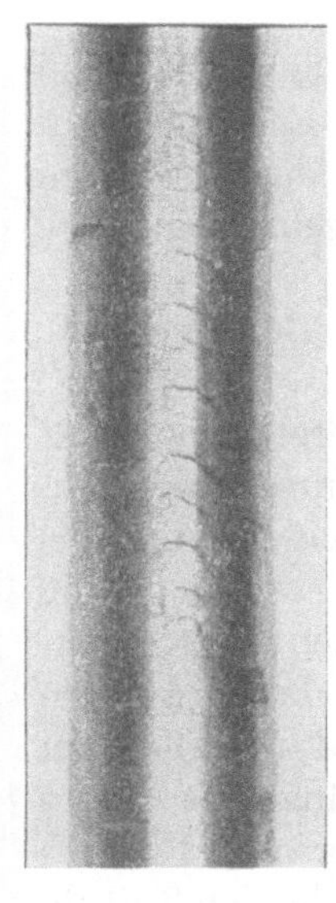
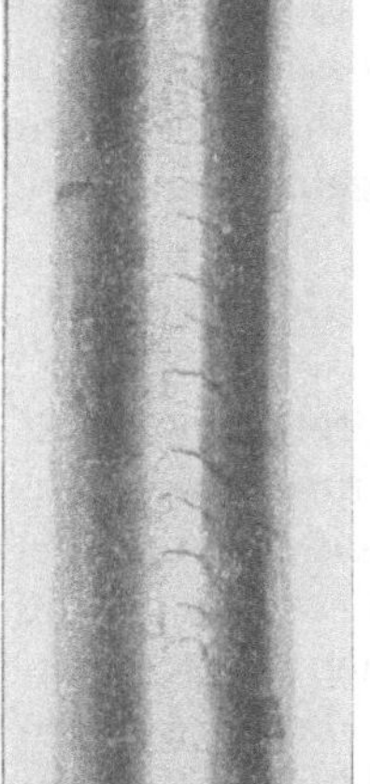

(97) Figur 130. $V = {}^2/_3$.

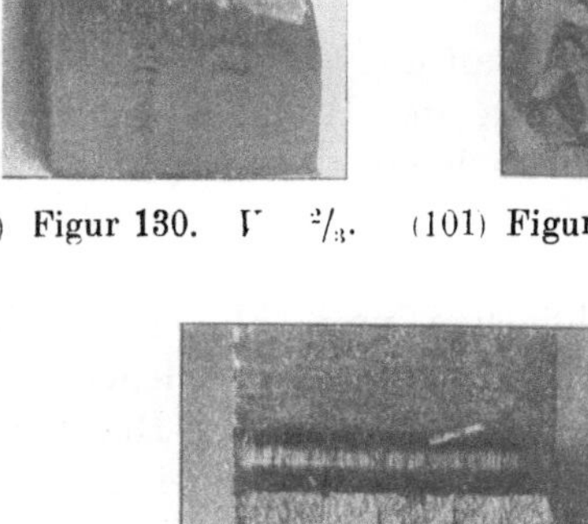

(101) Figur 134. $V = 1$.

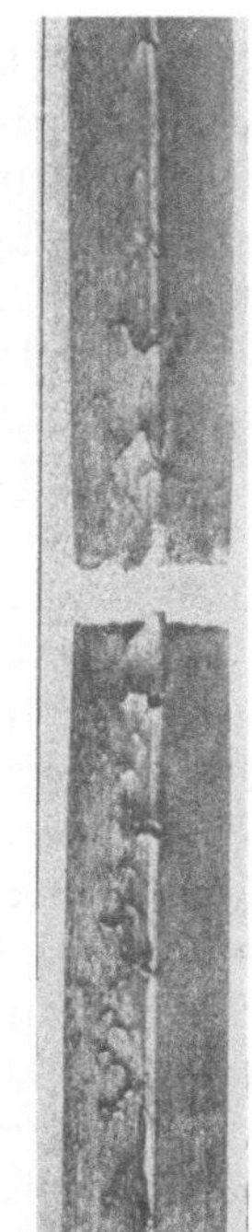

(98) Figur 131. $V = 1$.

(102) Figur 135. $V = 1,25$.

(104) Fig. 137. $V = 1$.

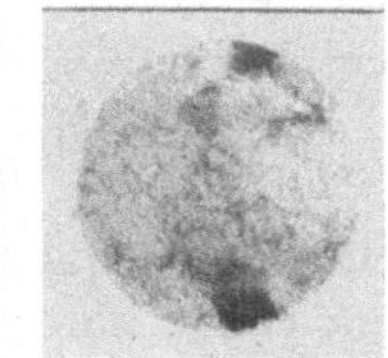

(99) Figur 132. $V = 1$.

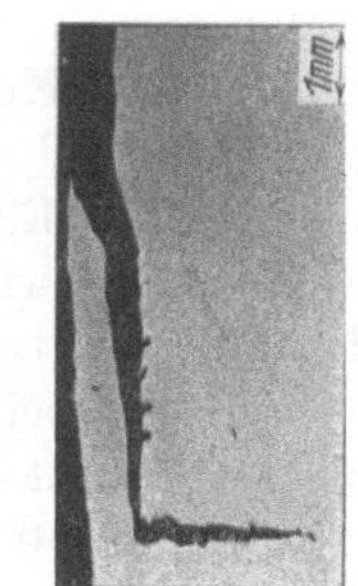

(105) Figur 138. $V = 5$.

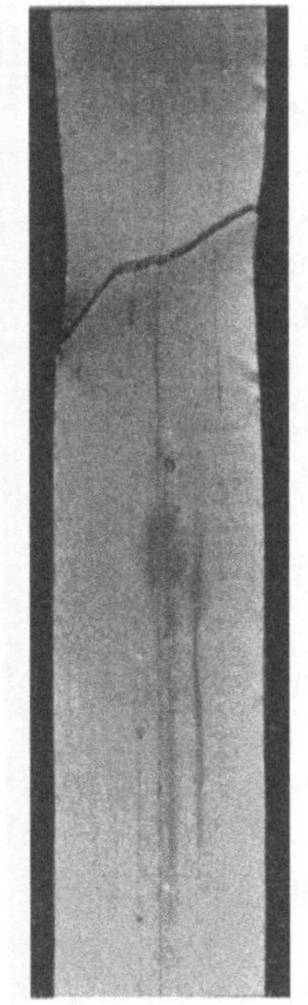

(103) Figur 136. $V = {}^1/_8$.

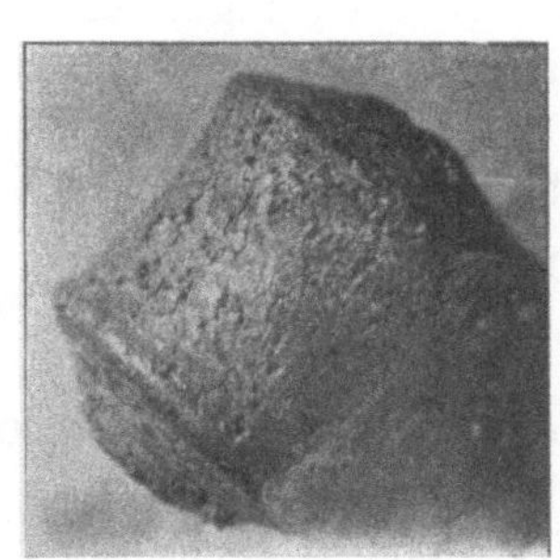

(100) Fig. 133. $V = {}^3/_4$.

(106) Figur 139. $V = {}^3/_4$.

(107) Figur 140. $V = {}^1/_2$.

Figur 137. Stab mit Walzsplittern an der Oberfläche.
Figur 138. Schnitt durch einen Walzsplitter aus Figur 137.
Figur 139. Nicht bestandene Warmbiegeprobe. S. auch die Bemerkungen zu Figur 252, S. 49 am Schluß.
Figur 140. Stab mit in der Rotwärme entstandener Spaltung.

Figur 141. Unten: Stab aus dem Flacheisen, das Figur 113 geliefert hat, bei der Biegeprobe gebrochen; oben: Stab aus demselben Material nach Erwärmen auf blaue Anlauffarbe und Wiederabkühlen, so daß die ursprünglich nachweisbaren inneren Spannungen ausgelöst waren. nach Umbiegen nicht gebrochen, vgl. jedoch S. 36, Fußbemerkung 2.

Figur 142. Stark verrostetes, kalt um 90° gebogenes Rundeisen. Beim Versuch, das Stück gerade zu biegen, erfolgte der Bruch.

Figur 143. Derselbe Versuch, nachdem die Rostnarben durch Abdrehen beseitigt waren. Wiedergeradebiegen erfolgte ohne Bruch. Dasselbe Ergebnis wurde durch Abfeilen der Rostnarben erzielt. **Starkes Rosten** kann also die Zähigkeit vermindern.

Figur 144 bis 146. Bruchflächen von (Flußeisen oder) Stahl weisen häufig **dunkle Flecken** auf, die in der Regel am Rand liegen und von denen oft strahlenförmige Erhöhungen ausgehen. Sie rühren in der Regel **nicht** von Materialfehlern her. sondern bilden den Ausgang des Bruches (bei den Figuren 144 und 146 am Rand. verursacht durch einen Reißnadelriß zur Einteilung der Meßlänge des Probestabes, bei Figur 145 in der Mitte gelegen). Vorzeitige Einleitung des Bruches schneidet an der Dehnungslinie nach Erreichen der Höchstlast den abfallenden Teil ab, vgl. Figur 445, S. 82, und verursacht geringere Werte der Bruchdehnung und namentlich der Querschnittsverminderung. Die Zugfestigkeit wird in der Regel verhältnismäßig wenig beeinflußt. Dasselbe gilt für Stäbe mit Fehlstellen, vgl. Figur 150.

Figur 147. Eine andere Erscheinung sind die dunklen Punkte, die auf der Bruchfläche Figur 147 (Chromnickelstahl) auftreten:

Figur 148. Gefügebild desselben Stückes. Neben hellem Ferrit treten Perlitfelder sowie dunkle Inseln auf, die aus Temperkohle bestehen und von Ferrit umgeben sind (Kohlenstoffgehalt $0,79^0{}_0$, davon $0.19^0{}_0$ Temperkohle).

Figur 149. Zwei zerrissene Stäbe aus ähnlichem Chromnickelstahl. Der rechte Stab zeigt starke Einschnürung. der linke, dessen Bruchfläche schwarze Punkte wie bei Figur 147 aufwies, erscheint wenig zäh. Die Temperkohle kann bei der Herstellung des Stahles oder bei der späteren Wärmebehandlung (durch Zersetzen des Zementits) entstehen. Da bei dem vorliegenden Material die dunklen Nester in der Walzrichtung nicht gestreckt waren. dürfte die Schädigung erst nach dem Auswalzen eingetreten sein.

Figur 150 gibt in ausgezogener Linie das Schaubild für einen Zerreißstab mit Fehlstelle aus dem Material. von dem Figur 112 und 134 herrühren. Gestrichelt ist die Dehnungslinie für einen anderen Stab aus demselben Blech eingezeichnet, der keine eigentliche Fehlstelle auf den Bruchflächen erkennen ließ. Figur 150 zeigt deutlich, daß die Zugfestigkeit viel weniger beeinträchtigt worden ist, als die Verlängerung (Bruchdehnung). S. auch Figur 125, 419, S. 78.

Figur 151. Staboberfläche mit zweiter eingeschnürter Stelle a und kurzem Aufspalten an der Bruchfläche.

Figur 152. Längsschnitt durch denselben Stab. Die Vertiefung bei a, Figur 151, ist die Folge des kurzen Querrisses im Innern.

Figur 153. Querschnitt durch den Stab. Die Fehlstelle ist als Lunkerteil gekennzeichnet.

Figur 154. Stab mit doppelter Einschnürung, um den Unterschied gegenüber Figur 151 zu zeigen.

Die Ergebnisse der Prüfung von Kesselblechen, die im Betrieb Risse erhalten haben — teils infolge mangelhafter Beschaffenheit des Materials, teils infolge ungeeigneter Behandlung (Erörterungen hierüber s. in Z. Ver. deutsch. Ing. 1907. S. 1982 f.) — sind an folgenden Stellen enthalten:

Z. Ver. deutsch. Ing. 1902. S. 73f.; 1904. S. 1300f., 1342f.; 1906, S. 1f., 258f.; 1907, S. 465f., 747f.; 1910, S. 831f.. 1809f.; 1911, S. 1296; 1912, S. 1115f.; 1913, S. 461f., 1191. Z. des Bayerischen Revisionsvereins 1905, S. 1f.; 1911, S. 85f., 24,

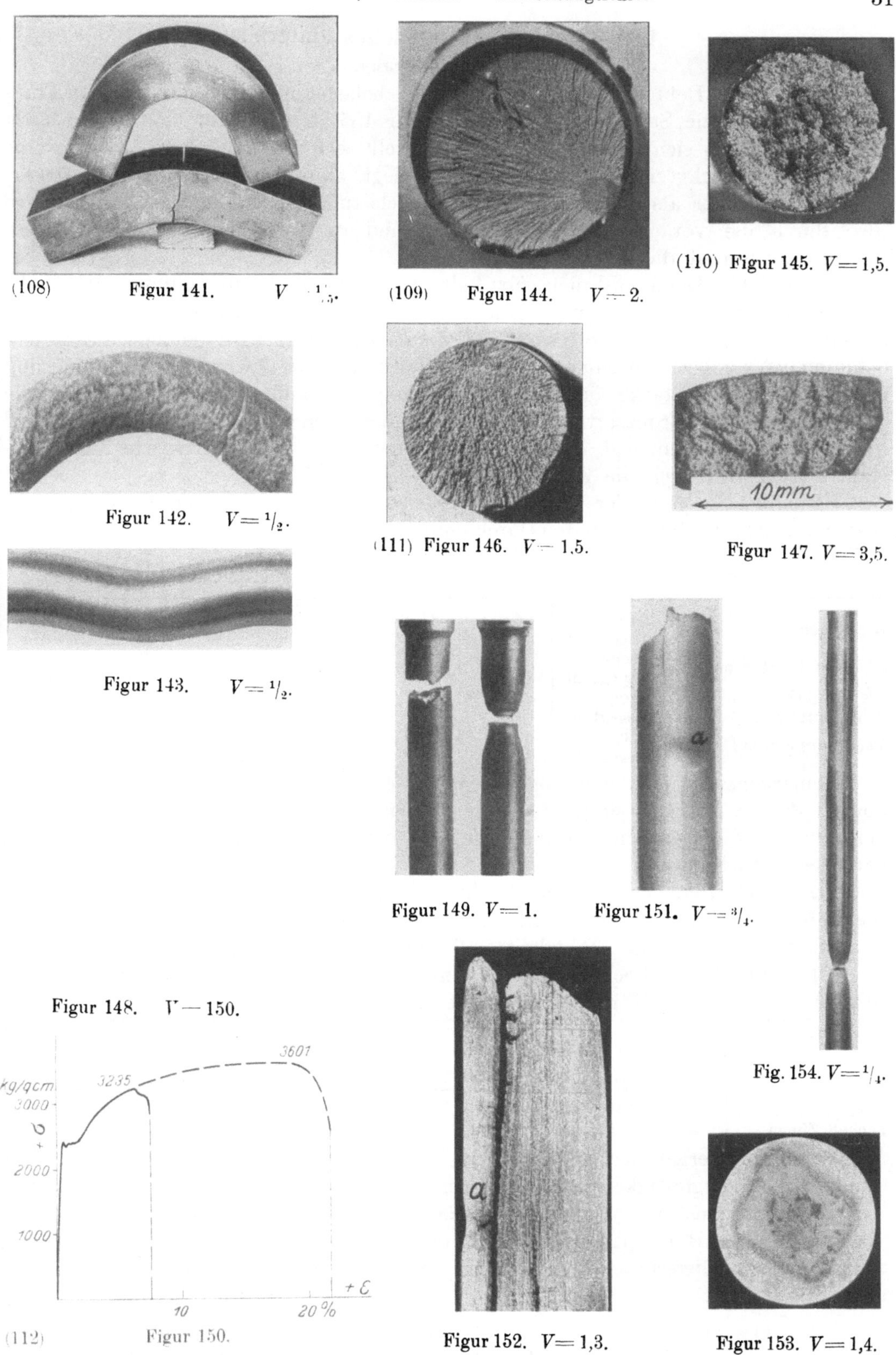

(108)   Figur 141. $V = {}^1\!/_{\!5}$.

(109)   Figur 144. $V = 2$.

(110) Figur 145. $V = 1{,}5$.

Figur 142. $V = {}^1\!/_2$.

(111) Figur 146. $V = 1{,}5$.

Figur 147. $V = 3{,}5$.

Figur 143. $V = {}^1\!/_2$.

Figur 149. $V = 1$.   Figur 151. $V = {}^3\!/_4$.

Figur 148. $V = 150$.

Fig. 154. $V = {}^1\!/_4$.

(112)   Figur 150.

Figur 152. $V = 1{,}3$.

Figur 153. $V = 1{,}4$.

42. Mitteil. über Forschungsarbeiten, Heft 33, 70, 83/84, 135/136.   Protokolle des Internationalen Verbandes der Dampfkesselüberwachungsvereine 1904, 1908, 1909. 1911, 1912, 1914.   Jahrbuch der Schiffbautechnischen Gesellschaft, 1915.

C. Verschieden behandeltes Material.

a) Formänderung.

Figur 155. Dehnungslinie eines zweimal belasteten Stabes. Wird ein Flußeisenstab über die Streckgrenze (bis A, Figur 155) beansprucht, sodann entlastet und längere Zeit sich selbst überlassen, so stellt sich bei der neuen Prüfung eine ausgeprägte Streckgrenze (σ_s) ein, die höher liegt, als die zuerst beobachtete Streckgrenze und höher als die vorausgegangene Belastung (A). Die Streckgrenze wird also durch die vorausgegangene Belastung und die folgende Ruhezeit gehoben.[1] Gleichzeitig nimmt die Zugfestigkeit etwas zu.

Figur 156. Dehnungslinien für kalt gezogenes und ausgeglühtes Material[2] von gleicher Zusammensetzung. Durch ausreichend weitgehendes Kaltziehen verschwindet die ausgeprägte Streckgrenze, die Zugfestigkeit wird gehoben, die Bruchdehnung vermindert[3]; weniger pflegt bei Eisen usf. die Querschnittsverminderung abzunehmen, weil starke örtliche Einschnürung vorhanden ist. Fehlt diese, wie z. B. bei manchen Bronzearten usf., so vermindert sich die Größe von ψ bedeutend durch das Kaltziehen, vgl. die Zahlen bei Figur 163. Festigkeitswerte für Bandstahl s. S. 82; vgl. auch die Zahlen von S. 37.

Zahlenmäßig geht der Einfluß des Kaltziehens aus folgenden Versuchsergebnissen mit Stahldrähten hervor (Durchschnitt aus je 2 Versuchen).

Durchmesser mm		1	1,5	2	2,5	3	4
K_z kg/qcm	gezogen	24335	22302	18909	18289	17451	16856
	ausgeglüht	8228	8080	6688	9134	8451	8374
$\varphi\,^0/_0$ auf $l = 100$ mm .	gezogen	1,0	1,2	2,9	2,4	3,6	3,0
	ausgeglüht	7,3	5,6	8,7	7,4	8,4	6,5
Biegezahl (Hin- und Her-biegeprobe)	gezogen	41	18	12	11	7	4
	ausgeglüht	18	8	14	9	7	4
Verwindungen auf 25 cm	gezogen	62	**43**	42	32	24	17
	ausgeglüht	—	—	—	—	—	—

Bemerkenswert ist die geringe Biegezahl eines Teils der ausgeglühten Drähte, obwohl diese weit zäher sind: die kaltgezogenen, dünnen Drähte legen sich fast allein auf Grund der elastischen Formänderung an die abgerundeten Backen $(r = 5$ mm) der Biegevorrichtung an.

Figur 157, 158. Verwundene Drähte. Fig. 157: Bruch längs den vorhandenen Ziehriefen. Fig. 158: Einzelne Teile haben sich an der Verwindung nicht beteiligt, was die Verwindungszahl (Zähigkeitsmaß) stark beeinträchtigen kann.

Figur 159, 160. Becher, aus 0,7 mm dickem Eisenblech gezogen, Figur 159 zeigt Ausreissen. Die Härtezahl H wurde mit $d = 5$ mm, $P = 50$ kg ermittelt.

	Figur 159					Figur 160				
	σ_s	K_z	φ	ψ	H	σ_s	K_z	φ	ψ	H
ausgeglüht . . .	2459	4044	24,5	60	99	1742	3053	30,5	61	82
nach 3 Zügen . .	—	6716	3,0	37	189	—	5411	3,5	41	142

Wiederholt ergab sich bei sehr weichem Flußeisen, daß entgegen dem Vorstehenden die Zugfestigkeit durch das Ausglühen zunahm. So fand sich z. B.

Einlieferungszustand $K_z = 2601$ kg/qcm, $\varphi = 29\,^0/_0$, ausgeglüht $K_z = 3106$ kg/qcm, $\varphi = 32\,^0/_0$.

Figur 161. Hobelspäne von Stahl, der harte Stellen enthielt. Das weichere, zähere Material lieferte geringelte Späne (Stereoskopbild, vgl. Vorbemerkung, S. 3, sowie Figur 779).

---

[1] Vgl. Elastizität und Festigkeit § 4, 9, 10; die Maschinenelemente, XII. Aufl., S. 80f.; Z. Ver. deutsch. Ing. 1896, S. 346f., 672f. (Explosion von Kohlensäureflaschen infolge Nichtglühens).

[2] Auch das Warmwalzen beeinflußt infolge der weitgehenden mechanischen Durcharbeitung und bei kleinen Querschnitten infolge der rascheren Abkühlung die Festigkeitseigenschaften derart, daß die Zugfestigkeit mit steigender Verwalzung zunimmt. In ausgeglühten Stücken pflegen die Unterschiede geringer zu sein. Bei dünnen Blechen usw. ist durch Beilegen stärkerer Teile für

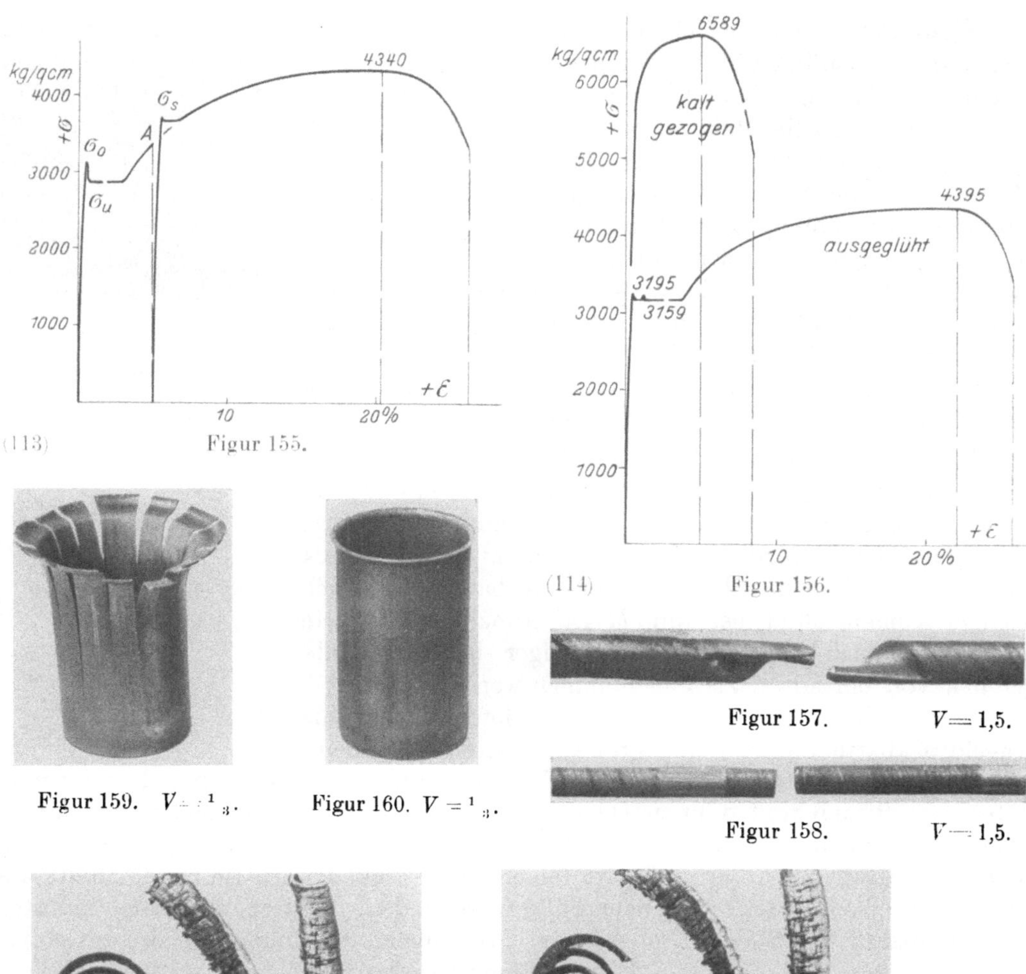

(113)   Figur 155.

(114)   Figur 156.

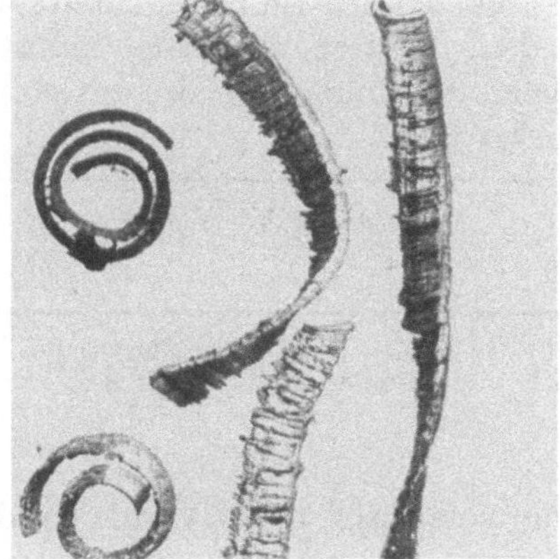

Figur 159. $V = {}^1\!/_3$.

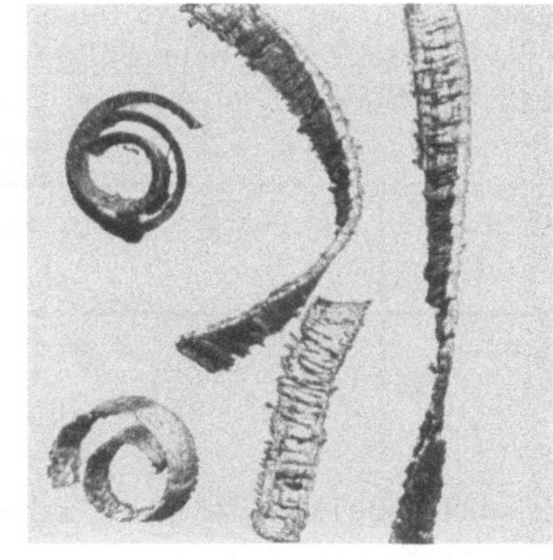

Figur 160. $V = {}^1\!/_3$.

Figur 157. $V = 1,5$.

Figur 158. $V = 1,5$.

Figur 161. $V = 1,5$.

langsame Abkühlung zu sorgen, auch wenn diese in Asche usw. erfolgt, sofern die volle Wirkung des Ausglühens erreicht werden soll. Über dicke Schmiedestücke s. S. 110.

[3]) Nach Explosionen usw. befindet sich das Material ebenfalls im vorbelasteten Zustand. Als Anhaltspunkt dafür, daß die eingetretene Veränderung der Festigkeitseigenschaften in der Regel keine sehr große sein wird, können folgende Werte dienen, die an Gasflaschen derselben Charge ermittelt sind.

	Flasche vor Entnahme der Stäbe durch Wasserdruck nicht beansprucht				Flasche vor Entnahme der Stäbe durch Wasserdruck aufgesprengt			
	Einlieferungszustand				Einlieferungszustand			
	nicht ausgeglüht		ausgeglüht		nicht ausgeglüht		ausgeglüht	
	K_z	φ	K_z	φ	K_z	φ	K_z	φ
Längsstäbe ..	5760	18,3	5395	20,4	5930	19,0	5510	20,9
Querstäbe ..	5940	13,2	5580	19,1	5990	15,8	5520	17,8

Diese Feststellung berührt die Frage der Zweckmäßigkeit des Ausglühens von Flaschen, die längere Zeit in Benützung waren, deren Material auch durch die Behandlung notgelitten haben kann, natürlich nicht.

Figur 162. Links: Bruchquerschnitt eines kalt gezogenen, kurz ausgeglühten Stabes; die beim Ziehen im Material erzeugten Spannungen bewirken eigenartigen stengeligen Aufbau. Rechts: dasselbe Material, stark ausgeglüht, wobei das stengelige Gefüge verschwindet. Durch nochmaliges Ausglühen hätte die Korngröße vermindert, die Zähigkeit verbessert werden können, vgl. S. 46, Figur 233 f., S. 72, Figur 382, sowie S. 103, Figur 529. Solches stengelige Gefüge hat ähnliche, die Zähigkeit in der Querrichtung vermindernde Wirkung, wie ausgeprägte Schlackenschichten (vgl. Figur 92 f., 110, 121 f., 335) und verursacht nicht selten, ebenso wie die Schichten, Aufreißen von Teilen, die in der Querrichtung beansprucht sind (Muttern, Rohre, Ringe, gehärtete Teile usf.).

(115) Figur 162. $V = 1$.

Figur 163. Verteilung der Kugeldruckhärte[1]) über den Querschnitt eines gezogenen Rundeisens von 50 mm Durchmesser mit kohlenstoffarmem Kern. Die Abnahme in der Mitte hängt mit dem Gefüge daselbst zusammen, vgl. Figur 164 bis 166: bei a ist bedeutend weniger Perlit vorhanden, also auch weniger Kohlenstoff als bei c und b. Die Abnahme der Härte von außen nach innen erscheint weniger bedeutend (abgesehen von der Mitte) als angenommen werden könnte.

Bei gleichförmigem, kaltgezogenem Material wird die Kugeldruckhärte außen wenig größer ermittelt als innen.

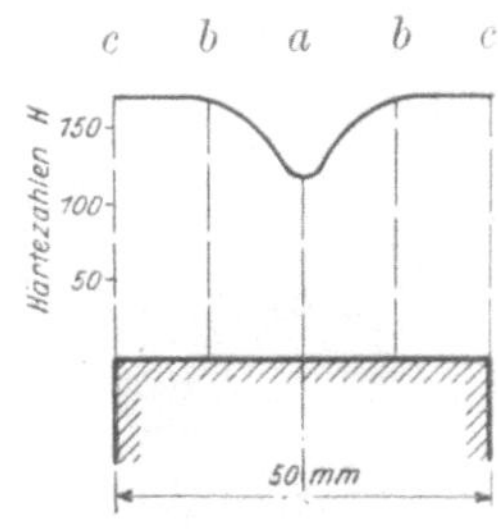

(116) Figur 163.

Sehr große Unterschiede in der Festigkeit und Härte können sich bei Profilstäben mit dicken und dünnen Querschnittsteilen einstellen, die mehr oder minder unvermittelt ineinander übergehen. Für 4 Stäbe mit verschiedenem Querschnitt aus demselben Messing wurden z. B. die folgenden Festigkeitswerte (je Durchschnitt aus 3 Versuchen) beobachtet. In jedem Falle wurden dem dicksten und dem dünnsten Querschnittsteil des Stabes Probekörper entnommen. Ein hierher gehöriges Gefügebild zeigt Figur 795, S. 147; vgl. auch Figur 815 bis 820.

Materialdicke an der Entnahmestelle in mm	Stab I		Stab II		Stab III		Stab IV	
	3	1	4	0,9	4,5	1	5	0,5
K_z kg/qcm	3900	4926	3983	4828	4605	5481	3648	5373
φ %	34,1	12,4	40,4	20,0	21,4	8,1	46,9	8,5
ψ %	55	24	67	42	53	45	73	36

Diese Beispiele sowie Figur 163 f. zeigen, wie vorsichtig beim Vergleich der Ergebnisse von Versuchen mit Stäben verfahren werden muß, die aus größeren Stücken usf. herausgearbeitet sind. Über das Verhalten des Materials in dicken Schmiedestücken s. S. 110.

Figur 164 bis 166. Gefüge des bei Figur 163 erwähnten Rundeisens am Rande (Figur 166), in der Mitte (Figur 164) und zwischen beiden letzteren Stellen (Figur 165). Der Rand weist weniger Perlit auf als die perlitreiche Zone bei b, der Kern ist sehr perlitarm, daher weich, weil sein Kohlenstoffgehalt gering ist.

Figur 167. Nietverbindung mit gestanzten und aufgedornten Löchern. Unterschied zwischen dem maschinell hergestellten, gewissermaßen in sich gestauchten Setzkopf (oben) und dem handgeschlagenen Schließkopf (unten)[2]), bei dem die Fasern seitlich umgebogen erscheinen. Vgl. auch Figur 217, 218, 220.

Figur 168. Linker Rand eines gestanzten Nietloches; Umbiegen der Schichten.

Figur 169. Wie Figur 168; Rißbildungen.

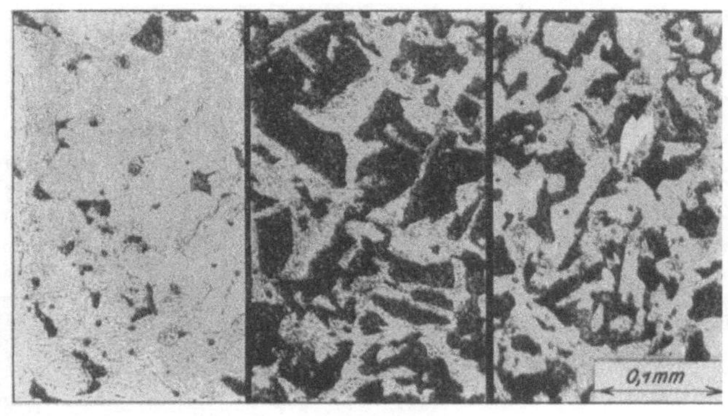

Gefüge
bei *a*   *b*   *c* in Fig. 163.
Figur 164.   Figur 165.   Figur 166. $V = 150$.
(117)   (118)   (119)

(121)   Figur 168. $V = 2{,}5$.

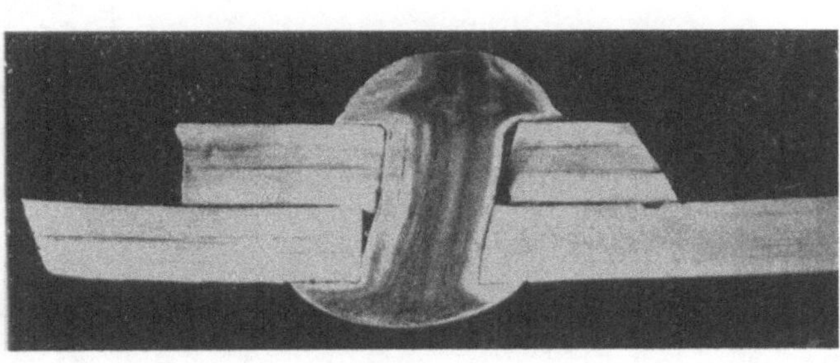

(120)   Figur 167. $V = {}^1/_2$.

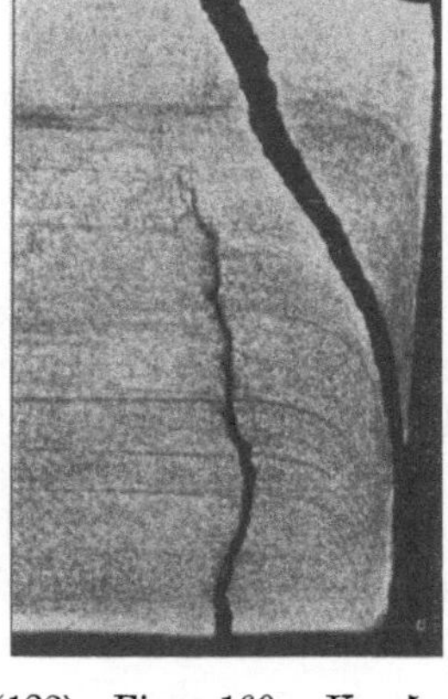

(122)   Figur 169. $V = 5$.

[1]) Da die Kugeldruckprobe noch nicht als ausreichend allgemein bekannt angesehen werden darf, sei folgendes bemerkt.

Die Kugeldruckprobe erfolgt durch Eindrücken einer Kugel aus gehärtetem Stahl vom Durchmesser d mm in die Oberfläche des zu prüfenden Stückes mit der Kraft P kg. Als Eindrückzeit kommt häufig eine Minute zur Anwendung. Aus dem Durchmesser des entstehenden Eindruckes (vgl. Fig. 28, S. 12) oder dessen Tiefe wird die kugelige Oberfläche f qmm des Eindruckes ermittelt. Als Härtezahl nach Brinell gilt die Größe $H = P : f$ kg/qmm. Diese Härtezahl ist für Flußeisen usf. der Zugfestigkeit angenähert proportional. — Für $d = 10$ mm und $P = 3000$ kg findet sich im Mittel $K_z = 36\,H$ kg/qcm. Die Größe des Verhältnisses $K_z : H$ ist im folgenden an vielen Stellen angegeben, um ein Urteil darüber zu ermöglichen, mit welcher Zuverlässigkeit aus den Ergebnissen der leicht, mit geringen Kosten und meist ohne erhebliche Beschädigung des Stückes ausführbaren Kugeldruckprobe auf die Zugfestigkeit des verwendeten Materials geschlossen werden kann. Von Interesse sind ferner die für Gußeißen, Messing, Bronze, Aluminium usf. angeführten Werte, die auch einen Schluß auf die Gleichförmigkeit des Materials zulassen.

Die Größe von d und P beeinflußt das Ergebnis. Üblich ist vielfach $d = 10$ mm, $P = 3000$ kg. Kann diese Kraft wegen zu geringer Abmessungen des Probekörpers nicht angewendet werden, so erscheint es bei Flußeisen noch zulässig, bis etwa $P = 1000$ kg herunterzugehen. Bei geringerer Anpressungskraft finden sich beträchtlich zu kleine Härtezahlen; erweist sich $P = 1000$ kg als zu groß (Bleche, schmale Streifen usf.), so ist eine kleinere Kugel zu wählen, z. B. $d = 5$ mm, $P = 750$ kg. Bei geeigneter Wahl von d und P $(P = 30\,d^2)$ wird derselbe Wert von H erreicht, der sich bei einem größeren Stück mit $d = 10$ mm, $P = 3000$ kg ergeben hätte. Für weiches Messing usf. kommt $d = 10$ mm, $P = 1000$ kg, für weiche Legierungen $d = 20$ mm, $P = 200$ kg in Betracht usf. Bei Eisenbahnschienen hat sich nach dem Vorschlag von Kohn $d = 19$ mm, $P = 50000$ kg eingebürgert. (Es ergab sich z. B. Eindrucktiefe 4,8 mm bei $K_z = 5600$ und 4,1 mm bei $K_z = 7050$ kg/qcm).

Vgl. auch die Bemerkungen zu Fig. 29, S. 12 und Fig. 364, 365, S. 70.

[2]) Vgl. C. Bach, Die Maschinenelemente. XII. Aufl., Tafel II und III.

Zerquetschung im Gefügebild von Flußeisen I.
(S. auch Figur 65 f.)

Figur 170. Stelle aus Figur 168. Zerquetschung der Körner; feine Anrisse.

Figur 171. Stelle vom Rand eines anderen Nietloches. Zerquetschung der Schichten auf erhebliche Tiefe — diese hängt auch von der Beschaffenheit der Werkzeuge usw. ab.

Figur 172. Stelle aus der Nähe des Bruches an einem zerrissenen Stab, um zu zeigen, daß die ursprünglich nach allen Richtungen ungefähr gleich bemessenen Körner in einer Richtung gestreckt werden. Hiermit hängt es auch zusammen, daß die Stäbe beim Zerreissen magnetisch werden (Figur 49. 50).

Figur 173. Stelle von dem Nietloch, das Figur 170 geliefert hatte, jedoch ausgeglüht. Die Kornstreckung und Quetschung ist verschwunden.

Figur 174. Grund vom Gewinde einer Schraube, die zur Befestigung eines Propellers gedient hatte und abgerissen war: Zerquetschung des Materials durch mangelhaftes Schneidzeug.

Figur 175. Grund der Kerbe, die durch Einschlagen einer Zahl in einer Kohlensäureflasche entstanden ist [1].

Figur 176. Querschnitt durch eine Hiebnarbe, herrührend von unsachgemäßem Abklopfen des Kesselsteins [2]. Solche Narben können, im Verein mit den Betriebseinflüssen, weitgehende Sprödigkeit hervorrufen.

Figur 177. Wie Figur 176, anderes Kesselblech.

Figur 178. Eindruck unter einem Nietkopf als Folge der Anwendung zu starken Druckes beim Nieten, was zu Nietlochrissen führen kann [3].

[1] Näheres Z. Ver. deutsch. Ing. 1912, S. 724 f.

[2] Näheres Z. Ver. deutsch. Ing. 1911, S. 1296 f.; 1915, S. 628 f., wo über eigene Versuche berichtet ist, die zeigen, daß bei Flußeisen durch Erwärmung gequetschten Materials Sprödigkeit hervorgebracht werden kann. Diese Feststellung, daß die Zähigkeit des Flußeisens in ähnlicher Weise notleidet, wenn es zuerst gequetscht (kaltgezogen, gepreßt) und nachher auf 200 bis 400° C erwärmt wird, wie wenn es in der Blauwärme Bearbeitung erfährt, ist von größter Bedeutung, kommt doch diese Aufeinanderfolge von Formänderung und Erwärmung sehr oft vor, ohne daß an ihre schädigende Wirkung gedacht wird. Die Empfindlichkeit des

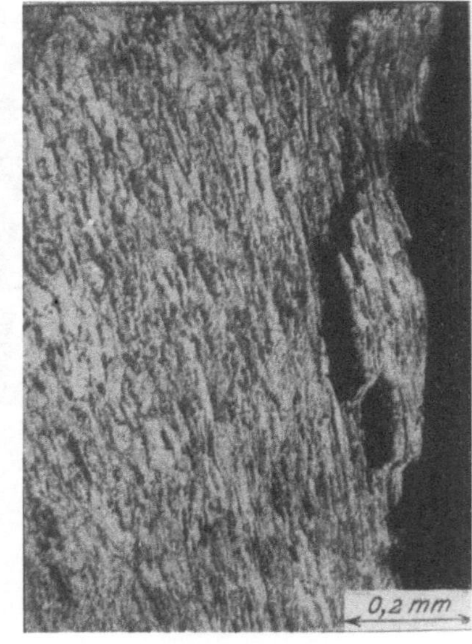

(123)   Figur 170.   V = 75.

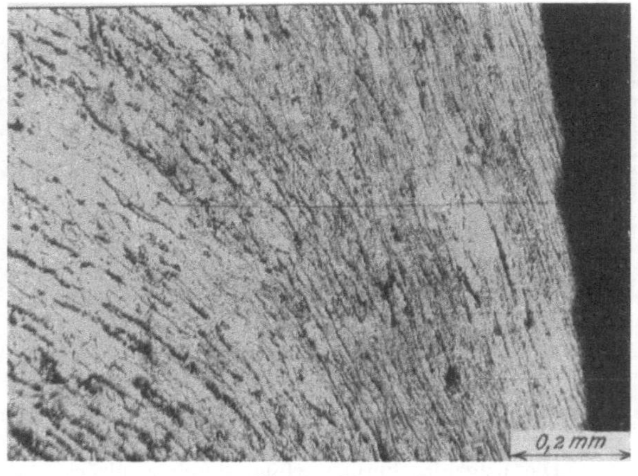

(124)   Figur 171.   V = 75.

(125)   Figur 172.   V = 150.   (126)   Figur 173.   V = 75.

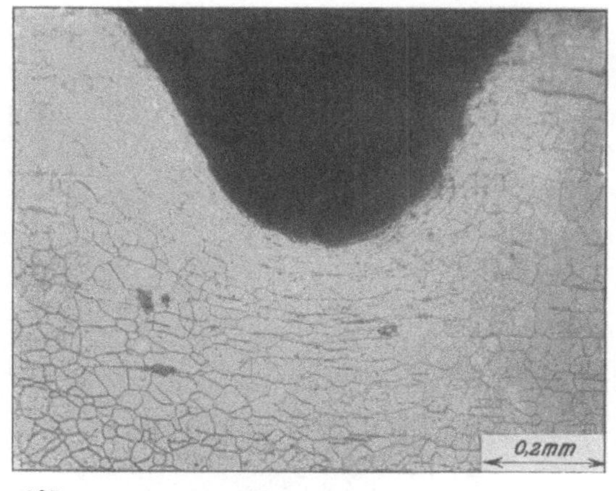

(127)   Figur 174. $V = 75$.

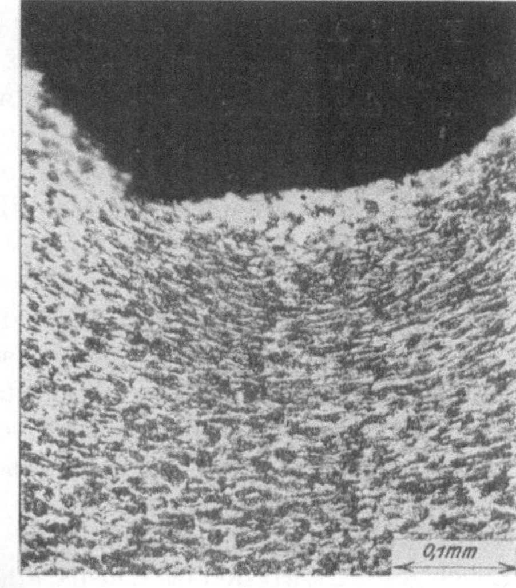

(128)   Figur 175. $V = 150$.

(129)   Figur 176. $V = 75$.

(131)   Figur 178. $V = $ rund $^1/_2$.

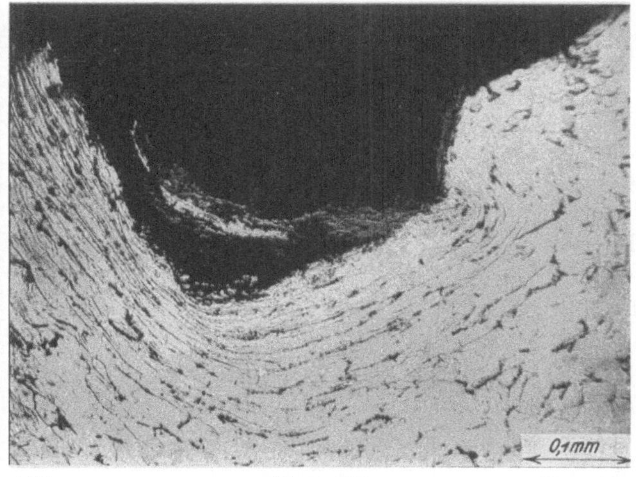

(130)   Figur 177. $V = 150$.

Materials gegen diese Behandlung scheint verschieden groß zu sein. Nicht selten erfolgt das Anwärmen absichtlich, um Ziehspannungen usf. zu vermindern (vgl. Figur 200 f.). Soll dies ohne Verringerung der Zähigkeit erreicht werden, so muß Erwärmung auf mindestens 500° C stattfinden. Von da nimmt aber die durch Ziehen usf. hervorgebrachte Festigkeitsteigerung ab, worauf zu achten ist. Als Beispiel sei erwähnt, daß kaltgezogene Flußeisennäpfe durch Anwärmen auf 300° C außerordentlich spröde wurden, durch Anlassen auf 500° C jedoch große Zähigkeit bei ausreichender Zugfestigkeit annahmen.

Für wenig gezogenes Flußeisen ergab sich z. B. bei 20° C (Mittelwerte):

Nach vorherigem Anlassen während 15 Min. bis °C	—	100	200	300	400	500	600	700	850
K_z kg/qcm	6576	6698	6837	7040	6965	6778	6347	5002	5006
φ $^0/_0$	12,7	12,2	12,5	12,9	14,3	16,3	17,5	29,4	26,5
ψ' $^0/_0$	51	52	52	52	52	52	55	63	58
A_k mkg/qcm	5,7	5,3	5,1	5,3	5,7	6,2	6,4	12,4	8,6

Figur 179. Gefüge unterhalb der Einprägung, die aus Figur 178 hervorgeht. Die Streifung der Körner deutet auf weitgehende Zerquetschung hin.

Figur 180. Gefüge von der Nähe einer Stemmkante in einem überhitzten Blech. vgl. S. 44 f. Die parallele Streifung ist das Kennzeichen der eingetretenen Materialzerquetschung. Sie stellt sich um so deutlicher ein, je ausgeprägter die Kristallanordnung vorhanden ist. Überhitztes, grobkörniges Material zeigt solche Erscheinungen leichter, als feinkörniges Eisen[1]).

Figur 181. Gefüge von Eisen, das durch häufiges Hin- und Herbiegen zum Bruch gebracht worden ist. Die parallelen, gekrümmten Streifungen sind als Folge der Formänderung anzusehen; die Krümmung deutet auf erheblichere Größe der Einzel-Formänderung hin.

Figur 182. Gefüge von der Krempe eines Tenbrink-Feuerrohres. Die häufigen Wärmewechsel im Betriebe haben Hinund Herbiegen um kleine Beträge bewirkt die zur Bildung von Rissen sowie zur Entstehung der parallelen Streifen in einzelnen Körnern geführt haben.

Spalten im Gefüge.

Figur 183. Gefüge mit eigenartigen „Spalten" im Innern der Körner. Das Bild rührt von einem stickstoffreichen Kesselblech her.

Figur 184. Ähnliches Gefügebild wie Figur 183, herrührend von Eisen, das im Ammoniakstrom ausgeglüht wurde.

Figur 185. Ähnliches Gefügebild wie Figur 184, herrührend vom Ausfüllmaterial einer autogenen Schweißung; vermutlich Anzeichen geringerer Zähigkeit.

Figur 186. Gefüge mit „Spalten" bei a; Kesselblech mit Rißbildung[2]).

Figur 187. Fortpflanzung eines von links nach rechts verlaufenden Risses in Kesselblech; Verlauf teils längs der Korngrenzen, teils durch die Körner hindurch, anscheinend den „Spalten" folgend. Ein Zusammenhang zwischen den letzteren

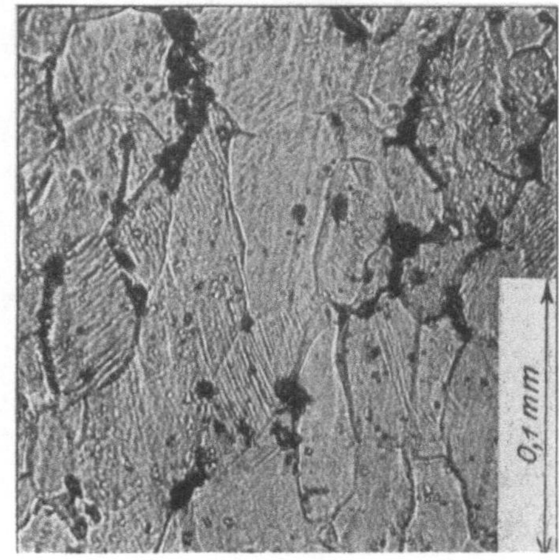

(132)   Figur 179. $V = 300.$

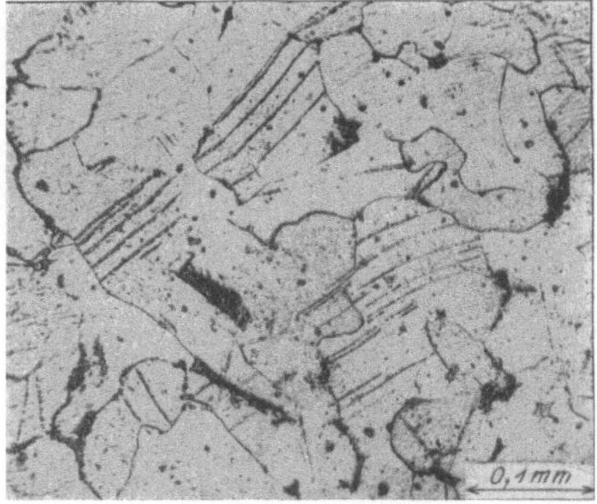

(133)   Figur 180. $V = 150.$

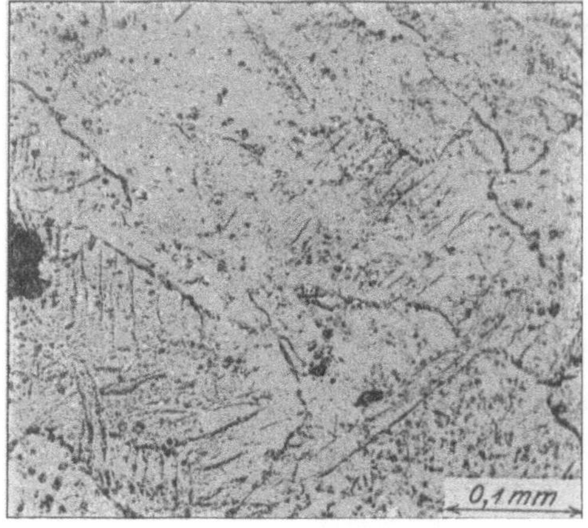

(134)   Figur 181. $V = 150.$

Diese Werte zeigen Steigerung der Zugfestigkeit K_z durch das Anlassen bis 500°C, Höchstwert für 300°C. Die Dehnung φ steigt nach Anlassen von 400° an, so daß das Produkt $K_z \cdot \varphi$, das als Maß des Arbeitsvermögens angesehen werden kann, wächst. Auch die Kerbschlagarbeit A_k nimmt nach Anlassen von 500° an zu. Das Ausglühen bei 850° ergab geringere Zähigkeit als das bei 700°.

[2]) (zu S. 36) Näheres Z. Ver. deutsch. Ing. 1912, S. 1890 f., sowie 1912, S. 1115 f., ferner Jahrbuch der Schiffbautechnischen Gesellschaft 1915, S. 479 f.

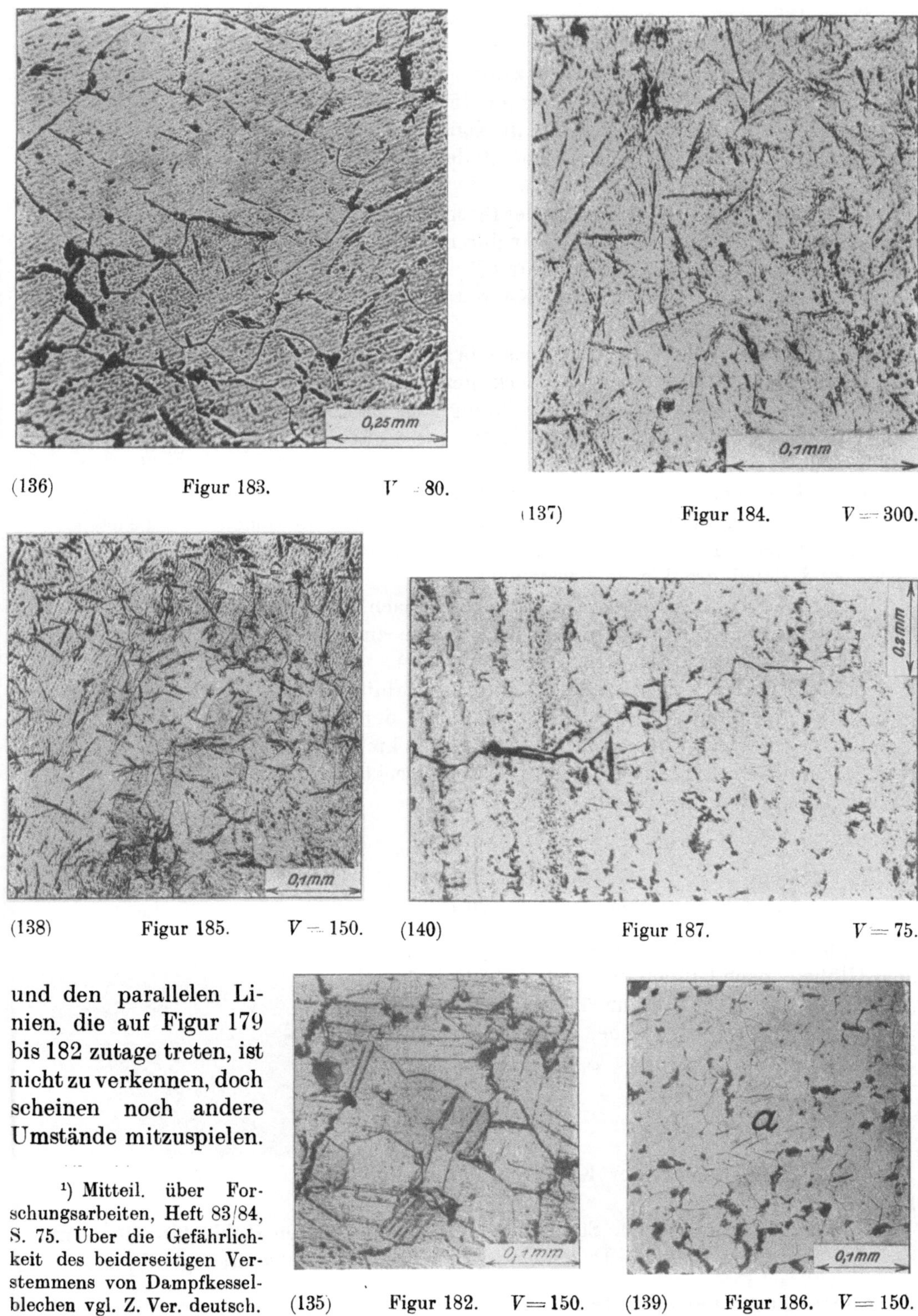

(136) Figur 183. $V = 80$.

(137) Figur 184. $V = 300$.

(138) Figur 185. $V = 150$. (140) Figur 187. $V = 75$.

und den parallelen Li-
nien, die auf Figur 179
bis 182 zutage treten, ist
nicht zu verkennen, doch
scheinen noch andere
Umstände mitzuspielen.

¹) Mitteil. über For-
schungsarbeiten, Heft 83/84,
S. 75. Über die Gefährlichkeit des beiderseitigen Ver-
stemmens von Dampfkessel-
blechen vgl. Z. Ver. deutsch.
Ing. 1912, S. 2071 f. Über die

(135) Figur 182. $V = 150$. (139) Figur 186. $V = 150$.

Gefährlichkeit des zu starken Einwalzens von Heizrohren vgl. Z. Ver. deutsch. Ing. 1913, S. 461 f.

²) Z. Ver. deutsch. Ing. 1907, S. 751, wo ausgesprochen wurde, daß die Erscheinung bei Material
zu beobachten ist, das häufig wechselnder Beanspruchung ausgesetzt ist, besonders deutlich, wenn
es sich im verbrannten oder überhitzten Zustand befindet, sowie an Material, das einen verhältnismäßig hohen Gehalt an Stickstoff aufweist. Hinsichtlich des ähnlichen Bildes bei der autogenen
Schweißung (Figur 185) s. u. a. Mitteil. über Forschungsarbeiten 1910, Heft 83/84, S. 18.

Figur 188. Stück einer Blechtafel, die als Bodenbelag gedient hatte und in zwei zueinander senkrechten Richtungen befahren worden war. Infolgedessen entstanden zahlreiche, zu der in Figur 188 über Eck gelegenen Fahrrichtung unter 45° gerichtete Risse — vgl. die Richtung der Streckfiguren in Figur 20 f.

Figur 189. Noch nicht gerissene Stelle daraus. Spalten im Gefüge ähnlich wie bei Figur 183 f.

Figur 190. Ende eines Risses aus der Blechtafel Figur 188; dieser verläuft teils den Spalten entlang quer durch die Körner. teils am Rande der letzteren. Vgl. auch Figur 187, 192.

Figur 191. Querschnitt durch Keilnute mit Anriß. der von der scharfen Ecke ausgeht.

Figur 192. Stelle vom Ende desselben.

Figur 193. Hälfte eines zu stark gezogenen Hohlkörpers. Die Stellen der stärksten Beanspruchung (an den Ecken) erscheinen dunkler. weil hier das Ätzmittel am stärksten angegriffen hat.

Figur 194. Querschnitt durch den Boden eines kaltgepreßten Stückes nach ungenügendem Ausglühen. Die Stellen, an denen die Beanspruchung (Formänderung) eine gewisse mittlere Höhe besaß, sind dabei grobkörnig geworden.

Figur 195. Stelle aus einem ähnlichen Stück nach mehrmaligem Glühen. Die großen Körner beginnen in kleine zu zerfallen.

Figur 196. Ähnliches Stück wie Figur 194.

Figur 197, 198. Gefüge von kaltgezogenem Flußeisen nach Beendigung des Ziehens und nach dem Ausglühen. Statt der durch das Ziehen gestreckten Körner sind bei Figur 198 neue, nicht gestreckte Körner entstanden (vgl. Figur 170. 173).

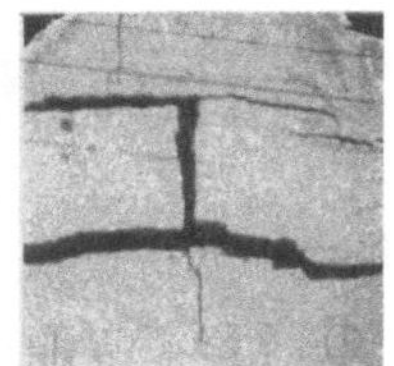

Figur 188. $V=1$.

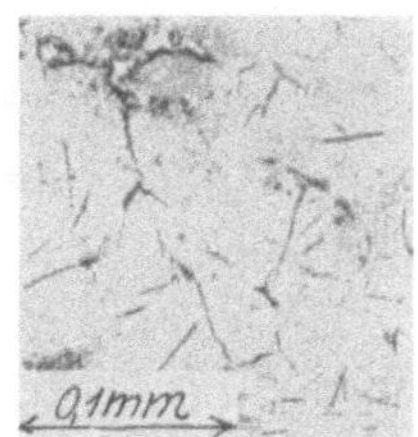

Figur 189. $V=150$.

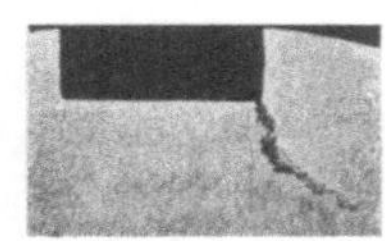

Figur 191. $V=1,3$.

Figur 192. $V=150$.

		Figur 197	Figur 198
K_z	kg/qcm	6568	3528
φ	$^0/_0$	5,3	26,7

Figur 199, 200, 201. Gezogenes Flußeisen vor dem Glühen, nach Glühen bei etwa 500° C und nach Ausglühen bei 850° C. Figur 200 zeigt neben den gestreckten Körnern auch neue, ungestreckte Körner.

		Figur 199	Figur 200	Figur 201
K_z	kg/qcm	6231	5353	3600
φ	$^0/_0$	4,7	5,3	21,3

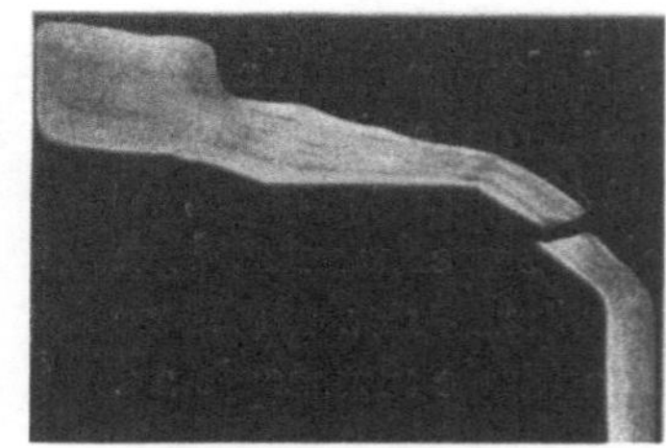

Figur 193. $V=1$.

Figur 202. Beginn der Korn-Neubildung (vgl. Figur 200).

Figur 203. Eingezogene Stelle an einem dünnwandigen Hohlgefäß (Querschnitt). Bei der Verminderung des Durchmessers haben sich Längsfalten gebildet.

Zerquetschung verschiedener Art.

Figur 204. Stelle von der Oberfläche einer Eisenbahnschiene. Im Betrieb fand örtliche Erhitzung (durch Bremsen) und rasche Abkühlung (Wärmeableitung) statt, so daß auf etwa $^1/_4$ mm Tiefe Härtung eintrat. Diese hat Rißbildung zur Folge. An anderen Stellen reichte die Härtung bis auf $^1/_2$ mm Tiefe. Am Rand der Schiene war Quetschung (ähnlich wie bei Figur 171) zu beobachten.

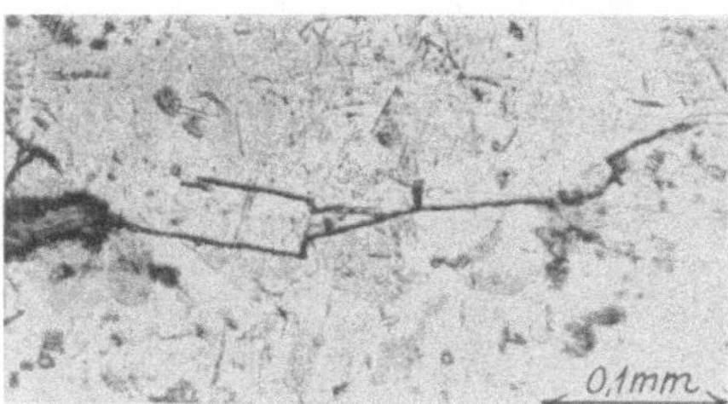

Figur 190. $V = 150$.

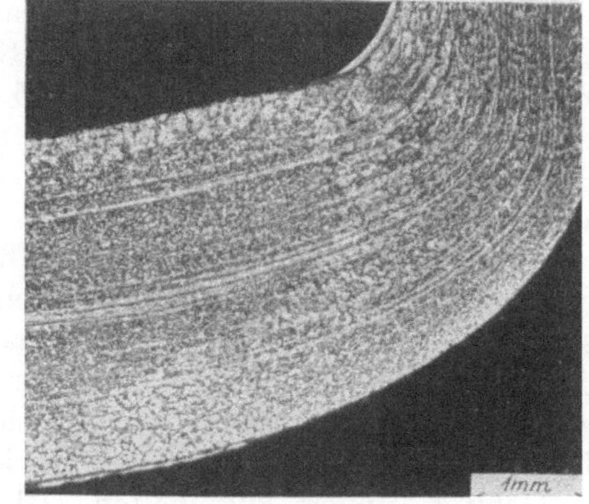

Figur 194. $V = 12{,}5$.

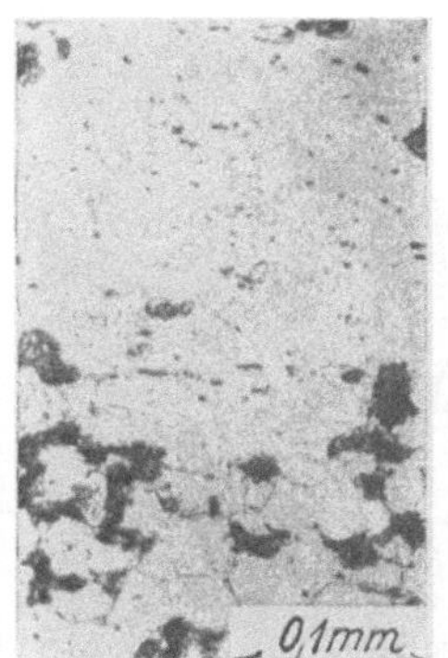

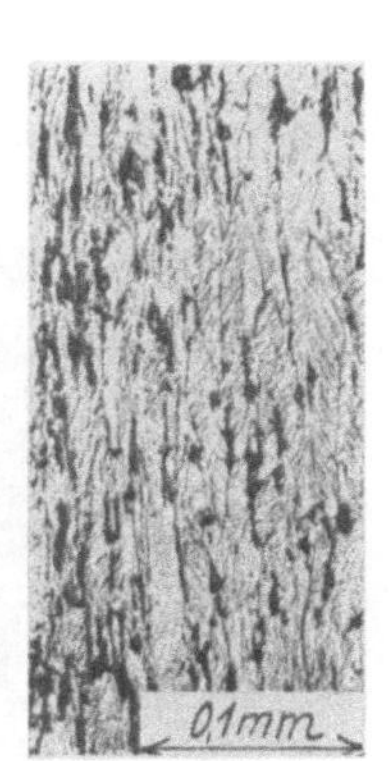

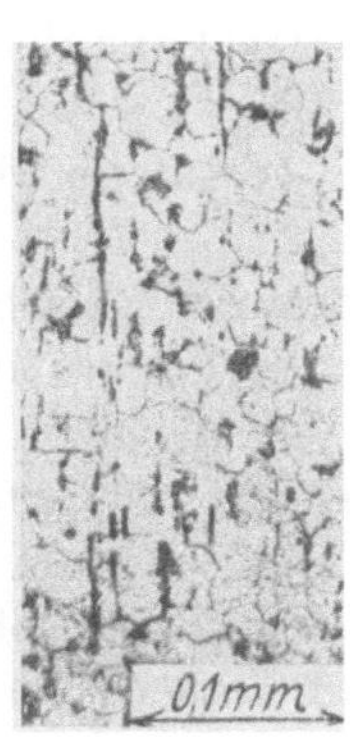

Figur 195. $V = 150$.   Figur 197. $V = 150$.   Figur 198. $V = 150$.   Figur 199. $V = 150$.

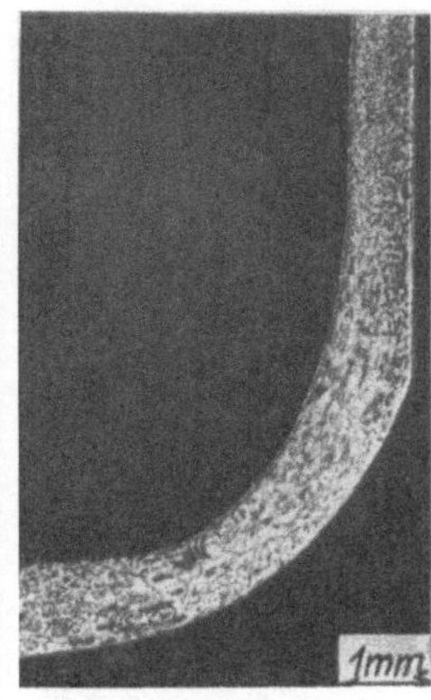

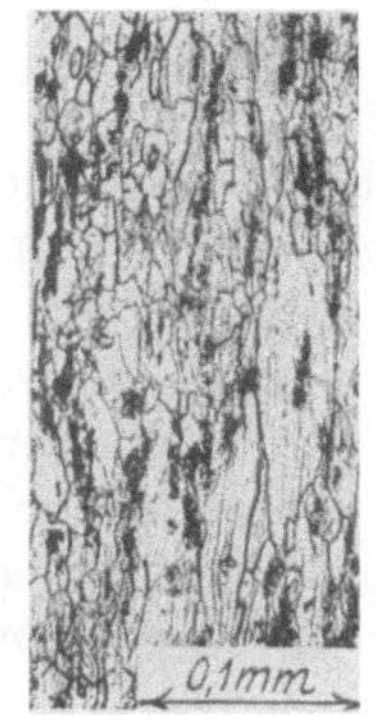

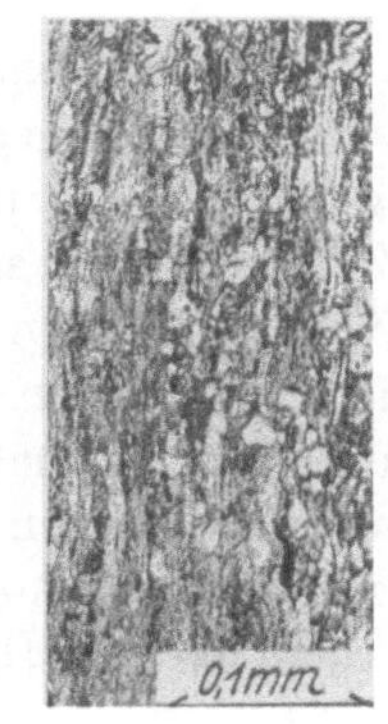

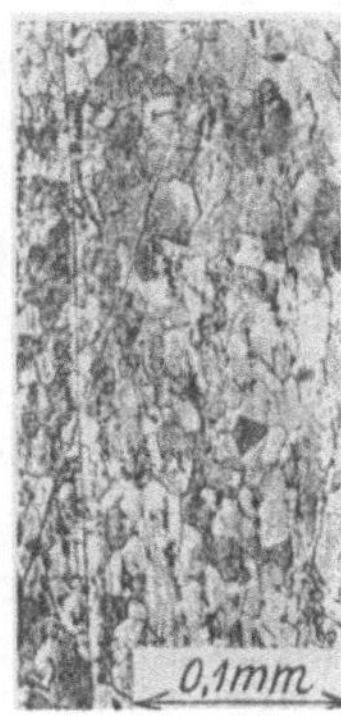

Figur 200. $V = 150$.   Figur 201. $V = 150$.   Figur 202. $V = 150$.

Figur 196. $V = 7{,}5$.

Figur 203. $V = 40$.

Figur 204. $V = 150$.

Figur 205. Oberfläche von bei Bearbeitung mit stumpfem Stahl zerquetschtem Stahlmaterial — ähnlich dem in Figur 175 dargestellten. — Der helle Ferrit ist über den Perlit hinweggeschoben; er hat dies nicht ausgehalten, ohne aufzureißen.

Figur 206. Gefüge von der Lauffläche von Kolbenringen aus Gußeisen (Schnittebene leicht geneigt zur Zylindermantellinie); selbst dieses spröde Material vermag, wie der vorliegende Fall zeigt, weitgehende Formänderung, die an die Faltenbildung im Gebirge erinnert, auszuhalten. (Hiervon wird bei dem bei Kolbenringen üblichen Hämmern Gebrauch gemacht. Richtplatten können sich infolge der Streckung der Oberfläche erhaben wölben usf.)

Figur 207. Stark ausgelaufener Wellenzapfen.

Figur 208. „Wellenhaare“, im Betrieb abgesponnen von dem in Figur 207 abgebildeten Zapfen, infolge zu geringen Perlitgehaltes der Lauffläche (die politurfähigen Perlitinseln — Figur 68, 71 — von Material III oder V würden derartiges Anfressen nicht so leicht entstehen lassen) bei ungenügender Schmierung.

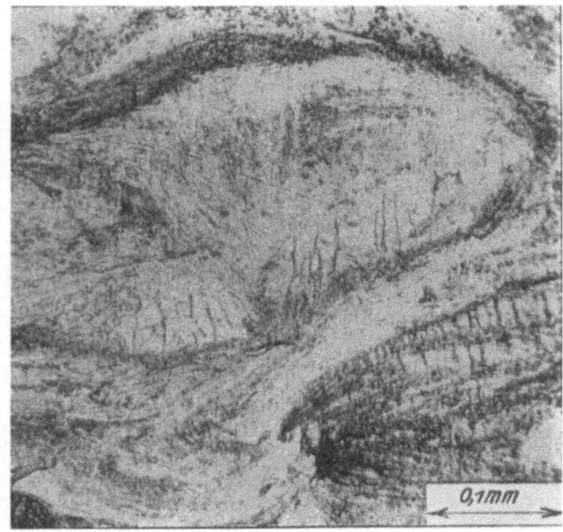

(141)   Figur 205. $V = 150$.

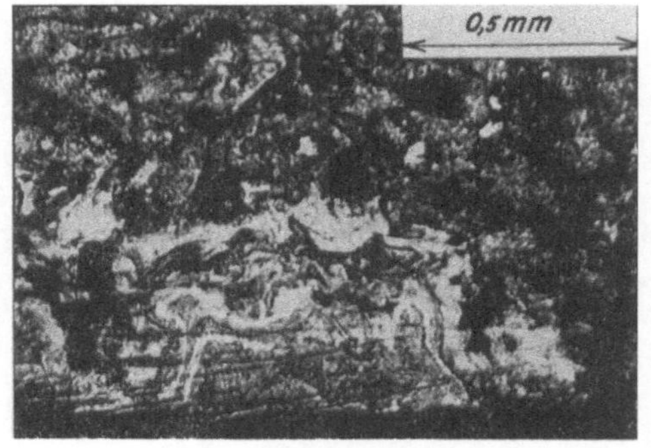

(142)   Figur 206. $V = 50$.

Dauerbrüche.

Figur 209, 210, 211. Bruchflächen, durch häufiges Hin- und Herbiegen entstanden. Der Bruch ging bei dem in Figur 211 abgebildeten Stück von der Stelle a aus. Im Laufe der Zeit setzte er sich fort, wodurch infolge der gegenseitigen Bewegungen der Bruchflächen Glätten der letzteren und Ausbildung Jahresring-ähnlicher Zonen stattfand. Der letzte, auf einmal entstandene Teil der Bruchfläche ist körnig. Bei Figur 209, 210 hat der Bruch in der Mitte der Langseiten begonnen und sich von beiden Seiten her fortgesetzt. Kerben usf. begünstigen das Entstehen der Anrisse in hohem Maße, um so mehr, je schärfer sie sind. Ebenso wirkt Gewinde (vgl. auch das zu Figur 174f., 144f., sowie zu Figur 61 Bemerkte, ferner Figur 584, S. 110).

Figur 212. Bruchfläche einer Straßenbahnwagenachse.

Figur 213, 214. Bruchflächen an feststehenden Vorderachsen von Lastautomobilen. Der Bruch ging von dem ohne genügende Ausrundung hergestellten Übergang zwischen Zapfen und Achsschenkel aus.

Figur 215. Kupplungszapfen eines Automobils. Beanspruchung auf Biegung und Verdrehung, fräserartige Bruchfläche.

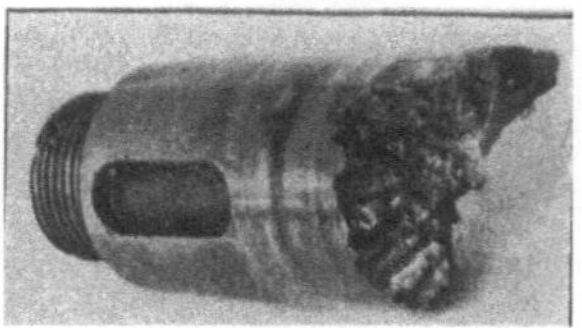

(149)   Figur 215. $V = {}^1/_2$.

Figur 216. Bruch der Speiche einer Riemenscheibe. Ein Farbrest auf der Bruchfläche sprach dafür, daß die Speiche beim Anstreichen der Scheibe schon gebrochen war.

(143) Figur 207. $V = {}^1/_2.$

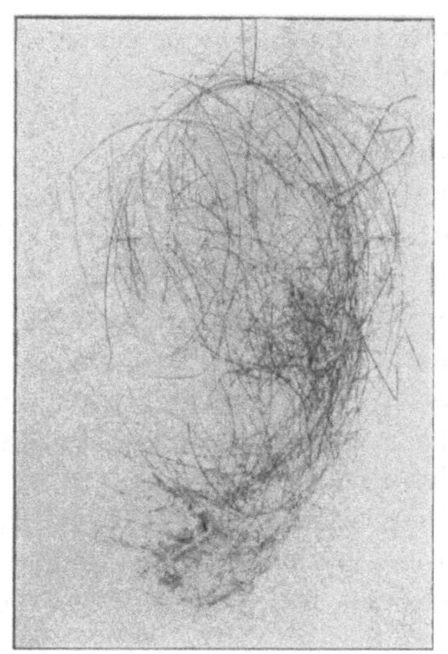

(144) Figur 208. $V = {}^1/_2.$

(145) Fig. 209. $V = {}^1/_2.$

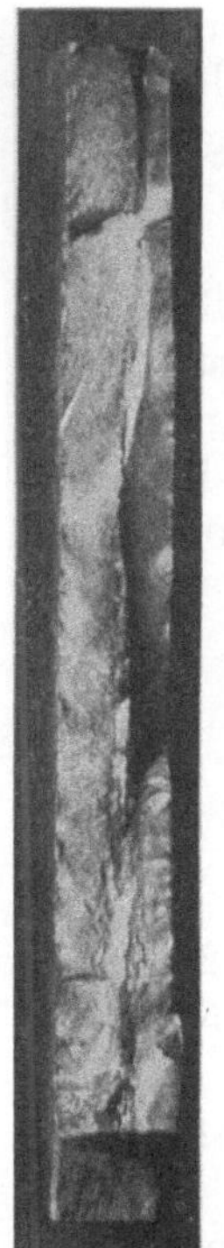

$V = {}^1/_2.$
(146) Fig. 210.

(147) Figur 211. $V = {}^3/_4.$

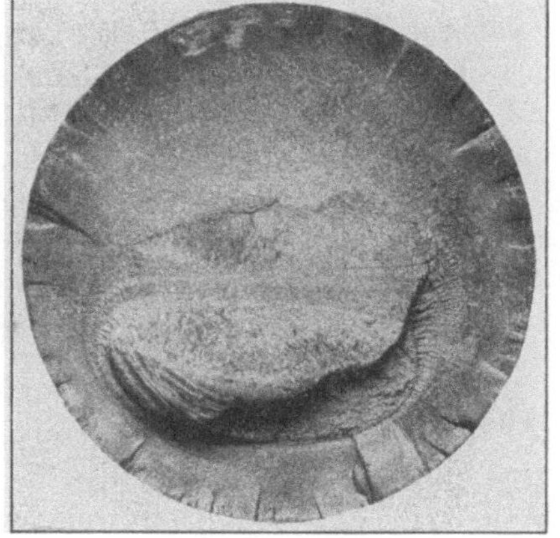

(148) Figur 212. $V = {}^1/_2.$

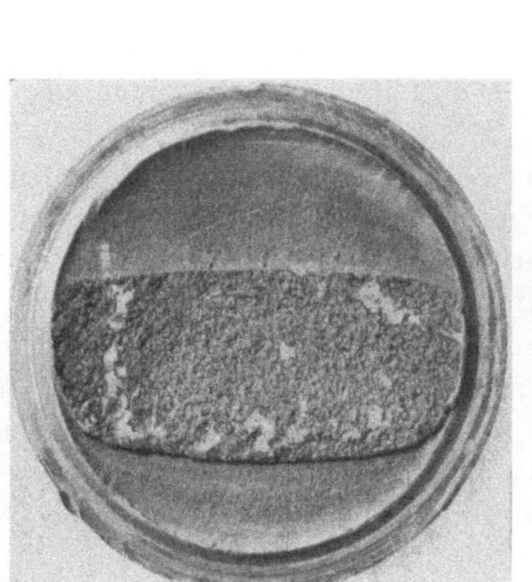

Figur 213. $V = {}^1/_2.$

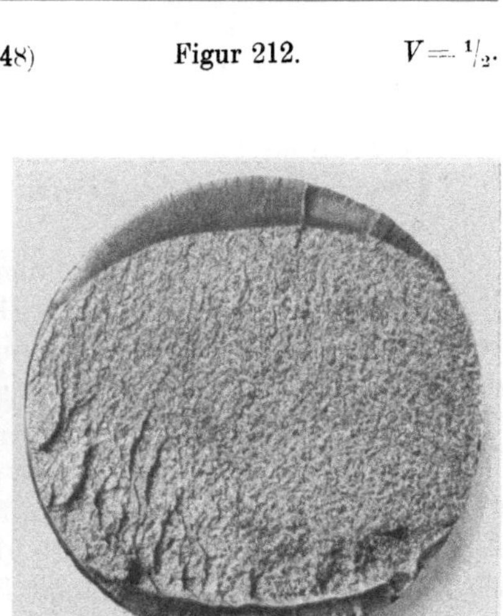

Figur 214. $V = {}^3/_4.$

(150) Fig. 216. $V = {}^3/_4.$

Brüche bei Nieten, Schrauben usf.

Figur 217. Niete mit abgebrochenem Kopf. Der Bruch ist eine Folge des Umstandes, daß zwischen Schaft und Kopf keine Ausrundung vorhanden war. Abspringen der Setzköpfe wird begünstigt durch unvollständiges Anwärmen (d. h. nur eines Schaftstückes) vor dem Nieten.[1]

Figur 218. Längsschnitt durch eine Niete. Der dunkle Seigerstreifen geht an der Ecke vorbei und gibt infolge seiner geringen Zähigkeit leicht Anlaß zum Abreißen des Kopfes um so mehr, je geringer die Ausrundung zwischen Kopf und Schaft ist. In höherer Temperatur (200 bis 350° C, Dampfkesselnieten) tritt das Abreißen besonders leicht ein.

Figur 219. Längsschnitt durch eine gebrochene Schraube. Das Gewinde hat einen dunkel erscheinenden Seigerstreifen angeschnitten, der infolge seiner geringen Zähigkeit den Ausgang des Bruches bildete.

Figur 220. Längsschnitt durch eine Niete aus einem Laugenkessel. Zahlreiche Risse an der Übergangsstelle zwischen Kopf und Schaft. Ähnliche Rißbildungen sind häufig auch an Nieten von Dampfkesseln zu beobachten, insbesondere bei geringer Ausrundung an der bezeichneten Stelle, bei einseitiger Kopfbildung und raschem Vorgehen beim Nieten (dies führt zur Beanspruchung in der Blauwärme beim Einziehen der Nachbarnieten).

Figur 221. Riß im Blech eines Laugenkessels. Flußeisen, das unter starker Beanspruchung steht, die auch von inneren Spannungen als Folge der Kaltbearbeitung herrühren kann, neigt zur Rißbildung, wenn es mit Lauge in Berührung kommt. (Näheres s. das in Fußbemerkung 1 genannte Protokoll. Chemnitz 1914, S. 66 u. f.).

Figur 222. Risse aus demselben Kessel.

Figur 223. Angefressene Stellen aus einem flußeisernen Salpetersäurefaß. Längs den Kornfugen pflanzt sich die Zerstörung rascher fort. Schlackenstellen begünstigen sie.

Figur 224. Oberfläche eines Flußeisenkesselbleches an der Stemmkante nahe einer undichten Niete. Der ausströmende Dampf hat eine tiefe, glatte Höhlung geblasen (Ursache hauptsächlich stark einseitige, daher schlechtsitzende und nicht mit Erfolg verstemmbare Nietköpfe).

b) Ausglühen. Überhitzen. Verbrennen.

Ausglühen.

Beseitigung der Wirkung des Kaltziehens usf.:   Figur 156f.
  „   „ Materialzerquetschung: „   173, 198.
  „   „ Härtung: „   280f.
  „   von grobem Korn, stengeligem Gefüge usf.:   „   162, 233f., 245, 252, 282,
                                                          376, 382f., 466, 571, 587.

Über das Anlassen vgl. Figur 280f., 290f., 312f., 376, ferner S. 68, 86 bis 100.

Das Gefüge von Flußeisen der üblichen Beschaffenheit zeigen Figur 65f., S. 19. Vgl. auch Figur 170f.

Figur 225. Flußeisen, längere Zeit ausgeglüht bei nicht zu hoher Temperatur. Die Zementitlamellen des Perlit (Figur 71, 73) sind gewissermaßen zusammengeflossen, so daß im Gefüge freier Zementit neben Ferrit auftritt. Bei Stahl entsteht auf dieselbe Weise körniger Perlit an Stelle des „lamellaren" Perlit (Zementit enthält 6,7 %, Perlit 0,8 % C).

Figur 226. Gefüge von Dynamoblech ($K_z =$ etwa 3000 kg/qcm, $\varphi = 22 \%$), bei dem der Ferrit im Hinblick auf die magnetischen Eigenschaften möglichst großen Anteil am Gefüge besitzen soll; das Glühverfahren, das das Gefüge Figur 225 erzeugt, ist also das richtige für solche Bleche.

---

[1] Vgl. Internationaler Verband der Dampfkesselüberwachungsvereine, Protokoll München 1912, S. 75 uf., sowie Z. Ver. deutsch. Ing. 1912, S. 1890, Elastizität und Festigkeit, 8. Aufl., S. 176.

(151)   Figur 217. $V = \frac{1}{2}$.

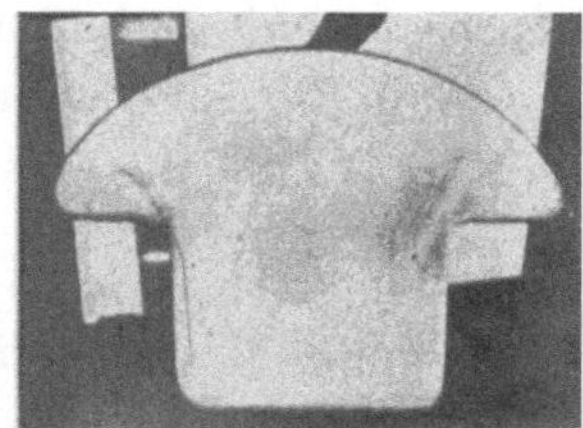

(152)   Figur 218. $V = 0{,}7$.

Figur 219. $V = 1{,}5$.

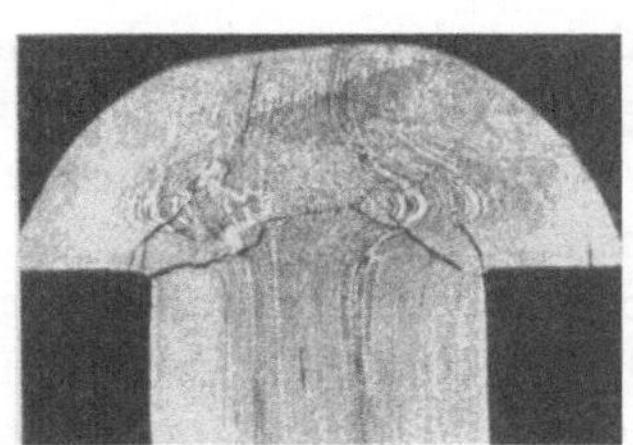

Figur 220. $V = 1$.

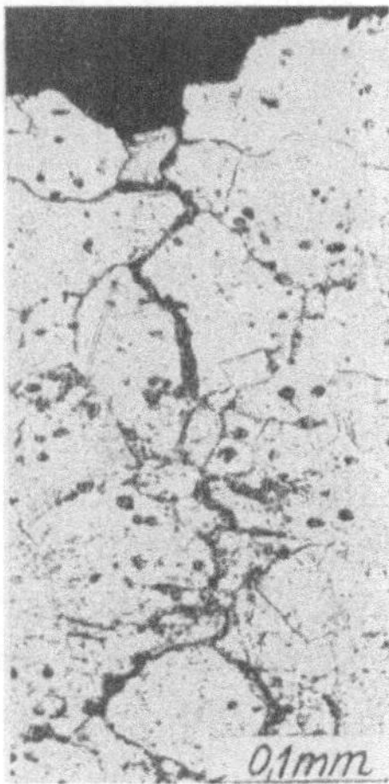

Figur 221. $V = 150$.

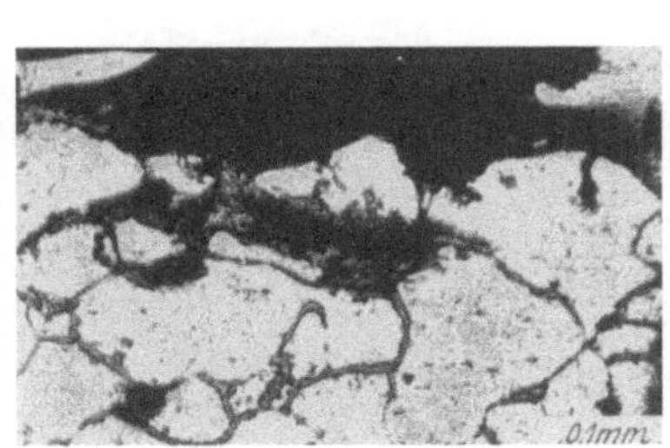

Figur 223. $V = 100$.

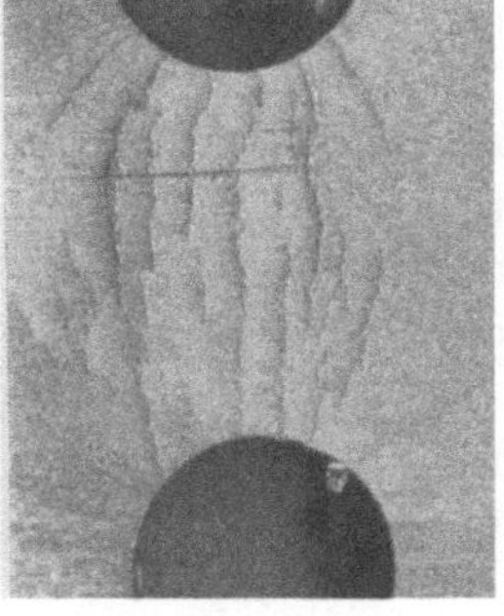

Figur 222. $V = \frac{3}{4}$.

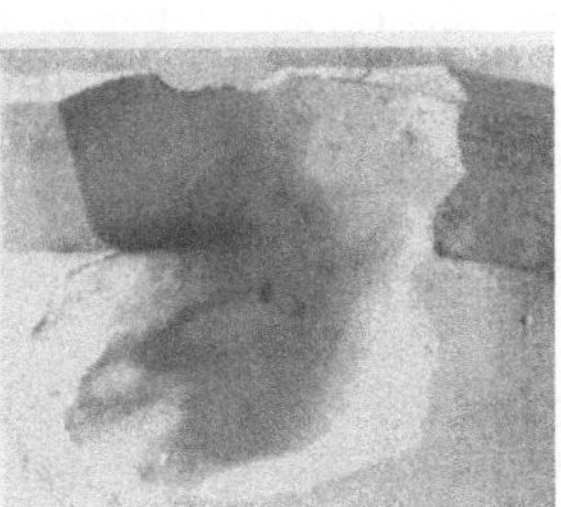

Figur 224. $V = \frac{1}{2}$.

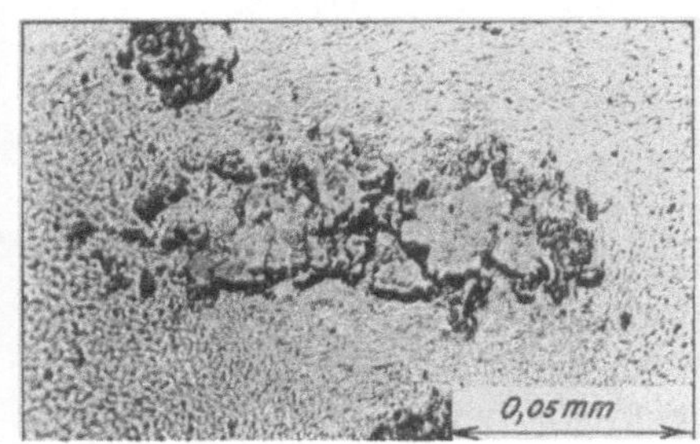

(153)   Figur 225. $V = 400$.

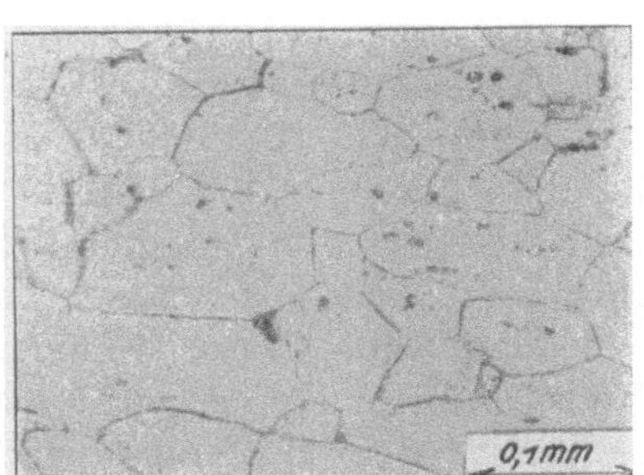

(154)   Figur 226. $V = 150$.

Bildung groben Kornes.

Figur 227. Bruchquerschnitt durch eine Flußeisenstange, die zwei Jahre lang im Glühofen einer Temperatur von 700 bis 800° C ausgesetzt war. Bruchflächen glänzend, wie bei wohlausgebildeten Kristallen.

Figur 228.   Bruchfläche eines Kornes aus Figur 227.

Figur 229. Querschnitt durch die in Figur 227 abgebildete Stange, geätzt.

Figur 230. Gefügebild desselben Materials; Stelle, wo die Ecken von drei der großen Körner zusammenstoßen. Den inneren Aufbau derselben zeigt Figur 70, S. 19, über die parallelen Streifen in dem einen Korn vgl. das zu Figur 180, S. 38 Bemerkte.

Figur 231, 232.   Grobkörniges Material, beim Ziehen gebrochen.

Beseitigung des groben Kornes.

Figur 233. Material wie Figur 230, ausgeglüht oberhalb Linie $A'A$, Fig. 282. Die groben Körner sind aufgeteilt, die ursprüngliche Zähigkeit des Materials ist dadurch mehr oder minder vollständig wiederhergestellt. Die Möglichkeit, durch Ausglühen, ohne Aufwendung mechanischer Arbeit, wieder feine Körnung zu erzielen, ist die Folge des Umstandes, daß Eisen in höheren Wärmegraden in eine neue Modifikation übergeht (allotrope Umwandlung; es sei zum Vergleich erinnert an: Kohlenstoff = Graphit und = Diamant; Schwefel, spröde und plastisch; Phosphor, weiß und rot usf.   Näheres vgl. S. 52 f.).   Bei verbranntem Material kann die Wiederherstellung nicht erfolgen, vgl. Figur 252 f.

Einfluß vorausgegangener Formänderung.

Figur 234 und 235.   Kesselbleche mit grober Kornschicht an einer Außenseite (links).   Vorausgegangene Formänderung äußert ihren Einfluß auf die Neubildung der Körner beim nachfolgenden Ausglühen, vgl. das zu Figur 162 Bemerkte, sowie Figur 382, 529.

Figur 236, 237. Blech mit grobkörnigen Rändern (vgl. Fig. 234); einige Stäbe brachen nach geringer Biegung.

Figur 238. Streifige Anordnung des Perlit, Folge der Wärmebehandlung sowie der Vorgänge beim Walzen unter Mitwirkung der Verunreinigungen, vgl. Bemerkung zu Figur 234, 235 („Zeilenstruktur").

Überhitzung bei höherem Kohlenstoffgehalt.

Figur 239.   Überhitztes Material höherer Festigkeit.   Hüllen von Ferrit um die Perlitinseln („Netzstruktur").   Folge dieser Abgrenzung der Körner ist große Sprödigkeit (Figur 243, 244).   Solches Material zeigt bei verhältnismäßig geringer Spannung große bleibende Formänderung (Figur 242).

Figur 240.   Material einer gebrochenen Schraubenspindel.   Durchschnittliche Versuchsergebnisse: σ_s nicht ausgeprägt, $K_z = 7856$ kg/qcm, $\varphi = 7{,}8\,^0/_0$, $\psi = 10\,^0/_0$, A_k (große Stäbe) $= 2{,}3$ mkg/qcm; beim Drehversuch erfolgte Bruch der 2,0 cm dicken Rundstäbe unter $M_d = 9950$ cmkg.   Die Oberfläche der zerrissenen Stäbe zeigte ein

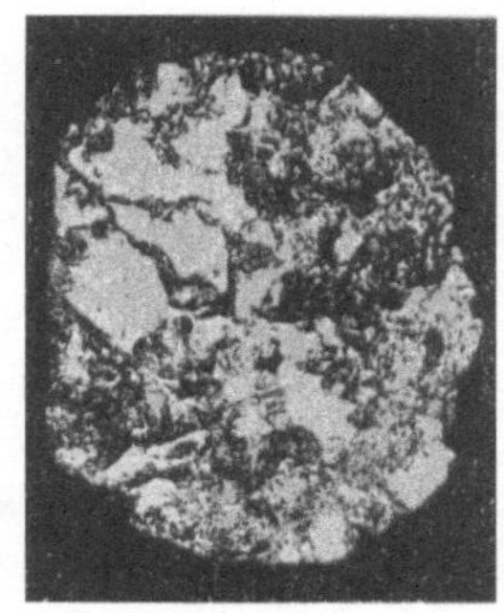

(155)   Figur 227. $V = 3$.

(156)   Figur 228. $V = 7{,}5$.

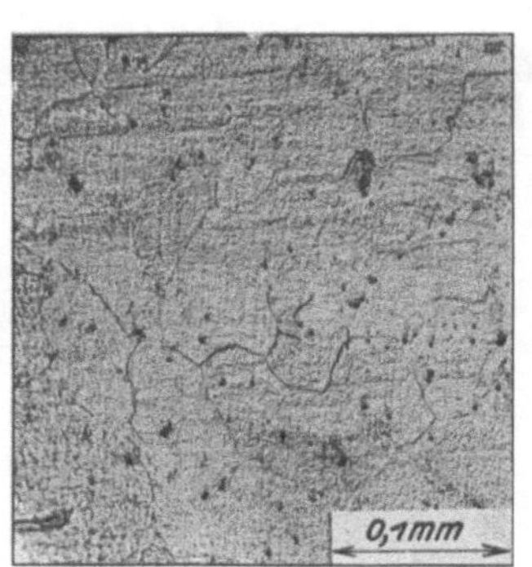

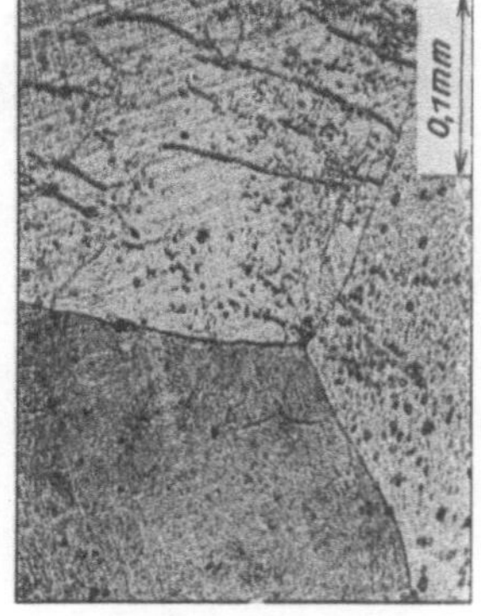

(159)   Figur 233. $V = 150$.   (158) Figur 230. $V = 150$.

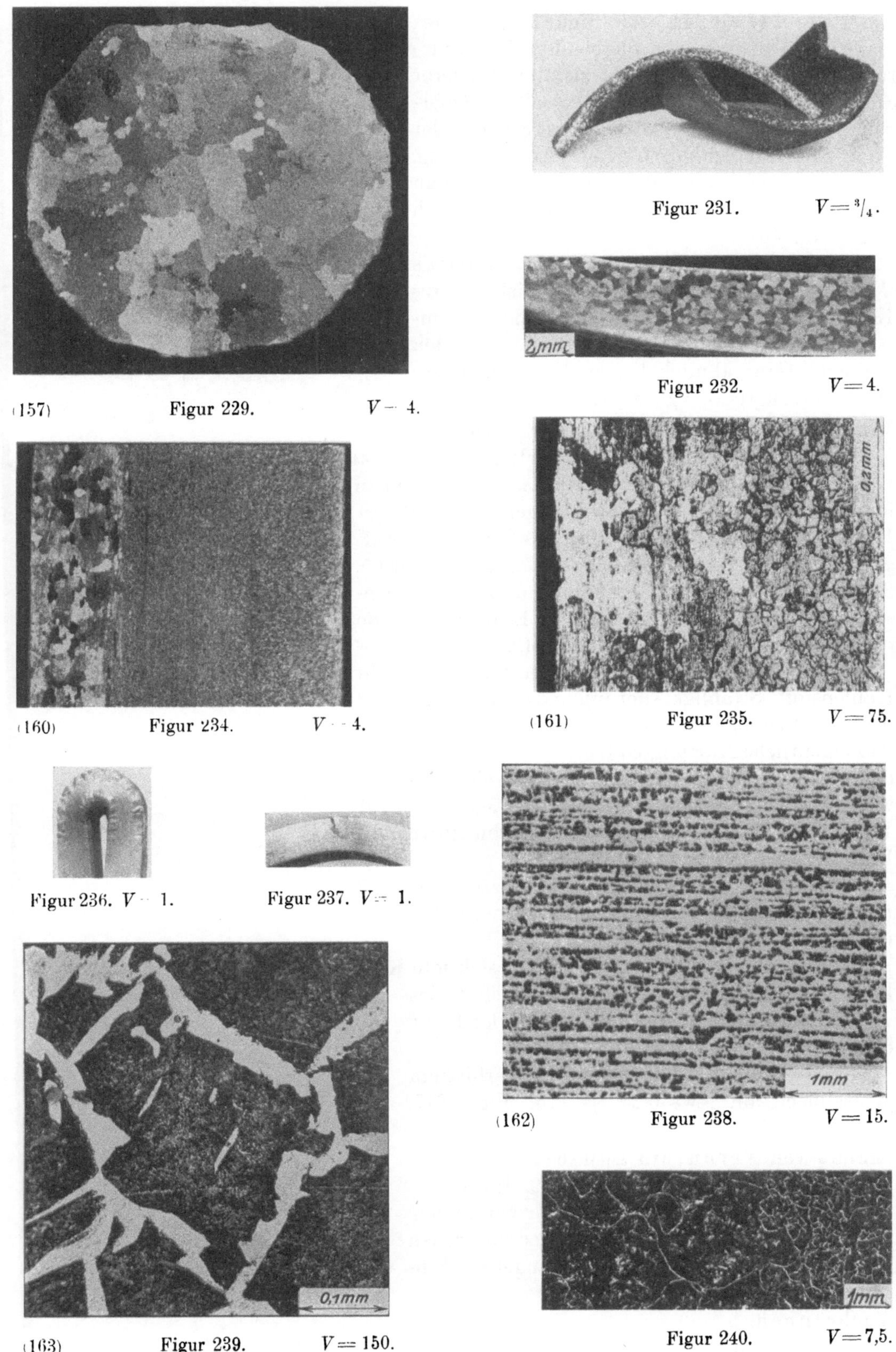

(157)   Figur 229. $V = 4$.

Figur 231. $V = {}^3/_4$.

Figur 232. $V = 4$.

(160)   Figur 234. $V = 4$.

(161)   Figur 235. $V = 75$.

Figur 236. $V = 1$.   Figur 237. $V = 1$.

(162)   Figur 238. $V = 15$.

(163)   Figur 239. $V = 150$.

Figur 240. $V = 7,5$.

stahlgußähnliches Aussehen, eine Folge des groben Kornes, das die Zähigkeit, insbesondere gegenüber stoßartiger Beanspruchung, bedeutend vermindert hat.

Figur 241 bis 244. Wie Figur 239, anderes Material. Auftreten von bleibenden Formänderungen erheblicher Größe bei ziemlich niederer Spannung ($K_z = 6587$ kg/qcm, $q = 3^0{}_{/0}$). Oberfläche und Bruchquerschnitt des Stabes, der Figur 242 ergeben hat. Geringe Bruchdehnung. Fehlen der Aufrauhung der Oberfläche nach dem Strecken sowie der Einschnürung am Bruch (Figur 45, 46).

Figur 245. Gefüge desselben Materials (Figur 241) nach dem Ausglühen; viel feineres Korn, das durch Anwendung etwas höherer Temperatur noch kleiner hätte erhalten werden können. Ganz ähnlich liegen die Verhältnisse bei Werkzeugstahl, vgl. S. 64, 86.

Vorgänge beim Wachsen der Körner. Strahlige Zeichnung des Perlit.

Figur 246. Eisenkorn, durch rasches Wachsen in hoher Temperatur entstanden (autogene Schweißung). Die Abbildung zeigt den Vorgang des Ineinander-Aufgehens benachbarter Körner. Vgl. dagegen Figur 65, 227 f.; bei weniger hoher Temperatur erfolgt das Wachsen gleichförmiger und langsamer. Es beginnt schon in dunkler Rotglut (vgl. Figur 199 f.).

Figur 247. Wie Figur 246; Eisen mit etwas mehr Kohlenstoff. Strahlige Anordnung des Perlit. Diese ist nach beschleunigter Abkühlung an der Luft usw., ohne daß eigentliche Härtung eintritt, zu beobachten, wenn die vorausgegangene Erwärmung ausreichend hoch war. (Ähnlichkeit mit dem Gefüge des Martensit, vgl. Figur 283). Näheres s. Mitt. über Forschungsarbeiten, Heft 83/84, S. 80.

Figur 248. Wie Figur 247; das Material enthält mehr Kohlenstoff. Die strahlige Anordnung des Perlit ist noch kennzeichnender.

Figur 249. Wie Figur 248. Unbeabsichtigte Kohlung bei autogener Schweißung. Das Gefüge des Bleches entsprach ursprünglich etwa der Figur 66, S. 19.

Figur 250. Gefüge von stark überhitztem Kesselblech mit etwa $0{,}25^0{}_{/0}$ C (vgl. Figur 247, sowie 256 f.).

Einfluß von Verunreinigungen.

Figur 251. Stelle aus Figur 229. Im Gegensatz zu Figur 230 sind feine Körner vorhanden. Die Vereinigung der kleinen Körner zu großen ist hier durch reichlichen Schlackengehalt (Einhüllung) verhindert.

Verbrennen.

Figur 252 bis 254. Gefüge verbrannten weichen Flußeisens. Das Verbrennen ist dadurch gekennzeichnet, daß an den Korngrenzen Oxydation

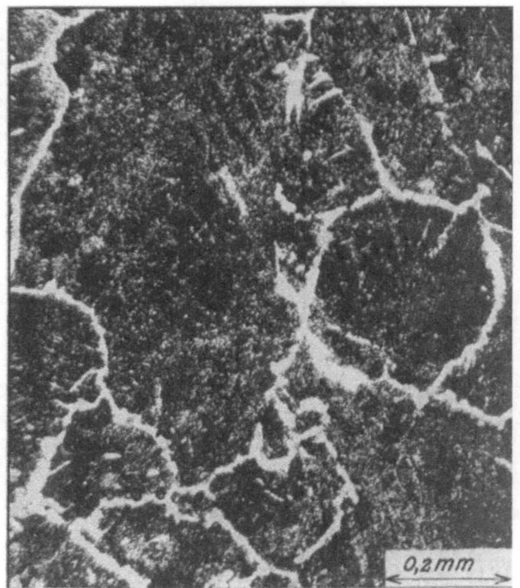

(164) Figur 241. $V = 75$.

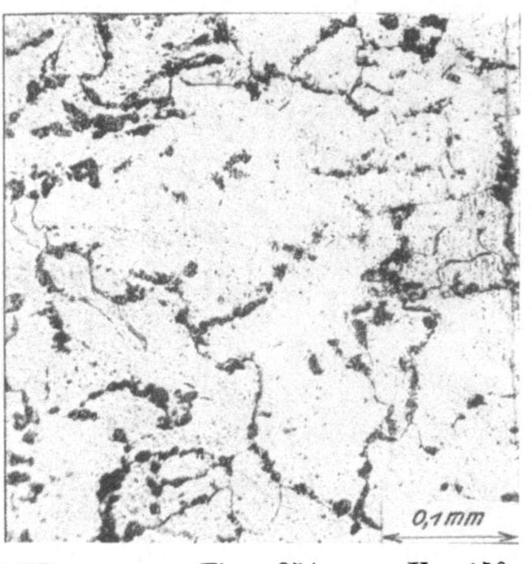

(165) Figur 242.

(177) Figur 254. $V = 150$.

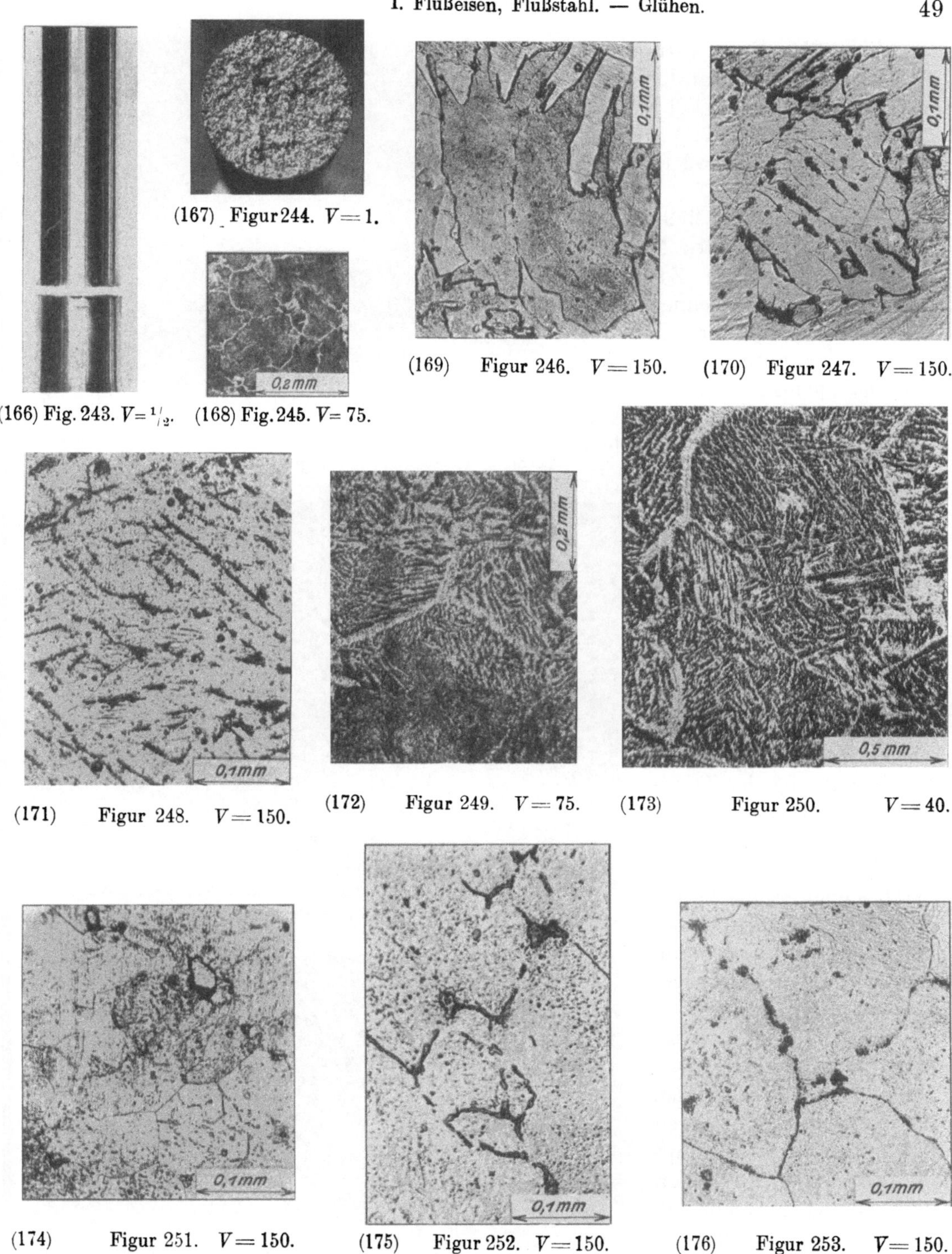

(167) Figur 244. $V=1$.

(169)   Figur 246. $V=150$.   (170)   Figur 247. $V=150$.

(166) Fig. 243. $V=\frac{1}{2}$.   (168) Fig. 245. $V=75$.

(171)   Figur 248. $V=150$.   (172)   Figur 249. $V=75$.   (173)   Figur 250. $V=40$.

(174)   Figur 251. $V=150$.   (175)   Figur 252. $V=150$.   (176)   Figur 253. $V=150$.

eintritt. Diese kann durch Ausglühen nicht entfernt werden, das Eisen ist also dauernd
geschädigt, während nur überhitztes (und nicht verbranntes) Eisen durch Ausglühen
verbessert werden kann. Letzteres läßt sich bei sehr schlackenreichem Material (Ausfüllmaterial bei autogener Schweißung, Teile aus der Nähe des Lunkers usf.) zuweilen nicht
erreichen, weil die Schlackenteile die Körner umhüllen (vgl. Figur 251). In solchen Fällen
kann kräftiges Durchschmieden — mechanische Zerstörung der Schlackenhüllen — von
Vorteil sein. Verbrennen tritt an stärker verunreinigten Stellen leichter ein, als in reinem
Material. Erstere sind gegen stärkere Erwärmung beim Schmieden (Warmbiegeprobe)
manchmal sehr empfindlich. Vgl. Figur 260 und 651, S. 122, s. a. Figur 321, 340.

Figur 255. Stark verbranntes Eisen. Oxydeinschluß an der Grenze zwischen drei Körnern, vgl. Fig. 258.

Figur 256 und 257. Verbranntes Flußeisen mit etwa $0.25\,^0/_0$ C. (Vgl. Figur 250.)

Figur 258 und 259. Beim Schweißen verbranntes Material. Die verschwommene Zeichnung des Perlit ist kennzeichnend. Die Schweißung, von der Figur 258 stammt, ist ausgeglüht worden. Innerhalb jedes der großen Körner sind beim Ausglühen kleine Körner entstanden. Die vorhandene Oxydation der Grenzen der beim Schweißen entstandenen groben Körner ist geblieben (Figur 252, 255, 256, 260).

Figur 260 bis 262. Verbrannt gewesenes Material. Die abgebildete Stelle läßt je noch erkennen, wo vor dem Ausglühen grobe Körner zusammengestoßen waren. Die Schädigung der Zähigkeit durch Oxydation der Korngrenzen bleibt in solchen Fällen fast unvermindert bestehen; sie macht sich auch beim Schmieden bemerkbar, namentlich, wenn das Eisen ziemlich warm gemacht wird. Beispiel:

Figur 263. Beim Umbördeln entstandene Risse. Das Material erwies sich bei der Warmbiegeprobe gegen höhere Erwärmung empfindlich. Näheres s. Z. Ver. deutsch. Ing. 1918, S. 637 uf. Von demselben Stück stammen Figur 261, 262, sowie

Figur 264. Verbranntes Eisen mit sehr geringem Kohlenstoffgehalt.

Figur 265, 266. Eiseneinlage aus einem Dampfkesselfundament, dessen Schlackenunterlage lange Zeit brannte. Der größte Teil des Eisens ist verzundert und z. T. mit benachbartem Schotter zusammengeschmolzen (Figur 265 vor der Ätzung).

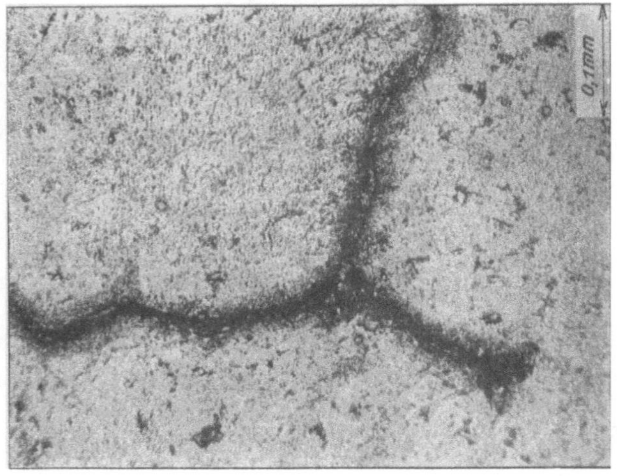

(178)   Figur 255. $V = 150.$

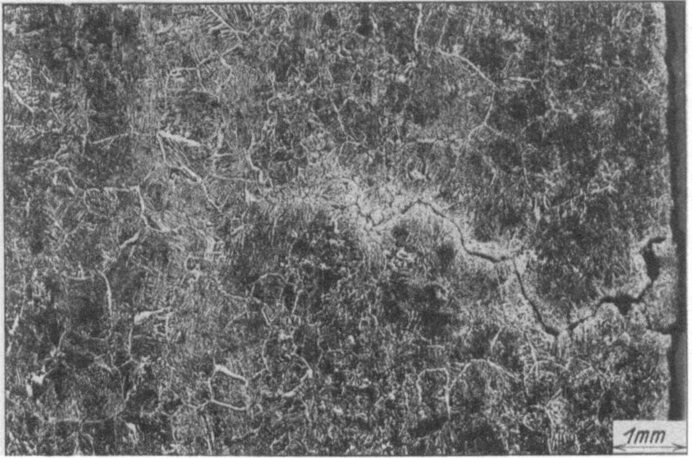

(179)   Figur 256. $V = 10.$

(181)   Figur 258. $V = 10.$

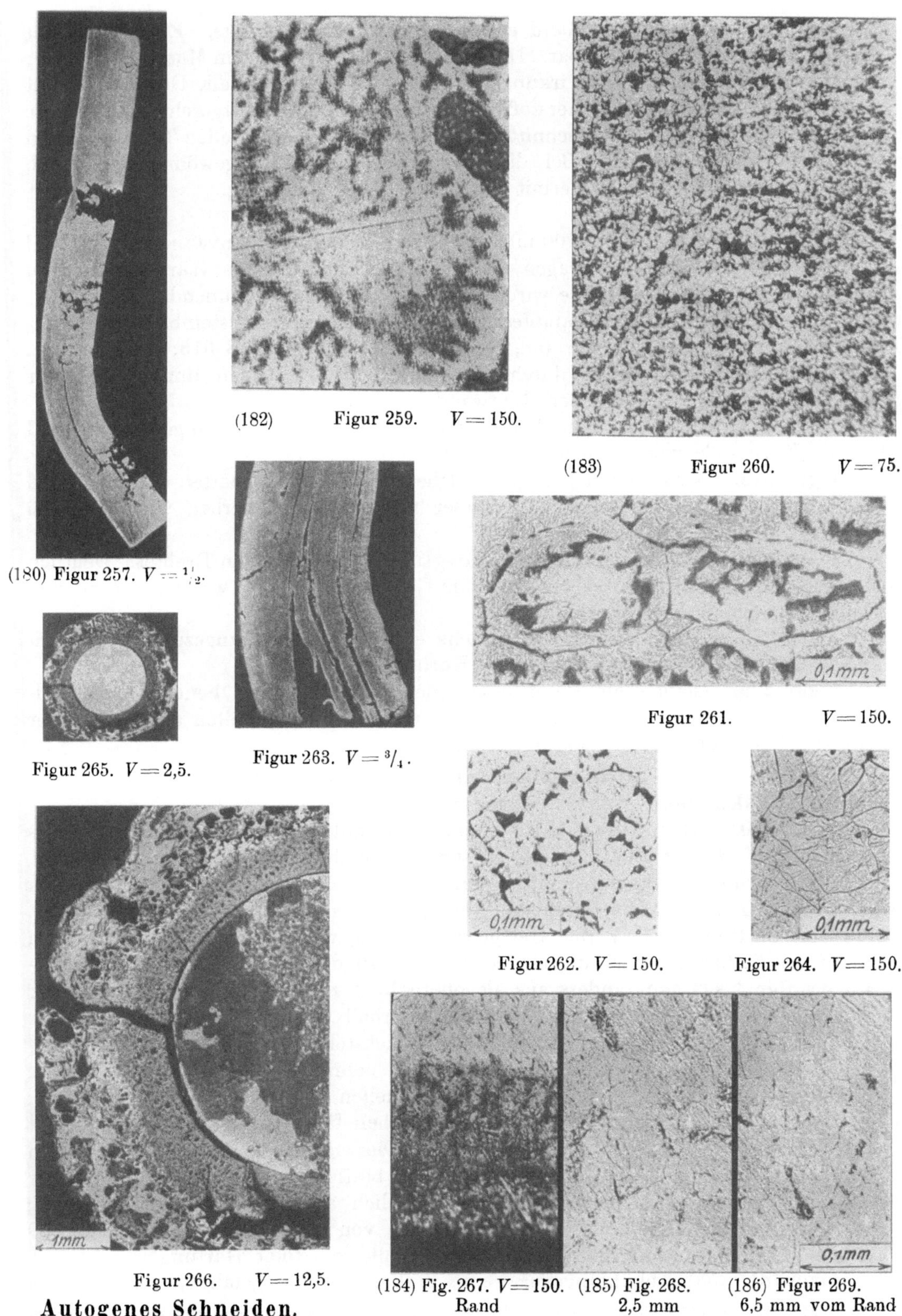

(180) Figur 257. $V = 1\frac{1}{2}$.

(182) Figur 259. $V = 150$.

(183) Figur 260. $V = 75$.

Figur 265. $V = 2{,}5$.

Figur 263. $V = {}^{3}/_{4}$.

Figur 261. $V = 150$.

Figur 262. $V = 150$.

Figur 264. $V = 150$.

Figur 266. $V = 12{,}5$.

(184) Fig. 267. $V = 150$. Rand

(185) Fig. 268. 2,5 mm

(186) Figur 269. 6,5 mm vom Rand

Autogenes Schneiden.

Figur 267 bis 269. Drei Gefügebilder in verschiedenem Abstand von einem mittels des Schneidbrenners hergestellten Rand. Der Einfluß des Schnitts auf das Gefüge reicht etwa 6 mm in die Tiefe. (S. auch Figur 534 f., S. 104).

4*

Figur 270. Gefüge am Rand eines anderen Brennerschnitts. Einfluß auf das Gefüge bis 2 mm Tiefe erkennbar. Diese Tiefe hängt bei gleichem Material in erster Linie von der Dauer der Einwirkung der Schneidflamme (Sorgfalt, Geschicklichkeit des Arbeiters, Reinheit des Sauerstoffs usf.), d. h. von der Schnittgeschwindigkeit ab.

Figur 271, 272. Brennerschnitt durch Sonderstahl. Die hellen Teile am Rand weisen Härtungsgefüge auf. Bei dicken Stücken, auch aus gewöhnlichem Stahl, entsteht im Zusammenhang hiermit die Gefahr der Rißbildung.

Überhitzte Kesselteile.

Figur 273. Wasserrohr (100 mm l. W.) mit Beulen, die entstanden sind, weil das Rohr mehr Wärme übertragen mußte, als es ohne örtliche Wärmestauung zu übertragen vermochte. Letztere wird begünstigt durch nachbrennende Kohlenteile, ungenügende Abführung des Dampfes (Dampfpelz), starke Kesselsteinbildung, Öl usf., vgl. Z. Ver. deutsch. Ing. 1887, S. 458, 526; 1894, S. 1420; 1896, S. 315; 1910, S. 1018.

Figur 274. Längsschnitt durch eine solche Beule. Innen dunkel gefärbter Belag aus oxydierten Teilen der Rohrwand.

Figur 275. Querschnitt durch die letztere. Am äußeren, unten gelegenen Rand hat die Korngröße zugenommen (Erglühen).

Figur 276. Nicht selten gelangen solche Beulen zum lebhaften Erglühen und reißen dann auf. Das austretende Wasser führt Härtung herbei, wie Figur 276 zeigt (vgl. damit z. B. Figur 66, 285).

Figur 277. Gefüge eines in der Rotglut rasch zerrissenen Drahtes. Deutlich ist die Kornstreckung zu beobachten, im Gegensatz zu dem, was auf Grund von Figur 173 angenommen werden könnte.

Figur 278. Gefüge an der Unterfläche eines vom Feuer angezehrten Verdunstungsgefäßes. Abbrennen entlang den Kornfugen.

Figur 279. Gefüge am Rand eines mehrere Jahre lang benutzten Salzbadtiegels, Verbrennen des Kohlenstoffs. Einwandern von Oxydteilen am Rande, der gelbliche Farbe aufweist (in Figur 279 links).

c) Härten und Anlassen, Vergüten.

Abkühlungskurven. Zustandsdiagramm.

Figur 280. Abkühlungslinie[1]) von Stahl mit ungefähr $0,8\%$ Kohlenstoffgehalt[2]). Auf der Strecke BA erfolgt stetige Abkühlung. Bei A ist ein Knick, d. h. Verzögerung im Sinken der Temperatur des Probekörpers zu beobachten. Da die Abführung der Wärme durch die Abkühlung des Ofens dieselbe geblieben ist, muß hier im Probestück Wärme frei geworden sein, was darauf hindeutet, daß im Innern des Stahles Veränderung eingetreten ist. In der Tat sieht das Gefüge unterhalb des Punktes C ganz anders aus als oberhalb desselben. Unterhalb C tritt der aus Lamellen aufgebaute Perlit (Figur 73), oberhalb das homogene, „Martensit" genannte, Gefügebild (Figur 285) auf. Die Knickstelle ADC ist auf die Abscheidung des Perlit bei der Abkühlung (Auflösen beim Erwärmen) zurückzuführen. Oberhalb des Punktes D sind die Zementitlamellen des Perlit im Eisen gelöst: Feste Lösung. Temperaturzunahme AD: Zeichen für Unterkühlung[3]) (ebenso ist beim Erwärmen Überhitzen zu beobachten). Die eigentliche Temperatur für den Haltepunkt ist durch die Höhenlage von DC bestimmt. Bei dieser Temperatur scheidet sich nach dem oben Gesagten allmählich aller Perlit ab. Strecke CE: stetige weitere Abkühlung. Wird die Stahlprobe von einer Temperatur oberhalb D auf eine Temperatur unterhalb C rasch abgekühlt, so erfolgt Härtung[4]).

Figur 281 (S. 55). Abkühlungskurve eines Flußeisens mit ungefähr $0,25\%$ C. Strecke

---

[1]) Figur 280 und 281 sind erhalten an Probekörpern, die im Glühofen erwärmt und mit diesem der Abkühlung überlassen wurden. Die Messung der Temperatur erfolgte mittels Thermoelement.

[2]) Das Gefügebild des Materials, das Figur 280 gab, entspricht der Figur 73, das zu Figur 281 gehörige der Figur 67.

[3]) [4]); s. S. 54.

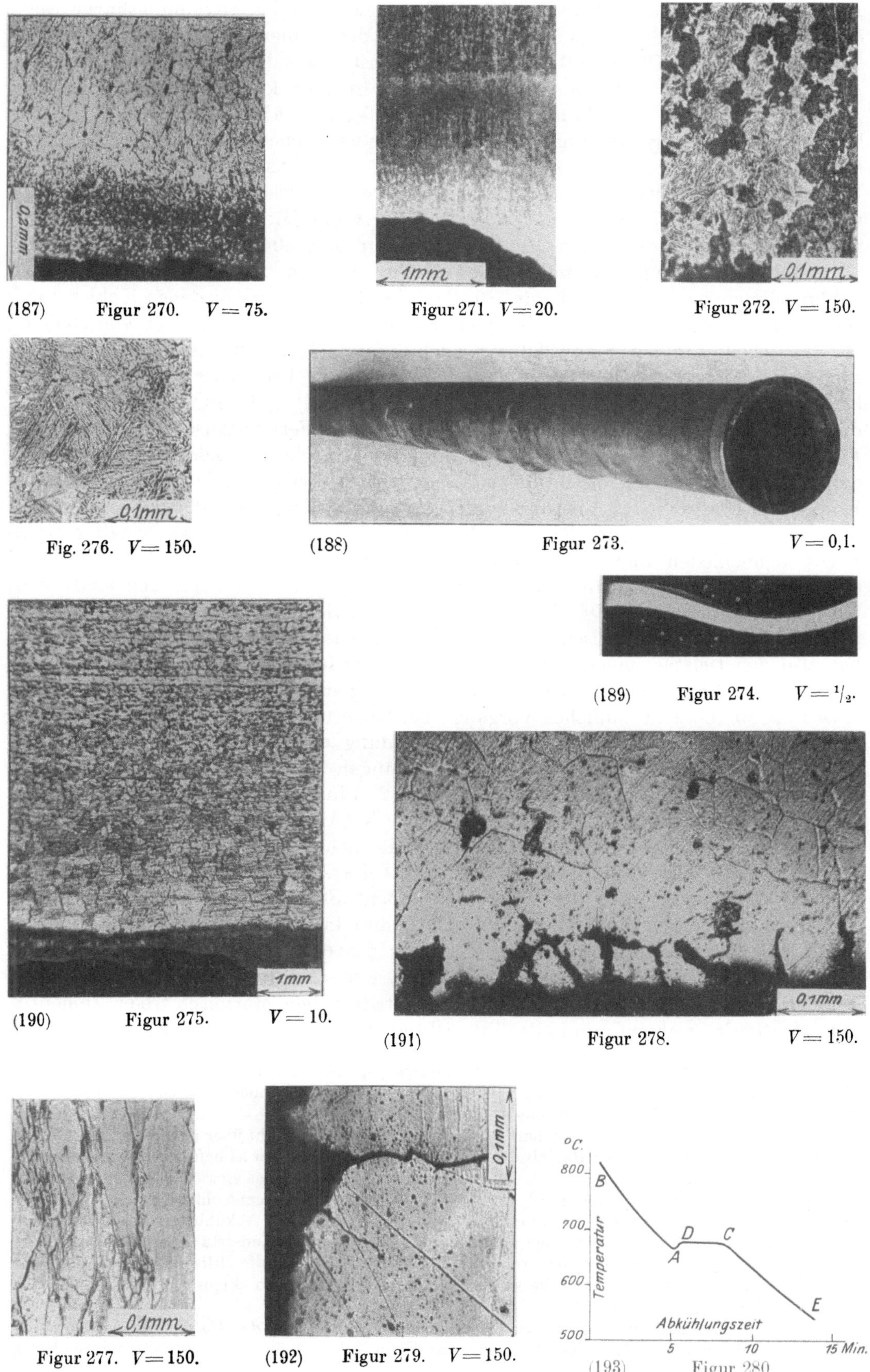

(187)   **Figur 270.** $V = 75.$ **Figur 271.** $V = 20.$ **Figur 272.** $V = 150.$

Fig. 276. $V = 150.$ (188)   **Figur 273.** $V = 0,1.$

(189)   **Figur 274.** $V = \frac{1}{2}.$

(190)   **Figur 275.** $V = 10.$ (191)   **Figur 278.** $V = 150.$

Figur 277. $V = 150.$ (192)   **Figur 279.** $V = 150.$ (193)   **Figur 280.**

BA': Stetige Abkühlung. Strecke $A'A$: Richtungswechsel der Abkühlungskurve, was darauf hindeutet, daß stetige Wärmezufuhr aus dem Innern der Probe stattfindet: Abscheidung des im Überschuß vorhandenen „Ferrit"[1] aus der festen Lösung. Strecke ADC: wie zu Figur 280 bemerkt. Strecke AC ist hier kürzer, weil viel weniger „Perlit" vorhanden ist. Häufig ist bei A' ein Verlauf ähnlich wie bei ADC zu beobachten, infolge gewissermaßen ruckweisen, etwas verspäteten Beginns der Ausscheidung des Ferrit. Bei AD ist in der Regel kein Ansteigen zu beobachten.

Findet rasche Abkühlung statt, so zeigt der Stahl oberhalb A': Martensit (s. o.), vgl. Figur 283 bis 287, zwischen A' und A: Ferrit und Martensit, vgl. Figur 288, 289, unterhalb C: Ferrit und Perlit, vgl. Figur 300, 304, sowie Figur 65f.

Figur 282. Diagramm nach Roozeboom, in dem die Ergebnisse der Abkühlungslinien nach Art der Figur 280, 281 für Material verschiedenen Kohlenstoffgehaltes zusammengefaßt sind.[2] Beispiel: Kühlt eine Probe mit $0,25\,^0/_0$ C von 1000^0 C ab (gestrichelte Linie in Figur 282, vgl. auch Figur 281), so befindet sich das Material zunächst im Zustand fester Lösung, und zwar in der bei dieser Temperatur vorhandenen Modifikation (vgl. Bemerkung zu Figur 233) „γ-Eisen". Bei der durch den Punkt a gekennzeichneten Temperatur beginnt sich Ferrit abzuscheiden (Punkt A', Figur 281), die Temperatur sinkt nun weiter und es scheidet sich weiter Ferrit ab, der aufhört, γ-Eisen zu sein. Infolgedessen wird die verbleibende Lösung, die allen Kohlenstoff (Perlit) gelöst enthält, kohlenstoffreicher; der Zustand der Lösung folgt dem Linienzug aA, Figur 282. Ist die Temperatur d erreicht, so ist aller freie Ferrit abgeschieden und die verbleibende Lösung enthält die dem Punkt A entsprechende Zusammensetzung des Perlit $(0,8$ bis $0,9\,^0/_0$ C$)$. Infolgedessen stellt sich bei d der Haltepunkt, ADC, Figur 281, ein. Unterhalb desselben besteht das Material aus Ferrit (als α-Eisen) und Perlit. Die Zusammensetzung beim Punkt A hat also den tiefstliegenden Abscheidungspunkt der festen Lösung; sie wird deshalb „eutektische" Legierung (leichtest schmelzende Legierung; Eutektikum) genannt im Anschluß an die sehr ähnlichen Vorgänge bei Legierungen, die geschmolzen werden (vgl. XI). In neuerer Zeit ist zur Unterscheidung auch die Bezeichnung „Eutektoid" vorgeschlagen worden. (Gehalt an Mangan usf. beeinflußt die Lage der Punkte A, A'.) Hiernach bedeutet in Figur 282: Linie $A'A$ (für „untereutektisches" Material mit weniger als $0,8\,^0/_0$ C) den Beginn der Ausscheidung von freiem Ferrit; Linie AZ (für „übereutektisches" Material mit mehr als $0,8\,^0/_0$ C) den Beginn der Ausscheidung von freiem Zementit; Linie DD die Ausscheidung des Perlit.

Die Abkühlungslinien der „übereutektischen" Stähle, deren Gefüge aus Perlit und Zementit besteht (vgl. Figur 452, S. 83), sind im Wesen der Figur 281 gleich.

Figur 282 erlaubt hiernach die Härtung zu regeln; diese hat stets oberhalb der Linie DD zu erfolgen. Oberhalb $A'AZ$ ist weder freier Ferrit $(A'A)$ noch freier Zementit (AZ) vorhanden. Im Gebiet ZAD tritt neben Martensit freier Zementit auf. Martensit erscheint nun in der Tat nicht als das Gefüge, das dem Zustand in dem

---

[3] Kühlt sich eine Schmelze unter ihren Erstarrungspunkt ab, ohne fest zu werden, so findet Unterkühlung statt; ebenso bei Lösungen, bei denen Ausscheidung eines auskristallisierenden Bestandteils, hier des Perlit, verspätet eintritt.

[4] Bei Werkzeugen usf., die sehr hart werden sollen, pflegt der Stahl über den Punkt D (z. B. auf 780^0 C) erwärmt und sodann dem Härtebad ausgesetzt zu werden. Nur bei lebhafter Bewegung des letzteren wird gleichförmige Härtung erzielt. Für diese ist auch gleichförmige Erwärmung Voraussetzung. Vgl. auch die Bemerkungen zu Figur 282, 292, 452f. Bei Stahl mit höherem Kohlenstoffgehalt kann für kurze Zeit stärkere Erwärmung angezeigt sein, gefolgt von langsamer Abkühlung bis zur Härtungstemperatur, um möglichst feines Gefüge zu erzielen — Figur 498 —. Sonderstähle erfordern eine abweichende Behandlung. Daß auch die Größe der Stücke, deren Gestalt, die Hilfsmittel zur Erwärmung und Abkühlung usf. eine große Rolle spielen, ist bekannt. Vgl. auch Figur 315f., 383, 452 usf.

[1] S. Fußbemerkung 2, S. 52.

[2] Figur 282, 280 und 281 stimmen hinsichtlich der Temperatur der Haltepunkte nicht genau überein, was daher rührt, daß Figur 282 für reine Eisen-Kohlenstofflegierungen gilt, während das

Bereich $A'AZ$ entspricht, dieses ist vielmehr der „Austenit", vgl. Figur 539, S. 105, der jedoch sehr leicht zerfällt und dann Martensit liefert. Letzterer ist zwar sehr hart, aber auch sehr spröde. (Über „Hardenit" s. S. 84). Martensitisches Gefüge bedingt daher in der Regel Unbrauchbarkeit des Werkzeugs usf. Abhilfe: Anlassen oder weniger wirksame Härtung, vgl. Figur 290f., ferner Figur 280f., 312, 313, 340, 353, 376, 383, 452, 493, 507, 539 usf.

Soll grobkörniges Material wieder hergestellt werden, so ist stets über die durch den Linienzug $A'AZ$ gekennzeichnete Temperatur zu erwärmen, also bei weichem Eisen höhere Erhitzung nötig, als bei Stahl mit etwa $1\,^0/_0$ C. (Figur 376; Umwandlung von α- in γ-Eisen und umgekehrt, vgl. Bemerkung zu Figur 233.)

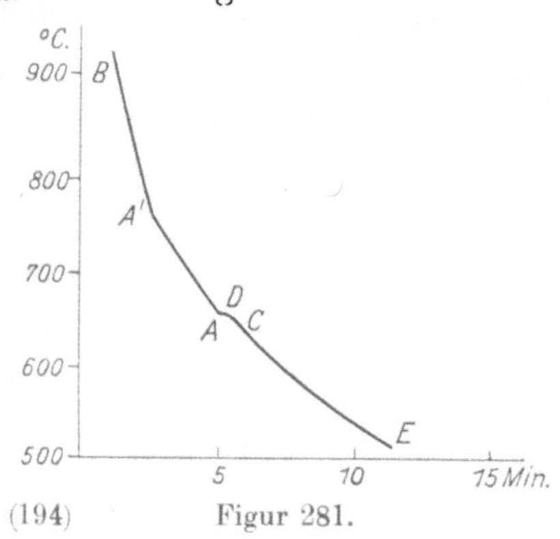

(194) Figur 281.

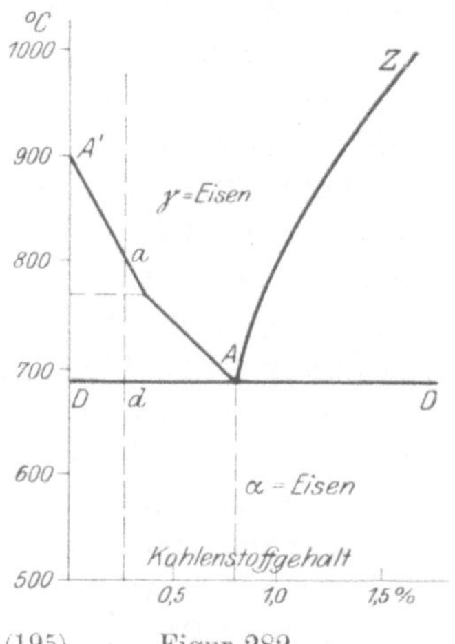

(195) Figur 282.

(196) Figur 283. $V = 600$.

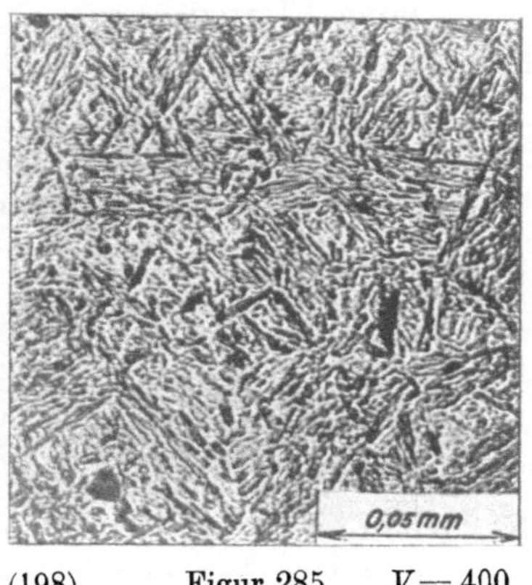

(198) Figur 285. $V = 400$.

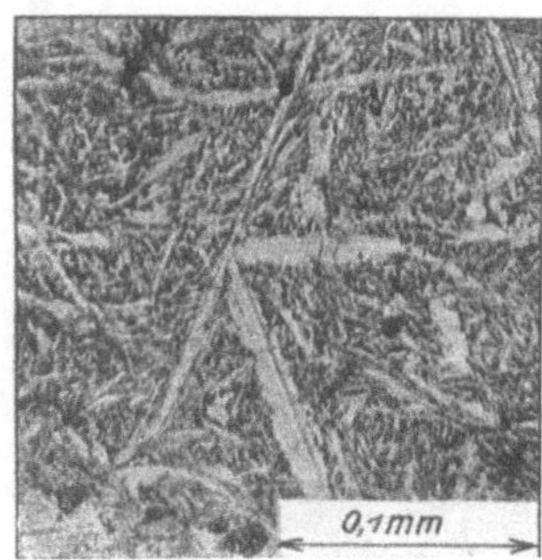

(197) Figur 284. $V = 200$.

(199) Figur 286. $V = 150$.

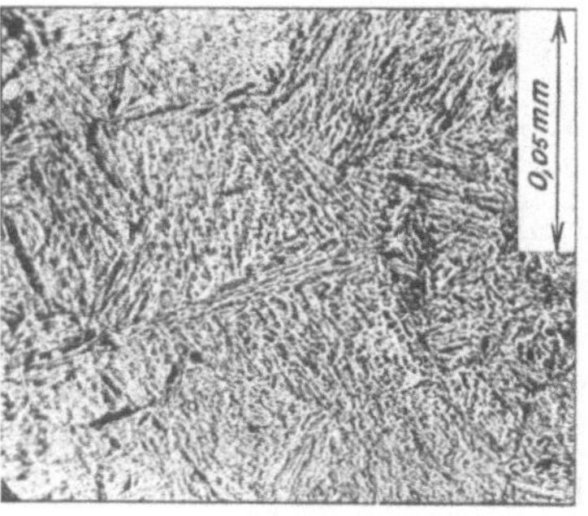

(200) Figur 287. $V = 400$.

Härtungsgefüge.

Figur 283. Martensit. Nadeliges, homogenes Gefüge von gehärtetem, nicht angelassenem Werkzeugstahl[1]). Näheres vgl. bei Fig. 280, 281, 282.

Figur 284. Wie Figur 283, von zu hoher Temperatur gehärtet (überhitzt, grobkörnig).

Figur 285 und 286. Wie Figur 283, von Stahl mit $0,4\,^0/_0$ C (s. Figur 68, S. 19).

Figur 287. Wie Figur 283, von Flußeisen mit $0,2\,^0/_0$ C.

Material für Figur 280, 281 auch andere Beimengungen (Mangan usf.) enthält. Vgl. auch Figur 498.

[1]) Zur Kennzeichnung des Gefüges ist bei gehärtetem Stahl Anwendung starker Vergrößerung erforderlich. In andern Fällen wird schwache Vergrößerung angezeigt, um Überblick zu gewähren.

Figur 288, 289. Martensit (in Fig. 288 dunkel) neben Ferrit. Härtung zwischen Punkt A' und A, Figur 281. Zugfestigkeit (Figur 288, 299) $K_z = 4538$ kg/qcm.

Figur 290. „Troostit" genannter Gefügeteil (dunkel) neben Martensit. Gelb angelassener Werkzeugstahl — Beginn der Zersetzung des Martensit —.

Figur 291. Gefüge eines angelassenen Werkzeugstahles mit $1,04\,^0/_0$ C. Kleine Einschlüsse aus freiem Zementit, undeutliches Gefüge. Richtig gehärtete und angelassene Teile haben ein Gefüge ohne ausgesprochene Zeichnung. Vgl. Figur 327.

Figur 292. „Sorbit" genanntes Gefügebild. Weitere Zersetzung des Martensit, bewirkt durch stärkeres Anlassen, etwa bis zur blauen Anlauffarbe. Beim Ätzen tritt kräftige Dunkelfärbung ein. Die gleichförmige Verteilung des Kohlenstoffgehaltes, wie sie durch die Bildung der festen Lösung (Figur 280 bis 282) erlangt wird, ist verbunden mit größerer Zähigkeit, die vom Anlassen herrührt: Vergüten. (Federhärtung, hohe Elastizitätsgrenze, vgl. Figur 299f. und die S. 3 genannte Schrift).

Ähnliche „Übergangsgefüge" zwischen Martensit und Perlit wie durch Anlassen können erlangt werden

  a) durch Abkühlen im Bereich ADC, Figur 280, 281.
  b) durch Abkühlen in warmen oder wenig wirksamen
    Flüssigkeiten.

Hierbei besteht geringere Gefahr der Bildung von Härterissen, doch pflegen die Stücke weniger feines Korn zu erhalten (vgl. Figur 301, 302, 305, 306), was geringere Güte erwarten läßt. Immerhin scheint hier ein Weg für die Behandlung schwierig zu härtender Stücke vorhanden, sofern besonders große Härte nicht verlangt wird. Häufig kann diese weiter entbehrt werden, als vielfach angenommen wird (vgl. Fig. 313, 376).

Figur 293. Gefüge, kennzeichnend für Warmwasser- oder Ölhärtung, vgl. Figur 295.

Figur 294. Gefüge aus dem Innern einer schweren Feile (dunkler „Troostit" an den Kornrändern, vgl. Figur 290).

Figur 295 bis 298. Gefüge von Kesselblech, bei verschiedenen Temperaturen t in Wasser von 28^0 C abgekühlt („Hartbiegeprobe"). $t = 850, 800, 750, 700^0$ C. Deutliche Unterschiede im Gefüge.

Zugversuche mit verschieden behandeltem Material.[1]

Figur 299. Zerreißversuche mit verschieden behandeltem Flußeisen I. Hebung von Streckgrenze und Zugfestigkeit, Abnahme der Bruchdehnung. Verschwinden der Streckgrenze bei nachdrücklicher Härtung. Bedeutender Einfluß selbst bei diesem „weichen" Material. Vgl. auch Figur 288 ($K_z = 4538$ kg/qcm).

Figur 300 bis 302. Gefügebilder von 3 Stäben, über

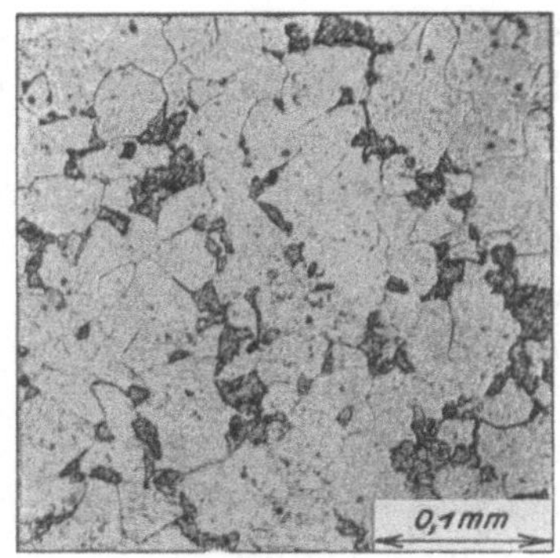

(201) Figur 288. $V = 150$.

Figur 289. $V = 400$.

(202) Figur 290. $V = 750$.

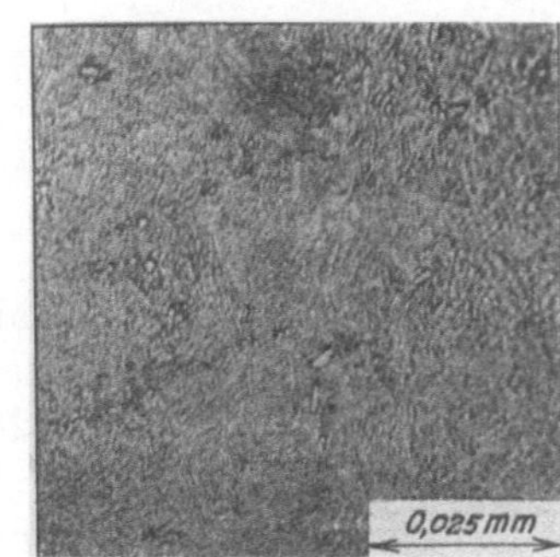

(203) Figur 291. $V = 600$.

---

[1] Vgl. auch S. 68, 82, 84, 87, 88 und 93f., sowie S. 109, Figur 571 und S. 110.

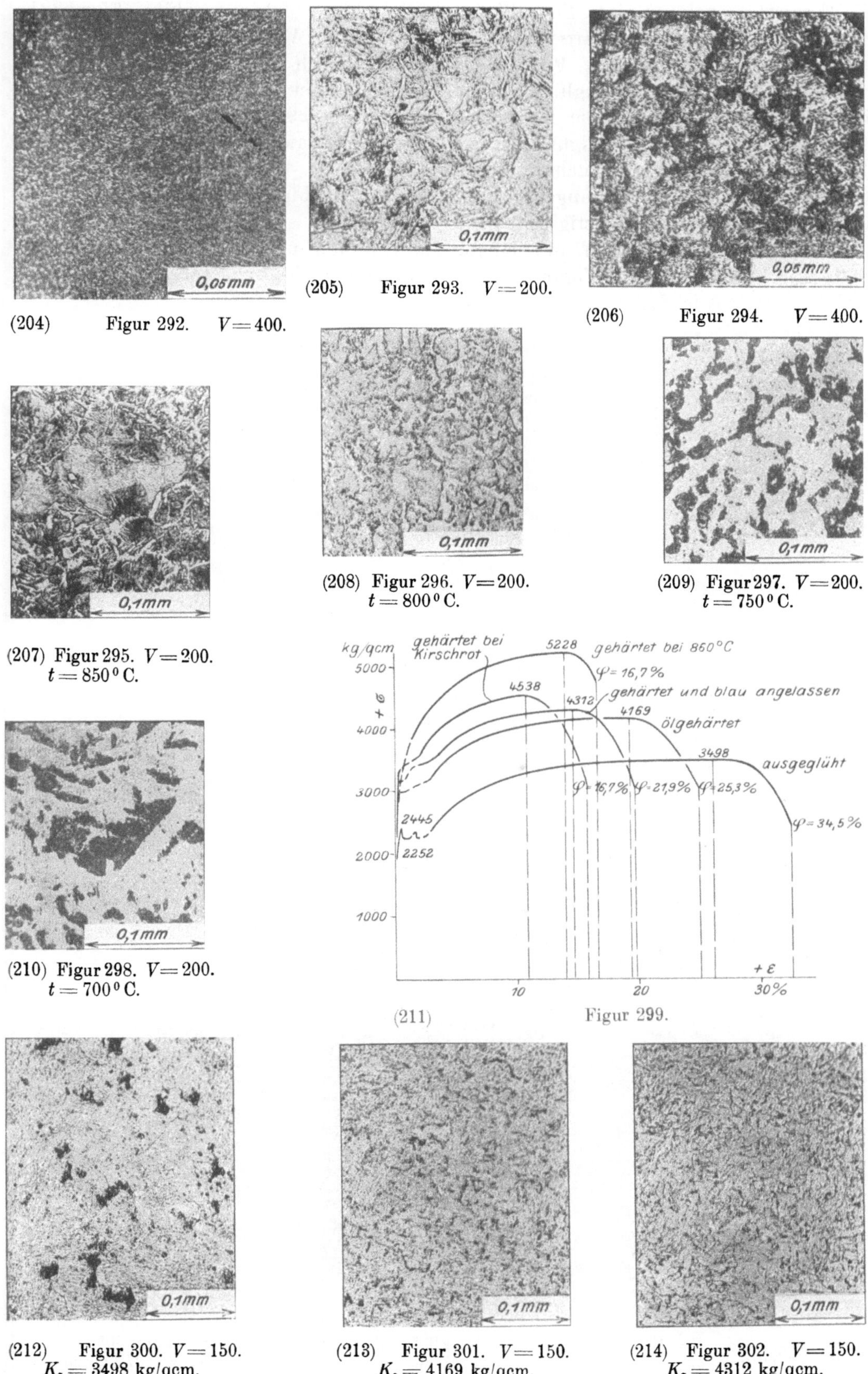

(204)   Figur 292. $V = 400$.

(205)   Figur 293. $V = 200$.

(206)   Figur 294. $V = 400$.

(207) Figur 295. $V = 200$.
$t = 850^{\,0}$ C.

(208) Figur 296. $V = 200$.
$t = 800^{\,0}$ C.

(209) Figur 297. $V = 200$.
$t = 750^{\,0}$ C.

(210) Figur 298. $V = 200$.
$t = 700^{\,0}$ C.

(211)   Figur 299.

(212)   Figur 300. $V = 150$.
$K_z = 3498$ kg/qcm.

(213)   Figur 301. $V = 150$.
$K_z = 4169$ kg/qcm.

(214)   Figur 302. $V = 150$.
$K_z = 4312$ kg/qcm.

die Figur 299 Auskunft gibt. Figur 288: gehärtet; Figur 300: ausgeglüht. Figur 301: ölgehärtet. Figur 302: gehärtet und blau angelassen. Vgl. auch Figur 312.

Figur 303 bis 306 wie Figur 299 bis 302, jedoch „Material III" statt „Material I". Figur 304: ausgeglüht. Figur 305: ölgehärtet. Figur 306: gehärtet und blau angelassen. S. auch die Bemerkungen zu Figur 292.

Figur 307 bis 310 wie Figur 299 bis 302, jedoch „Material V" statt „Material I". Figur 308: ausgeglüht (s. auch Figur 45, S. 14). Figur 309: ölgehärtet. Figur 310: gehärtet und bei 680° C angelassen (vergütet, s. a. Figur 46). Weitere Stäbe s. C. Bach, Elastizität und Festigkeit, § 10.

Figur 311. Zugversuch mit einem ausgeglühten und mit einem vergüteten Stab aus Material V (vgl. Figur 307). Erhöhung der Elastizitätsgrenze; vgl. Figur 307 bis 310, sowie 312.

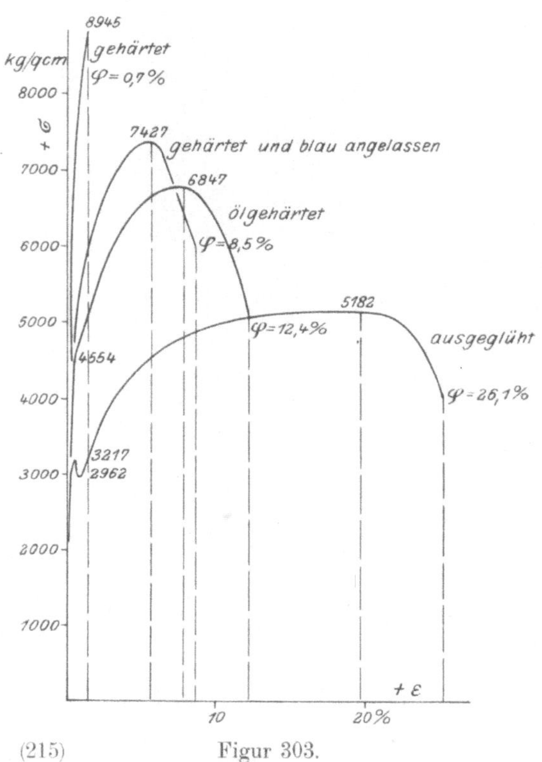

(215)   Figur 303.

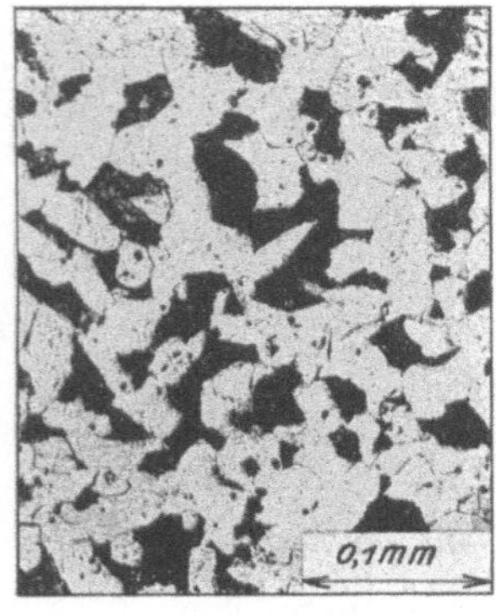

(216)   **Figur 304.** $V=150$.
$K_z = 5182$ kg/qcm.

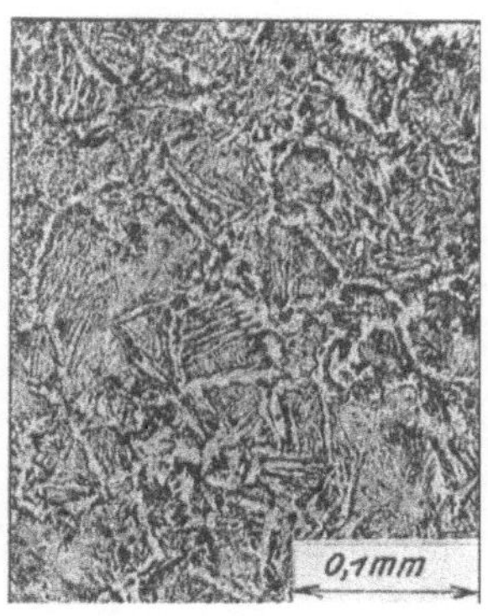

(217)   **Figur 305.** $V=150$.
$K_z = 6847$ kg/qcm.

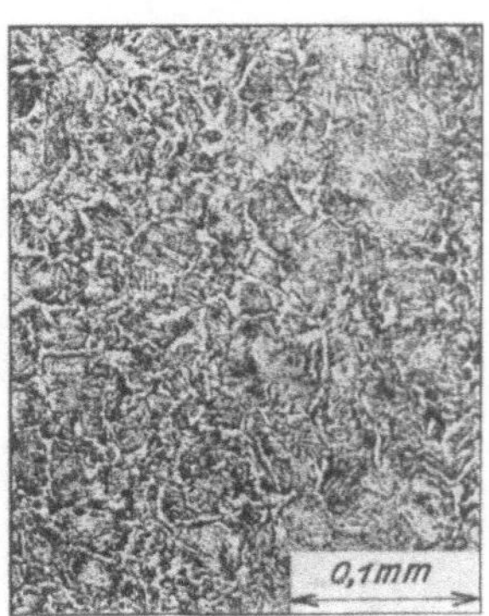

(218)   **Figur 306.** $V=150$.
$K_z = 7427$ kg/qcm.

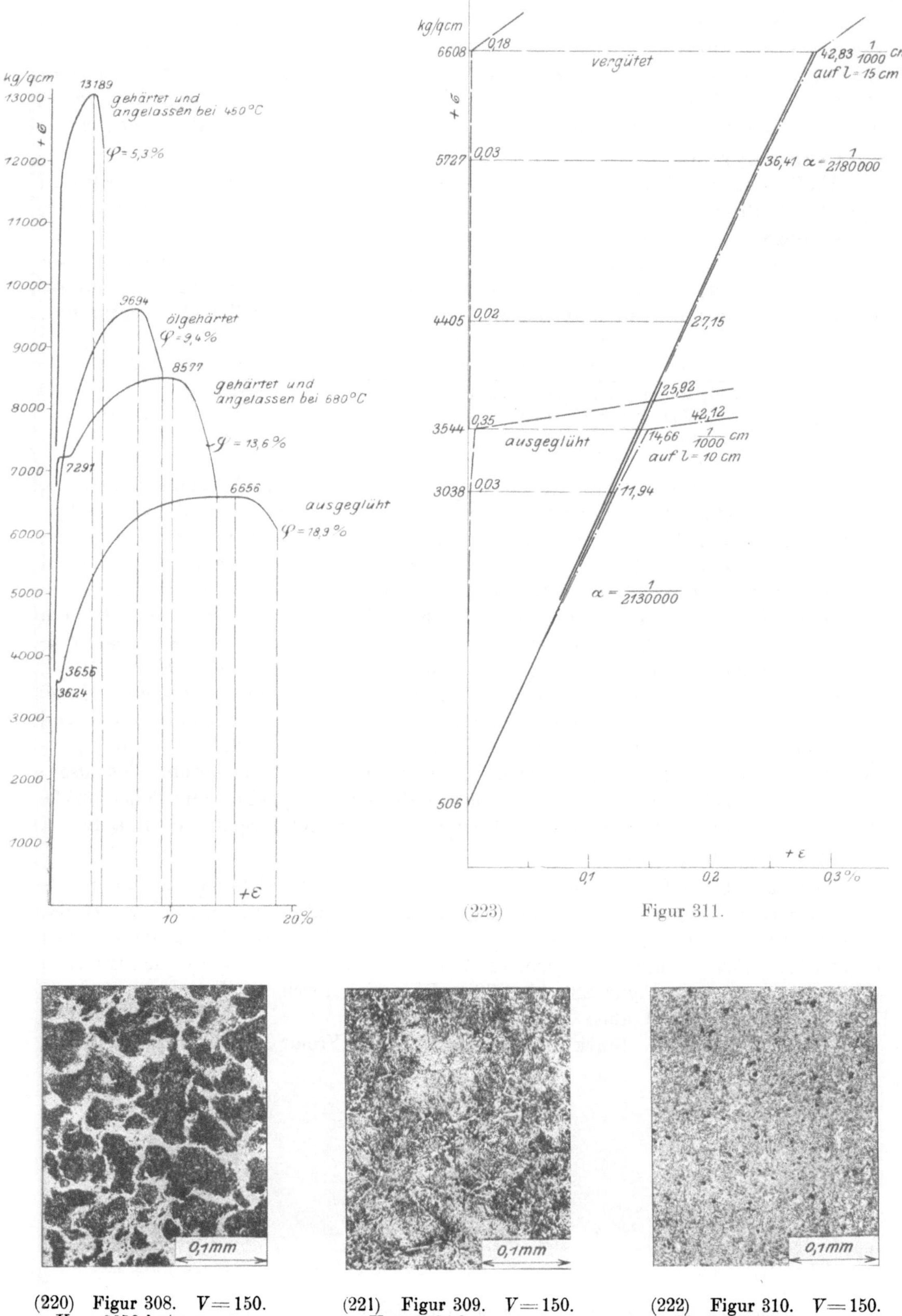

(223)   Figur 311.

(220)   **Figur 308.** $V = 150.$
$K_z = 6656$ kg/qcm.

(221)   **Figur 309.** $V = 150.$
$K_z = 9694$ kg/qcm.

(222)   **Figur 310.** $V = 150.$
$K_z = 8577$ kg/qcm.

Figur 312. Zugversuche mit verschieden behandelten Stäben aus Material V. Die bleibenden Formänderungen ergeben sich bei mäßigen Beanspruchungen am größten für die gehärteten Stäbe und nehmen mit dem Anlassen ab, wohl eine Folge des Ausgleichs der Härtungsspannungen.[1] Aus diesem Grunde kann aus Biegungsversuchen mit gehärteten Stäben nicht auf deren Zugfestigkeit geschlossen werden, weil die Verhältnisse ähnlich liegen, wie zu Figur 4, S. 5 und Figur 466, S. 86 bemerkt. Verschiedene Behandlung äußert sich oft besonders deutlich bei der

Kerbschlagprobe.

Als Beispiel wurden aus Flußeisen Stäbe hergestellt, verschieden behandelt und geprüft. Die Bruchstücke dienten zum Herausarbeiten von Zugstäben. Ergebnisse s. u.; Behandlungsarten: 1. Einlieferung (Walzeisen, 10×30 mm); 2. hellrot (etwa 850^0 C) in Wasser gehärtet; 3. wie 2. sodann blau angelassen; 4. wie 2. sodann dunkelkirschrot (etwa 680^0 C) angelassen; 5. hellrot in warmem Wasser abgekühlt; 6. von hellrot bis schwarz gehämmert sowie hin- und hergebogen; 7. stark geglüht; 8. stellenweise verbrannt.

Stab	1	2	3	4	5	6	7	8	
A_k	16,9	17,6	18,9	17,6	16,0	12,6	6,9	1,8	mkg/qcm
Bruchaussehen:	sehnig, mit kleiner körniger Stelle					körnig		grob	
K_z	4710	6630	5530	5780	6010	4920	4250	4250	kg/qcm
φ	29,5	16,9	19,2	22,0	16,7	26,0	27,5	28,0	$^0/_0$
ψ	53,5	56,5	61,5	64	53,5	59	59	53,5	$^0/_0$

Bemerkenswert erscheint u. a., daß bei Stab 6 bis 8 die Bruchdehnung groß, aber die Kerbschlagarbeit gering ist. Das Material erscheint nach dem Aussehen der Bruchflächen nicht zäh. Das Walzen (Stab 1) wirkt bei der geringen Dicke von 10 mm infolge der ziemlich raschen Abkühlung ähnlich wie Härten und Anlassen (vgl. die Werte von K_z). Vgl. auch die Zusammenstellung auf S. 16, 68, 88, 94.

Figur 313. Linienzug, aus dem die Abnahme der Härte bei verschieden starkem Anlassen hervorgeht. Diese Abnahme ist bis etwa 300^0 C viel geringer, als vielfach angenommen wird. Näheres S. 94 f., vgl. auch die Zahlen auf S. 99.

Figur 314. Veränderlichkeit von α (Dehnungszahl) mit der Spannung für einige Materialien. Ausgeglühtes Flußeisen ergibt $\alpha = 1:2\,100\,000 = 0,48$ Milliontel annähernd unveränderlich bis zur Streckgrenze. Nach dem Härten findet sich bei höheren Spannungen (meist erst jenseits einer Beanspruchung, bei der die Streckgrenze des ausgeglühten Materials überschritten wäre) Zunahme der Dehnungszahl, von solcher Größe, daß die Werte erreicht werden. die der Hartguß (bei geringeren Spannungen) aufweist.

Verdorbenes Material.

Figur 315 bis 320. Bruchflächen, erzeugt an einer Stahlstange, die am rechts gelegenen Ende (Figur 320) weißwarm gemacht, abgekühlt und hierauf stückweise abgeschlagen wurde. Am Ende (Figur 320): Körniger Bruch. Letztes Stück (Figur 315): Härtung nicht ausreichend. Vorletztes Stück (Figur 316): richtige Härtungstemperatur (vgl. Figur 280 bis 282). Diese ist durch die Kornfeinheit deutlich gekennzeichnet (vgl. auch Fig. 466, 467).

Figur 321 und 322. Stark eingesetztes Material. Freier Zementit in den Korn-

(226)   Fig. 315.   (227) Fig. 316.   (228) Fig. 317.   (229) Fig. 318. (230) Fig. 319. (231) Fig. 320. $V = {}^1/_2$.

---

[1] Vgl. auch die Fußbemerkung 1, S. 64 und diejenige auf S. 72 bis 74.

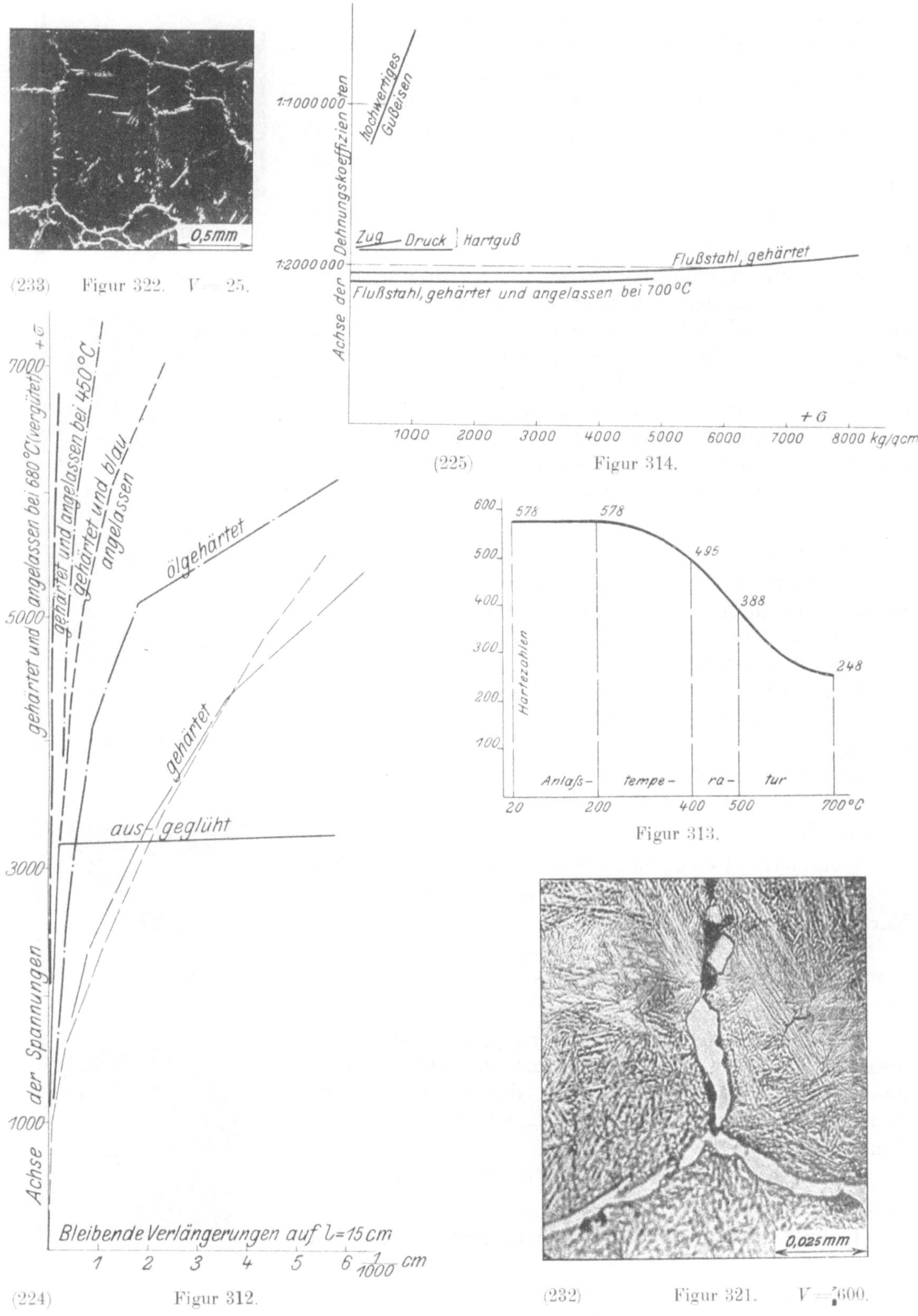

(233)   Figur 322.   V = 25.

(225)   Figur 314.

(224)   Figur 312.

Figur 313.

(232)   Figur 321.   V = 600.

fugen (Ähnlichkeit mit Figur 239, 241, bei denen jedoch die Kornhüllen aus Ferrit bestehen). Martensitisches Gefüge, daher geringe Zähigkeit. In den Kornfugen tritt Oxydation ein: verbranntes Material. Über Zementit vgl. Figur 71, 281f.

Figur 323. Gebrochenes Stück (gehärteter Konstruktionsteil), das Verbrennen erfuhr, wie Figur 324 zeigt.

Figur 324. Gefüge von dem in Figur 323 abgebildeten Stück. Grobe, scharf getrennte Körner, vgl. Figur 321, 322.

Figur 325. Stück eines Kugellager-Laufrings mit Fehlstellen, die beim Schleifen der mittleren Bahn zutage traten.

Figur 326. Bruchfläche an dem in Figur 325 abgebildeten Stück.

Figur 327. Gefüge des letzteren. Der Hohlraum läßt Kristallform erkennen. Ähnliche Ecken sind auch auf Figur 326 deutlich zu beobachten. Die Fehlstellen sind beim Warmziehen in zu hoher Temperatur entstanden. Das hierbei vorhanden gewesene Gefüge ist, weil das Stück richtig gehärtet wurde, verschwunden. Figur 327 zeigt (abgesehen von dem Loch) einwandfreies Gefüge von Stücken, die große Härte besitzen müssen (vgl. Figur 291).

Härterisse.

Figur 328. Prägform mit abgesprungener Ecke. Kennzeichnende Abrundung der letzteren, muscheliger Bruch. (Das abgebrochene Stück ist in Figur 328 wieder aufgesetzt.)

Figur 329. Kugeldruckprobe an dem in Figur 328 abgebildeten Stück. Radiale Risse als Zeichen zu geringer Zähigkeit. Das Gefüge bestand aus ziemlich grobem Martensit.

Figur 330. Spiralbohrer, gespalten und an der Kante ausgebrochen.

Figur 331. Gefüge desselben: grobkörniger Martensit.

Figur 332. Härteriß in Stahl. Verlauf des Risses an den Korngrenzen. S. S. 82, Figur 452.

Figur 333. Schruppfeile, längere Zeit nach der Herstellung im Lagerraum gesprungen, vgl. Figur 294 sowie 344.

Figur 334, 335. Andere Schruppfeile. Als Bruchursache erscheint die Schlackenschicht im Innern. Solche Fehlstellen sind häufig auch sonst der Anlaß zu Härterissen, Ausbrechen von Schneiden usf. Vgl. das zu Figur 162 Bemerkte.

Figur 336. Kreuzkopfzapfen eines Flugzeugmotors, im Betrieb gebrochen.

Figur 337. Gefüge des letzteren, grobkörniger Martensit.

Figur 338. Gesprungene Stahlkugeln (Meridianrisse).

Figur 339. Verbrannter Werkzeugstahl. Grobes Korn.

Figur 340. Derselbe Stahl, nochmals ausgeglüht, abgekühlt und gehärtet. Das grobe Korn ist hierbei verschwunden. Hüllen aus Oxyden, Risse usf., bleiben natür-

(234)   Figur 323. $V = 2$.

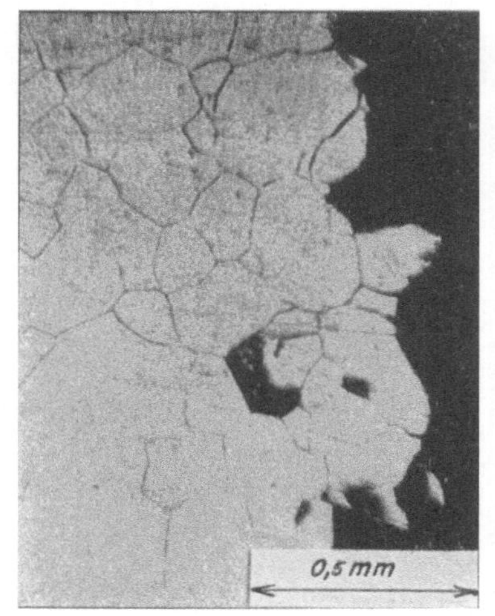

(235)   Figur 324. $V = 50$.

(236)   Figur 325. $V = \frac{1}{2}$.

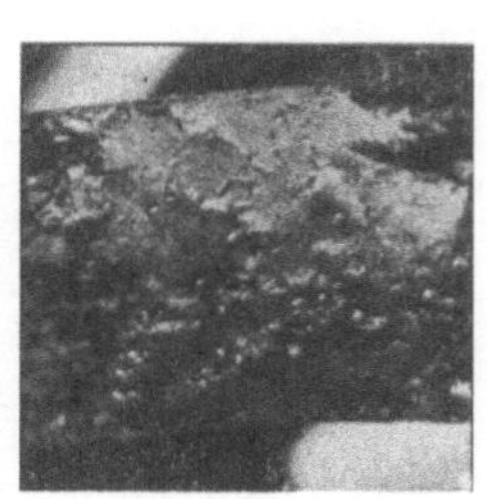

(237)   Figur 326. $V = 2$.

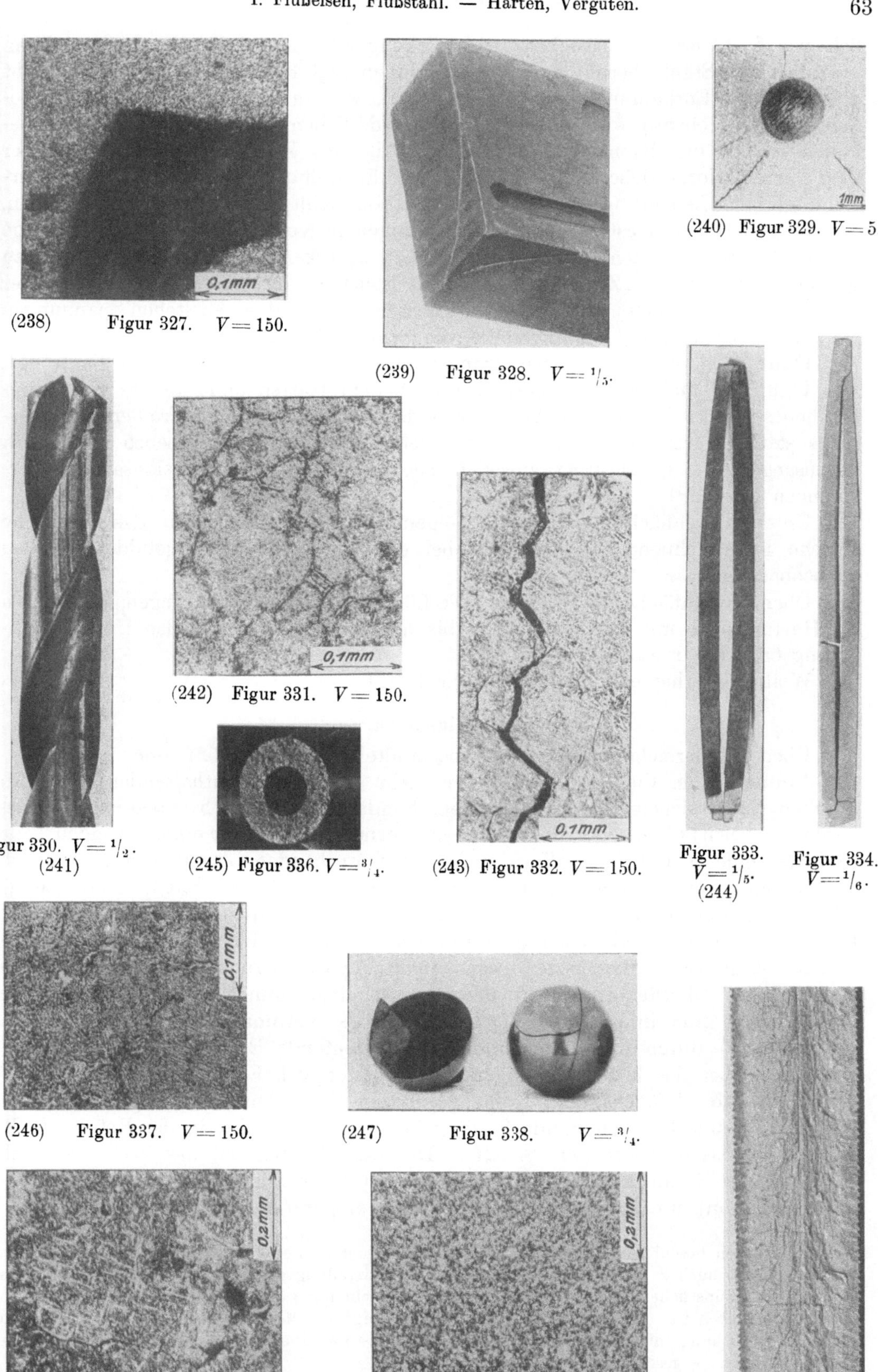

(238)   Figur 327. $V = 150$.

(239)   Figur 328. $V = \frac{1}{5}$.

(240)   Figur 329. $V = 5$.

(242)   Figur 331. $V = 150$.

Figur 330. $V = \frac{1}{2}$.
(241)

(245) Figur 336. $V = \frac{3}{4}$.

(243) Figur 332. $V = 150$.

Figur 333.
$V = \frac{1}{5}$.
(244)

Figur 334.
$V = \frac{1}{6}$.

(246)   Figur 337. $V = 150$.

(247)   Figur 338. $V = \frac{3}{4}$.

(248)   Figur 339. $V = 75$.

(249)   Figur 340. $V = 75$.

Figur 335. $V = \frac{2}{3}$.

lich, wie S. 49 erörtert, bestehen. Die Wirkung aller Mittel für Wiederherstellung „verbrannter" Stähle beruht auf dem Ausglühen (vgl. Figur 282). Daß dabei leicht oberflächliche Entkohlung eintritt (Figur 451), was zu vermeiden ist, darf als bekannt gelten, ebenso wie die hiergegen erforderlichen Maßnahmen. Weniger bekannt scheint im allgemeinen die Tatsache, daß der Zustand des Stahles vor der zum Härten erforderlichen Erwärmung für die Entstehung von Härterissen und Verziehungen von Bedeutung ist. Im Zweifelsfall empfiehlt sich sorgfältiges Ausglühen.

Figur 341. Prägestempel mit abgesprungenem Kopf. Der alte, kappenförmige Anriß, der beim Härten entstand, ist deutlich zu erkennen. Er ist eine Folge zu großer Tiefe der als „Zentrum" dienenden Bohrung; infolgedessen kühlt sich der durchbohrte Teil anders ab als der anstoßende volle und es entstehen Spannungen an der scharfkantigen Übergangsstelle, die zum Reißen führen.

Figur 342. Fräser mit abgesprungenem Kopf, vgl. Bemerkung zu Figur 341.

Figur 343 und 344. Längere Zeit nach dem Härten ohne äußere Kräfte gebrochenes Stück. Zuerst fand Absprengen des Bodens, sodann Aufreißen des Oberteiles statt. Härterisse treten oft erst nach längerer Zeit ein, ebenso macht sich vorausgegangene Überlastung zuweilen nachträglich durch explosionsartiges Zersprengen geltend.[1]

Unten: Bruchfläche am Unterteil; eigenartig sehniges Aussehen, das für solche Brüche kennzeichnend ist, z. B. auch bei den in Figur 333f. abgebildeten Feilen zu beobachten war.

Oben: Bruchfläche am Oberteil. Die Löcher, die ganz durchgingen, haben sich im Härtungsbad mit Salz vollgesetzt bis auf die Tiefe, in der das Unterteil absprang (vgl. Figur 341).

Weitere hierhergehörige Bilder siehe S. 82f.

d) Einsetzen.[2]

Über die Bezeichnung der Gefügebestandteile vgl. S. 18, 52f. und 187.

Einsatz, d. h. die Erzeugung einer mehr Kohlenstoff enthaltenden Rinde an Stücken aus weichem, zähem Flußeisen, Sonderstahl oder Schweißeisen, wird bekanntlich bewirkt entweder durch längerdauerndes Glühen der einzusetzenden Teile in Lederkohle u. dgl. (neuerdings auch in entsprechenden Gasen) oder aber durch Aufstreuen von Härtepulver auf die glühenden Stücke (Streupulverhärtung). Die Kohlenstoffzufuhr erfolgt um so rascher, je höher die Temperatur ist. Fast immer werden die Teile nach dem Einsetzen gehärtet, denn der Zweck des Einsetzens ist die Erzeugung harter, gegen Abnützung oder Druckbeanspruchung widerstandsfähiger Oberflächen; dabei pflegt meist angenommen zu werden, daß die Stücke nicht nur infolge der Eigenschaften des Kernmaterials große Zähigkeit, sondern auch durch die harte Rinde eine bedeutende Erhöhung ihrer Festigkeit erfahren. Über das hiervon abweichende Verhalten vgl. Figur 351 bis 353.

Figur 345. Gefüge von in Kohle geglühtem Eisen. Am unten liegenden Rande hat sich Eisenkarbid und damit Perlit gebildet. Dieser wird in der Rotglut (z. B. 850° C) im Eisen gelöst (vgl. S. 52f.). Die feste Lösung hat das Bestreben nach Ausgleich der Zusammensetzung, daher wandert der Kohlenstoff allmählich ins Innere (Diffusion), um so rascher, je höher die Temperatur ist.

---

[1] Anlassen beschleunigt den Ausgleich der Spannungen unter Verminderung der Bruchgefahr. Hierauf beruht auch z. B. die Wirkung des bei der Herstellung genauer Endmaße gebräuchlichen Auskochens („künstliches Altern", welche übliche Bezeichnung wohl nicht als besonders glücklich gewählt anzusehen ist, ebenso wie der Begriff „Ermüdung" bei Material, das durch wiederholte zu hohe Beanspruchung, die dann unrichtigerweise auch als Dauerbeanspruchung bezeichnet wird, — Figur 181, 209f. — geschädigt ist).

[2] Ein erheblicher Teil der Versuchsergebnisse, die hier, sowie unter II. usw. aufgenommen wurden, sind unter Verwendung von Mitteln der Robert Bosch-Stiftung erlangt worden.

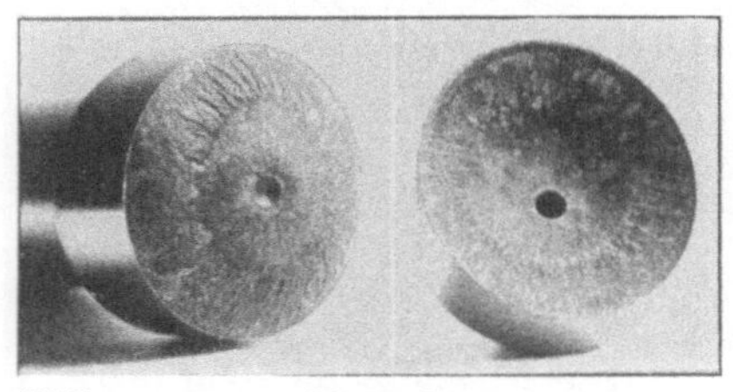

(250) Figur 341. $V = {}^3/_4$.

(251) Figur 342. $V = {}^3/_4$.

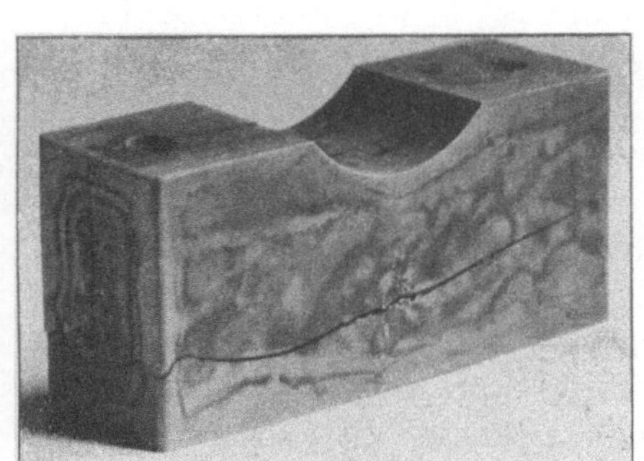

(252) Figur 343. $V = {}^3/_4$.

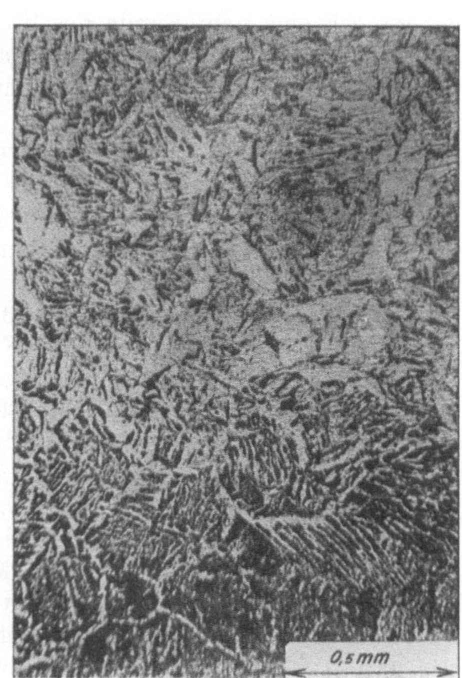

(254) Figur 345. $V = 50$.

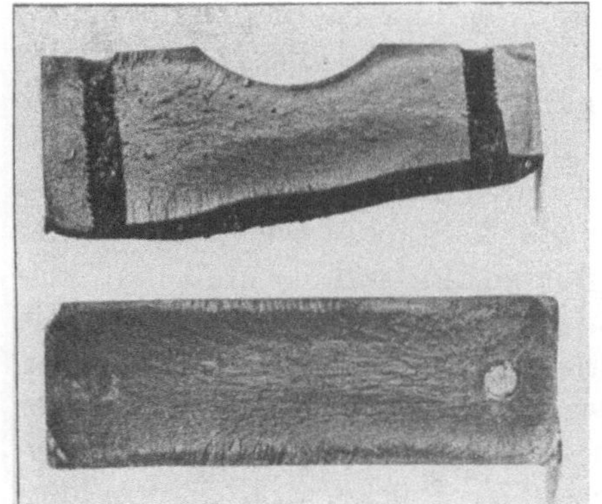

(253) Figur 344. $V = {}^3/_4$.

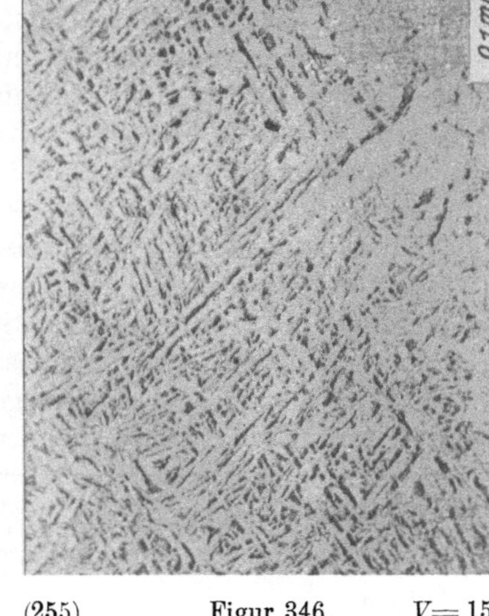

(255) Figur 346. $V = 150$.

Figur 346. Einwanderung des Kohlenstoffs bei autogener Schweißung mit Azetylen, das im Überschuß zugeführt war (von links unten nach rechts oben). Strahlige Anordnung des Perlit, wohl eine Folge der Wege der Einwanderung des Kohlenstoffs und der damit zusammenhängenden Vorgänge sowie der herrschenden Temperatur (vgl. Figur 283f.).

Figur 347. Im Einsatz gekohltes Stück. Strahlige Anordnung des Perlit.

Figur 348. Querschnitte durch drei Rundstäbe von 15 mm Durchmesser, die verschieden tief eingesetzt sind (a: schwach, ausgeprägte Kohlung etwa auf 0,4 mm; b: wie üblich, Kohlung etwa 1,1 mm tief; c: etwa 1,6 mm dicke Einsatzschicht). Die Dunkelfärbung am Rande rührt von der Steigerung des Perlitgehaltes her.

Figur 349. Gefügebilder in verschiedenem Abstand vom Rande des Stückes Figur 348c nach Härten und Anlassen bei 200° C. Am Rande tritt freier Zementit (weiß) auf. Vgl. Figur 368f.

Figur 350. Gefügebilder von demselben Stück nach Ausglühen. Hierbei hat der Kohlenstoffgehalt weiter Ausgleich erfahren, der freie Zementit am Rande ist verschwunden, d. h. als Bestandteil des Perlit nach innen gewandert.

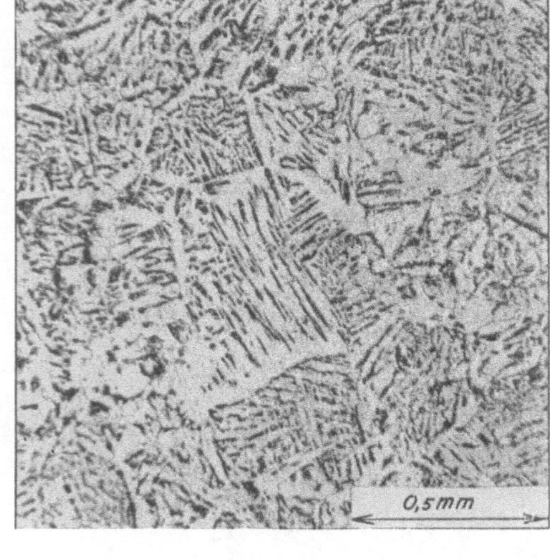

(256) Figur 347. $V = 50$.

Figur 351. Dehnungslinien, erlangt bei Zugversuchen mit Stäben ohne Einsatzschicht und mit solcher nach Figur 348, gehärtet und angelassen bei 200° C. Die eingesetzten Stäbe sind alle nach sehr geringer Dehnung glatt, ohne nennenswerte Einschnürung gebrochen, ein Beweis dafür, daß die Zähigkeit des Kernmaterials sich nicht geltend machen konnte. Stab a und b zeigen geringere Zugfestigkeit als der Stab o ohne Einsatz, trotzdem die harte Oberflächenschicht hohe Festigkeit besitzt: ihre Dehnungsfähigkeit (Zähigkeit) ist so gering, daß sie nach kurzer Streckung einreißt und damit den Bruch des Stabes herbeiführt, ehe die Zugfestigkeit des Kernmaterials in nennenswertem Maße ausgenützt wird. Die Einsatzschicht hat also bei Stab a und b die Festigkeit nicht erhöht, sondern im Gegenteil vermindert. Nur Stab c zeigt höhere Festigkeit. Bei ihm ist die Tragfähigkeit der harten Rinde, weil diese ausreichend dick ist, so groß, daß die Festigkeit des Kernmaterials dagegen zurücktritt. Dessen Dehnung kommt aber auch bei Stab c nicht zur Geltung, sein Arbeitsvermögen bleibt klein (vgl. den Flächeninhalt der Dehnungslinien o und c). Die Dehnungszahl α wird durch Einsetzen nicht beeinflußt.

Figur 352. Wie Figur 351, jedoch für ausgeglühte Stäbe. Die Zähigkeit der kohlenstoffreicheren Außenschicht ist im ausgeglühten Zustand so groß, daß das Zusammenarbeiten von Rand- und Kernmaterial nahezu derart erfolgt, daß die Festigkeit von beiden voll ausgenützt wird. Gestrichelt ist die Linie d eingezeichnet, die angibt, wie sich ein Stab verhalten würde, der bis zur Mitte gekohlt wäre. Der Vergleich von Figur 351 und 352 läßt erkennen, daß durch Steigerung der Zähigkeit der Randschicht das Arbeitsvermögen eingesetzter Stücke, d. h. ihre Widerstandsfähigkeit gegenüber stoßweiser Beanspruchung, gehoben werden kann.

Figur 353 (Seite 69). Zusammenstellung der Versuchsergebnisse nach Figur 351, 352. Die eingesetzten und gehärteten Stäbe zeigen fast keine Bruchdehnung und Querschnittsverminderung. Die Zugfestigkeit steigt erst bei größerer Einsatztiefe über die des Kernmaterials. Der geringe Widerstand eingesetzter Teile gegenüber Schlag wurde durch Kerbschlagproben erwiesen (kleine Stäbe).

	Stäbe gehärtet und angelassen bei 200° C		Stäbe ausgeglüht	
	eingesetzt	nicht eingesetzt	eingesetzt	nicht eingesetzt
A_k mkg/qcm	0,1	2,6	0,3	6,5

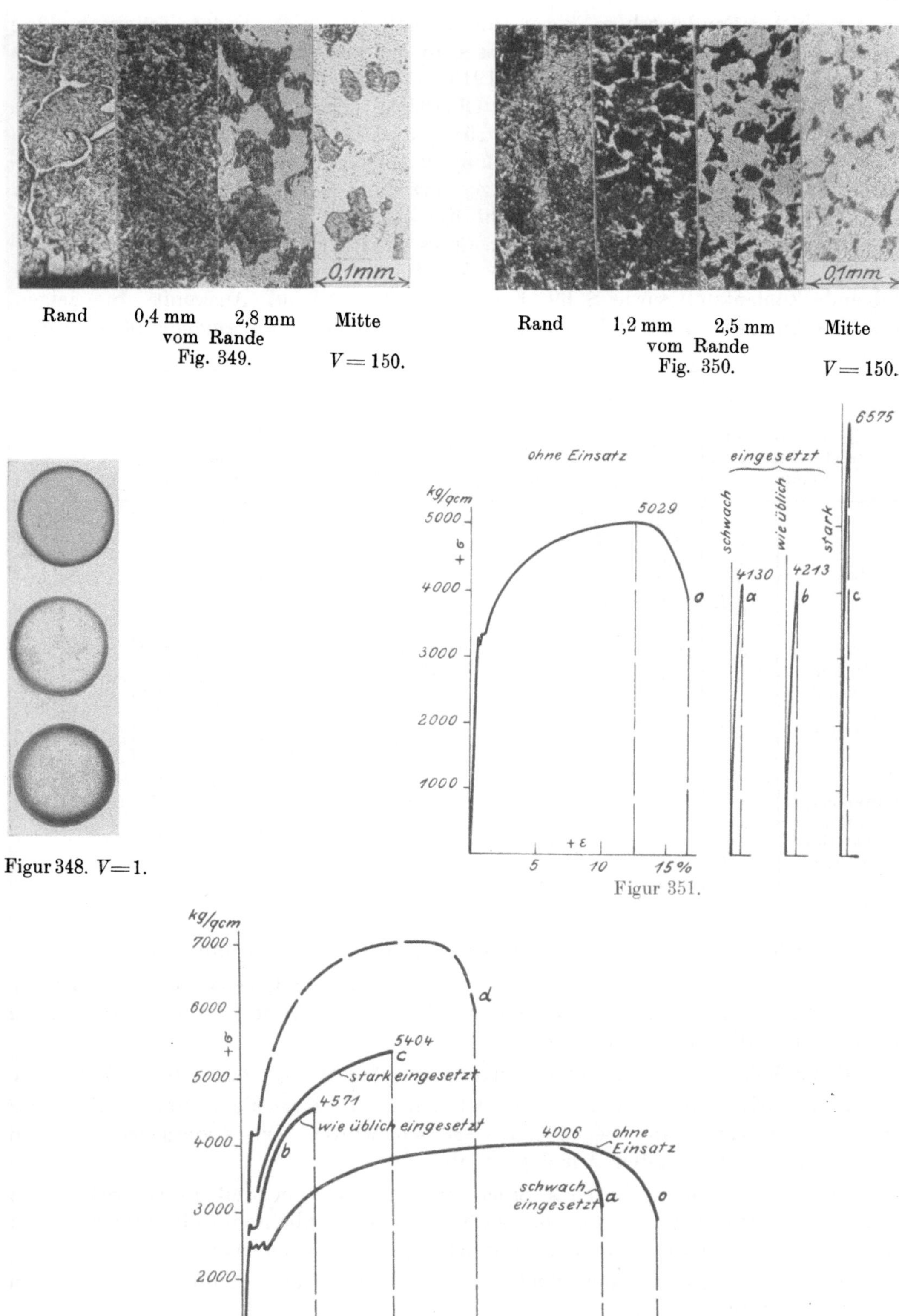
0,1mm
Rand   0,4 mm   2,8 mm   Mitte
vom Rande
Fig. 349.   V = 150.
0,1mm
Rand   1,2 mm   2,5 mm   Mitte
vom Rande
Fig. 350.   V = 150.
Figur 348. V = 1.
ohne Einsatz   eingesetzt
kg/qcm
5000   5029
schwach   wie üblich   stark
6575
b
+ b
4000   4130   4213   o
a   b   c
3000
2000
1000
+ ε
5   10   15 %
Figur 351.
kg/qcm
7000
6000   d
b
+ b   5404
5000   c
stark eingesetzt
4571
wie üblich eingesetzt
4000   4006   ohne Einsatz
b
schwach   a   o
eingesetzt
3000
2000
1000
+ ε
10   20   30 %
Figur 352.

Auch bei Sonderstählen liegen die Verhältnisse nicht anders, obgleich diese weit höhere Zähigkeit besitzen. Näheres s. in der ausführlichen Arbeit im Jahrbuch der Schiffbautechnischen Gesellschaft 1915, S. 156 f. Hiernach ist bei Teilen, die eingesetzt werden müssen, weil harte Oberfläche erforderlich ist, dafür zu sorgen, daß die Einsatzschicht nicht zu dünn ausfällt. Findet nach dem Einsetzen Bearbeitung statt, so ist dieser Rechnung zu tragen, namentlich, wenn Gefahr besteht, daß sie einseitig erfolgt (infolge Verziehens der Stücke beim Härten usf.). Da aber auch bei dicker Einsatzschicht die Zähigkeit gering ist, sollte stets Anlassen stattfinden, und zwar so hoch, als es die Rücksicht auf ausreichende Härte irgend gestattet. Über die Abnahme der Härte durch das Anlassen geben die folgende Zahlentafel sowie S. 99, Figur 313, 493 und 507 Auskunft. Sie zeigen, daß das Anlassen meist viel weitergehend erfolgen kann, als angenommen wird:

| Prüfung bei 20° C | Kernmaterial, nicht eingesetzt | | | | | | | Eingesetzte Stäbe | | | |
| Einsatz 1 mm tief, Stabdurchmesser 15 mm | Gehärtet und angelassen bei °C | | | | | | aus-ge-glüht | Gehärtet und angelassen bei °C | | | aus-ge-glüht |
	200	400	500	620	650	680		200	400	650	
Flußeisen											
K_z	5029	4656	4469	4215	—	3981	4006	4213	—	—	4571
φ	16,7	23,0	23,0	29,2	—	30,8	31,8	0,5	—	—	5,4
ψ	60	63	65	70	—	68	69	0	—	—	6
A_k	2,6	11,5	13,6	14,9	—	16,8	6,5	0,1	—	—	0,3
$K_z : H$	34	—	—	—	—	—	38	—	—	—	—
H	146	—	—	—	—	—	105	—	—	—	—
Nickel-einsatz-material (vgl. S. 88)											
K_z	11453	—	—	—	6985	—	5135	10312	10232	7093	5853
φ	7,3	—	—	—	16,1	—	26,0	1,2	4,7	17,8	18,7
ψ	55	—	—	—	69	—	72	5	20	45	36
A_k	4,8	—	—	—	11,6	—	12,8	0,7	2,3	6,0	4,7
$K_z : H$	32	—	—	—	—	—	35	—	—	—	—
H	363	—	—	—	—	—	148	—	—	—	—
Chromnickel-einsatz-material (vgl. S. 88)											
K_z	9224	—	—	—	5467	—	4558	7627	7147	5303	5000
φ	8,2	—	—	—	21,1	—	28,3	1,3	5,6	20,9	21,3
ψ	51	—	—	—	73	—	76	7	18	57	60
A_k	6,4	—	—	—	—	—	14,0	1,0	0,9	3,7	—
$K_z : H$	35	—	—	—	—	—	36	—	—	—	—
H	262	—	—	—	—	—	128	—	—	—	—

Figur 354. Eingesetzter, gehärteter Stab, bei Biegung gebrochen.

Figur 355. Bruchflächen zerrissener Stäbe (eingesetzt, gehärtet): a: Flußeisen, b: zäher Chromnickelstahl. Beide sind am Rande feinkörnig; das Flußeisen ist im Kern körnig, der Sonderstahl sehnig.

Figur 356. Zerrissene Stäbe, eingesetzt, gehärtet und bei 200° C angelassen.

Figur 357. Zahlreiche Risse in der harten Einsatzschicht eines Stabes, der eingesetzt, gehärtet und bei 400° C zerrissen wurde. Die andern so geprüften Stäbe brachen beim ersten Anriß glatt ab.

Figur 358. Durchgebogenes Stück aus eingesetztem und in Öl gehärtetem Flußeisen. (Einsetzen erfolgte, um das Stück gegen Anbohren widerstandsfähig zu machen — Tresoreisen —). Die zahlreichen Risse reichen, wie

Figur 359 zeigt — Längsschnitt, Einsatzschicht rechts —, nur bis zum Beginn des Kernmaterials.

Figur 360. Rand des Längsschnitts (oben, Stelle ohne Riß).

Figur 361. Bruchfläche des Stückes, sehniger Kern.

Figur 362. Gefügebilder daraus in verschiedenen Abständen vom Rande des Stückes Figur 358 f.

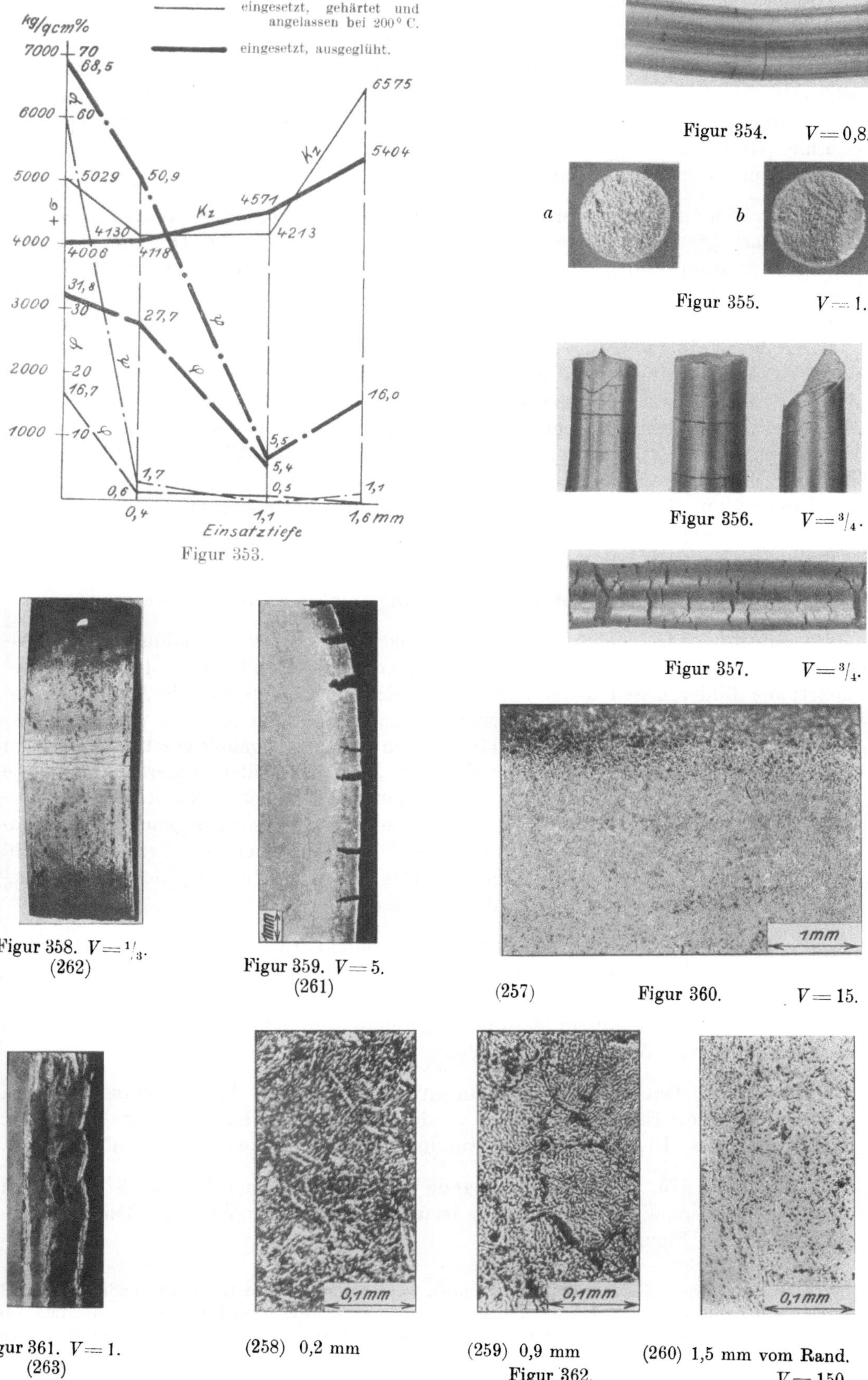

Figur 353.

Figur 354. $V = 0,8$.

Figur 355. $V = 1$.

Figur 356. $V = \frac{3}{4}$.

Figur 357. $V = \frac{3}{4}$.

Figur 358. $V = \frac{1}{3}$.
(262)

Figur 359. $V = 5$.
(261)

(257)   Figur 360. $V = 15$.

Figur 361. $V = 1$.
(263)

(258) 0,2 mm

(259) 0,9 mm
Figur 362.

(260) 1,5 mm vom Rand.
$V = 150$.

Figur 363. Eingesetztes und gehärtetes Rohr, durch Biegung bis zur Rißbildung beansprucht.[1])

Figur 364. Verlauf der Härte über den Querschnitt durch ein eingesetztes und gehärtetes Stück. Rascher Abfall nach Überschreiten der Einsatzschicht. Figur 364 wurde erlangt durch Verwendung einer mit 5,2 kg belasteten Kegelspitze (Druckrichtung parallel zur eingesetzten Oberfläche), die Eindrücke der in Figur 29, S. 13 abgebildeten Größenordnung erzeugte.

Figur 365. Härte in verschiedener Tiefe eines eingesetzten Stückes. Die Ermittlung erfolgte unter Verwendung einer Kugel von 5 mm Durchmesser und 150 kg Anpressungskraft. Nach Erzeugung des Eindruckes auf der Oberfläche wurde diese etwas abgeschliffen, ein neuer Eindruck erzeugt usf., bis das Kernmaterial erreicht war (Druckrichtung also senkrecht zu der bei Figur 364 angewendeten).

Werden größere Kräfte angewendet, so bricht die eingesetzte Schicht durch und es entstehen ringförmige Sprünge um den Eindruck — vgl. Figur 366 —. (Soll dies bei der Kegeldruckprobe nach Ludwik nicht geschehen, so muß — vgl. Figur 364 — ein scharfer Kegel mit sehr kleiner Belastung gewählt werden; damit können auch sonst Härteunterschiede auf eng begrenztem Gebiet festgestellt werden.) Auf die Härte der Außenschicht kann dann nicht mehr geschlossen werden, aber die Härteprüfung liefert so ein Zähigkeitsmaß: Bei großer Zähigkeit (Nickel-, Chromnickelstahl) erfolgt der Einbruch gar nicht oder doch erst bei höherer Belastung (vgl. die bei Figur 376, Fußbemerkung genannte Stelle).

Figur 366. Kugeldruckprobe. Rißbildung infolge zu hoher Belastung.

Figur 367. 5 Gefügebilder von einem eingesetzten Stück. Abnahme des Kohlenstoffgehaltes. Abstände 0; 0,5; 1,1; 1,5; 2,5 mm vom Rand. Das Material ist gehärtet; die Bilder lassen daher keinen zuverlässigen Schluß auf die Tiefe des Einsatzes zu, weil infolge der Lösungsvorgänge aus dem Gefüge nicht wie beim ausgeglühten Eisen aus dem Perlitgehalt auf den Kohlenstoffgehalt geschlossen werden darf (vgl. Figur 67 sowie Figur 68 mit Figur 287, 286; die beiden letzteren stammen je von demselben Material). Immerhin ist ein gewisser Einblick gewährt. Im Zweifelsfall müßte Ausglühen stattfinden. Dabei würde ein weiterer Ausgleich des Kohlenstoffgehaltes eintreten (vgl. Figur 350). Auch das Aussehen der Bruchflächen gehärteter Stücke (Figur 355, 361, 382) gewährt nur einen für Vergleichszwecke ausreichenden Anhalt über die Tiefe des Einsatzes.

Figur 368 bis 372. 5 Gefügebilder von einem zu stark eingesetzten Stück. Am Rand tritt freier Zementit (weiß) an den Korngrenzen auf. Dies ist der Fall, wenn das Eisenkarbid außen schneller gebildet und zugeführt wird, als es vom Eisen gelöst werden kann, und verursacht größere Sprödigkeit (vgl. die Bemerkungen zu Figur 239, 345, 377f).

Figur 373. Querschnitt durch ein eingesetztes Stück. An den vorspringenden Ecken reicht der Einsatz tiefer als an den rückspringenden, u. a. eine Folge der Konvergenz bzw. Divergenz der Einwanderungswege für den Kohlenstoff.

Figur 374, 375. Gefüge vom Rande in der Mitte einer Fläche (374) und an einer vorspringenden Ecke (375). An letzterer ist mehr Kohlenstoff (Zementit) eingewandert (vgl. Figur 373).

---

[1]) Weniger zähes Kernmaterial bricht durch, wenn der als scharfe Kerbe wirkende erste Anriß in der harten Schicht entstanden ist, vgl. Figur 355, 356. Schweißeisen bricht nach erfolgtem Anriß weniger leicht weiter als Flußeisen (vgl. Figur 61), hat auch sonst Vorteile, wie zu Figur 379 bemerkt.

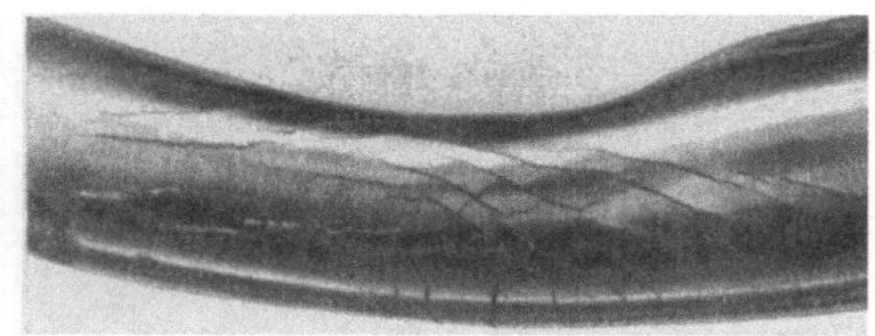

Fig. 363. $V = 0,4$.

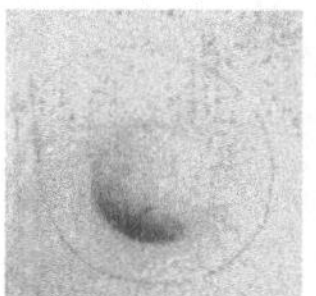

Figur 366. $V = 1$.

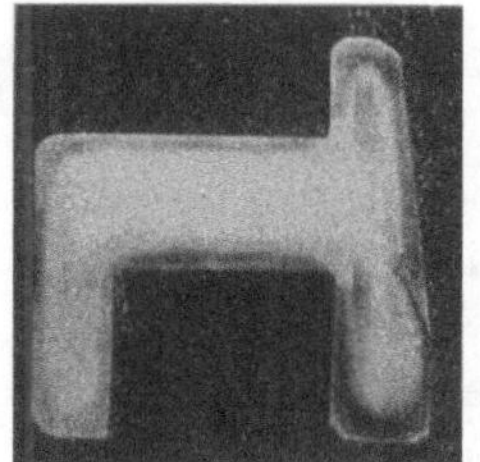

(276) Figur 373. $V = 1$.

(274) Figur 374. $V = 150$.

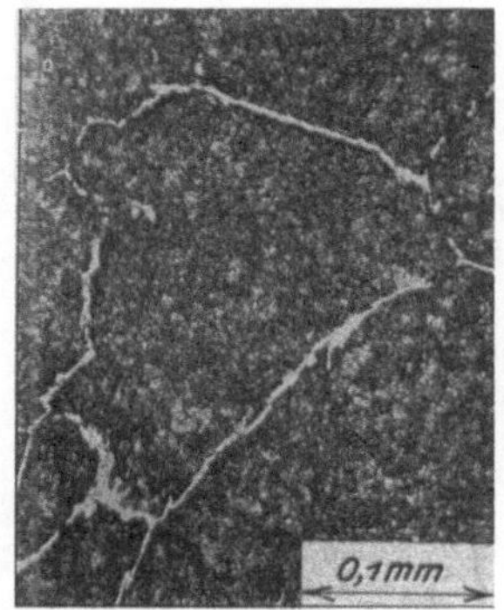

(275) Figur 375. $V = 150$.

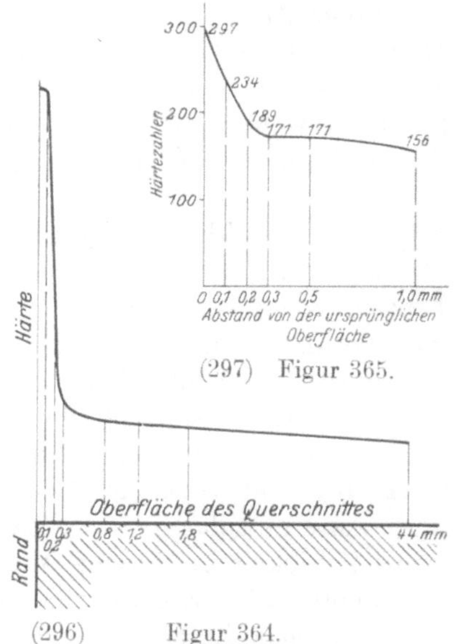

(297) Figur 365.

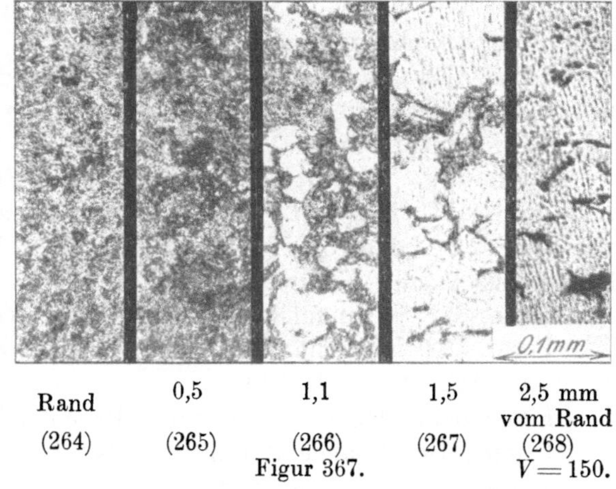

(296) Figur 364.

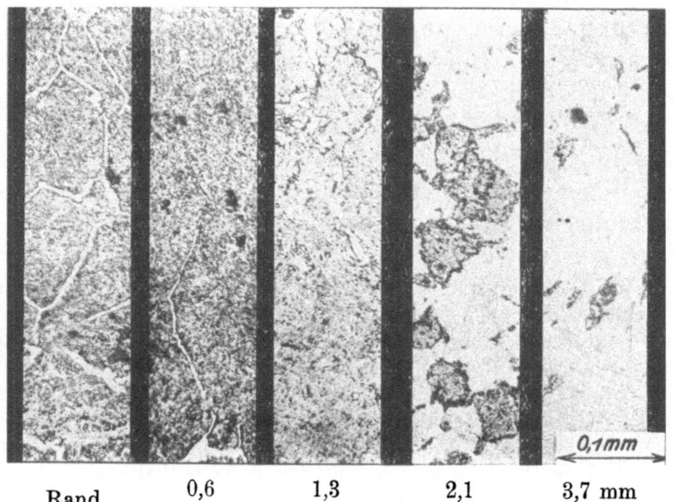

Rand	0,5	1,1	1,5	2,5 mm
				vom Rand
(264)	(265)	(266)	(267)	(268)
		Figur 367.		$V = 150$.

Rand	0,6	1,3	2,1	3,7 mm
				vom Rand.
(269)	(270)	(271)	(272)	(273)
Figur 368.	369.	370.	371.	372. $V = 150$.

Figur 376. Längsschnitt durch ein eingesetztes Stück. Dort, wo keine Kohlung stattgefunden hat, ist das Korn sehr grob, an den gekohlten Stellen dagegen fein. Solche Stücke erweisen sich als sehr spröde; sie entstehen, wenn die Teile aus dem Einsatzkasten heraus gehärtet werden. Soll gute Beschaffenheit erreicht werden, so hat nach dem Einsetzen zunächst langsame Abkühlung stattzufinden; die Stücke sind dann grobkörnig. Hieran schließt sich kurzes Erwärmen bis oberhalb der Linie $A'A$, Figur 282, S. 55 (für das Kernmaterial). Hierbei wird das grobe Korn zum Verschwinden gebracht. Nun hat langsame Abkühlung bis zu der Temperatur stattzufinden, die zur Härtung (der Rinde) geeignet ist und sodann diese zu erfolgen. Häufig genügt Ölhärtung. Ist Anlassen — das auch die Abnützung vermindern kann — zulässig, so sollte es stets vorgenommen werden, wenn Zähigkeit erwünscht ist.[1]) Vgl. auch Figur 292.

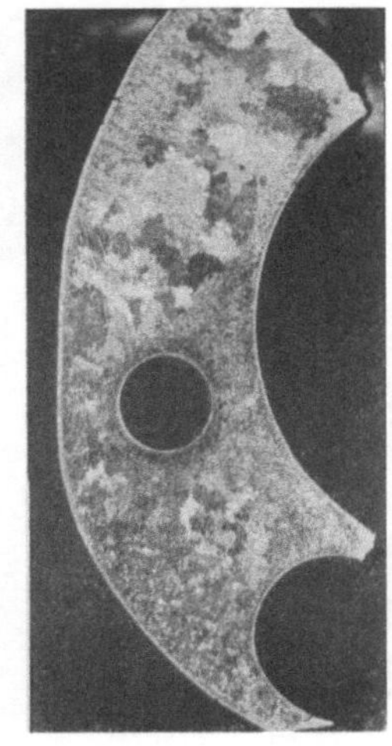

(277) Figur 376. $V = 1,5$.

Figur 377. Eingesetztes Stück mit Zementitrand, eine Folge rascher Zuführung des Kohlenstoffs (vgl. Figur 368f.). Diese, meist unerwünschte Erscheinung kann durch Ausglühen beseitigt werden.

Figur 378. Dasselbe Stück wie Figur 377, ausgeglüht. Allmählicher Übergang der gekohlten Schicht in das Kernmaterial.

Figur 379. Zementitrand. Die Einwanderung ist längs den Schlackenadern besonders leicht erfolgt. Aus diesem Grunde pflegt bei Schweißeisen die Einsatzschicht tiefer im Material verankert zu sein als bei Flußeisen.

Figur 380. Schnitt durch das Stück (Flügelmutter, Streupulverhärtung), von dem Figur 379 herrührt. Am rechten Lappen war vor dem Einsetzen ein Anriß vorhanden, in den die Kohlung besonders leicht eindrang. Dunkelfärbung der Schlackenschichten (Schweißeisen).

Figur 381. Bruchfläche eines grobkörnigen Stückes, vgl. Figur 376.

Figur 382. Bruchflächen von 4 eingesetzten Stücken. Vgl. auch Bemerkungen zu Figur 162, 238 und 529.

Figur 383. Oben: grobkörnige Bruchfläche eines eingesetzen Stückes.

Unten: Bruchfläche durch dasselbe Stück, behandelt wie bei Figur 376 angegeben, was große Zähigkeit des Kernmaterials bewirkt.

Figur 384 bis 386. 3 Gefügebilder von eingesetztem Chromnickelstahl (Rand, 1,4 und 2,4 mm vom Rand). Gute Sonderstähle lassen feineres Gefüge und stetigeren Übergang der Einsatzschicht in das Kernmaterial, d. h. größere Zähigkeit erreichen als Flußeisen.

Figur 387. Unfreiwillige Einsatzhärtung. Am Kopf einer Niete wurde Kohlung auf beträchtliche Tiefe beobachtet. Tritt solche am Schaft ein, so kann die Verminderung der Zähigkeit, insbesondere wegen der ziemlich raschen Abkühlung, zu Brüchen führen.

---

[1]) Die Zähigkeit des Kernmaterials wird, wie zu Figur 351 bemerkt, bei eingesetzten Stücken nur unvollkommen ausgenützt. Falls die Konstruktionsteile nicht nur der Abnützung und Druckbeanspruchung, sondern auch Zugkräften und der Biegung unterworfen sind, sollte daher stets erwogen werden, ob das Einsatzverfahren anwendbar erscheint. In neuerer Zeit sind Sonderstähle im Handel, die, ohne Einsatz zu erfahren, harte Rinde und zähen Kern erhalten. Diese erweisen sich dem Einsatzmaterial weit überlegen. Angaben siehe S. 87, 98f. sowie in der ausführlichen Arbeit über Versuche mit Einsatzmaterial im Jahrbuch der Schiffsbautechnischen Gesellschaft 1915, S. 156f. Ein Teil der Ergebnisse geht aus den S. 68 enthaltenen Zahlen hervor. Diese zeigen insbesondere die geringe Zähigkeit der eingesetzten und gehärteten Teile, sowie die bedeutende Überlegenheit des Nickel- und Chromnickel-Einsatzmaterials. Die eingesetzten Stäbe ergaben ferner weit früher bleibende Dehnungen von Erheblichkeit als das nicht eingesetzte Material, z. T. infolge der Span-

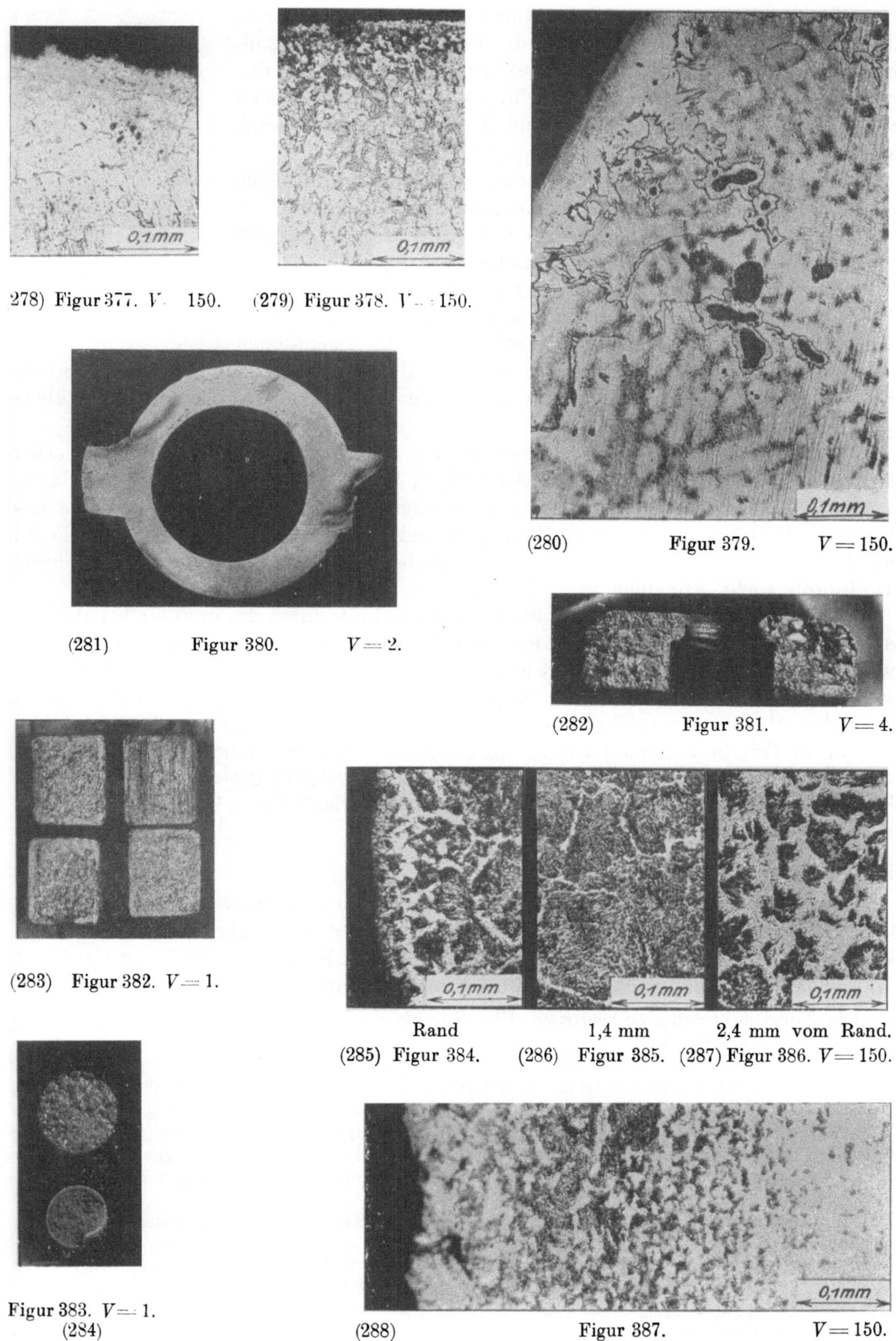

(278) Figur 377. $V = 150$.   (279) Figur 378. $V = 150$.

(280)   Figur 379. $V = 150$.

(281)   Figur 380. $V = 2$.

(282)   Figur 381. $V = 4$.

(283) Figur 382. $V = 1$.

Rand   1,4 mm   2,4 mm vom Rand.
(285) Figur 384.   (286) Figur 385.   (287) Figur 386. $V = 150$.

Figur 383. $V = 1$.
(284)   (288)   Figur 387. $V = 150$.

nungen zwischen Außenschicht und Kern. Vgl. auch das zu Figur 312 Bemerkte. Bei Prüfung in höheren Temperaturen als etwa 400° C sowie nach dem Ausglühen war die Minderung der Zähigkeit infolge der Einsatzschicht bei Sonderstahl nicht mehr erheblich. Biegeproben ließen den

Figur 388. Eingesetzter Zahn. Das Kernmaterial weist Reste der Bäumchenkristallstruktur auf, die beim Gießen des Stahlblockes sich gebildet hat. Dies ist bei Chromnickelstahl, um den es sich hier handelt, öfters zu beobachten, wenn nicht ausreichend starkes Walzen, Durchschmieden und Ausglühen stattfand (vgl. auch Figur 519, 586, 588).

Figur 389. Schleifrisse (Ursachen: zu starkes Andrücken der Schmirgelscheibe oder Erwärmung aus anderem Grunde; zu rasche Kühlung; zu geringe Zähigkeit des Stückes; zu geringes Anlassen, vgl. Figur 376; innere Spannungen).

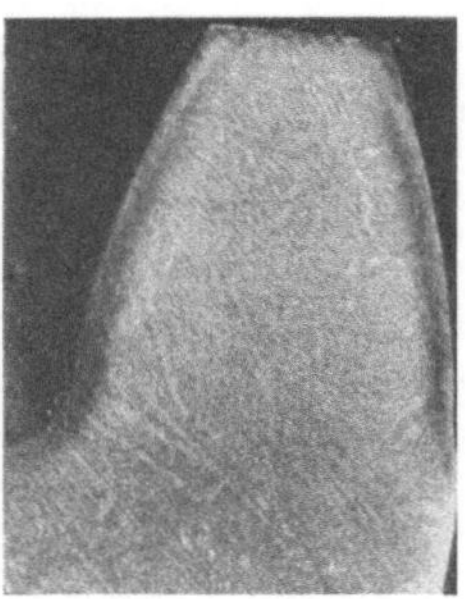

Figur 388. $V = 1$.

Figur 390. Schnitt durch das in Figur 389 abgebildete Stück. Die eingesetzte Schicht ist parallel zur Oberfläche abgespalten; senkrecht dazu verläuft einer der auf Figur 389 ersichtlichen Risse.

Figur 391. Querschnitt durch ein sehr tief eingesetzes, nicht gehärtetes Stück. Es handelt sich um Flußeisen, das durch die Behandlung in Werkzeugstahl übergeführt werden sollte.

Figur 392 bis 394. Gefügebilder bei a, b, c, Figur 391. a: Zementit $+$ Perlit; b: Perlit; c: Ferrit $+$ Perlit. (S. Figur 65 f., S. 18.) Der Kohlenstoffgehalt des Randmaterials entspricht also dem eines Werkzeugstahles, dagegen nicht derjenige des Kernes. Würden aus solchen Stücken Werkzeuge hergestellt, so besäßen sie im mittleren Teil viel zu geringe Härte; Handmeißel würden dort Verdrückung erfahren, Drehstähle nicht schneiden usf.

Figur 395. Verlauf der Härte über den Querschnitt durch das in Figur 391 abgebildete Stück, das nicht gehärtet wurde; Figur 395 ist auf demselben Weg erlangt worden, wie Figur 364. Die Härte ist dort am größten, wo das Gefüge aus reinem Perlit besteht. Ebenso ist auch die Härte derjenigen Stähle unter sonst gleichen Umständen nach dem Härten am größten, deren Gefüge vor dem Härten nur aus Perlit besteht.

Figur 396. Stark gekohlte Stelle von der Innenwand einer Sauerstofflasche. „Harte Stelle“, freier Zementit. Die Zähigkeit solcher Schichten ist gering; sie erscheinen namentlich dann nicht unbedenklich, wenn sie an der inneren oder äußeren Oberfläche auftreten.

D. Schweißungen[1]).

Feuerschweißungen.

Figur 397, 398 (S. 76). Überlappte Feuerschweißung, zerrissene Stäbe, außerhalb der Schweißung gebrochen. Einfluß der Schweißung bei guter Arbeit auf die Zugfestigkeit gering, auf die Dehnung in der Regel größer, vgl. Bemerkung zu Figur 150, S. 30. Mangelhafte Schweißungen sind häufiger, als angenommen zu werden pflegt.[2])

Grad der Zähigkeit befriedigend beurteilen. Über Kugeldruckproben zur Prüfung auf Zähigkeit vgl. das zu Figur 365, 366 Bemerkte.

[1]) Z. Ver. deutsch. Ing. 1910, S. 831 f.; 1912, S. 877 f.; Mitteil. über Forschungsarbeiten, Heft 83/84. Protokolle des Internationalen Verbandes der Dampfkessel-Überwachungsvereine 1908, 1909, 1911, 1912, 1914. Bei Feuerschweißung werden die Stücke bis zum Teigigwerden erwärmt und durch Schläge oder Druck vereinigt. Bei autogener Schweißung erfolgt Zusammenschmelzen, die Benennung Schweißen erscheint also unzutreffend; sie dürfte daher rühren, daß die ursprünglich auf die Verbindung von Bleiplatten durch Verschmelzen ohne Lot angewendete Bezeichnung soudure autogène übersetzt wurde. Soudure bedeutet auch Lötung.

[2]) Für Rundeisen, das bei Ausführung von Eisenbetonarbeiten Verwendung finden sollte, fanden sich folgende Werte:

Durchmesser	Streckgrenze		Zugfestigkeit		Bruchdehnung	
	ungeschweißt	geschweißt	ungeschweißt	geschweißt	ungeschweißt	geschweißt
30 mm	2624	2567	4091	3430	28,7	6,3
23 „	2934	2865	4444	3562	25,4	4,8
20 „	{ 3010 ob. } { 2946 unt. }	nicht erreicht	4490	2803	26,1	2,0

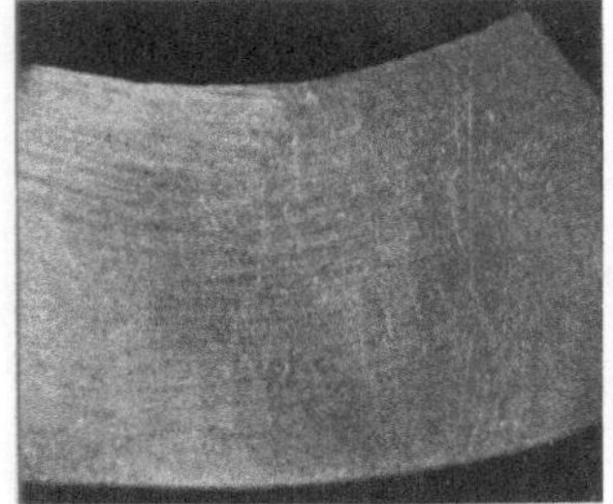

(289) Figur 389. $V = 3$.

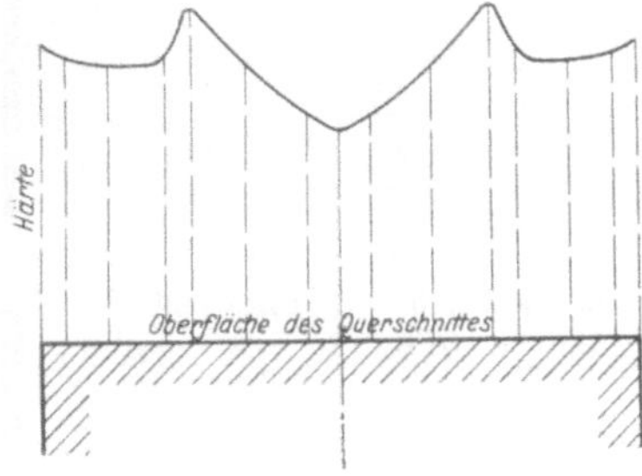

(295) Figur 395.

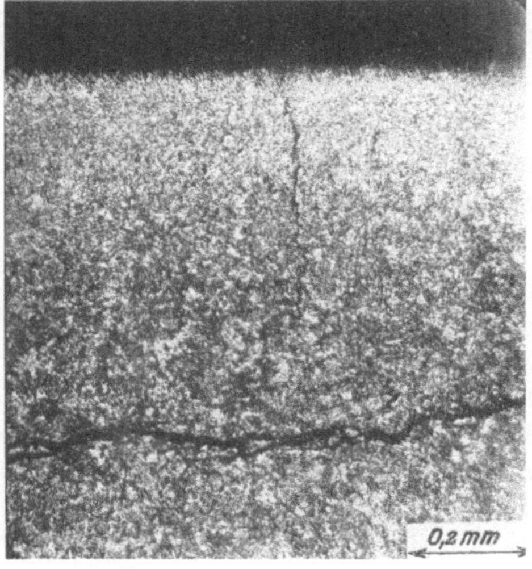

(290) Figur 390. $V = 75$.

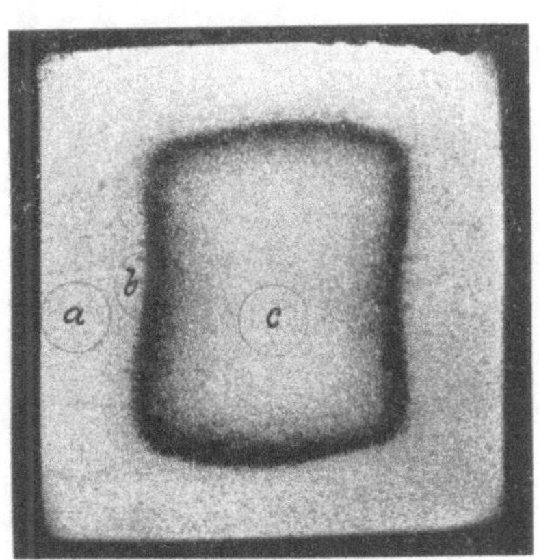

(291) Figur 391. $V = 2,5$.

Figur 396. $V = 150$.

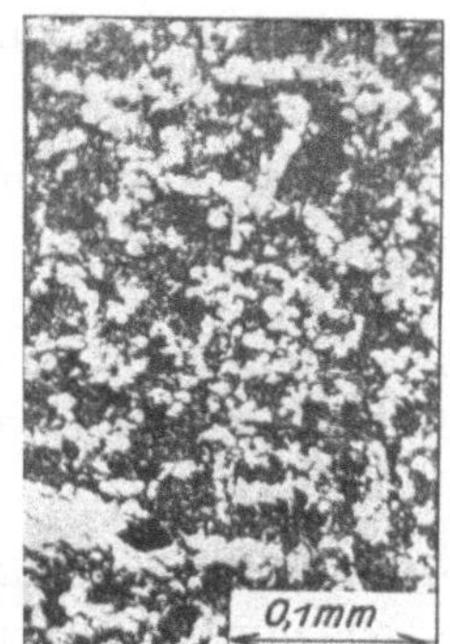

Stelle a. Figur 392. $V = 150$.
(292)

Stelle b. Figur 393. $V = 150$.
(293)

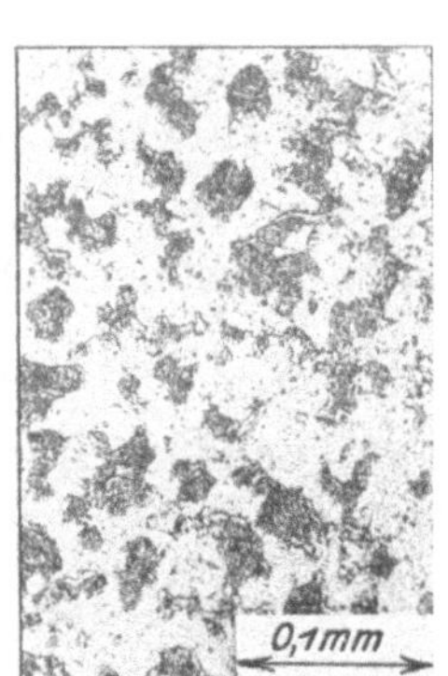

Stelle c. Figur 394. $V = 150$.
(294)

Figur 399. Überlappte Wassergasschweißung.

Figur 400. Überlappte Schweißung aus Schweißeisen.

Figur 401. Stelle aus der Schweißung von einem der in Figur 397, 398 abgebildeten Stäbe. Geringer Perlitgehalt (Entkohlung) an der Verbindungsstelle, Reichtum an feinen Einschlüssen — gute Schweißung —.

Figur 402, 403. Schweißstellen mit reichlicherem Schlackengehalt.

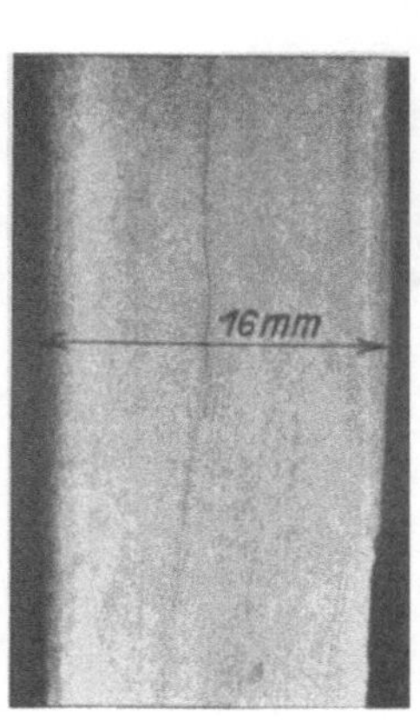
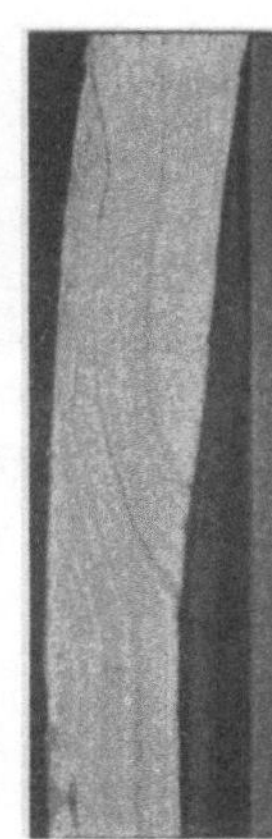

Figur 397.   398. $V = {}^3/_4$.   Figur 399. $V = 1,5$.   Figur 400. $V = {}^1/_2$.
   (298)   (299)   (300)   (301)

Figur 404. Stumpfe Schweißung aus einem Rohr. Material stark überhitzt, bzw. verbrannt, vgl. Figur 405. Außen hat die Zerstörung durch Rosten begonnen.

Figur 405. Stelle aus Figur 404 (vgl. das zu Figur 246 f. Bemerkte).

Figur 406. Überhitzte Wassergasschweißung. Sehr grobes Korn.

Figur 407. Bruchquerschnitt eines Stabes aus der

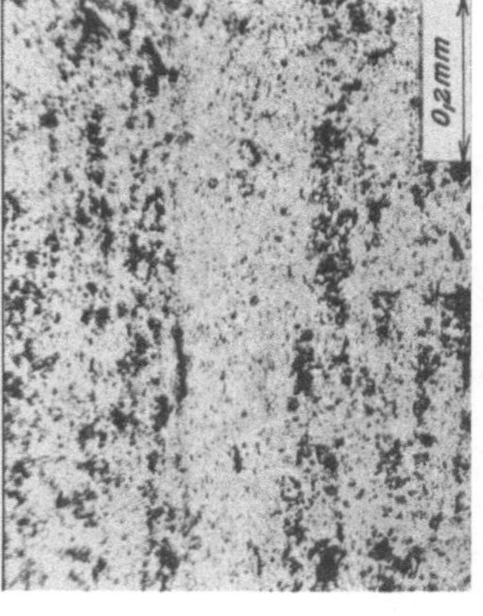

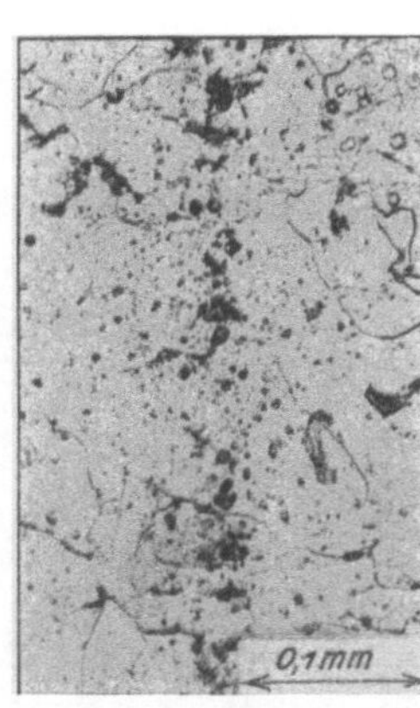

(302)   Figur 401. $V = 75$.   (303) Figur 402. $V = 150$.

Schweißung, deren Gefüge Figur 406 wiedergibt. Geringe Zähigkeit, körniger Bruch.

Figur 408. Schweißung aus einer Flansche. Links ist ein Stück Schweißeisen aufgelegt, um eine Hohlstelle auszufüllen.

Figur 409, 410. Stellen aus Figur 408. Unfreiwillige, beim Schweißen entstandene Kohlung; Material in der Schweißung verbrannt.

Figur 411. Einlagen aus einer schmalen Eisenbetonbrücke, bei der Probebelastung an der Schweißstelle abgerissen, so daß Einsturz erfolgte.

Figur 412. Stab mit mangelhafter Schweißstelle.

Figur 413. Mangelhafte Eckschweißung (Wasserkammer), Gefüge vgl. Figur 258, sowie Z. Ver. deutsch. Ing. 1917, S. 953 f.

Figur 414, 415. Elektrische Kontaktschweißung an Federstahl. Weitgehende Überhitzung (vor dem Härten hätte nochmals Ausglühen stattfinden sollen), vgl. Figur 415, die das Gefüge nahe der Schweißstelle zeigt.

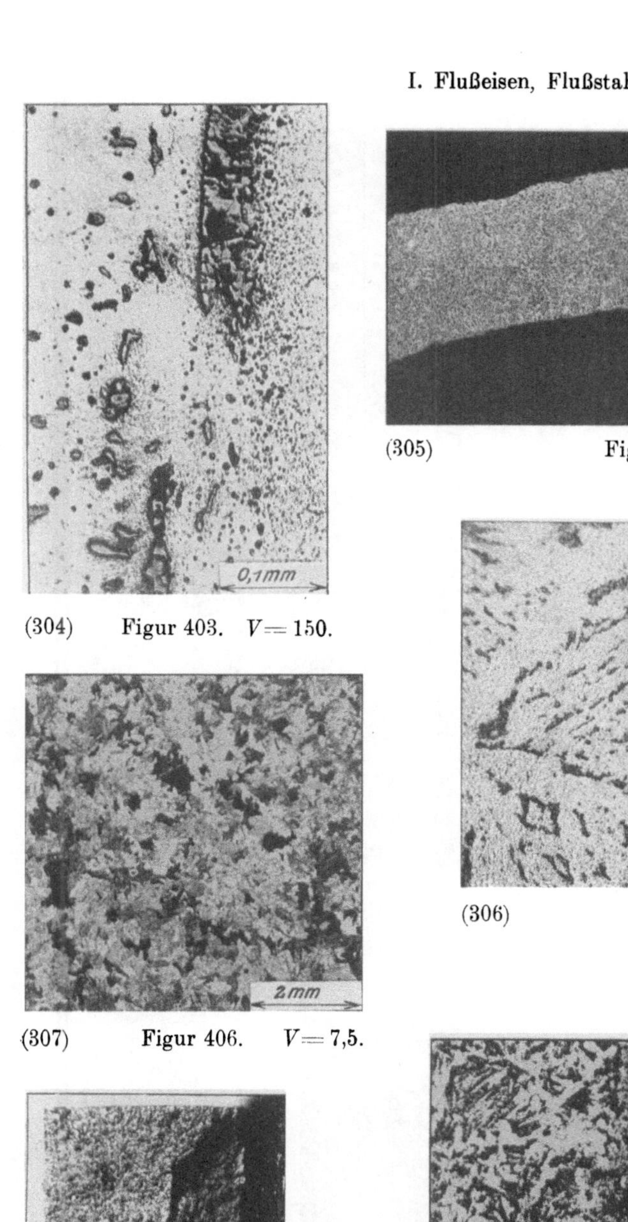

(304)   Figur 403. $V = 150$.

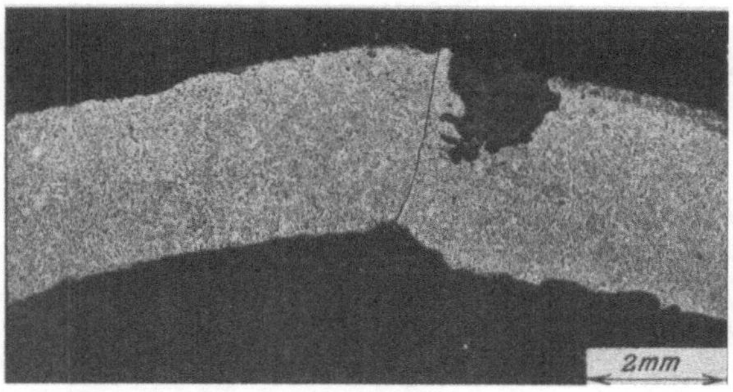

Figur 404. $V = 7,5$. (305)

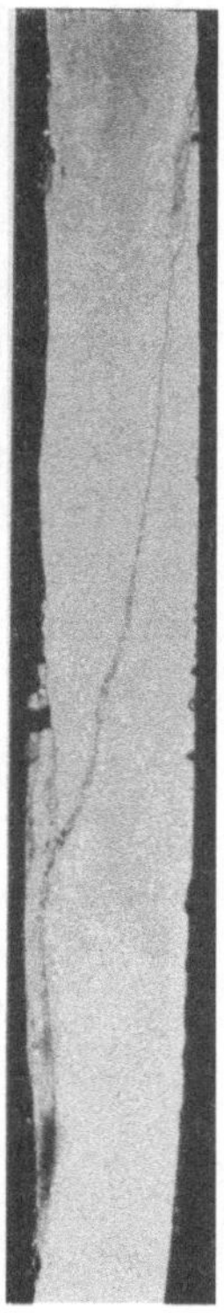

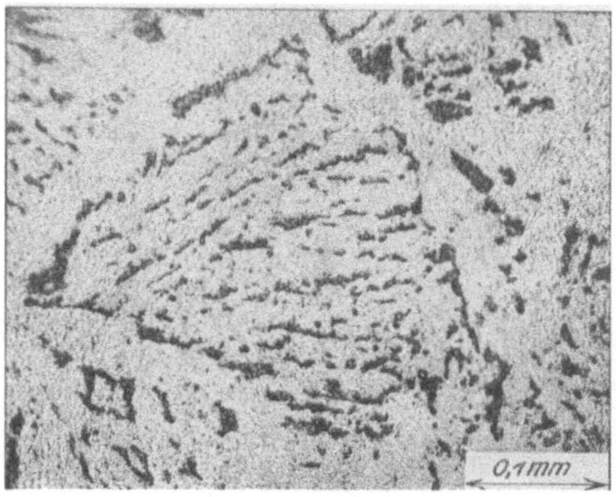

(306)   Figur 405. $V = 150$.

Fig 408. $V = 1$. (309)

(307)   Figur 406. $V = 7,5$.

(308)   Figur 407. $V = 1$.

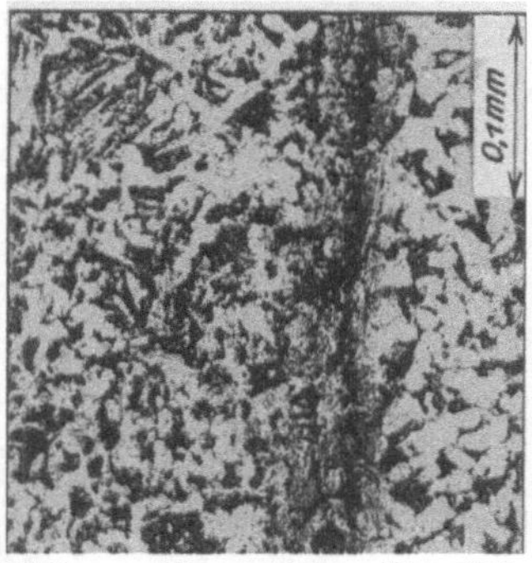

(310)   Figur 409. $V = 150$. 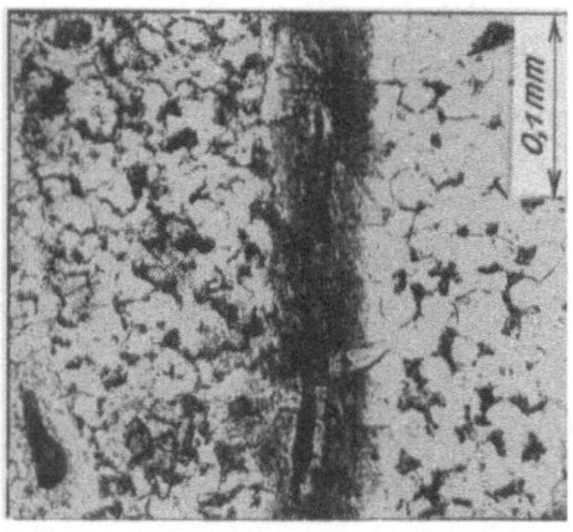   (311)   Figur 410. $V = 150$.

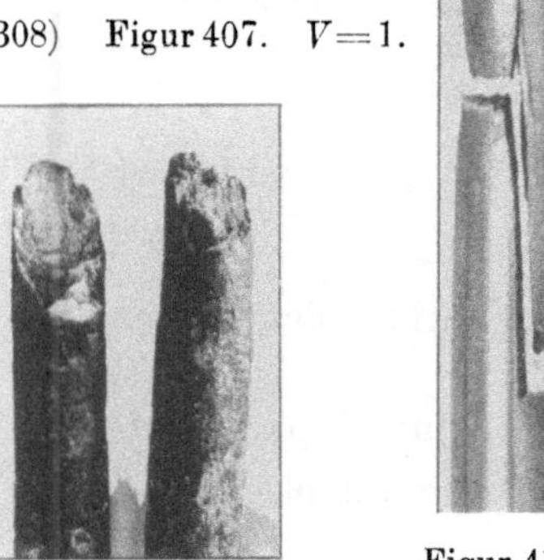

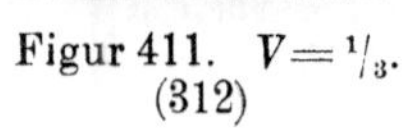

Figur 411. $V = {}^1/_3$.
(312)

Figur 412.
$V = {}^1/_2$.
(313)

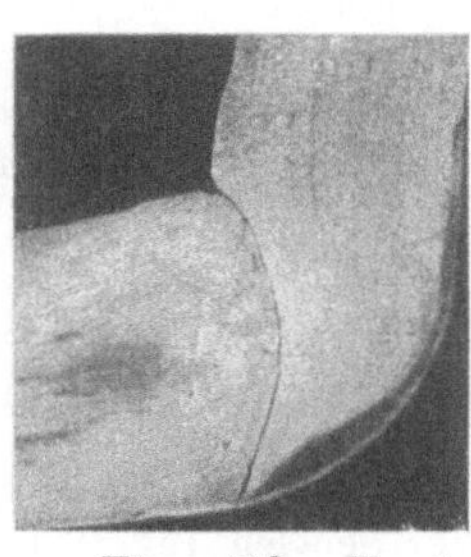

Figur 413. $V = 1$.

Figur 414.
$V = {}^1/_2$.

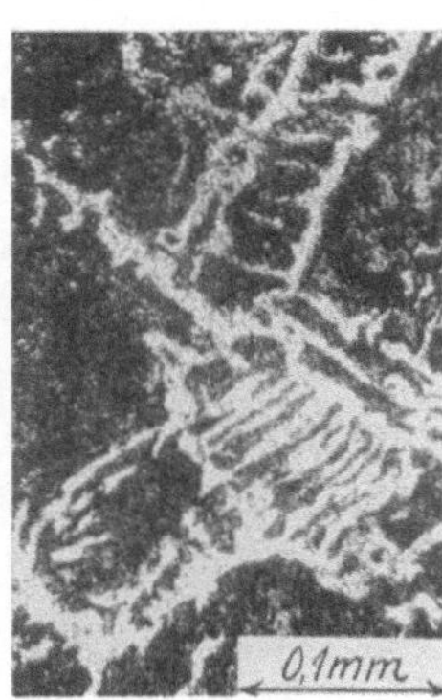

Figur 415. $V = 150$.

Autogenschweißungen (s. S. 74[1])).

Figur 416. Autogen geschweißter Stab, außerhalb der Schweißstelle gebrochen.

$$K_z = 3531 \text{ kg/qcm}, \qquad \varphi = 22,8\,\% .$$

Figur 417 bis 419. 3 Stäbe mit autogener Schweißung, bei 200° C zerrissen. Der in Figur 419 abgebildete Stab ist an der Schweißstelle auf die Blechdicke abgehobelt, die beiden anderen Stäbe sind dort etwas verdickt, deshalb außerhalb gebrochen, während dies beim dritten Stab nicht erreicht ist.

	Fig. 417	418	419
K_z kg/qcm	4813	4868	4790
φ %	14,5	15,5	8,0

Der Einfluß der Schweißung erweist sich also — beim dritten Stab — auf K_z gering, auf φ größer.[1])

Figur 420. Autogen geschweißter Stab bei 200° C zerrissen:

$$K_z = 3517 \text{ kg/qcm}, \qquad \varphi = 4,9\,\% ;$$

bei gewöhnlicher Temperatur hatte Bruch von sonst gleichen Stäben außerhalb der Schweißstelle stattgefunden.

Figur 421. Autogen geschweißter Stab:

$$K_z = 3130 \text{ kg/qcm}, \qquad \varphi = 14,3\,\% .$$

Figur 422. Autogen geschweißter Stab:

$$K_z = 3583 \text{ kg/qcm}, \quad \varphi = 8,4\,\% .$$

Figur 423. Querschnitt durch vorzügliche autogene Schweißung.

Figur 424. Querschnitt durch sehr gute autogene Schweißung.

Figur 425. Querschnitt durch gute autogene Schweißung.

Figur 426. Querschnitt durch schlechte autogene Schweißung, Schlackenschichten, insbesondere am links gelegenen Rande, die wie Anbrüche wirken. Der Kessel, aus dem das Stück stammt, explodierte.

Figur 427 bis 429. Querschnitte durch sehr schlechte autogene Schweißungen. Die in Figur 429 abgebildete Schweißung war nicht einmal wasserdicht.

Figur 430. Mangelhafte Eckverbindung. Häufige Ursache für Explosionen.

Figur 431. Autogene Schweißung als Abdichtung einer Stemmkante.

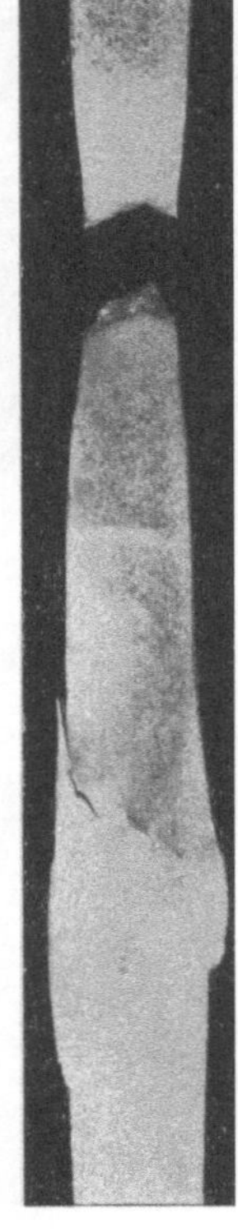
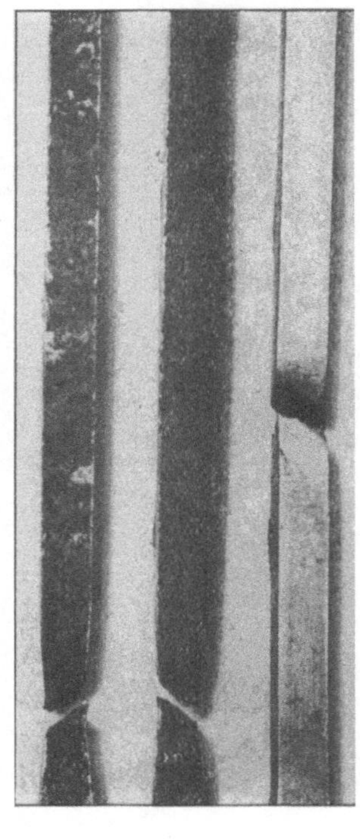

Figur 417. 418. 419. $V=\text{}^1/_2$.
(315) (316) (317)

Fig. 416. $V=\text{}^1/_2$.
(314)

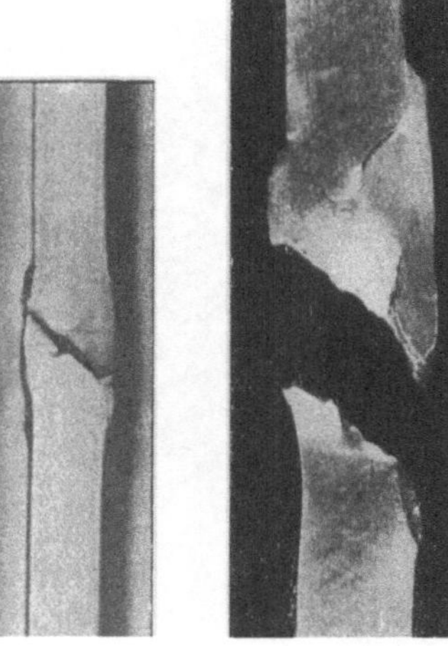

Figur 420. $V=\text{}^1/_2$. Figur 421. $V=\text{}^1/_2$. Figur 422. $V=\text{}^1/_2$.
(318) (319) (320)

---

[1]) Über die Beurteilung der Zähigkeit geschweißter Stäbe vgl. Mitteil. über Forschungsarbeiten Heft 83/84, S. 26, sowie ausführlich Z. d. Ver. deutsch. Ing. 1920, S. 136; vgl. auch Figur 150.

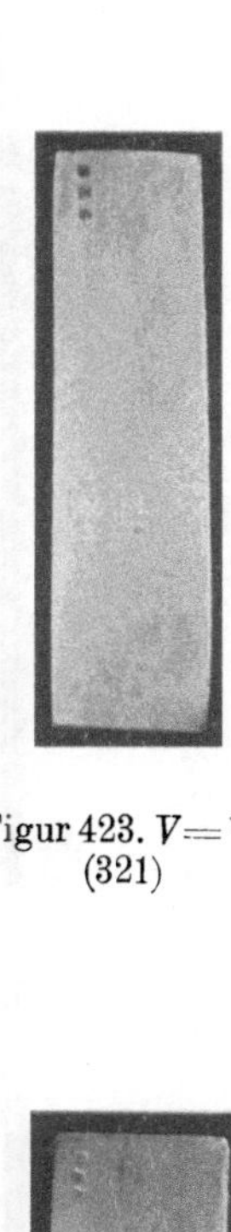

Figur 423. $V={}^1/_2$.
(321)

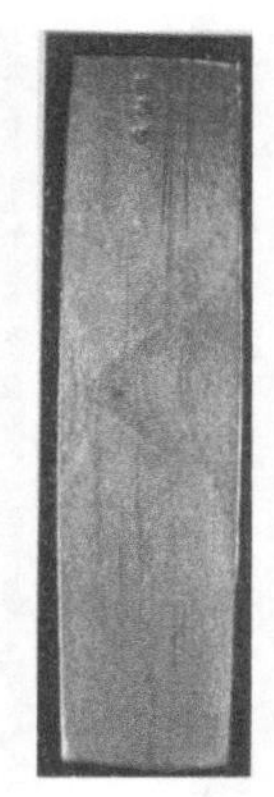

Figur 424. $V={}^1/_2$.
(322)

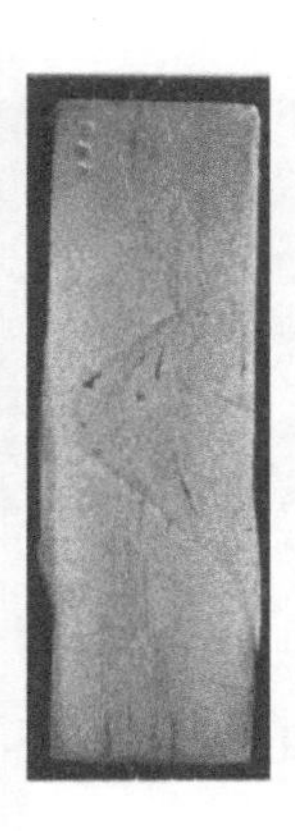

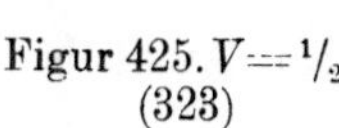

Figur 425. $V={}^1/_2$.
(323)

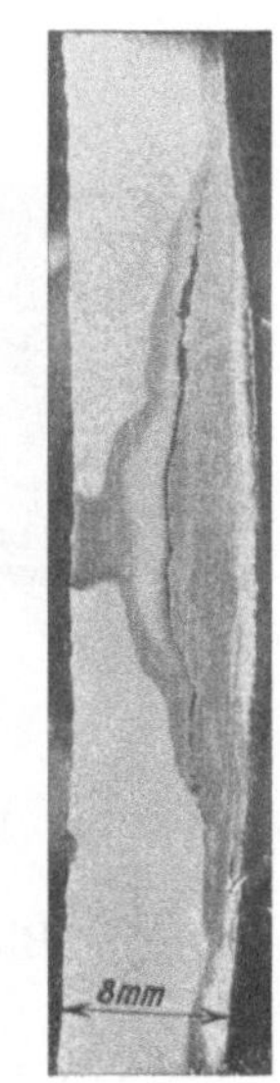

Figur 426. $V=1{,}5$.
(324)

Figur 429. $V={}^1/_2$.
(327)

Deckel
Figur 430. $V=1$.

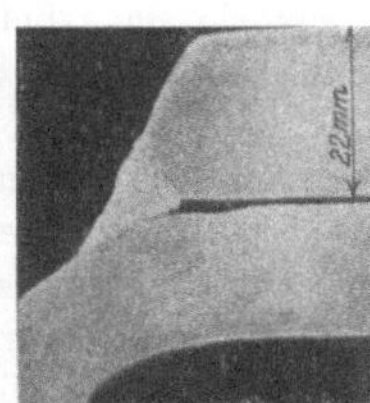

Figur 431. $V={}^1/_2$.

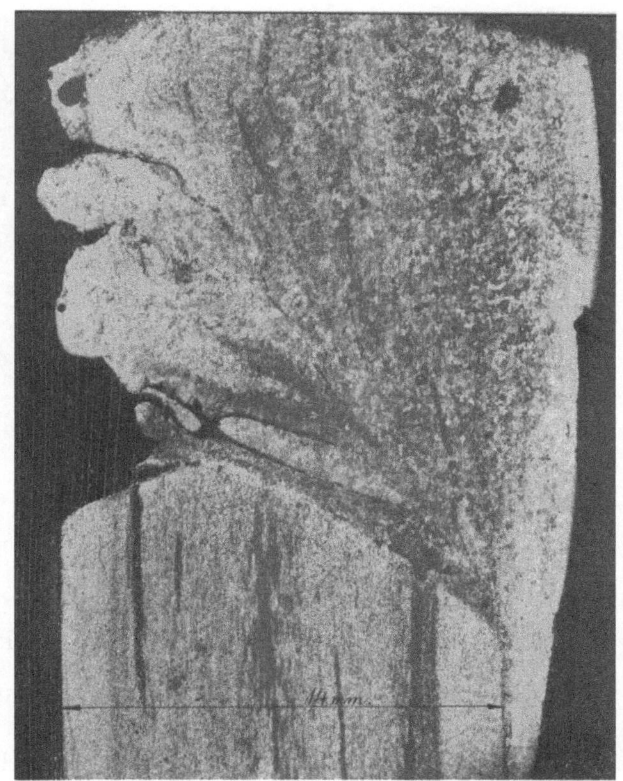

(325)   Figur 427. $V=4$.

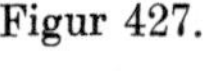

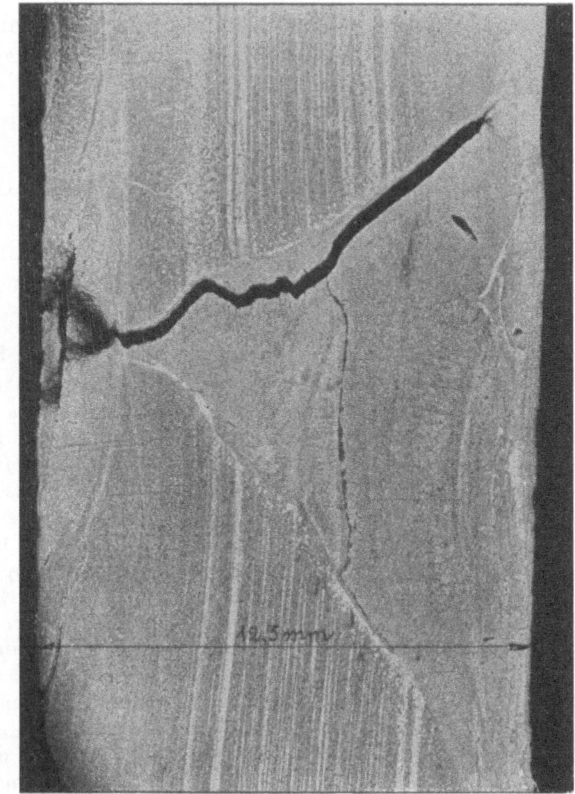

(326)   Figur 428. $V=5$.

Figur 432. Querschnitt durch die Schweißung eines 3 mm dicken Bleches. Die Fehler sind dieselben wie bei den dicken Blechen (siehe oben).

Figur 433. Querschnitt durch eine elektrische Schweißung. Blasen im Ausfüllmaterial. Dunkelfärbung des letzteren; vgl. Figur 436.

Figur 434. Biegungsprobe als Prüfungsverfahren autogen geschweißter Stäbe; diese ist zur Ermittelung der Güte der Schweißung mehr zu empfehlen als Zugversuche (Z. Ver. d. Ing. 1920, S. 136).

Figur 435. Stäbe, zu der in Figur 428 abgebildeten Schweißung gehörig, nach verschiedenen Richtungen in bezug auf die Verbindungsstelle gebogen (oberer Stab rückwärts, unterer Stab vorwärts; vgl. Figur 428 — beim oberen Stab ist die in Figur 428 links liegende Seite der Schweißung auf Zug beansprucht, beim andern Stab die gegenüberliegende Seite).

Figur 436. Stab, zu der in Figur 433 abgebildeten elektrischen Schweißung gehörig.

Figur 437. Stäbe mit guter autogener Schweißverbindung (Biegungswinkel 180°).

Figur 438, 439. Stücke aus Kesselschüssen mit eingesetzten Flicken. Verziehen derselben beim autogenen Einschweißen infolge der Wärmedehnungen.[1]

Figur 440. Tafel mit autogen eingesetztem Stück, um das Verziehen zu veranschaulichen.[1]

Figur 441. „Nietschweißung“. Elektrische Schweißung. Blasen im Ausfüllmaterial.[2]

Figur 442, 443. Versuch, das Rohr R durch autogene Schweißung a mit dem Boden B zu verbinden. Schweißung sehr mangelhaft infolge der verschiedenen Stärke beider Teile, sowie wegen der sehr starken Verunreinigung des Bodenmaterials. Diese geht aus dem Schwefeldruck Figur 443 hervor.

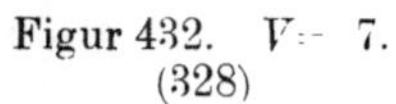

Figur 432. $V = 7$.   Figur 433. $V = 1{,}5$.
(328)   (329)

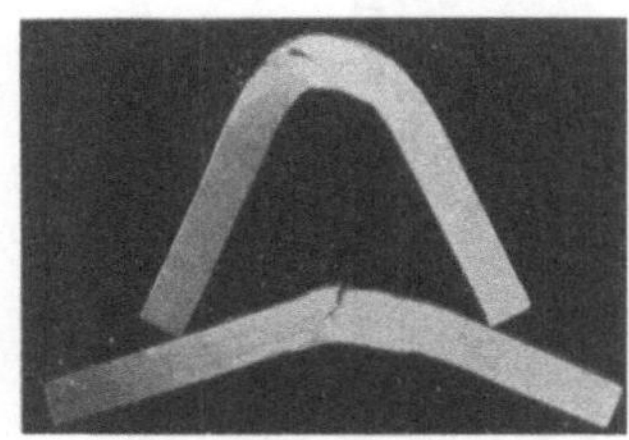

(330)   Figur 434. $V = \frac{1}{4}$.

---

[1] Vgl. Mitteil. über Forschungsarbeiten, Heft 83/84, S. 34 f., S. 42.

[2] Protokoll 1912 des Internationalen Verbandes der Dampfkessel-Überwachungsvereine. Figur 415, 433 und 441 lassen erkennen, daß die Benutzung des elektrischen Stromes als Wärmequelle an sich keine Gewähr dafür bietet, daß die Schweißung gut gerät. Die Mehrzahl der bisher untersuchten autogenen Schweißungen ist wenig befriedigend ausgefallen. Bei hoch beanspruchten Teilen ist daher größte Vorsicht am Platze. Näheres siehe z. B. Forschungsarbeiten Heft 83/84, S. 20 (Einstimmiger Beschluß des Internationalen Verbandes der Dampfkessel-Überwachungsvereine zu Wiesbaden 1908, u. a. das Protokoll über diese Sitzung S. 35: „Bei dem heutigen Stand empfiehlt es sich, in bezug auf die Herstellung und die Ausbesserung von Dampfkesseln und Dampfgefäßen durch autogene Schweißung die größte Vorsicht walten und solche Arbeiten nur zuverlässig arbeitende Firmen unter Überwachung des in Betracht kommenden Revisionsvereins ausführen zu lassen. Dabei ist namentlich dem Umstande Beachtung zu schenken, daß durch die mit dem Schweißen verbundene örtliche Erhitzung der Ränder und durch die Zusammenziehung des flüssig gewesenen Füllmaterials (ohne nachfolgendes Ausglühen des Stückes) im Flußeisen Spannungen in Wirksamkeit treten können, die mehr oder minder schwere Unfälle herbeizuführen imstande sind. Nähte, die durch wirkende äußere Kräfte oder infolge von Temperaturschwankungen auf Zug oder Biegung stark beansprucht werden, sollen nur dann geschweißt und ihnen diese Kraftübertragung zugemutet werden dürfen, wenn das geschweißte Stück nach dem Schweißen ausgeglüht wird.“)

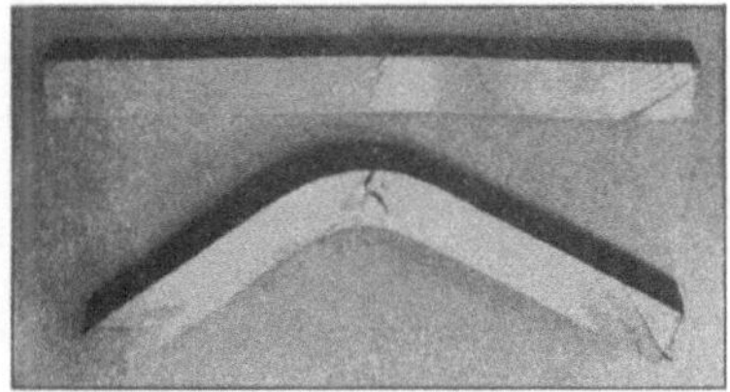

(331) Figur 435. $V=\frac{1}{4}$.

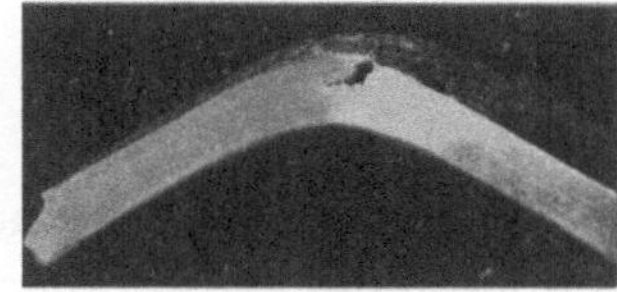

(332) Figur 436. $V=\frac{1}{4}$.

Fig. 438. $V=\frac{1}{4}$.
(334)

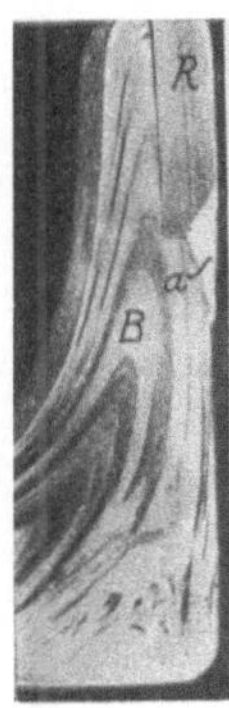

Figur 442. $V=\frac{1}{2}$.

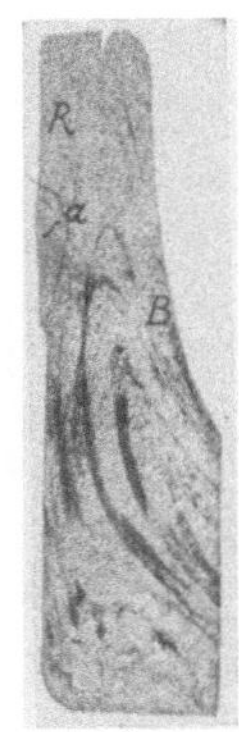

Figur 443. $V=\frac{1}{2}$.

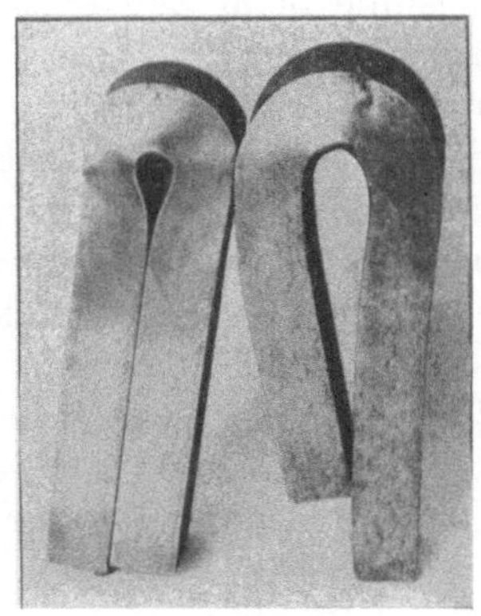

(333) Figur 437. $V=\frac{1}{4}$.

(336) Figur 440. $V=\frac{1}{10}$.

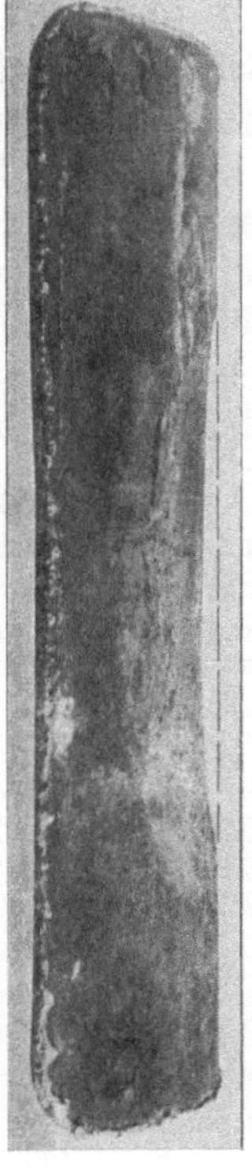

Figur 439. $V=\frac{1}{8}$.
(335)

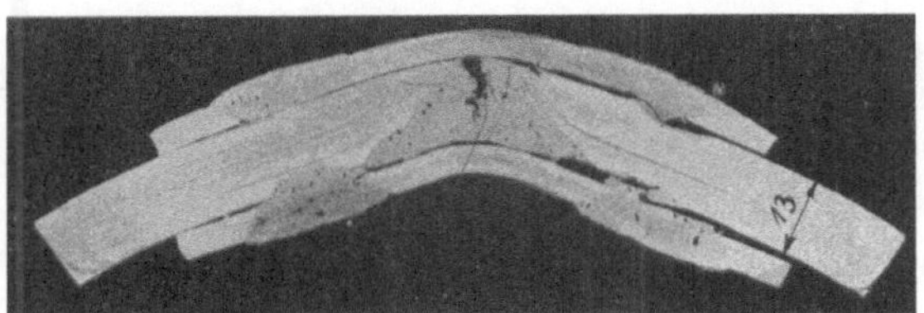
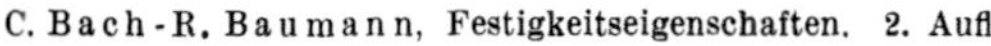

(337) Figur 441. $V=\frac{1}{2}$.

II. Werkzeugstahl.

Zugversuche.

Figur 444. Zugversuch mit Werkzeugstahl „A“. Ein Stab ausgeglüht, ein anderer ölgehärtet und bei 650°C angelassen. (Obwohl diese Behandlung für eigentliche Vergütung noch eine zu große Härte zu erzeugen scheint, soll sie doch im folgenden der Kürze halber so genannt werden.) Höherlegen der Streckgrenze durch Vergüten, vgl. Figur 311.[1]

Figur 445. Dehnungslinie beim Zugversuch mit den beiden bei Figur 444 erwähnten, mit A bezeichneten Stäben. Verschwinden der ausgeprägten Streckgrenze, Erhöhung der Zugfestigkeit, Verminderung der Bruchdehnung durch das Härten und Anlassen. Der nicht gehärtete Stab A ist ohne Einschnürung gebrochen, vgl. Figur 146, S. 31; seine Dehnungslinie weist keinen Abfall auf; vgl. das hierüber S. 30 Bemerkte.

Figur 446, 447. Zerrissener Stab aus anderem Werkzeugstahl, dessen Dehnungslinie in Figur 445 mit B gekennzeichnet ist; vgl. auch das zu Figur 464f. Bemerkte.

Gefügebilder.

Figur 448, 449. Gefüge des ausgeglühten und des „vergüteten“ Materials A, Figur 445. Perlit, mit erhabenen rundlichen Inseln aus Zementit (weiß, hart).

Figur 450. Gefüge des Materials B, Figur 445 bis 447, Perlit (dunkel) mit wenig Ferrit (weiß, weich).

Figur 451. Entkohlung am Rande bei Material B. Zunahme des Ferritgehaltes (weiß) in Figur 451 links, infolge Ausglühens in oxydierender Umgebung.

Figur 452. „Harter“ Werkzeugstahl, ausgeglüht. Außer Perlit (dunkel) tritt im Gefügebild weißer Zementit (Eisenkarbid) auf, was mit Rücksicht auf möglichst geringe Abnützbarkeit erwünscht sein kann. Die Kugeldruckhärte wird durch höheren Kohlenstoffgehalt nicht erhöht, sondern erniedrigt. Stahl mit rein perlitischem Gefüge $(0,8\,^0/_0\,C)$ liefert die höchsten Härtezahlen, vgl. Figur 395, neigt aber auch stärker zu Härterissen.

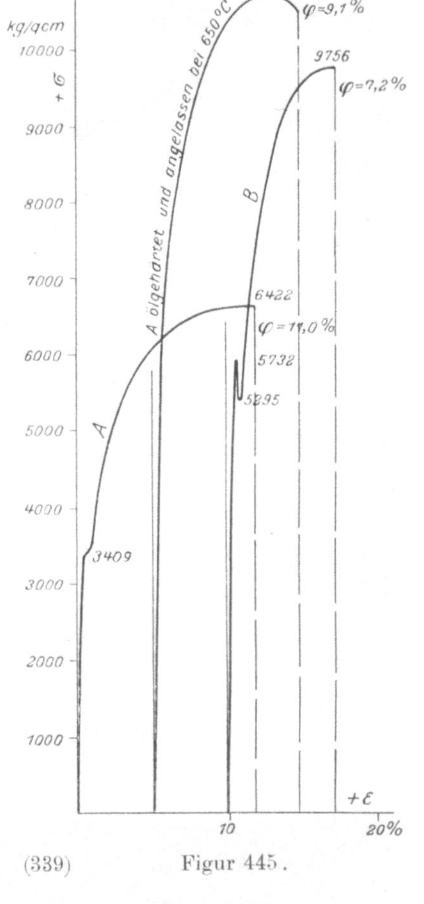

(339)   Figur 445.

---

[1] Sehr groß erweist sich der Einfluß des Kaltwalzens bei Bandstahl; es kann $K_z = 20\,000$ kg/qcm und mehr erreicht werden. Durch galvanisches Verzinken pflegt die Festigkeit und Dehnung Verminderung zu erfahren (Beizbrüchigkeit). Bandstahl verschiedener Herkunft, 0,3 mm dick, ergab u. a. (Meßlänge 100 mm):

gelb, blank			ders. verzinkt			blau, blank		verzinkt		grau, blank		verzinkt	
K_z	φ	ψ	K_z	φ	ψ	K_z	φ	K_z	φ	K_z	φ	K_z	φ
19 200	4,1	2,5	17 500	0,8	1,5	20 500	3,3	19 300	0,9	18 800	3,1	18 900	2,8
19 100	3,7	2,5	17 800	0,9	1	20 500	3,7	20 100	2,0	—	—	—	—
19 200	3,7	3	19 200	3,8	2,5	—	—	—	—	—	—	—	—

Stahlband, weiß, 0,1 mm dick: $K_z > 20\,600$ kg/qcm.

Stahlblech, blank, 0,1 mm dick: $K_z = 5950$ bis 6350 kg/qcm, $\varphi = 14{,}7$ bis $23{,}7\,^0/_0$.

Stahlband für Konstruktionszwecke, blank, 0,3 bis 0,5 mm dick, ergab in Längs- bzw. Querrichtung folgende Werte ($\sigma_s =$ Streckgrenze, gekennzeichnet durch $0{,}2\,^0/_0$ bleibende Dehnung, vgl. S. 1).

σ_s kg/qcm	6600	8600	12 000		12 500	16 750	18 000		21 133
K_z ″	7950	10 050	12 800	(quer 12 750)	14 080	18 900	19 800	(quer 18 630)	21 400
φ $^0/_0$	3,3	2,6	5,0		6,1	4,1	3,6		3
ψ $^0/_0$	19	14	17		17	17	10		3

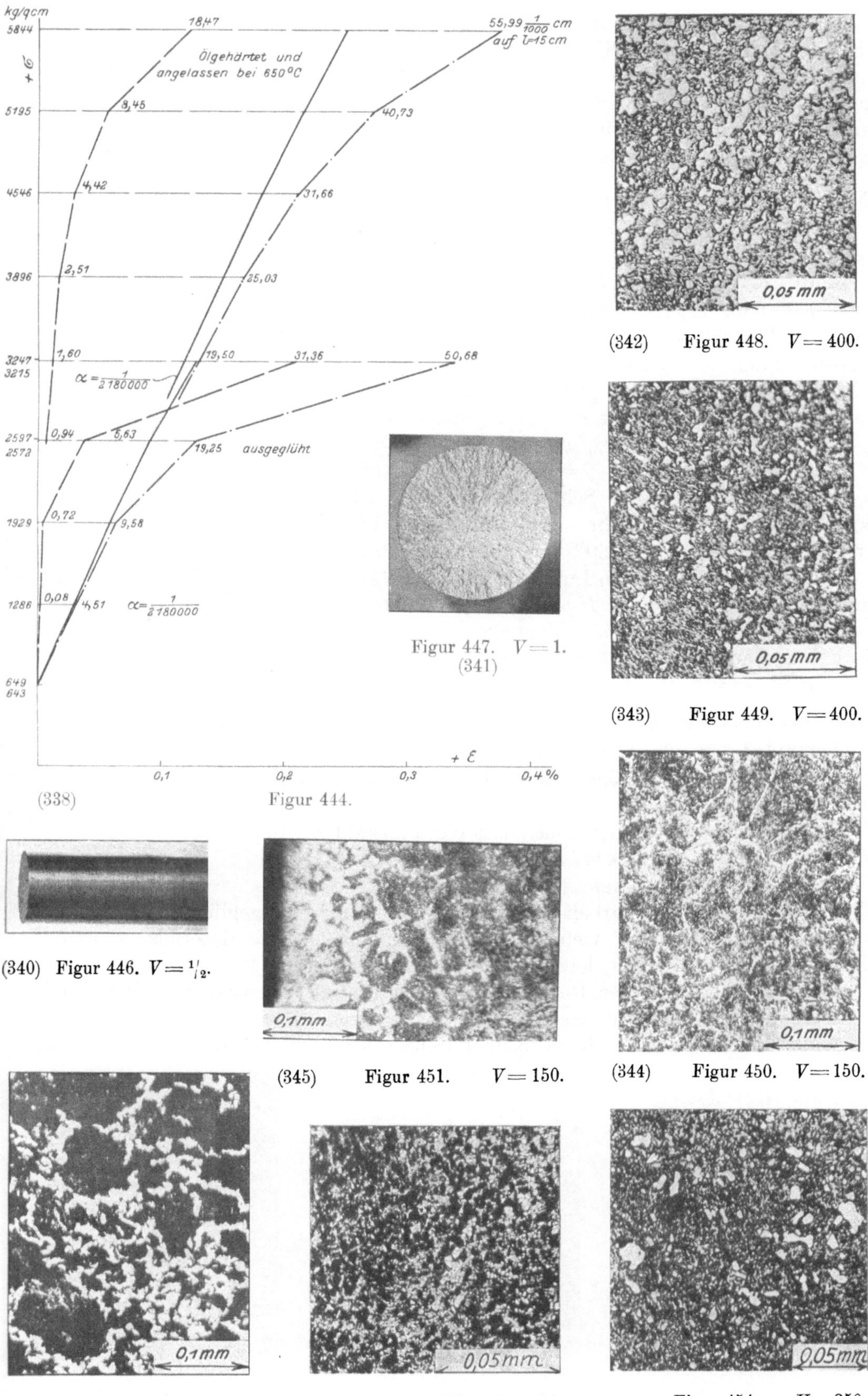

(338)　Figur 444.

Figur 448.　V = 400.　(342)

Figur 449.　V = 400.　(343)

Figur 447.　V = 1.
(341)

(340)　Figur 446.　V = ¹/₂.

(345)　Figur 451.　V = 150.　　(344)　Figur 450.　V = 150.

(346)　Figur 452.　V = 150.　　Figur 453.　V = 400.　　Figur 454.　V = 250.

Für Stücke, die sehr hart werden sollen, eignet sich daher Stahl mit über $0,8\,{}^0/_0$ Kohlenstoffgehalt, der beim Härten nur sehr wenig über den Umwandlungspunkt — Linie D—D, Fig. 282 (S. 55) — erhitzt wird. Dabei entsteht das sehr feinkörnige Hardenit-Gefüge (Bruchflächen samtartig).

Härtezahlen (für $d = 10$ mm, $P = 3000$ kg).

Um einen Anhalt zu geben, sei angeführt: Stahl A, ausgeglüht $H = 195$, „vergütet" $H_v = 293$, gehärtet $H = 650$; ($K_z = 33\,H$ bzw. $K_z = 36\,H_v$). Stahl B gehärtet $H = 630$. Stahl für Prägstempel $H = 534$ bis 653 (für $P = 1000$ kg hatte sich $H = 465$ bis 563 ergeben). Stahl für Messer von Blechscheren ausgeglüht 217, ölgehärtet 257, gehärtet 602. Schweißstahl für Hacken ausgeglüht $H = 170$, gehärtet 495; $K_z = 6510$ kg/qcm, $\varphi = 18,5\,{}^0/_0$, $\psi = 34\,{}^0/_0$ ($K_z = 38\,H$).

Naturharter Drehstahl $\gamma = 8,1$, $H = 580$ (für $P = 1000$ kg war $H = 440$). Schnelldrehstahl $\gamma = 8,2$ bis > 9, $H = 560$ und mehr. Wolframstahl R (Figur 455) bei Härtung von 1150^0 C in Wasser $H = 682$, in Automatenöl $H = 663$, in Luft $H = 653$; bei Härtung von 1000^0 C in Wasser $H = 627$, in Automatenöl $H = 602$, in Luft $H = 555$. Magnetstahl s. S. 102. Die hohen Raumgewichte sind kennzeichnend (für Wolfram ist $\gamma = 19$).[1]

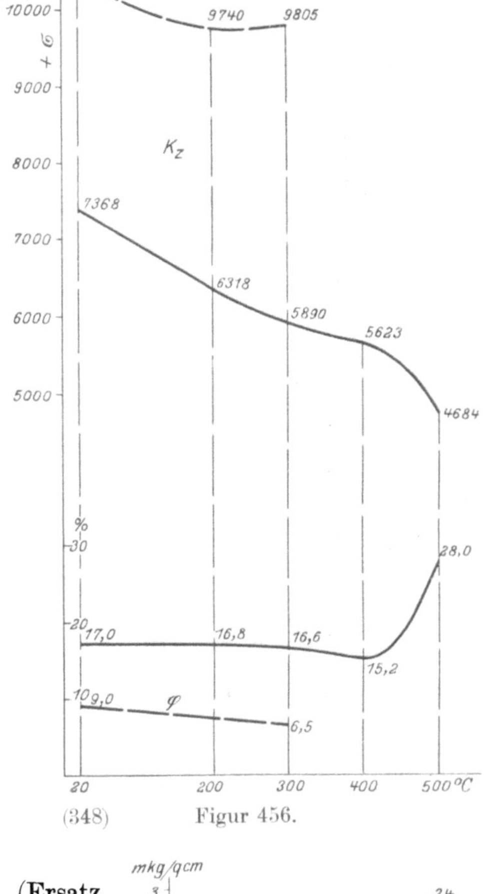

(348) Figur 456.

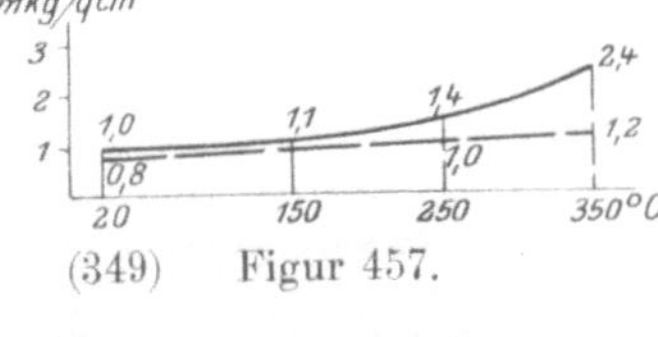

(349) Figur 457.

Schnellarbeitsstähle.[1]

Figur 453. S. 83. Gefüge von Schnellstahl.

Figur 454. S. 83. Gefüge von Hochleistungsstahl. (Ersatz für Schnellstahl.) $\gamma = 7,7$.

Figur 455 bis 457. Zugversuch mit Wolframstahl R. Behandlung wie bei Figur 444 angegeben, $\gamma = 8,4$. Geringe Werte von α. Abhängigkeit von Zugfestigkeit K_z, Bruchdehnung φ und Kerbschlagarbeit A_k von der Temperatur (— ausgeglüht, — — vergütet).

Figur 458, 459, 460. Gebrochene Kerbschlagstäbe des Materials A und R (Figur 444, 445 und 455f.), letztere mit sehr feinem Korn.

Figur 461. Gefüge des Rapidstahles R im Einlieferungszustand. $H = 201$.

Figur 462. Gefüge des Rapidstahles R, vergütet. $H = 302$.

Figur 463. Gefüge anderen Schnelldrehstahles (Novo), Einlieferung; $\gamma = 8,2$.

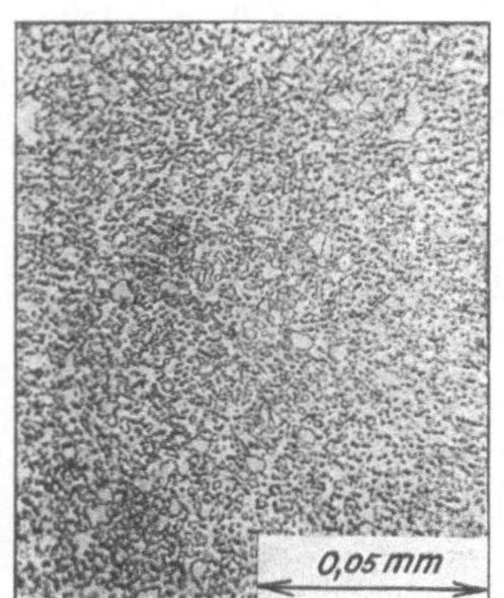

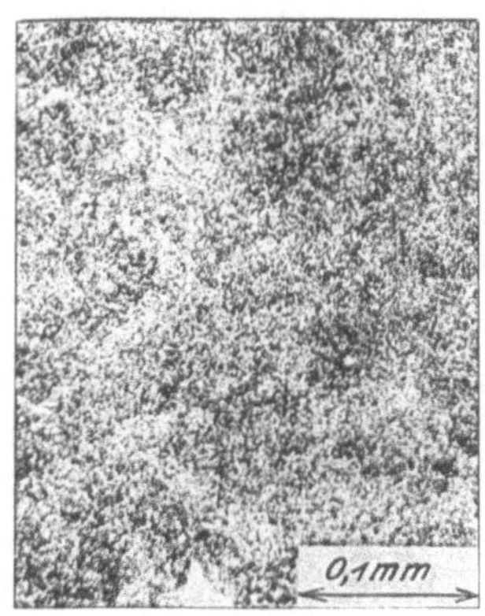

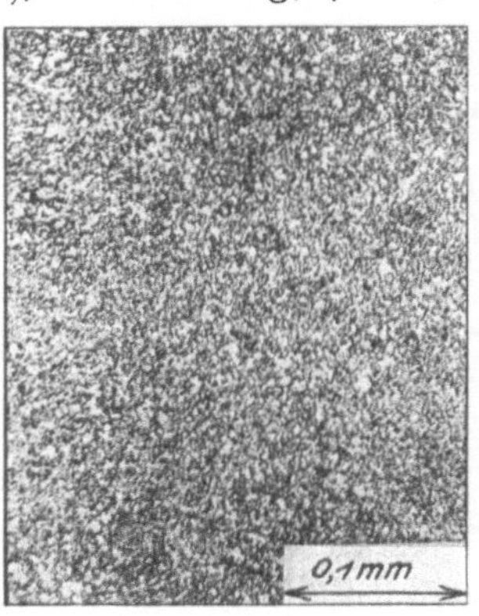

(353) Figur 461. $V = 400$.   (354) Figur 462. $V = 150$.   (355) Figur 463. $V = 150$.

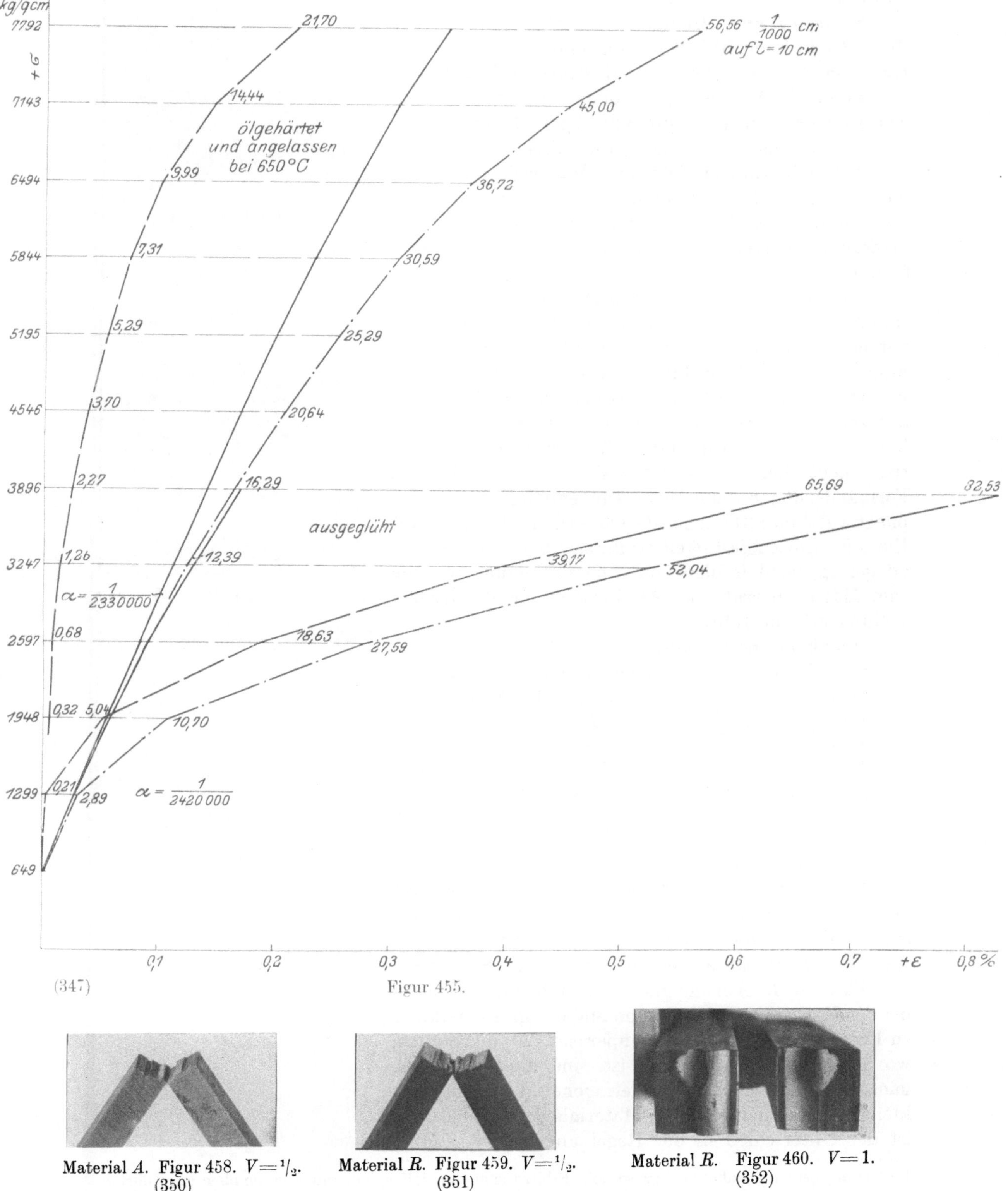

(347)

Figur 455.

Material A. Figur 458. $V = {}^1/_2$.
(350)

Material R. Figur 459. $V = {}^1/_2$.
(351)

Material R. Figur 460. $V = 1$.
(352)

[1]) Bei Kohlenstoffstahl ist zur Aufrechterhaltung des Härtungsgefüges (s. S. 52f.) rasche Abkühlung erforderlich. Naturharte Stähle und Schnelldrehstähle bewahren dieses auch nach ziemlich langsamer Abkühlung: Die Zusätze wie Wolfram usf. bewirken gewissermaßen stärkere „Bremswirkung" gegen die Perlitbildung als Kohlenstoff allein. Bei Schnelldrehstählen usf. sind die gegebenen Vorschriften (z. B. langsames Anwärmen auf 700° C, rasches Erwärmen auf 1250° C, Abblasen im

Überhitzen, Verbrennen; vgl. auch S. 46f., 60f.

Figur 464, 465. Gefüge in der Mitte und an der Ecke des in Figur 317, S. 60 abgebildeten Stückes, das von dem S. 82 erwähnten Werkzeugstahl B herrührt.

Figur 466, 467. Gefüge in der Mitte und am Rande des grobkörnigen, in Figur 320 abgebildeten Stückes. Grober Martensit, Zersetzung am Rande der Körner, Bruch den Kornfugen folgend. (Martensit mit $0{,}8\,^0/_0$ Kohlenstoffgehalt, entstanden nach Erwärmung bis wenige Grade über den Umwandlungspunkt, wird auch „Hardenit" genannt. Er ist fast strukturlos und äußerst feinkörnig.)

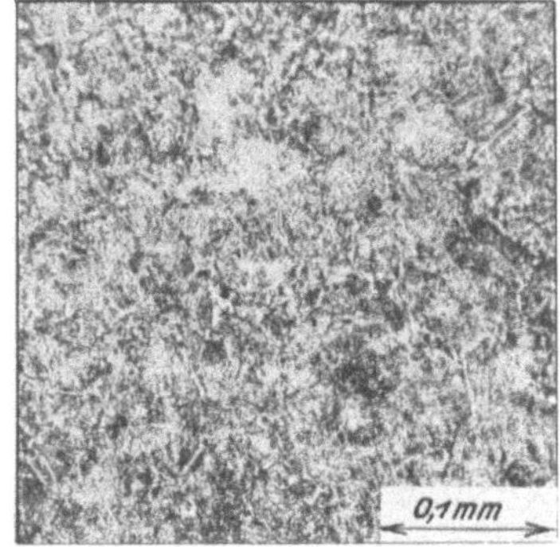

(356)   Figur 464. $V = 150$.

Über die Wiederherstellung überhitzten Werkzeugstahles vgl. S. 64. Zur Prüfung eignet sich der Biegungsversuch, wobei nicht zu übersehen ist, daß bei der Berechnung der Festigkeit aus Biegungsversuchen ein ähnlicher Fehler begangen wird, wie bei Gußeisen. Die Biegungsfestigkeit ergibt sich daher zu hoch, sie erreicht 30000 kg/qcm und mehr, während die Zugfestigkeit wesentlich tiefer liegt: Beim gehärteten Stahl sind die bleibenden Formänderungen viel größer als angenommen zu werden pflegt, vgl. Figur 312. Auch die Querschnittsform übt mit Einfluß. Die Zugfestigkeit ergibt sich beim Zugversuch oft gering, wohl infolge von inneren Spannungen, die vom Härten herrühren. Als Beispiel für Wiederherstellung sei angeführt:

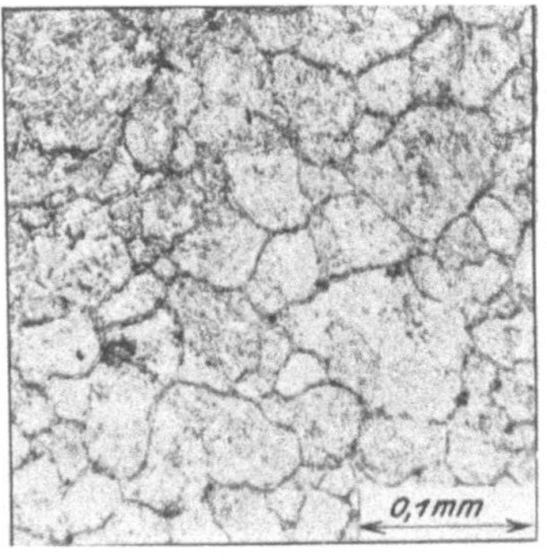

(357)   Figur 465. $V = 150$.

(Einlieferungszustand:

$\sigma_s = 4815$, $K_z = 9052$ kg/qcm, $\varphi = 11$, $\psi = 22\,^0/_0$)

gehärtet . . . . $K_b = 12800$ kg/qcm,

überhitzt gehärtet . . . . $K_b = 1090$ „

wieder hergestellt gehärtet $K_b = 12400$ „

Über Härten vgl. S. 52 bis 74, sowie die auf S. 3 genannte Schrift über das Vergüten.

III. Sonderstahl.

Einsatzmaterial.

Figur 468, 469. Ergebnisse von Zugversuchen mit Sonder-Einsatzmaterial (rund $0{,}1\,^0/_0\,C$, $5\,^0/_0\,Ni$), uneingesetzt, vergütet. Vgl. auch die Zahlen bei Figur 491, sowie auf S. 68 für eingesetzte Stäbe und S. 87, 88[1].)

Figur 470. Abhängigkeit des Arbeitsverbrauches bei der Kerbschlagprobe (kleine Stäbe, vgl. Bemerkung zu Figur 62, S. 16) von der Temperatur. An den Stellen, wo der Linienzug gestrichelt ist, sind die Stäbe nicht ganz durchgebrochen; die eingetragenen Werte sind also kleiner als der Zähigkeit des Materials entspräche, doch ist der Unterschied in der Regel unerheblich.

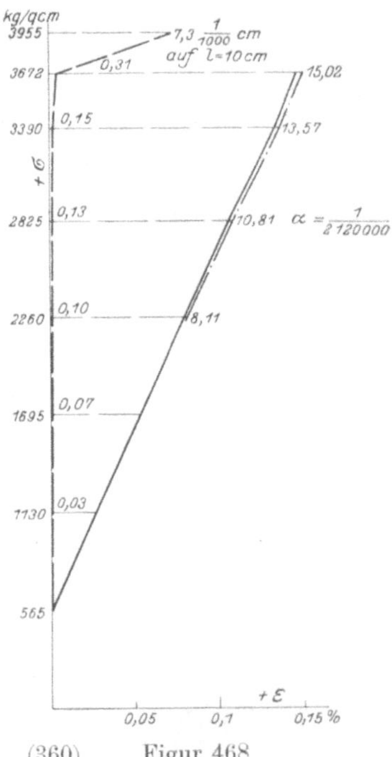

(360)   Figur 468.

Luftstrom) genau einzuhalten. Ist so hohe Erhitzung nicht möglich, so kann, wie die oben angeführten Zahlen zeigen, ausreichende Härtung auch bei z. B. nur 1000⁰ C erlangt werden, wenn Abkühlung in Öl oder Wasser erfolgt. Manche Sonderstähle brauchen zur völligen Lösung der Bestandteile längerdauernde Erwärmung als Kohlenstoffstahl. Ausglühen erfolgt meist bei etwa 650⁰ C.

[1]) Harte Oberfläche und Zähigkeit der innen liegenden Teile gewährt nach Öl- oder Lufthärtung ohne Einsatzkohlung ein Sonderstahl, der folgende Festigkeitswerte ergab:

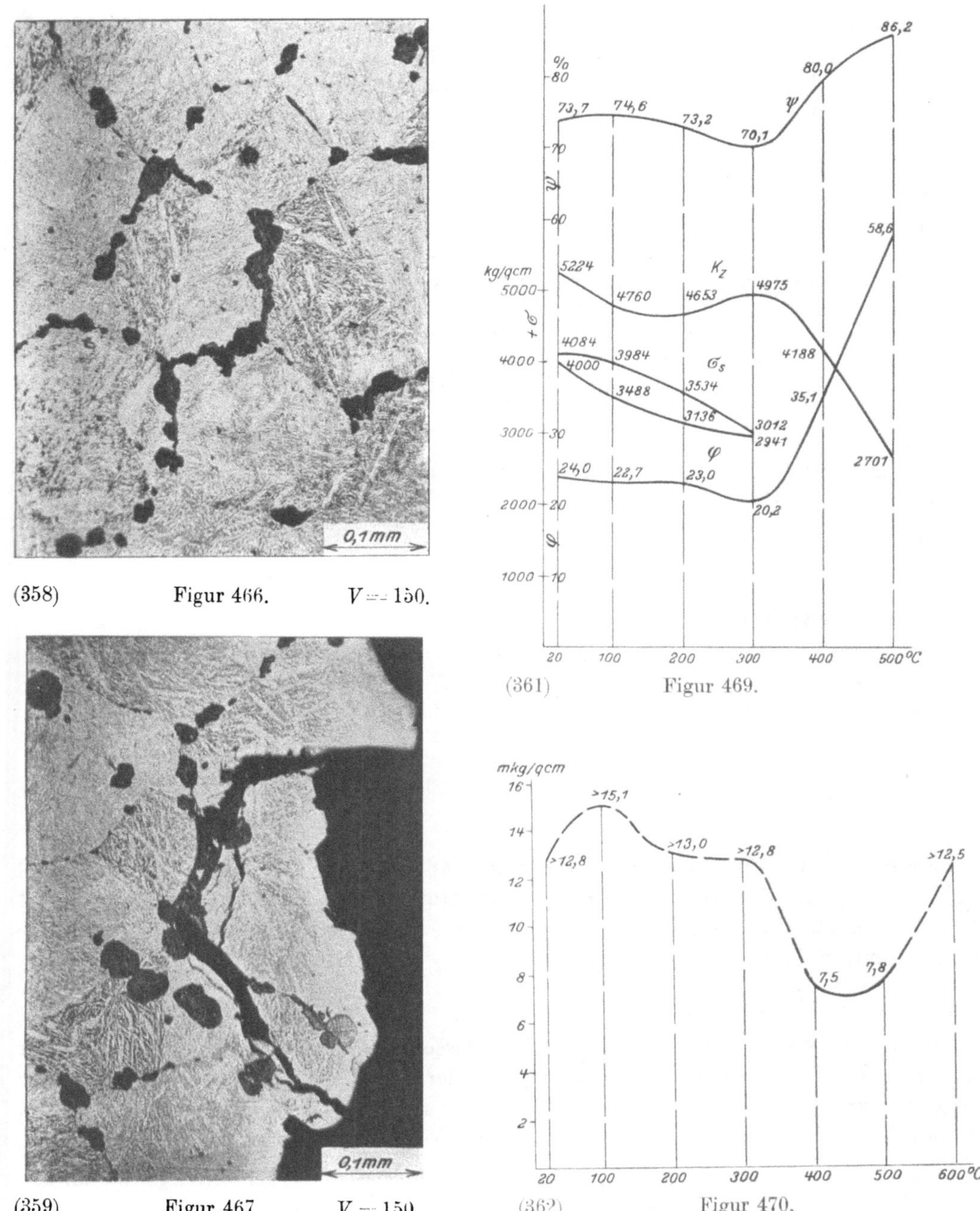

(358)   Figur 466. $V = 150$.

(361)   Figur 469.

(359)   Figur 467. $V = 150$.   (362)   Figur 470.

Behandlung a: bei 800°C in Öl gehärtet; b: wie a, sodann bei 250°C angelassen;
    „ c: bei 830°C in Luft gehärtet; d: wie c, sodann bei 250°C angelassen.
Zur Kerbschlagprobe dienten kleine Stäbe, s. S. 16. Bei — 20°C ergaben sich fast genau dieselben Werte von A_k wie bei + 20°C. Das Verhältnis $K_z : H$ findet sich zu 34 (ausgeglüht) bis 38 (gehärtet). Weiteres s. bei Fig. 510.

Prüfungs-Temp.	Behandlung: ausgeglüht						a	b	c	d
	20	100	200	300	400	500	20	20	20	20°C
σ_s ob.	9178	8492								kg/qcm
σ_s unt.	9004	8379	Streckgrenze nicht ausgeprägt vorhanden							kg/qcm
K_z	10132	9653	9571	9193	7545	5245	> 20200	18793	nicht	19124 kg/qcm
φ	12,7	12,7	13,0	17,0	20,7	29,3	nicht	6,0	er-	6,4 %
ψ	60	61	57	63	74	85	ermittelt	35	mittelt	39 %
A_k	8,1	8,6	8,3	7,5	6,0	5,7	0,3	2,8	0,7	3,2 mkg/qcm
H	302	—	—	—	—	—	534	514	555	514

Figur 471. Gefüge des Nickeleinsatzmaterials, von dem Figur 468 bis 470 herrühren. Dasselbe Material lieferte nach Härtung und Anlassen bei 200^0 C folgende Werte. Härtezahlen. s. S. 68, $H = 363$, ausgeglüht $H = 148$ (nicht eingesetzt).

Temp.	—20	20	100	200	300	400	500 °C
K_z	—	11453	11306	11446	9988	7587	4443 kg/qcm
φ	—	7,3	5,9	9,1	15,9	8,7	22,0 %
ψ	—	55	48	55	69	72	84 %
A_k	4,6	4,8	4,7	3,8	2,3	1,9	2,0 mkg/qcm

Chromnickeleinsatzmaterial ($0,1\,\%\,C$, $2,5\,\%\,Ni$, $1,5\,\%\,Cr$) ergab im Einlieferungszustand folgende Werte (vgl. S. 68); ausgeglüht $H = 128$:

σ_s ob.	—	3426	3446	2763	2359	—	— kg/qcm
σ_s unt.	—	3366	2975	2402	2319	2003	— „
K_z	—	4590	4229	4105	4410	4184	3090 „
φ	—	27,5	28,3	23,7	20,3	23,8	42,7 %
ψ	—	76	76	73	69	74	82 %
A_k	—	$>14,0$	$>13,3$	$>12,0$	$>11,3$	8,1	5,6; bei 600^0C$>14,1$ mkg/qcm.

Gehärtet und angelassen bei 200^0 C ($H = 262$):

K_z	—	9224	8782	9345	7862	7012	4266 kg/qcm
φ	—	8,2	8,2	8,7	11,3	8,9	13,3 %
ψ	—	51	43	40	60	64	73 %
A_k	6,3	6,4	6,0	4,6	4,3	3,2	3,6 mkg/qcm

Konstruktionsmaterial.[1]

Nickelstahl für Konstruktionszwecke ($3\,\%\,Ni$) lieferte folgende Festigkeitswerte. Härtezahl $H = 152$, entsprechend $K_z : H = 36$:

σ_s ob.	—	3883	3743	3904	3181	2311	— kg/qcm
σ_s unt.	—	3659	3376	3379	2876	2277	— „
K_z	—	5464	5444	6136	5833	4511	2825 „
φ	—	24,4	15,6	16,4	25,4	34,6	61,3 %
ψ	—	62	58	56	61	73	87 %
A_k	—	10,2	11,1	10,0	8,8	5,7	— mkg/qcm

Figur 472 bis 475. Dasselbe wie Figur 468 bis 471 für einen Nickelstahl ($0,2\,\%\,C$, $5\,\%\,Ni$), der für schwere Maschinenteile hoher Beanspruchung bestimmt ist. Vgl. auch die Angaben bei Figur 491 bis 515, 518f., sowie die Fußbemerkung auf S. 110.

Naturharter Tiegelstahl.

Figur 476 bis 478 (S. 91). $\gamma = 7,75$. Dasselbe wie Figur 468, 469 und 471 für naturharten Tiegelstahl ($1\,\%\,C$, $1\,\%\,Mn$), der für Teile bestimmt ist, die große Härte aufweisen müssen. $A_k = 2,5$; $5,0$; $5,8$; $4,8$; $2,8$ mkg/qcm bei 20, 100, 200, 300, 400^0 C. Vgl. auch die Zahlen bei Figur 513.

[1] Die Festigkeitswerte sind im allgemeinen nicht unabhängig von der Zerreißgeschwindigkeit (vgl. C. Bach, Elastizität und Festigkeit, § 10). Da hierdurch Meinungsverschiedenheiten entstehen können, seien folgende, an Flußmaterial verschiedener Festigkeit ermittelten Werte angeführt. Die Probestäbe hatten 2 cm Dmr. und 20 cm Meßlänge. Über die Ermittlung des Arbeitsvermögens A vgl. das S. 1 unter f) Bemerkte. Vgl. auch S. 106, 158 und 159.

Zerreiß- dauer	19 Sek.	$2^1/_2$ Min.	22 Min.	17 Sek.	$2^1/_2$ Min.	23 Min.
K_z	4004	3929	3855	5618	5508	5335 kg/qcm
φ	(34,4)	30,8	32,5	(25,7)	25,5	26,9 %
ψ	70	71	70	52	55	56 „
A	—	7,9	8,7	—	8,7	9,1 mkg/ccm

Die in Klammern gestellten Werte der Bruchdehnung sind an Stäben mit mehrfacher Einschnürung ermittelt, die sich beim raschen Zerreißen leicht einstellt. Bei Vereinbarungen über die Mindestgröße der Dehnung wird meist davon ausgegangen werden, daß nur 1 Einschnürung vorhanden ist. Vgl. auch die Bemerkungen zu Figur 549f., S. 106.

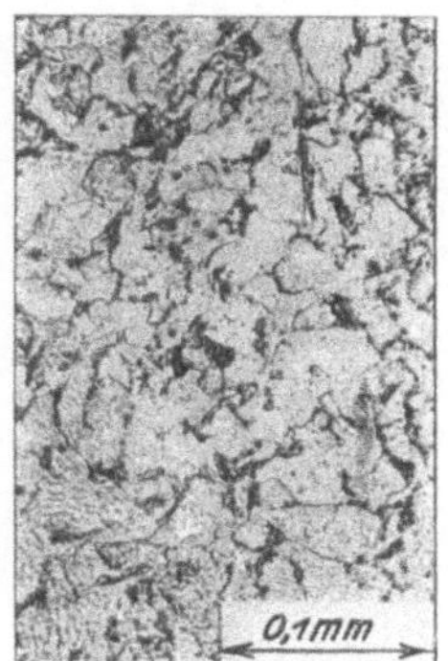

(363)   Figur 471. $V = 150$.

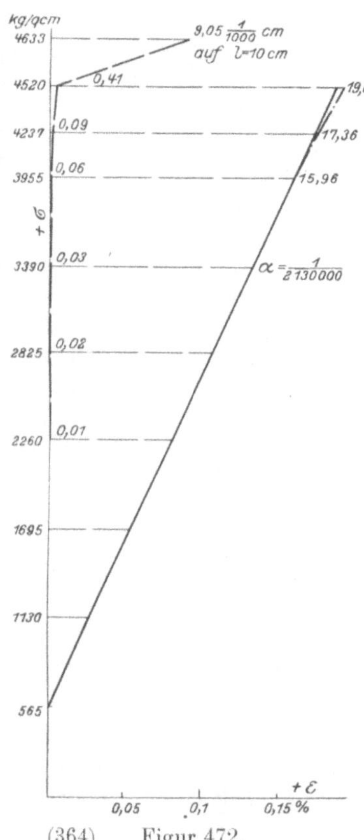

(364)   Figur 472.

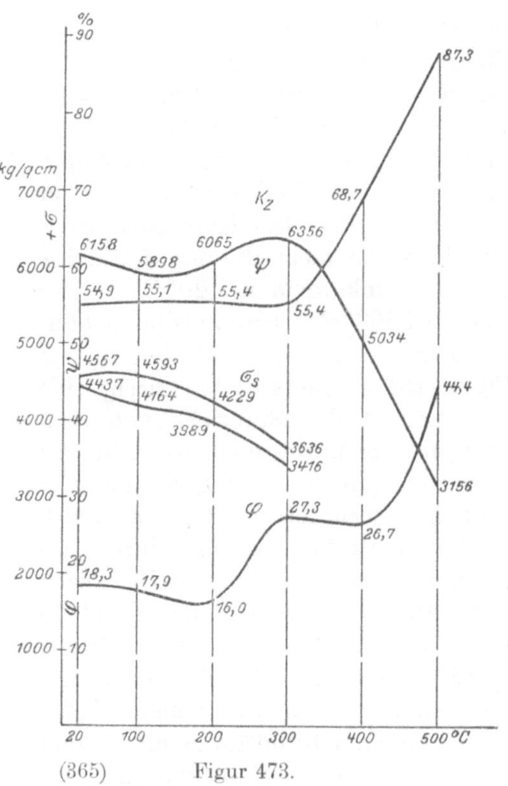

(365)   Figur 473.

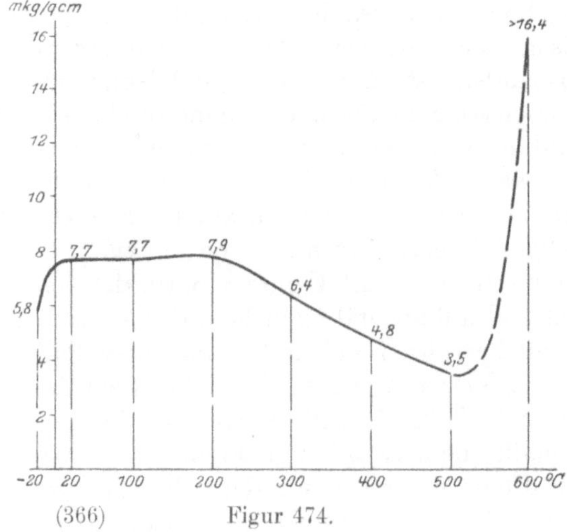

(366)   Figur 474.

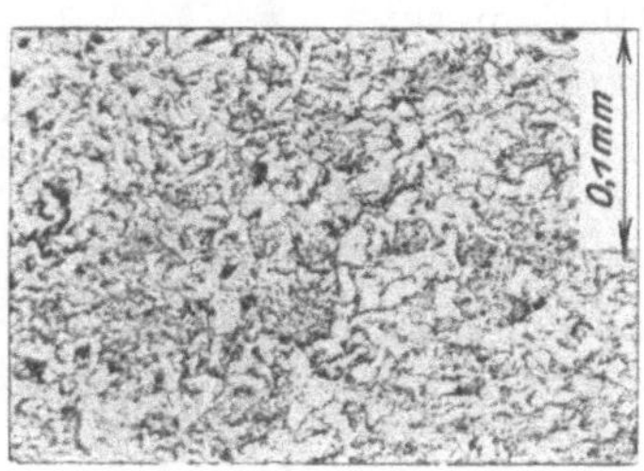

(367)   Figur 475. $V = 150$.

Unmagnetischer Nickelstahl.

Figur 479, 480. Dasselbe wie Figur 468, 469 für einen unmagnetischen Nickelstahl ($25\,^0/_0\,Ni$). Große bleibende Dehnungen bei geringer Spannung, große Zähigkeit, geringe Abnützbarkeit; sehr schwer zu bearbeiten. Bei der Kerbschlagprobe brechen die Stäbe nicht durch. A_k (kleine Stäbe) $> 18,2$ mkg/qcm bei 20^0 C, $> 14,2$ mkg/qcm bei 300^0 C. Dehnungslinien ähnlich wie Figur 521. $(K_z = 42\ H.)$

Figur 481. Querschnitt durch eine schwache Stange des Materials, von dem Figur 479, 480 herrühren; eigenartige Gestalt der Seigerzone (die hier wenig verunreinigt erscheint, aber weit feineres Korn aufweist, als das Randmaterial), bedingt durch das Verfahren beim Ausstrecken des Blockes.

Figur 482, 483. Gefügebilder desselben Materials; Figur 482 von der Stange, deren Querschnitt Figur 481 wiedergibt, Übergangsstelle zwischen grobem und feinem Korn; Figur 483 von einer Rundstange mit 26 mm Durchmesser. „γ"-Eisen-Polyeder (vgl. auch die Bemerkungen zu Figur 282, 521, 523). Der hohe Nickelgehalt bewirkt, daß das „γ"-Eisen noch bei gewöhnlicher Temperatur vorhanden ist, d. h. die feste Lösung des Kohlenstoffs im Eisen auch ohne rasche Abkühlung bestehen bleibt. Aus dem Gefügebild kann daher bei hohem Nickel-, Mangan- usf. Gehalt nicht mehr auf den Kohlenstoffgehalt geschlossen werden — vgl. z. B. Figur 487, S. 92 mit Figur 68, S. 19, die von Material mit ungefähr gleichem Kohlenstoffgehalt herrühren, neben dem im ersten Fall $25,5\,^0/_0\,Ni$ vorhanden sind —. Schon ein Gehalt von 3 bis $5\,^0/_0\,Ni$ macht sich im Gefügebild bemerkbar, vgl. Figur 475, 504f. mit Figur 67 sowie mit den Übergangsgefügen Figur 293f. Durch die Zusätze lassen sich also bei entsprechender Menge ähnliche Wirkungen erzielen, wie durch Härten. Vgl. auch das zu Figur 523, 539, 540 Bemerkte, sowie die hohen Werte von α bei Figur 479 und 314.

Figur 484. Zerrissener Stab aus hochprozentigem Nickelstahl anderer Herkunft. Je nach dem Grad der mechanischen Bearbeitung usf. ist die Korngröße eine sehr verschiedene und das Aussehen der Staboberfläche nach dem Zerreißen vollkommen

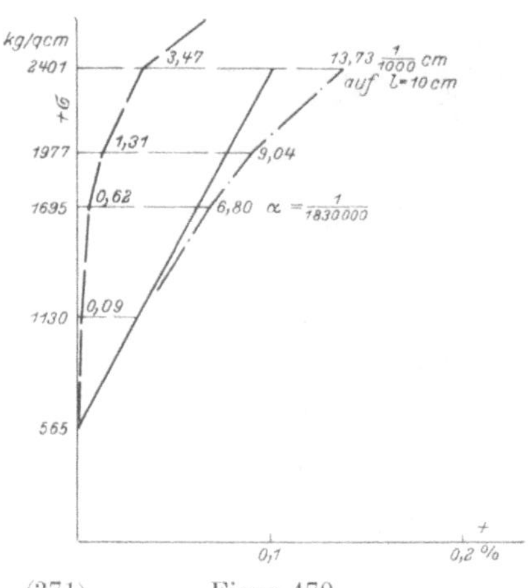

(371)　　　　　　Figur 479.

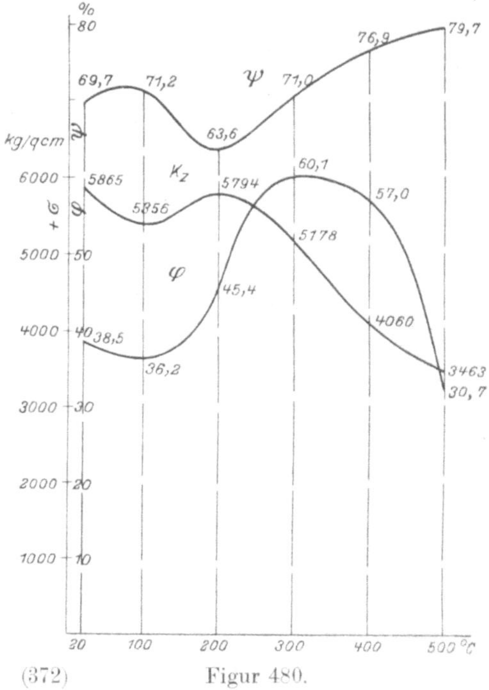

(372)　　　　　　Figur 480.

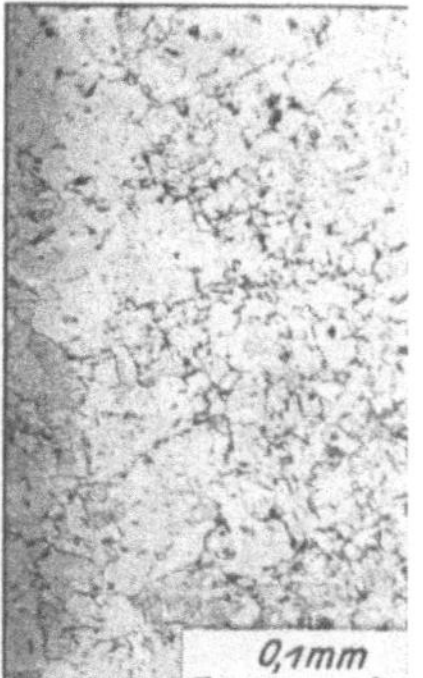

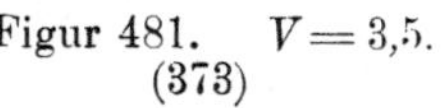

Figur 481.　　$V = 3,5.$　　　　Figur 482.　　$V = 150.$
(373)　　　　　　　　　　　　　(374)

(368) Figur 476.

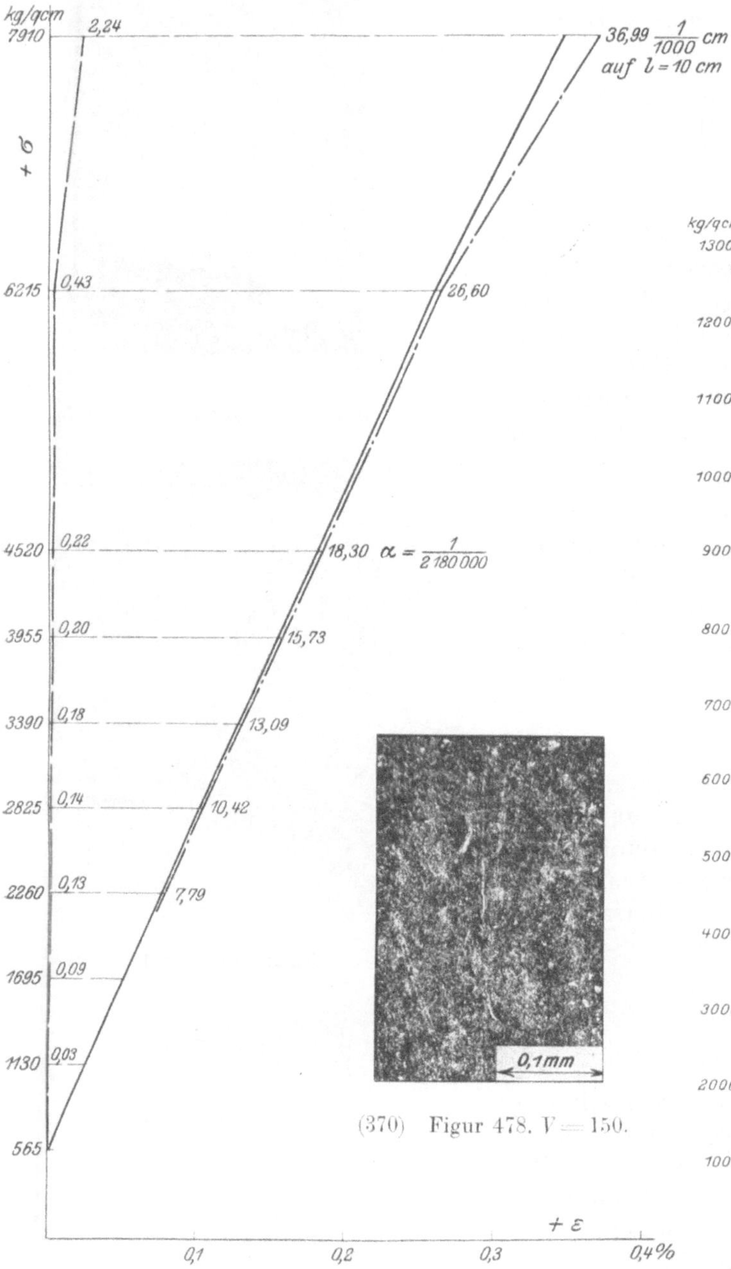

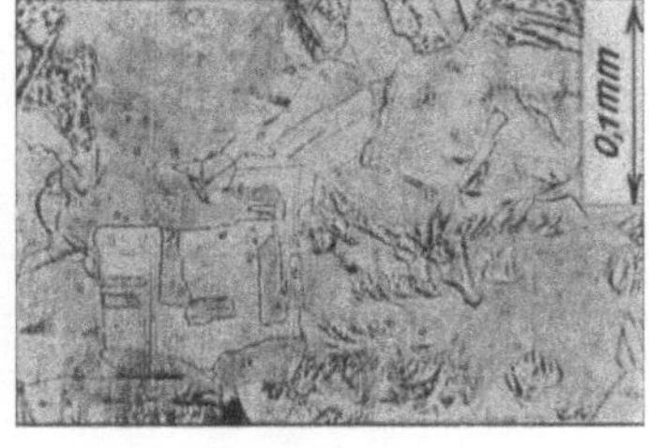

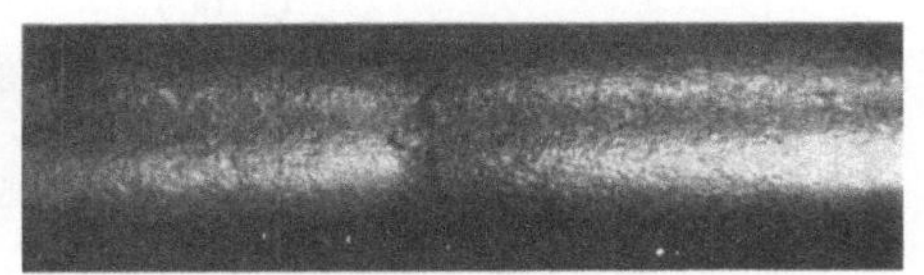

(370) Figur 478. $V = 150$.

(369) Figur 477.

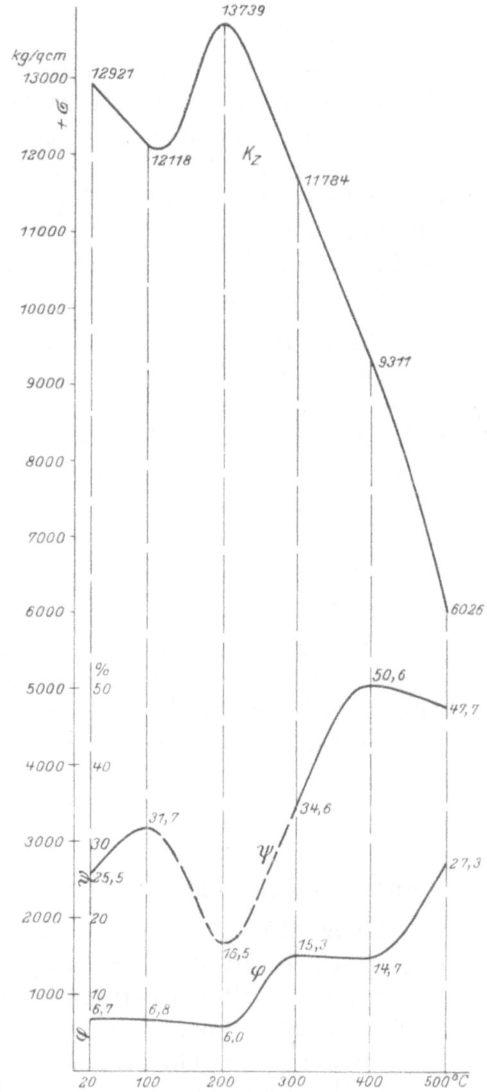

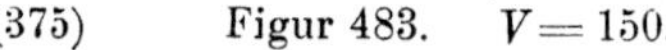

(375) Figur 483. $V = 150$.

(376) Figur 484. $V = 1$.

glatt, ähnlich Figur 491, bis grobkörnig, wie bei mangelhaft geglühtem Stahlguß z. B. Figur 561.

Figur 485. Im Betrieb gebrochene Schraube aus unmagnetischem Nickelstahl. Sehr grobkörnig.

Figur 486. Gefügebild aus Figur 485. Zersetzung an den Kornrändern. Solche Stücke können zunächst am Rande magnetisch werden. Während der durch falsche Wärmebehandlung, vorausgegangene Zerquetschung usf. entstandene Magnetisierbarkeit durch geeignete Härtung (meist Ölhärtung von etwa 850^0 C) beseitigt werden kann, ist in solchen Fällen Abarbeiten der verdorbenen Schicht erforderlich.

Figur 487, 488. Gefügebilder eines unmagnetischen Nickelstahles von sehr grobem Korn ($25{,}5\,^0/_0\,Ni$; $0{,}46\,^0/_0\,C$; $\sigma_s = 2500$, $K_z = 6400$ kg/qcm; $\varphi = 43\,^0/_0$; $\psi = 63\,^0/_0$; $\gamma = 8{,}8$). Ausgeprägte Kristallbildung „γ"-Eisen-Polyeder. Die zerrissenen Stäbe waren an der Oberfläche grobnarbig, ähnlich wie bei Figur 568 zu beobachten.

Figur 489, 490. Gefügebilder einer im Betriebe gebrochenen Welle aus unmagnetischem Nickelstahl. Sehr grobe, dunkel umrandete Körner, Zwillingsbildungen, was auf ungeeignete Wärmebehandlung als Bruchursache hindeutet.

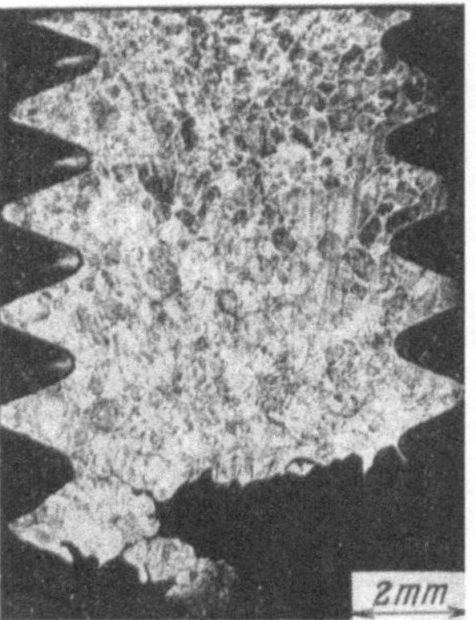

(377)   Figur 485. $V = 5$.

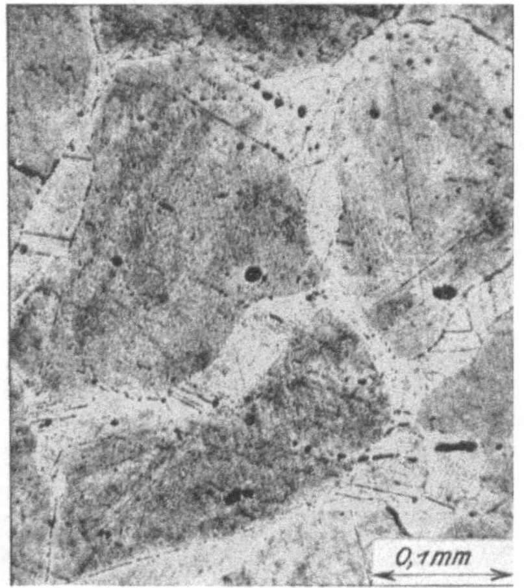

(378)   Figur 486. $V = 150$.

Konstruktionsstähle (s. a. S. 68, 88).

Figur 491. Zerrissener Stab aus Chromnickelstahl mit der für gutes Material kennzeichnenden glatten Oberfläche; verhältnismäßig starke Einschnürung. Der Stab ist beim Bruch aufgespalten. Verschiedenartiges Material derselben Herkunft hatte folgende Ergebnisse geliefert:

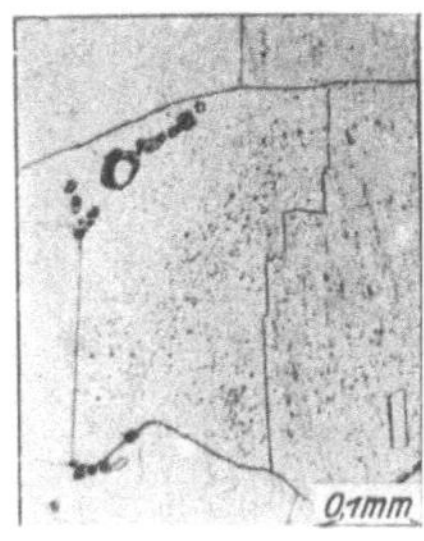

(379) Figur 487. $V = 75$.

$Cr\,^0/_0$	$Ni\,^0/_0$	$C\,^0/_0$	σ_s	K_z	φ	ψ	Bemerkungen
—	3	0,3	$\begin{Bmatrix}4100\\3700\end{Bmatrix}$	5600	20	51	Konstruktionsmaterial
—	3	0,05	$\begin{Bmatrix}3600\\3100\end{Bmatrix}$	4300	27	69	Einsatzmaterial
1,4	3,5	0,4	—	13500	9	22	vergütet
1,2	4	0,3	—	9500	15	45	vgl. Figur 491.

Von Interesse erscheint noch folgende Zusammenstellung:

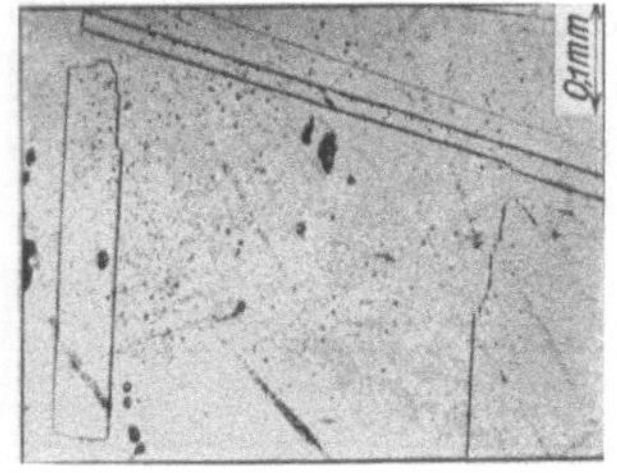

(380)   Figur 488. $V=75$.

Figur 489. $V=75$.

Figur 490. $V=150$.

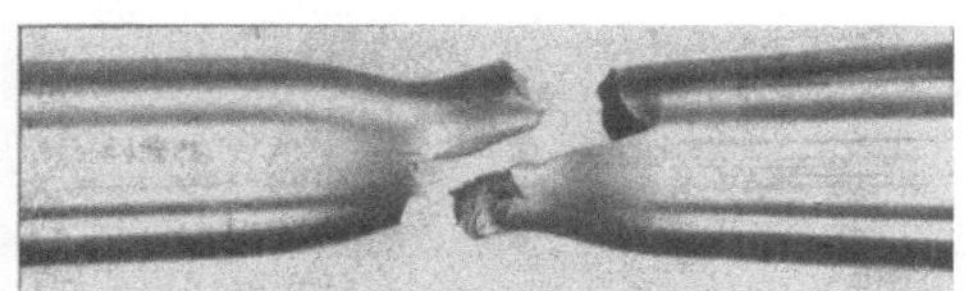

(381)   Figur 491. $V=1$.

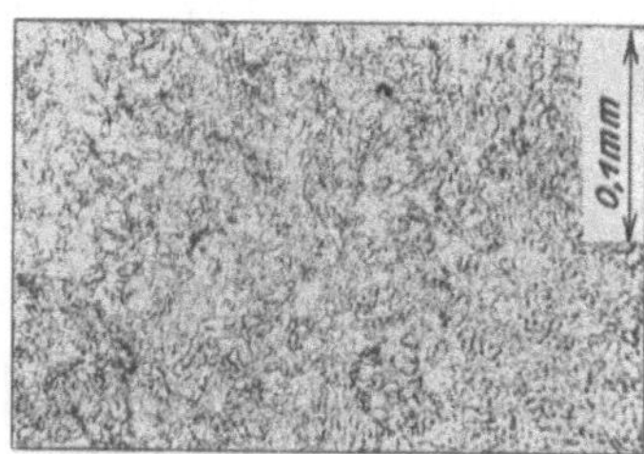

(383)   Figur 492. $V=150$.

	Siemens-Martin-stahl	Chromnickel-stahl	Nickelstahl	Werkzeugstahl	Chromnickelstahl, gebrochene Welle
σ_s kg/qcm	$\left\{\begin{matrix} 3900 \\ 3700 \end{matrix}\right.$	— —	3900 3800	6000 5900	— —
K_z „	6200	10 000	5600	8800	7450
φ °/₀	21	15	21	16	12
ψ °/₀	49	58	66	46	28
A_k mkg/qcm	1,3	9,5	$> 12,5$	6,4	1,1

Für den zuletzt angeführten Stahl ergab sich die Härtezahl $H = 205$, entsprechend $K_z = 36\,H$. Das Material erwies sich als schlackenreich.

Figur 492. Gefüge von hochwertigem Chromnickelstahl ($4\,^0/_0\,Ni$, $1,5\,^0/_0\,Cr$, $0,25\,^0/_0\,C$) aus einer gewalzten Stange von etwa 25 mm Durchmesser. Bei ausgeglühten und langsam abgekühlten Stücken wäre eine stärkere Ausbildung des Perlits im Gefüge zu erwarten. Ergebnisse von Festigkeitsversuchen mit diesem Material:

Temp.	— 20	20	100	200	300	400	500 ° C	Härtezahl
$\sigma_{s\,o}$ kg/qcm	nicht ermittelt	7032	6100	6058	Streckgrenze nicht ausgeprägt			H bei 20 ° C
$\sigma_{s\,u}$ „		6979	6077	6023	vorhanden			$H = 241$;
K_z „		7918	7134	7265	7532	6276	4682	$K_z : H = 33$
φ °/₀		13,6	13,8	11,8	10,9	16,6	26,5	
ψ °/₀		67	69	67	65	71	81	
A_k mkg/qcm	6,4	8,5	8,5	10,4	7,6	6,8	—	

Wird von einem gegebenen Stahl eine bestimmte Zugfestigkeit verlangt, so ist durch Vorversuche die hierfür erforderliche Behandlung zu ermitteln. Dazu genügt nicht selten die Kugeldruckprobe. Wird diese an einem gehärteten Stück vorgenommen, das stufenweise Anlassen bei steigender Temperatur erfährt, so ist hierzu nur ein kleines Stück notwendig. Zur Nachprüfung empfiehlt sich die Durchführung eines Zugversuchs. Im folgenden sind bei Fig. 493, 498, 507, 313 (S. 60 und 99) Beispiele angeführt: verlangt war bei Fig. 493 eine Zugfestigkeit von wenigstens 12 500 kg/qcm bei möglichst großer Zähigkeit.

Figur 493. Linienzug, der die Abhängigkeit der Härtezahl von der Höhe der Anlaßtemperatur nach vorausgegangener Ölhärtung bei 820° C für das Material vom Gefüge Figur 492 zeigt. Aus demselben wurde geschlossen, daß die geeignete Anlaßtemperatur 450° C betrage.

Versuchsergebnisse.

Material Nr.	1		2	1		2
	Einlieferungszustand			Ölhärtung bei 820° C, Anlassen bei 450° C		
σ_{so} kg/qcm	7095	7095	7506	6624	12468	12725	12612	—
K_z „	8393	8355	8496	7720	13059	13136	13032	12666
φ %	14,4	15,3	15,2	17,1	8,4	7,5	7,2	7,1
ψ %	67	68	67	73	56	52	55	59
A_k mkg/qcm	9,0	8,8	8,9	13,5	4,7	4,1	4,0	6,0
H	—	262	—	229	—	388	—	375
$K_z : H$	—	32	—	34	—	34	—	34

Mit gleichem Material anderer Lieferungen wurden folgende Werte erzielt (bei 20° C):

	vergütet	ölgehärtet	angelassen bei: 250° C	300° C	350° C	450° C
K_z (20° C) kg/qcm	8200	16600	15900	15000	14600	12700
φ %	15,5	1,1	6,0	6,0	5,6	8,0
ψ %	66	5	51	53	54	55

5 Stäbe aus anderen Lieferungen ergaben im Einlieferungszustand bei 20° C:

σ_s kg/qcm	7110	6860	6790	6800	6410
K_z „	8400	8070	7990	7970	7530
φ %	19	23	23	23	25
ψ %	68	68	68	68	71

Die Bruchdehnung φ wurde hier auf $l = 5\,d$ gemessen, sie ergibt sich daher stets größer als oben, wo $l = 10\,d$ ist, vgl. S. 1.

Ähnliche Werte wurden auch mit Chromnickelstahl erzielt, der nur reichlich 1% Ni enthielt. Häufig sind weit geringere Werte der Schlagarbeit zu beobachten; die Zugstäbe weisen dann oft körnige Bruchflächen und geringe Einschnürung auf, im Gegensatz zu Figur 502, 503. So wurde z. B. beobachtet $\sigma_s = 10010$, $K_z = 11358$ kg/qcm, $\varphi = 7,7$, $\psi = 28\%$, $A_k = 1,2$ mkg/qcm.

Figur 494, 495. Zugversuch mit demselben Material. Sehr hoch liegende Elastizitätsgrenze. Zerrissener Stab.

Figur 496, 497. Gebrochene Welle aus Manganstahl (0,715% C, 1,47% Mn, 0,046% P, kaum Spuren von S) und Gefüge des Materials.

Figur 498. Erwärmungs- und Abkühlungslinie mit dem Material, aufgenommen, um die Grundlagen für richtige Wärmebehandlung zu gewinnen; das bis dahin angewendete Verfahren des Ausglühens lieferte die im folgenden als Einlieferungszustand bezeichneten Eigenschaften. Auf Grund des Gefügebildes und Figur 498 wurde das Material zunächst auf 850° C erwärmt (gleichmäßige Verteilung der Gefügeteile), sodann auf 720° C langsam abgekühlt und in Öl gehärtet. Hieran schloß sich Anlassen. Der Erfolg dieser Behandlung war bedeutende Erhöhung der Schlagarbeit und Beseitigung des groben Kornes der Bruchfläche, die nachher sehniges Gefüge zeigte. Die Erwärmung auf 850° C, sowie die folgende langsame Abkühlung waren nötig. Erfolgte weniger hohe Erwärmung, so verschwand das grobe Korn nicht völlig. Wurde von der hohen Temperatur aus gehärtet, so entstanden Härterisse.

	Einlieferungszustand	Erwärmung auf 850° C, langsame Abkühlung auf 720° C, Abschrecken in Öl	
		Anlassen auf 650° C	auf 700° C
σ_s kg/qcm	nicht ausgeprägt	nicht ausgeprägt	6482 7197
K_z kg/qcm	9201	11281	8241 8867
φ %	12,5; $l = 10\,d$	(13,2) ($l = 5\,d$)	(19,2) 14,8; $l = 10\,d$
ψ %	23	40	52 51
A_k mkg/qcm	0,8 0,8 0,8 0,9	3,0	— 6,2
H	255 bis 262	321	— 255

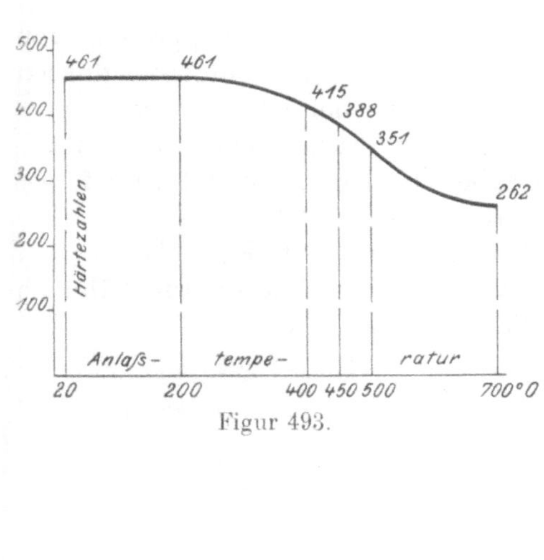

Figur 493.

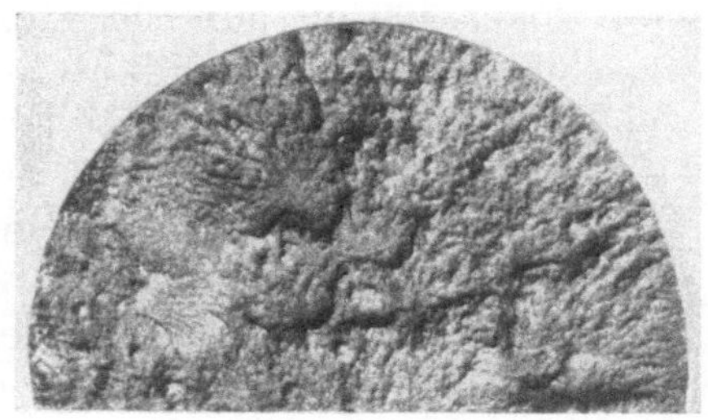

Figur 496. $V = {}^3/_4$.

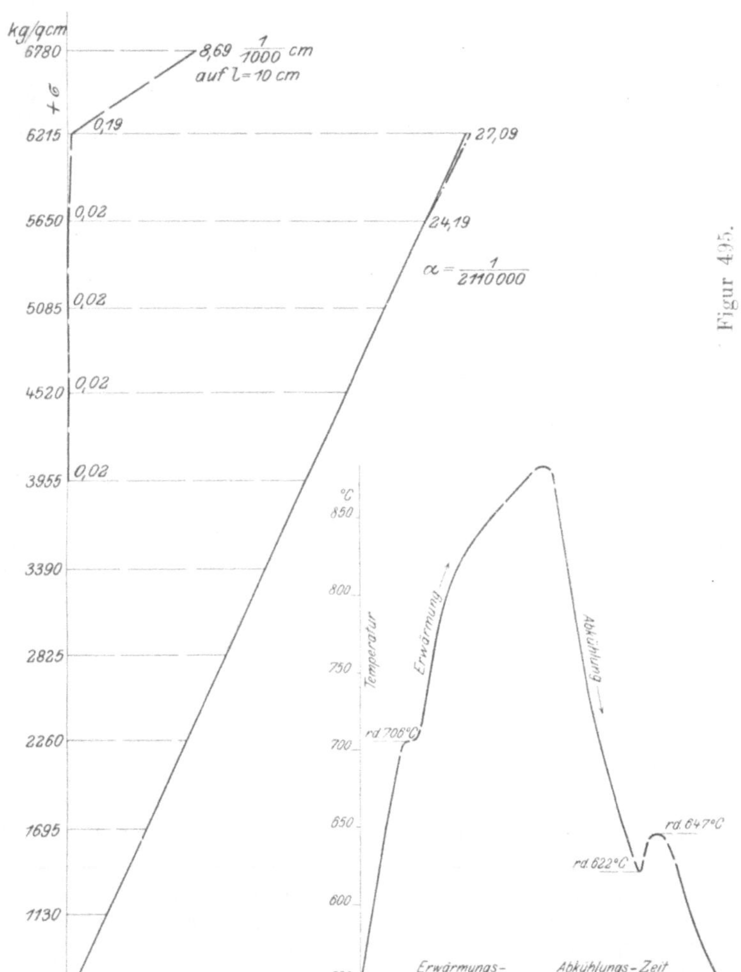

Figur 498.

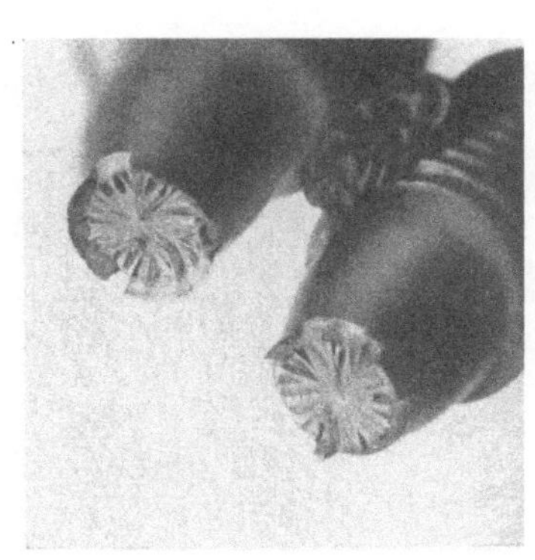

Stereoskopbild, s. S. 3.

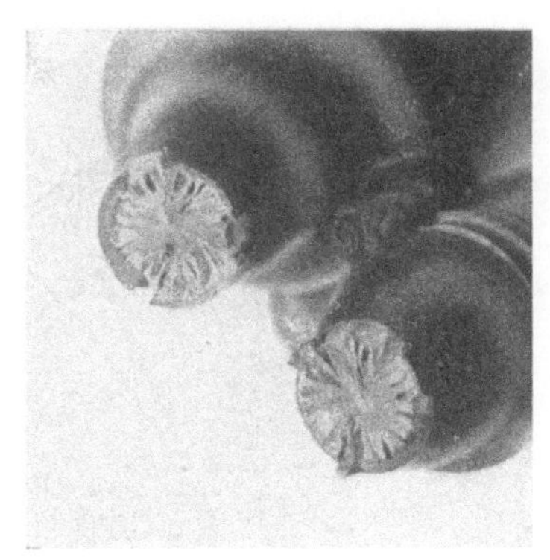

Figur 497. $V = 150$.

Figur 499 bis 501. Ergebnisse von Zugversuchen und Kerbschlagproben von hochwertigem Chromnickelstahl $(3,5\,^0/_0\ Ni;\ 0,4\,^0/_0\ Cr;\ 0,3\,^0/_0\ C)$ im ausgeglühten und vergüteten Zustand (für letzteren in Figur 500 gestrichelte Linienzüge).

Figur 502. Bei 20, 200, 300, 400, 500 ^{0} C zerrissene Stäbe dieses Materials.

Figur 503. Bruchfläche eines anderen Zugstabes aus demselben Material; feines Korn, große Reinheit. $K_z = 8136$ kg/qcm, $\varphi = 13,2\,^0/_0$, $\psi = 53\,^0/_0$.

Figur 504, 505. Gefüge desselben ausgeglüht und vergütet, Figur 505[1]).

Figur 506. Bruchfläche von Sonderstahl größerer Härte. Zerklüftung ähnlich den fräserartigen Erscheinungen, Figur 47, S. 15.

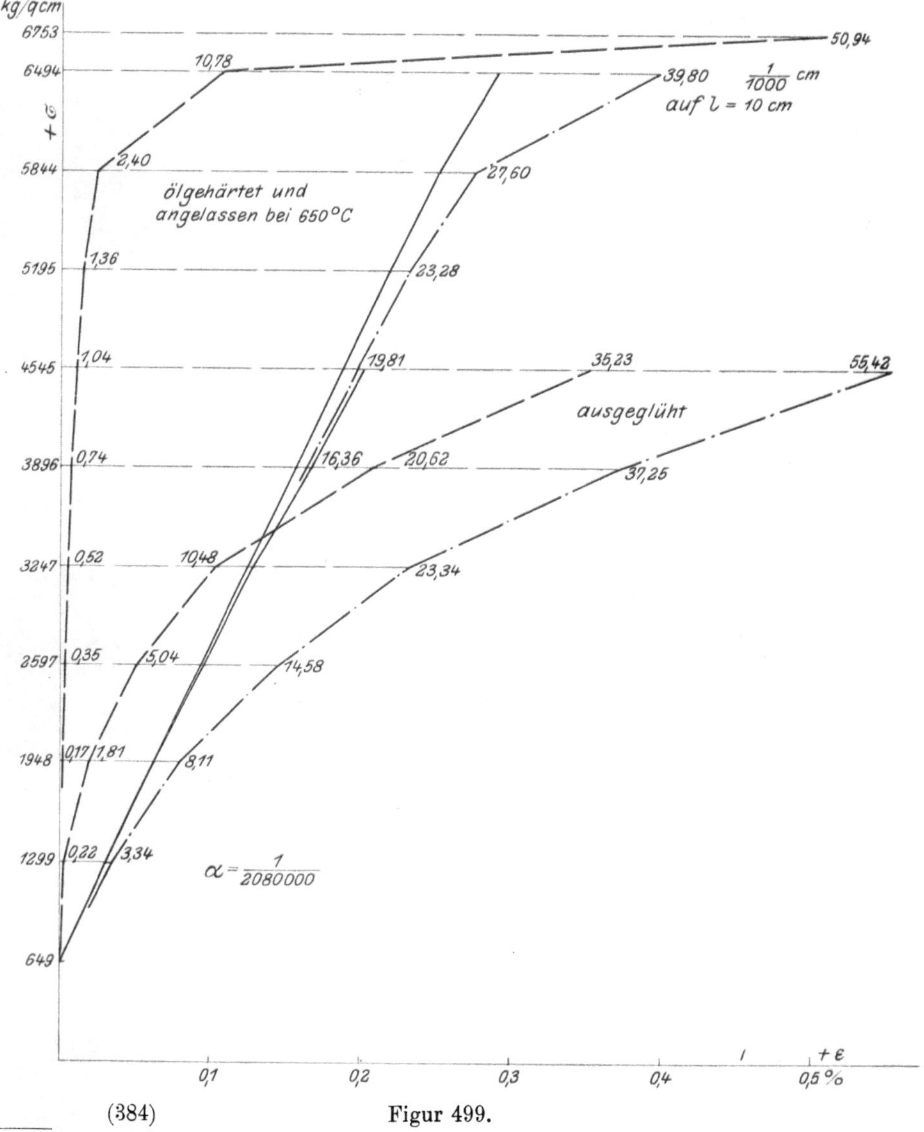

(384)   Figur 499.

[1]) Derselbe Stahl aus anderer Lieferung ergab folgende Werte:

	Einlieferung		Ölhärtung 820 ^{0} C	820 ^{0} C	Wasserhärtung angelassen bei 200 ^{0} C	
σ_{so} kg/qcm	4548	4497	—	—	—	—
K_z „	5682	5567	—	—	12 433	12 387
φ $^0/_0$	21,9	20,7	—	—	7,5	7,0
ψ $^0/_0$	72	72	—	—	47	38
A_k mkg/qcm	12,6	13,2	—	—	5,4	4,9
H		167	321	351		351

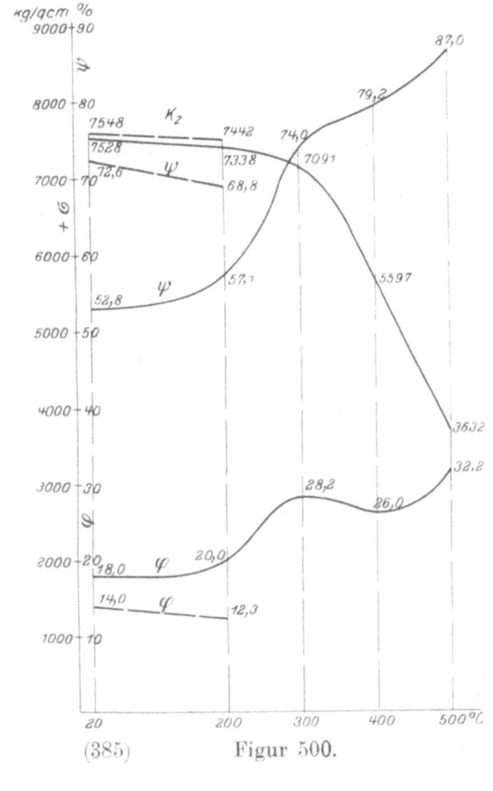

(385) Figur 500.

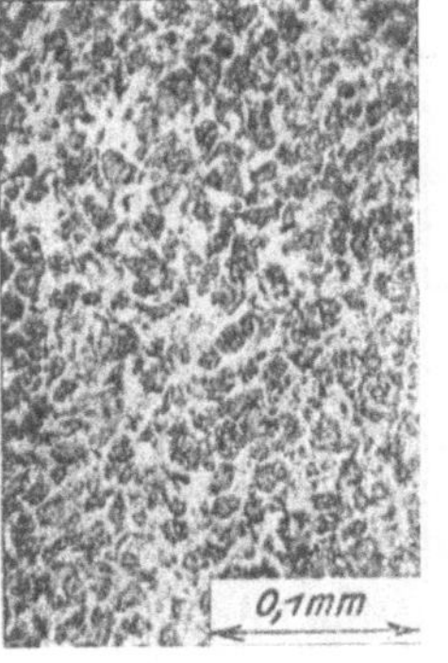

Figur 504. $V = 150$.
(389)

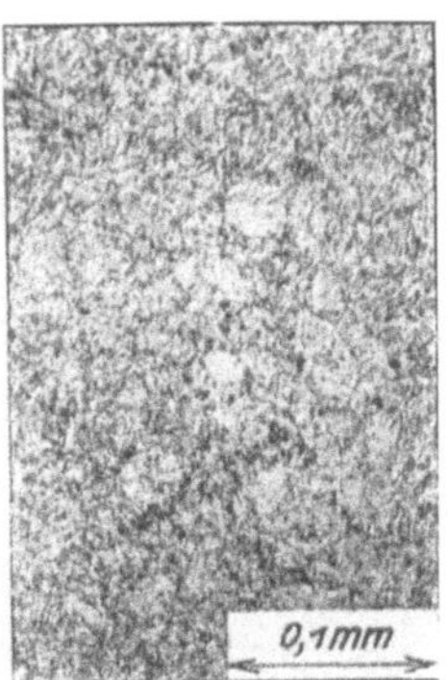

Figur 505. $V = 150$.
(390)

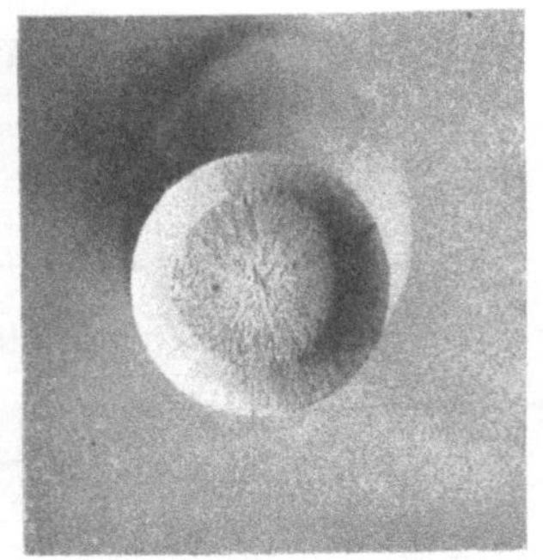

(385) Figur 500.

Stereoskopbild, s. S. 3.

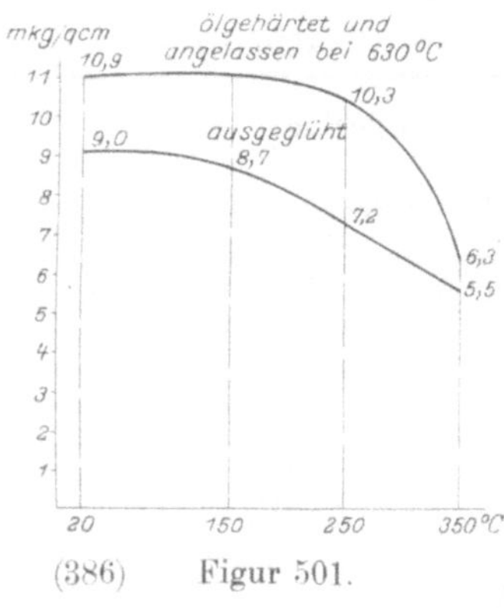

(386) Figur 501.

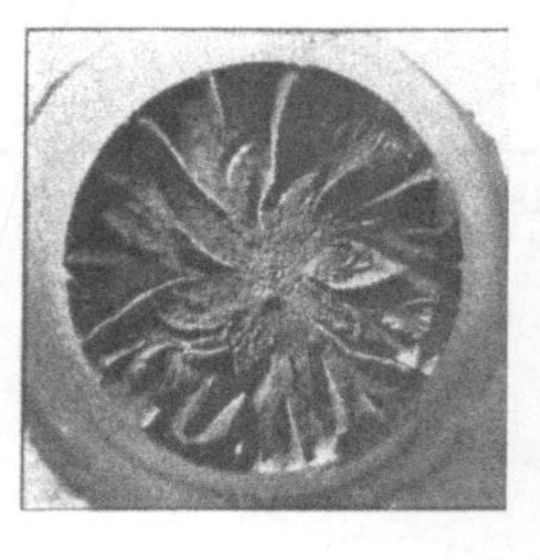

(391) Figur 506. $V = 2$.

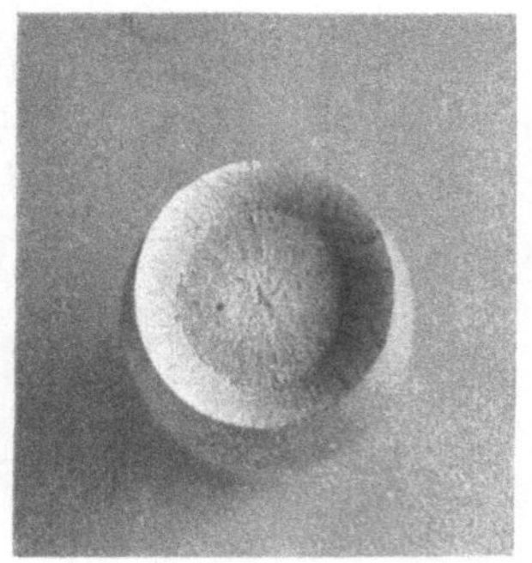

(388)

$V = 1,25$. Figur 503.

Figur 507 (Seite 99). **Chromvanadiumstahl** (0,742 °/₀ C, 0,272 °/₀ Si, 1,155 °/₀ Cr, 0,706 °/₀ Mn, 0,028 °/₀ Cu, 0,037 °/₀ P. 0,012 °/₀ S, unbestimmbare Spur Vanadium) ergab bei Versuchen. wie unter Figur 492 beschrieben, den Linienzug Figur 507. Aus demselben wurde geschlossen, daß, um eine Zugfestigkeit von ungefähr 12000 kg/qcm zu erhalten, Ölhärtung von 800° C und Anlassen bei 550° C erforderlich sei. Das zur Nachprüfung verfügbare Material stammte aus einer anderen Lieferung.

(387) Figur 502. $V = \frac{1}{2}$.

Versuchsergebnisse.

	Einlieferungszustand	Ölhärtung bei 800° C angelassen bei 500°C	Ölhärtung bei 800° C angelassen bei 550° C	Ähnlicher Stahl Ölhärtung bei 800° C angelassen bei 400°C	Ähnlicher Stahl Ölhärtung bei 800° C angelassen bei 450° C
σ_s	—	nicht ausgeprägt	nicht ausgeprägt	nicht ausgeprägt	—
K_z	—	12490	12222	11429	9449
q	—	3,2	3,8	2,3	9,0
ψ	—	42	31	21	50
A_k	—	3,5	4,5	1,7	5,3
H	179	—	351	351	—

Figur 508, 509. Gefügebilder desselben Materials. Bei Figur 508 ist am Rande ein Schlackeneinschluß zu beobachten, in dessen Nähe das Material Entkohlung zeigt.

Figur 510. Gefüge von Chromnickelstahl ($4\,^0/_0$ Ni, $1{,}5\,^0/_0$ Cr, $0{,}4\,^0/_0$ C) für Luft- oder Ölhärtung. Es ergab sich (vgl. auch S. 86. Fußbem. 1)

		K_z	φ	ψ	H
bei 830° C in Luft gehärtet. angelassen bei 250° C		19124	6,4	39	514
„ 800° C „ Öl „ , „ „ 250° C		18793	6,0	35	514
„ 830° C „ Luft „ , nicht angelassen		—	—	—	555

Dasselbe Material in Blechform lieferte folgende Werte:

	Einlieferungszustand	Ölhärtung Angelassen bei 250° C	Ölhärtung 215° C	Ausgeglüht			
σ_{80}	nicht ausgeprägt	nicht ausgeprägt		6000	5875	5905	5716
K_z	19473 20500 18782 18719	19014	19563	7813	7875	7035	7035
φ	4,6 4,6 5,7 5,7	4,0	5,4	17,4	17,1	17,4	17,1
H (500,5)	478 425	—	—	—	—	—	—

Figur 511, 512. Gefüge von Manganstahl (etwa $13\,^0/_0$ Mn) in Blechform gepreßt (vgl. Figur 527). Ausgeprägte Gleitlinien infolge der Kaltbearbeitung.

	Einlieferungszustand Wasserhärtung	Lufthärtung	andere Lieferung	Ausgeglüht erste Lieferung	andere Lieferung
K_z	5833 5717	6250 6484	12387	4183 4533 4891 5266	7048
φ	16,6 11,4	14,3 14,9	39,9	6,0 5,1 — 3,7	5,6
H (500,5)	137	142	190	— — — —	—

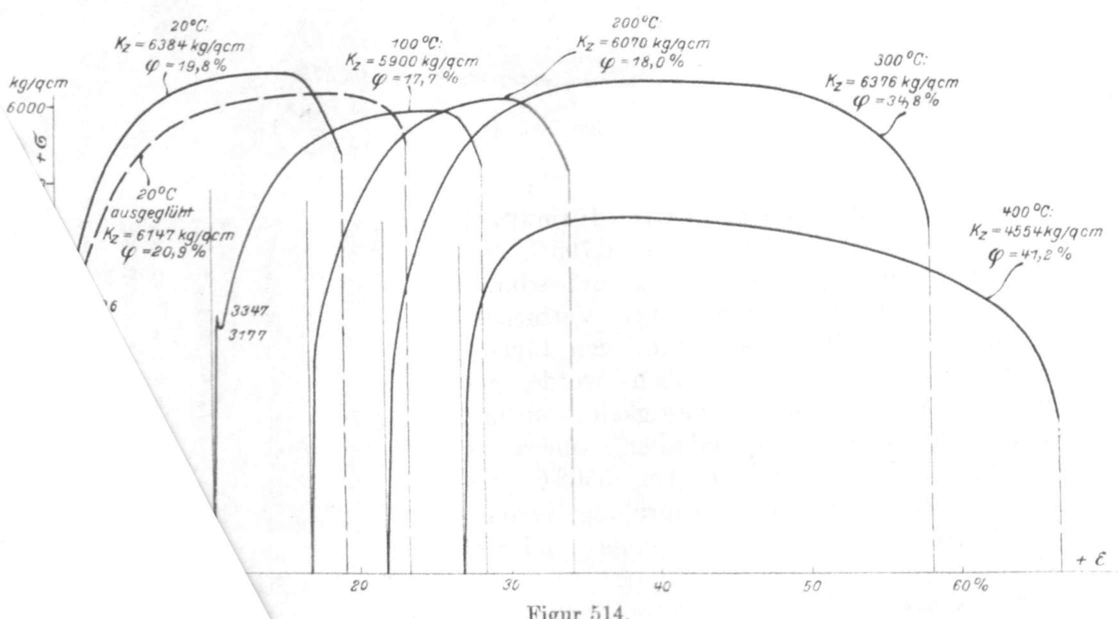

Figur 514.

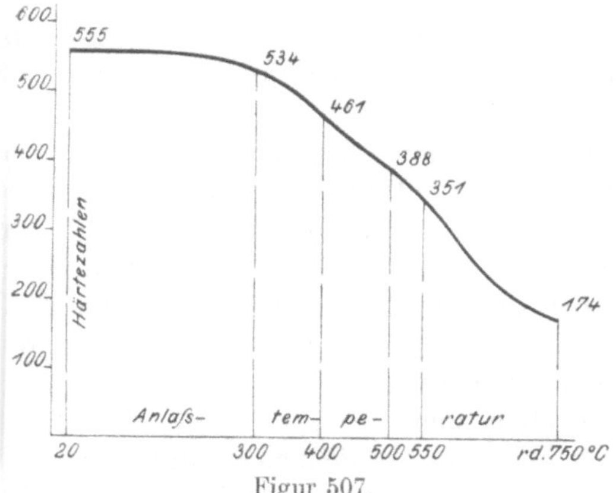

Figur 507.

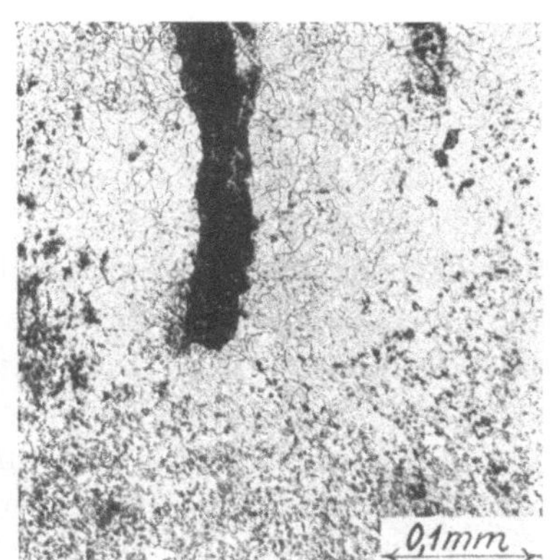

Figur 508. $V = 150$.

Figur 509. $V = 150$.

Figur 510. $V = 1200$.

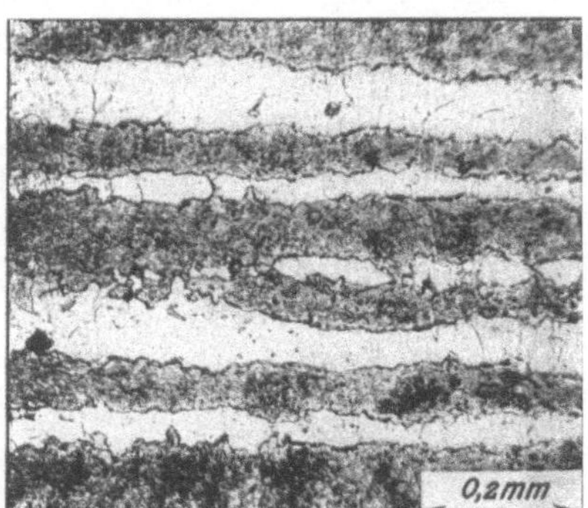

(392) Figur 513. $V = 75$.

Figur 511. $V = 150$.

Figur 512. $V = 150$.

Material aus Konstruktionsteilen.

Figur 513. Gefüge von Chromstahl mit starker Seigerung des weißen Chromeisenkarbids [1]).

Figur 514, 515. Zugversuche mit Stäben aus einem im Betriebe gebrochenen Konstruktionsteil aus Nickelstahl, vergütet (ähnlich dem Material zu Figur 473). Vgl. Figur 516, 517.

Figur 313, S. 61, Einlieferungszustand. $\sigma_{s_0} = 6410$. $K_z = 8497$ kg/qcm, $\varphi = 18,6$, $\psi = 51 \,^0/_0$, $A_k = 5,1$ mkg/qcm, $H = 248$. Nach Ölhärtung bei 820^0 C und Anlassen bei 500^0 C: $\sigma_s = 12905$.

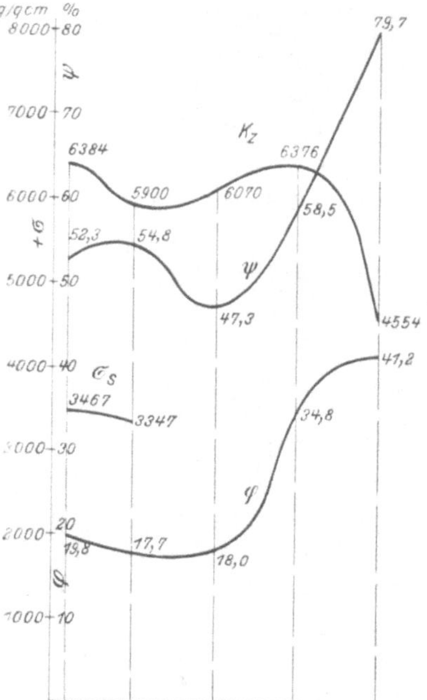

(394) Figur 515.

[1]) Ähnliches Material anderer Herkunft ($0,8\,^0/_0$ C, $2\,^0/_0$ Cr), bestimmt für Teile, die nach Kaltwasserhärtung durch und durch hart sein sollen („vollhart"), wie z. B. Kugellager usf., ergab ölgehärtet bei 20^0 C: $K_z = 11247$ kg/qcm, $\varphi = 9,7$, $\psi = 30\,^0/_0$; $A_k = 7$ (bei -20^0 C nur 4 mkg/qcm); $H = 331$ ($K_z = 34\,H$).

$K_z = 13813$ kg/qcm, $q = 9{,}3$, $\psi = 44^0/_0$, $A_k = 3{,}8$ mkg/qcm, $H = 388$. Nach Anlassen auf 550^0C: $\sigma_s = 10574$, $K_z = 11735$ kg/qcm, $q = 16{,}2$, $\psi = 47^0/_0$, $A_k = 3{,}3$ mkg/qcm, $H = 326$.

Figur 516, 517. Gefüge vom Kern und vom Rand des etwa 200 mm dicken Stückes, von dem Figur 514, 515 herrühren. Während im Kern deutlich dunkle Perlitinseln neben dem weißen Ferrit auftreten, zeigt der Rand (Figur 517) ein Härtungsgefüge, dessen dunkler Bestandteil fast allen Ferrit gelöst enthält. Bei dicken Stücken tritt der Unterschied zwischen legiertem und nicht legiertem Stahl deutlicher hervor als bei geringen Stärken, weshalb Teile, die durch und durch gleichmäßige Härtung annehmen sollen, zweckmäßigerweise aus Material mit ausreichendem Nickel- und Chromgehalt herzustellen sind.

Figur 518. Gefüge von Nickelstahl mit Seigerung in Schichten, die heller und dunkler erscheinen. Solche Stücke bewahren häufig die vom Gießen herrührende kristallinische Struktur (vgl. z. B. Figur 388, 519 und 577, S. 111), die nur durch kräftiges Ausglühen und Durcharbeiten beseitigt wird. Kann dies nicht erfolgen, so ist auch bei Nickelstahl Beanspruchung in der Querrichtung zu vermeiden, weil das Material weit weniger zäh ist. vgl. auch S. 18, S. 110, Fußbemerkung.

Figur 519. Zahn eines Getriebes (Fig. 388) aus Chromnickelstahl ($0{,}17^0/_0$ C, $3^0/_0$ Ni, $0{,}79^0/_0$ Cr, $0{,}44^0/_0$ Mn, $0{,}24^0/_0$ Si), das infolge Ölmangels warmgelaufen ist. Die bei Figur 518 erwähnte Kristall-Bäumchenstruktur ist deutlich zu beobachten.

Figur 520. Gefüge desselben, vergütet.

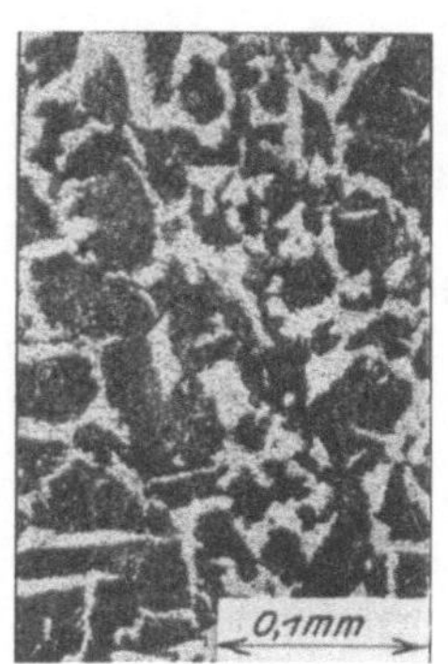

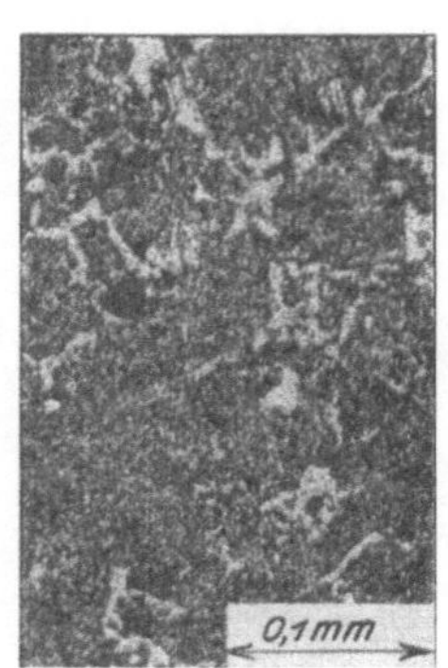

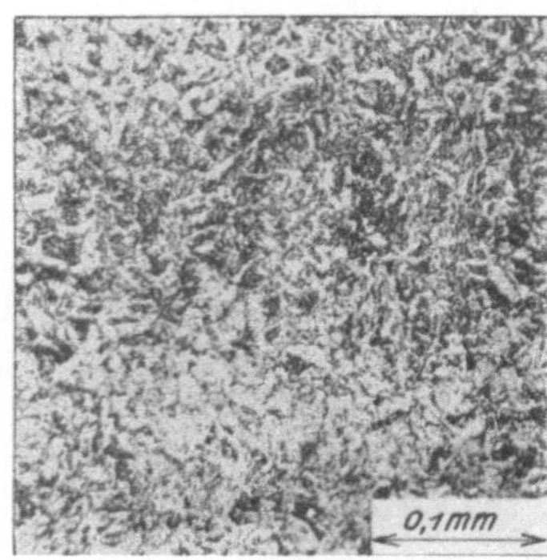

(395) Figur 516. $V = 150$.   (396) Figur 517. $V = 150$.   (397)   Figur 518. $V = 150$.

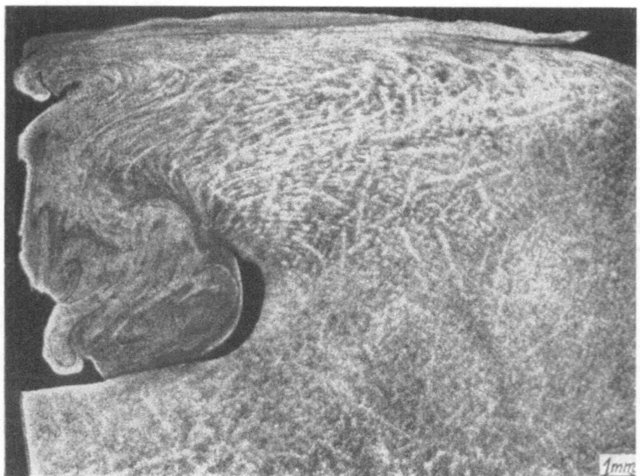

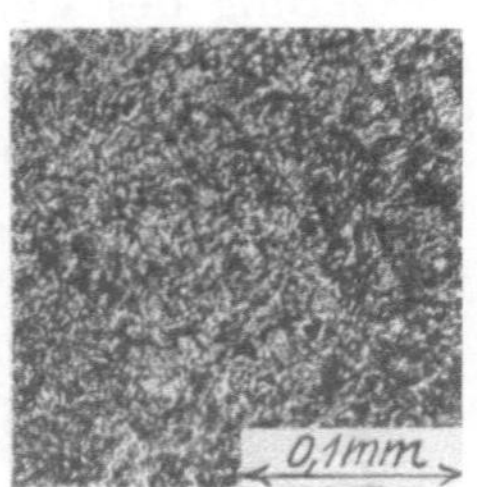

Figur 520. $V = 150$.

Figur 519. $V = 5$.

Figur 521, 522. Zugversuche mit hochlegiertem Nickelstahl (22,6 %, Ni, 1,25 % Mn. 0,56 % C — davon 0,07 % Graphit —, 0,48 % Si). Solches Material setzt infolge seiner großen Zähigkeit der Bearbeitung sehr großen Widerstand entgegen. Fehlen der ausgeprägten Streckgrenze.

Figur 523. Gefüge des letzteren Materials („γ"-Eisen Polyeder). Vgl. das zu Figur 482 Bemerkte. Bei der hier vorliegenden Zusammensetzung entsteht ein dem Martensit (Figur 283 f.) ähnliches Gefüge, bei noch höherem Gehalt an C oder Ni usf. tritt „Austenit" auf, vgl. Figur 482 f., 535 f. Ähnliches Gefüge zeigen die Stähle mit geringer Wärmeausdehnung (Invar, Indilatans), die nicht rostenden Stähle usf.

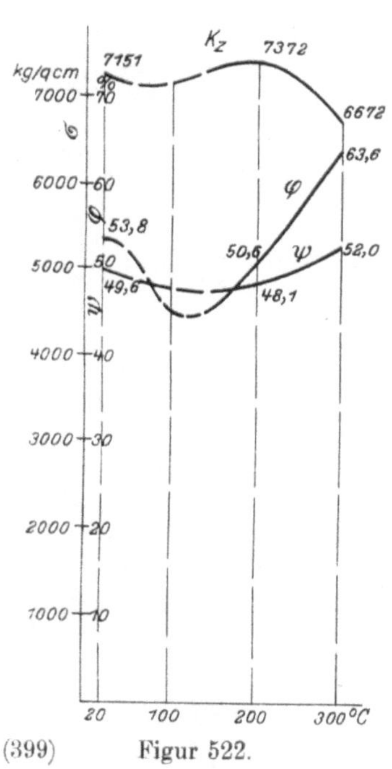

(399) Figur 522.

Figur 523. $V = 150.$
(400)

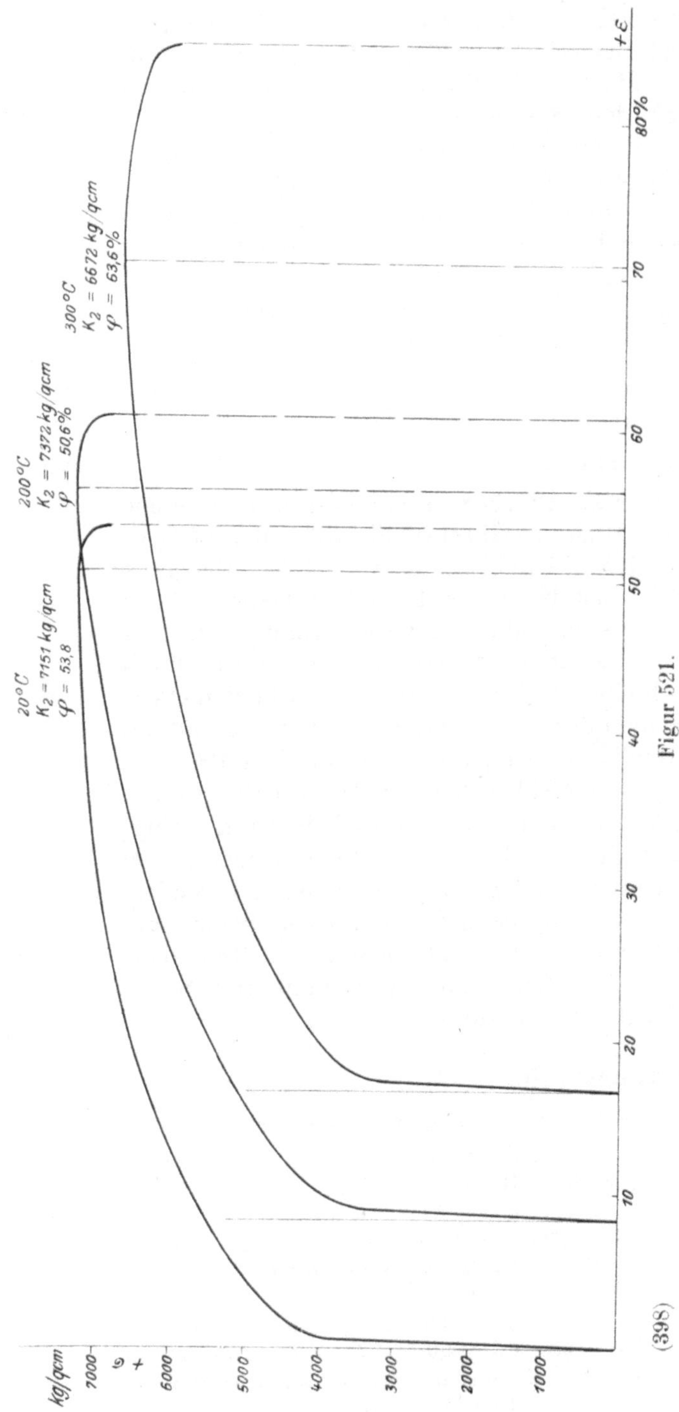

Figur 521.

(398)

Federstahl[1].

Figur 524, 525. Gefüge zweier Silizium-Federstähle; Figur 524: ausgeglüht. Figur 525: vergütet, kleine Schlackeneinschlüsse. Bei Biegungsversuchen trat bei einer gehärteten Feder aus dem Material Figur 524 von etwa 13000 kg/qcm an eine bleibende Formänderung ein. Bruchfestigkeit, wenn nach den üblichen Formeln gerechnet würde, $K_b = 31000$ kg/qcm. vgl. Bemerkung zu Figur 466f. Bruch sehnig.

Figur 526. Ergebnisse von Zugversuchen mit dem Spezialfederstahl $(0,65\%\,C, 1,5\%\,Si, 0,4\%\,Mn)$ dessen Gefüge Figur 525 zeigt[2]. Härtezahl $H = 534$, entsprechend $K_z : H = 37$.

Chrom-Federstahl $(0,6\%\,C, 1\%\,Cr)$ ergab folgende Werte (ölgehärtet und angelassen):

	— 20	20	200	400	500° C	
K_z	—	14275	14012	9252	5918	kg/qcm
φ	—·	7,0	13,3	23,2	45,7	°/₀
ψ	—	34	40	73	78	„
A_k	3,5	3,3	3,1	2,5	—	mkg qcm
H	—	401	$(K_z = 36\,H)$			

Hartstahl.

Figur 527, 528. Dehnungslinie und Gefüge von Mangan-Hartstahl $(13\%\,Mn, 1,3\%\,C. \gamma = 7,9.$ Härte $H = 230$, $K_z = 40\,H)$. Die große Zähigkeit bei hoher Festigkeit bedingt große Widerstandsfähigkeit gegen Abnützung. Das Material läßt sich kalt biegen; Bearbeitung durch Schleifen. Vgl. das zu Figur 523, 511 Bemerkte. Fehlen der ausgeprägten Streckgrenze und des Abfalls der Dehnungslinie vor dem Bruch.

Figur 529. Wolfram-Hartstahl $(\gamma = 9,6.$ Härte $H = 217)$ von großer Widerstandsfähigkeit gegen Abnützung. Bemerkenswert erscheinen die großen Körner an den Stellen, an denen das beim Stanzen stark zerquetschte Material in den unbeanspruchten Teil übergeht (vgl. Bemerkungen zu Figur 162. S. 34). Vgl. auch Figur 570.

Magnetstahl.

Figur 530. Biegungsversuche mit Wolfram-Magnetstahl gehärtet (unterer Stab; herzförmiges Bruchstück auf der Druckseite.

---

[1] Gewöhnlicher Federstahl liefert ähnliche Werte, wie S. 82f. für Werkzeugstahl angeführt. Über Bandstahl vgl. S. 82.

[2]

	— 20	20	100	200	300	400° C
A_k	0,4	0,7	1,0	1,7	1,6	1,7 mkg/qcm

Kleine Stäbe; die Wirkung des Anlassens bei Prüfung in der Wärme ist zu beachten.

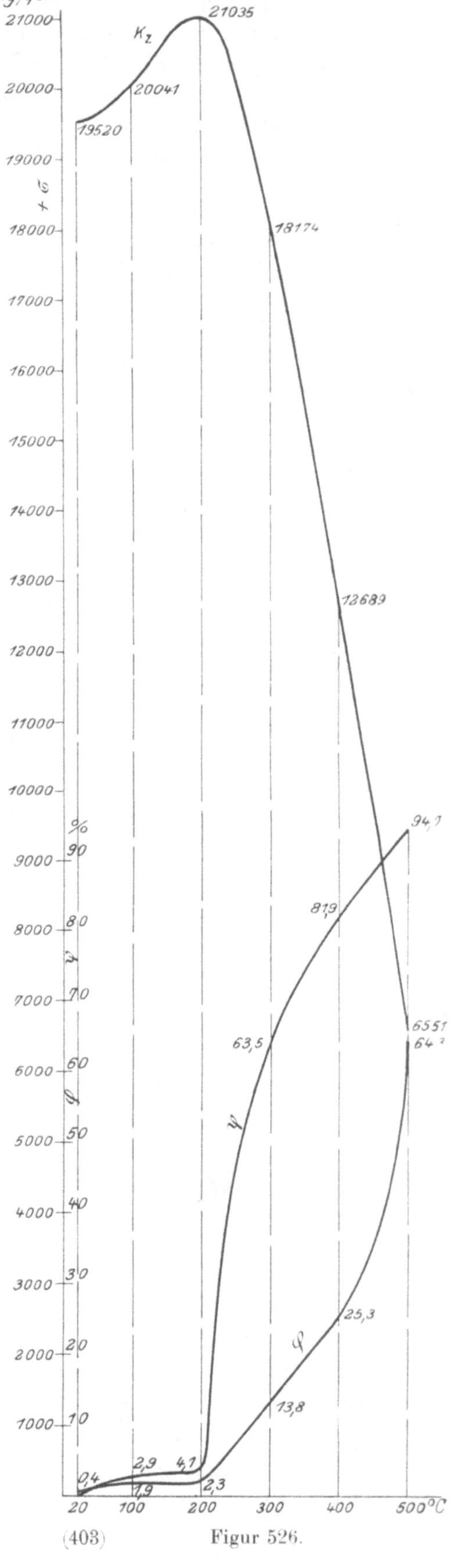

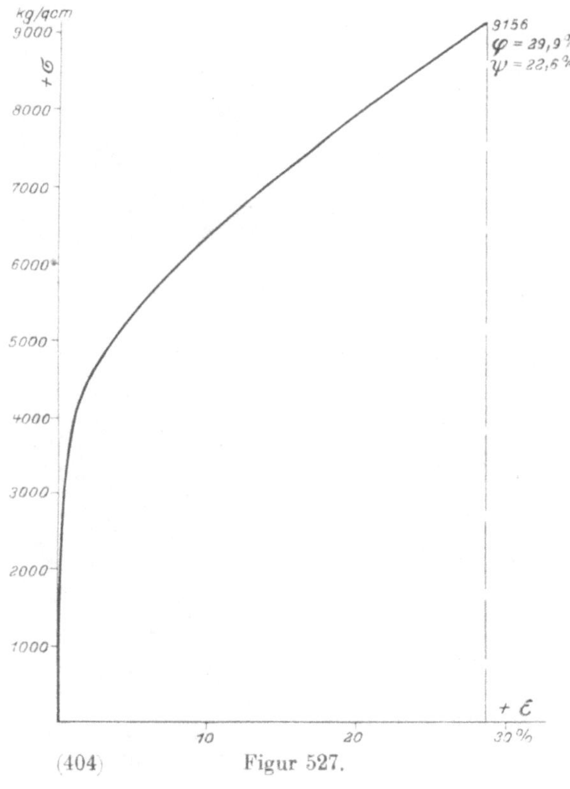

(404)   Figur 527.

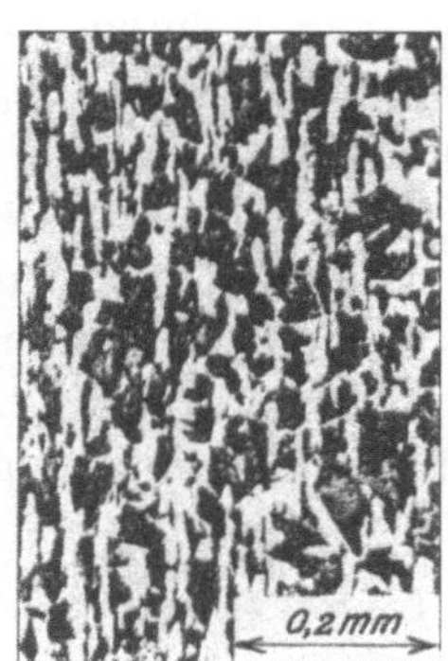

(401)   Figur 524. $V = 75$.

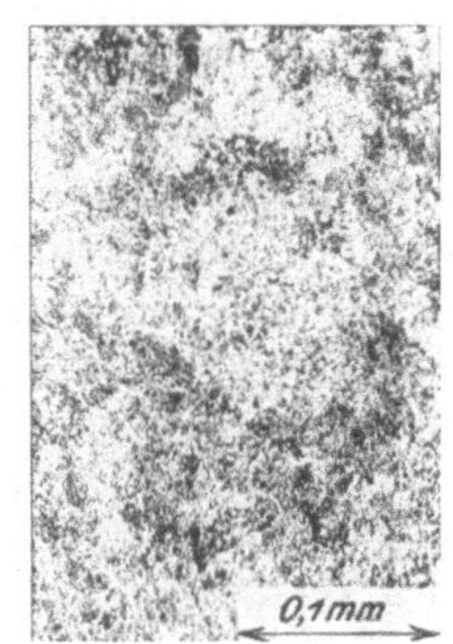

(402)   Figur 525. $V = 150$.

(405)   Figur 528. $V = 75$.

(406)   Figur 529. $V = 6$.   (407)   Figur 530. $V = 0,4$.

$K_b =$ rund 20000 kg/qcm, vgl. Bemerkung zu Figur 466f.) und ungehärtet (oberer Stab; herzförmiges Bruchstück auf der Druckseite) $\gamma = 8,3$, Härtezahl: $H = 370$ ausgeglüht; $H = 655$ gehärtet.

Figur 531. Bruchflächen des gehärteten Stabes, Figur 530; außerordentlich feines Bruchgefüge.

Figur 532, 533. Gefüge dieses Magnetstahles gehärtet (Figur 532) und ungehärtet (Figur 533).

(408) Figur 531. $V = 1,5$.

Tresorstahl.

Figur 534. Tresorstahl (mittels des Brenners [autogen] nicht schneidbar, $H = 450$) Bruchfläche. Ersatz für eingesetztes und gehärtetes Material, das leicht durchzubrennen oder nach Ausglühen mechanisch zu bearbeiten ist (Figur 358f.). $\gamma = 7,9$.

Figur 535, 536. Gefügebilder des Tresorstahles. Bei der schwachen Vergrößerung tritt die Bäumchen-Kristallstruktur des Stahles deutlich hervor, an der zu erkennen ist, daß es sich um gegossenes Material handelt (s. z. B. Figur 586, 609, 842). Auch die Bruchfläche Figur 534 zeigt Gußstruktur.

Figur 537, 538. Gefüge desselben nach Anschmelzen mit dem Schweißbrenner.

Figur 539. Gefügebild aus Figur 536; weiße Flächen von „Austenit" (weich, zäh, γ-Eisen), der zum Teil in die nadelige Martensitstruktur übergegangen ist (vgl. Figur 283f., 482, 523, 528). (Material, das nach dem Ausglühen aus Martensit besteht, z. B. infolge etwas hohen Nickelgehaltes usf., kann durch Ölhärtung, z. B. von etwa 1250°C, in Austenit übergeführt, also weicher und zäher gemacht werden.)

Figur 540, 541. Gefügebilder eines ziemlich hoch gekohlten Stahles, der aus Schmelztemperatur in kalter Salzlauge abgekühlt wurde und austenitähnliche Bilder lieferte. Statt dieser nachdrücklichen Härtung kann auch Legierung des Stahles angewendet werden, vgl. Figur 523, 528, 482f., 485f., um Austenit zu erzielen.

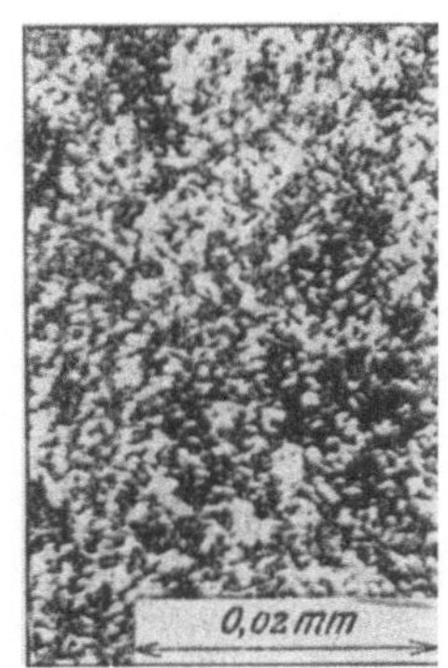

Figur 532. $V = 1000$.
(409)

Stahl für hohe Temperaturen.

Figur 542, 543. Gefüge und Ergebnisse von Zugversuchen mit Sonderstahl, der in hohen Wärmegraden noch große Festigkeit besitzen soll[1]). Bei 20°C Härtezahl $H = 388$, entsprechend $K_z : H = 35$.

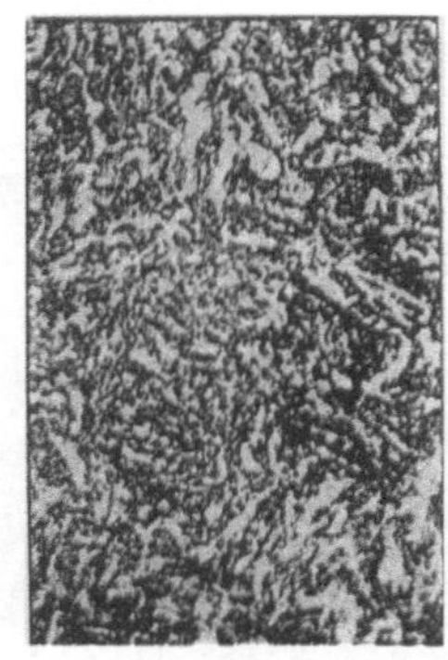

Figur 533. $V = 1000$.
(410)

---

[1]) Der Stahl, der bei gewöhnlicher Temperatur keine besonders hohe Festigkeit aufweist, zeigt in höheren Wärmegraden verhältnismäßig langsame Abnahme der Widerstandsfähigkeit; bei 500°C besitzt er daher höhere Festigkeit, als irgendein anderer Stahl, über den an dieser Stelle berichtet ist, er übertrifft sogar den Federstahl, der, s. Figur 526, bei 200°C fast die doppelte Zugfestigkeit aufgewiesen hat. Der Arbeitsverbrauch bei der Kerbschlagprobe ist nicht gering (kleine Stäbe, s. Figur 62, S. 16):

	—20	20	100	200	300	400	500° C
$A_k =$	3,2	3,2	4,0	4,1	4,0	3,1	3,1 mkg/qcm.

(411)   Figur 534. $V = 1$.

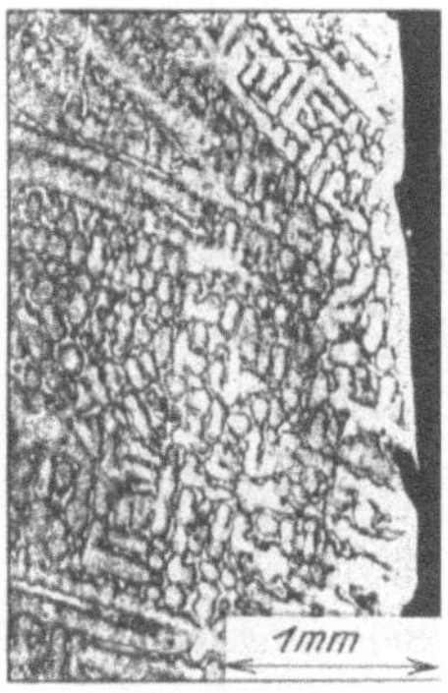

Figur 535. $V = 15.$
(412)

Figur 536. $V = 150.$
(413)

Figur 537. $V = 150.$
(414)

Figur 539. $V = 600.$
(416)

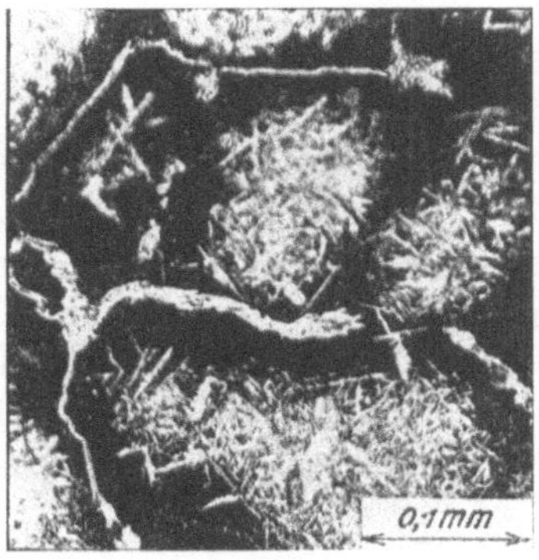

(415) Figur 538. $V = 150.$

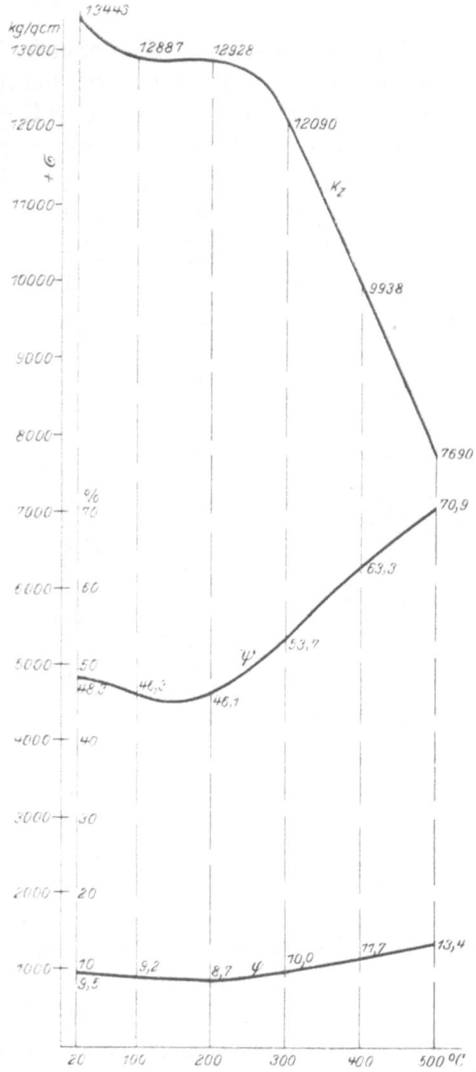

(420) Figur 543.

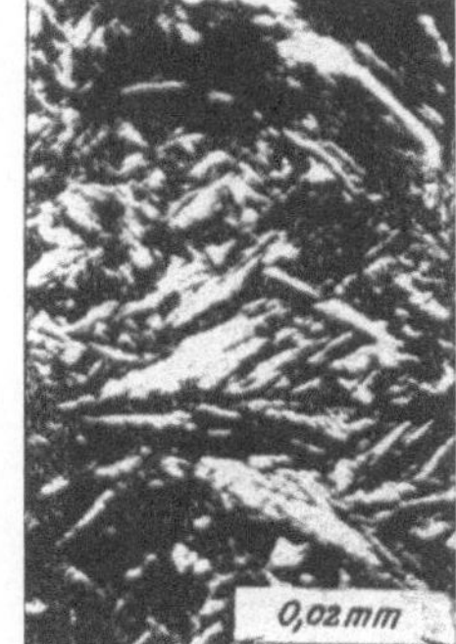

(417) Figur 540. $V = 750.$

(418) Figur 541. $V = 750.$

(419) Figur 542. $V = 150.$

IV. Stahlguß.

Figur 544 bis 548. Zugversuche mit 3 Stahlgußarten K, M, O[1]. Die Zahlenwerte gehen aus folgender Tafel hervor, die auch die Ergebnisse der Prüfung des Materials O_b enthält, das als besserer Ersatz für Material O geliefert wurde. Bemerkenswert erscheint für dieses die Steigerung der Zähigkeit bei höherer Temperatur.

	°C	σ_s kg/qcm	K_z kg/qcm	η %	ψ %	A mkg/ccm	H	C %	Mn %	Si %
K	20	1863	3953	29,0	56	8,0	110	0,165	0,726	0,498
	100	1913	3745	24,2	58	—				
	200	1803	4377	17,7	49	—				
	300	1263	4242	19,0	49	—				
		(1331)	(4107)	(23,8)	(53)	—		lange Belastungsdauer		
	400	—	3473	33,3	58	—				
		—	(2866)	(38,5)	(64)	—		lange Belastungsdauer		
	500	—	2043	51,3	76	—				
		—	(1565)	(41,4)	(57)	—		lange Belastungsdauer		
M	20	1656	3788	27,2	49	7,6	111	0,200	0,819	0,112
	100	—	3881	17,9	45	—				
	200	—	4292	15,2	37	—				
	300	—	4319	18,0	35	—				
		—	(4363)	(18,0)	(28)	—		lange Belastungsdauer		
	400	—	3496	22,8	36	—				
		—	(3185)	(23,1)	(33)	—		lange Belastungsdauer		
	500	—	2274	26,1	42	—				
		—	(1911)	(19,5)	(31)	—		lange Belastungsdauer		
O	20	2263	4285	25,5	50	7,9	118	0,193	0,322	0,187
	200	—	4502	7,7	16	—				
	300	—	4788	12,0	16	—				
	400	—	3984	15,3	24	—				
	500	—	2691	33,3	45	—				
	550	—	2071	39,5	49	—				
O_b	20	2375	4165	27,9	57	—	117	0,180	0,369	0,280
	100	2156	4567	15,5	46	—				
	200	2186	5253	17,6	41	—				
	300	1911	5052	24,5	48	—				
	400	1384	4043	36,3	63	—				
	500	—	2365	63,6	81	—				

Die Ergebnisse für Material K bei besonders langer Versuchsdauer sind in Figur 547, 548 durch Kreise eingezeichnet.

Figur 549 bis 552. Zerrissene Stäbe des Materials K, bei 20, 300, 500 und 500° C; Figur 551 Zerreißversuch von gewöhnlicher, Figur 552 von besonders langer Dauer. Der Einfluß der Zerreißgeschwindigkeit erweist sich in höherer Temperatur größer als bei 20° C, vgl. das S. 88 Bemerkte.

Figur 553 bis 556. Zerrissene Stäbe des Materials M. Grobes Korn. Querrisse.

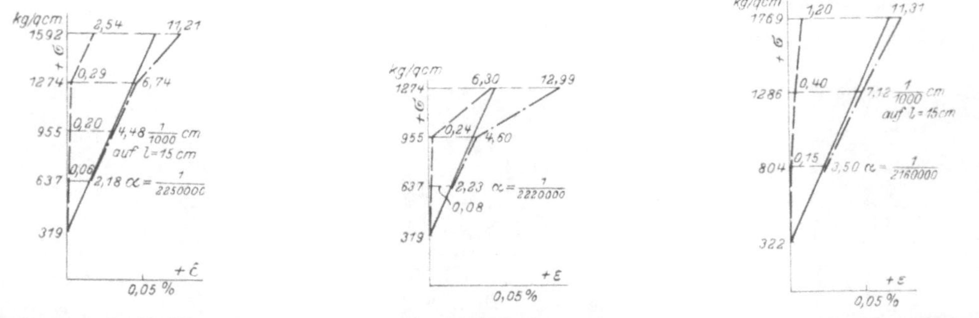

(421) Material K. Figur 544.   (422) Material M. Figur 545.   (423) Material O. Figur 546.

---

[1] Z. Ver. deutsch. Ing. 1903, S. 1762f., 1812f.; 1904, S. 385f. Mitteil. über Forschungsarbeiten, Heft 24; s. a. Z. Ver. deutsch. Ing. 1899, S. 694f. Hinsichtlich der Unterscheidung von Stahlguß und Flußeisen s. S. 108 und 110.

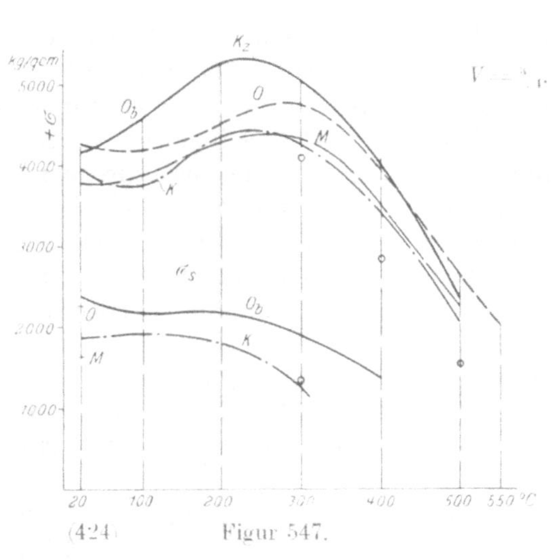

(424) Figur 547.

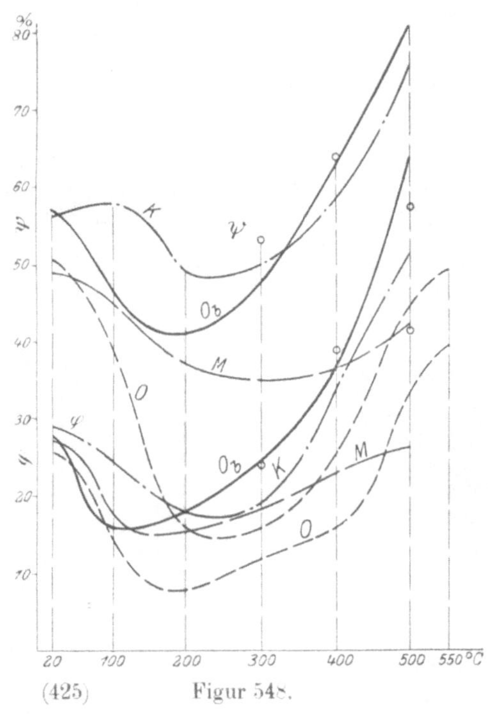

(425) Figur 548.

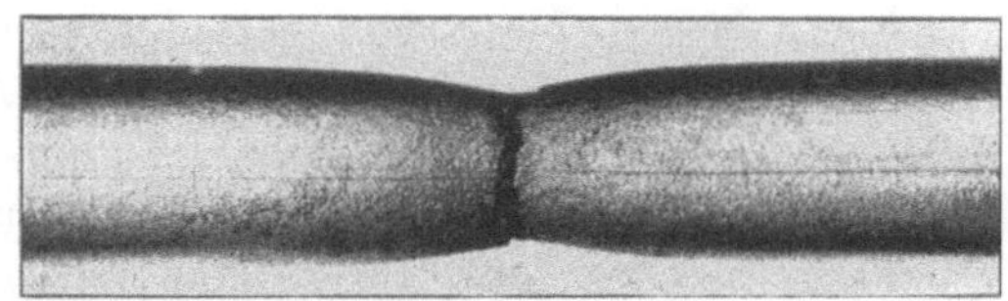

Material *K*. (426) Figur 549. $t = 20^0$ C.

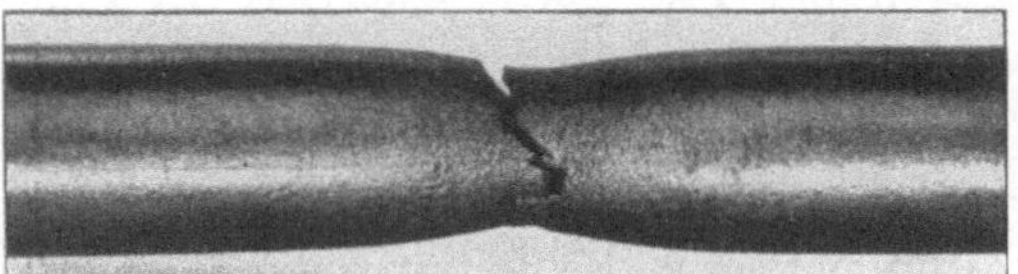

Material *K*. (427) Figur 550. $t = 300^0$ C.

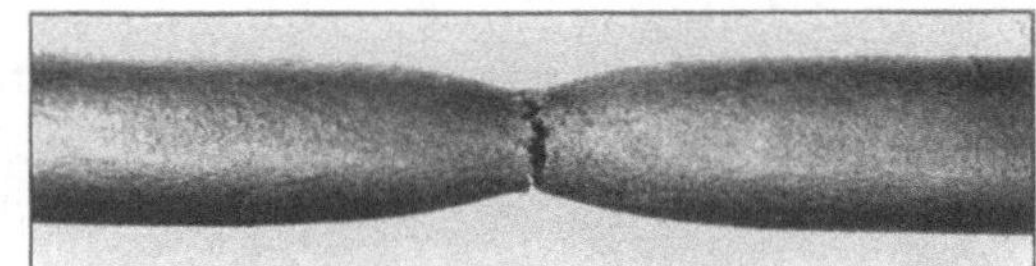

Material *K*. (428) Figur 551. $t = 500^0$ C.

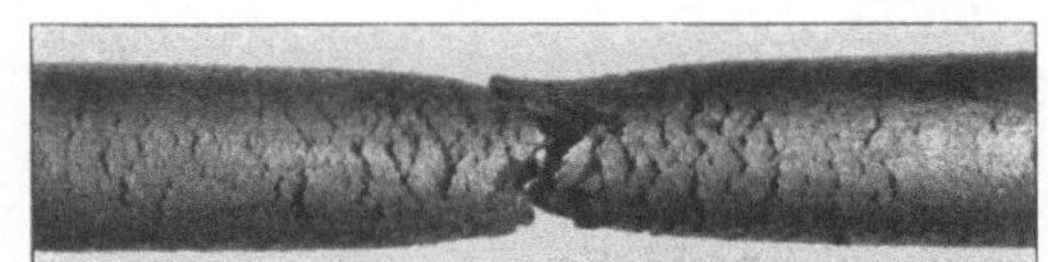

Material *K*. (429) Figur 552. $t = 500^0$ C.
Sehr langsam zerrissen.

Material *M*. (430) Figur 553. $t = 20^0$ C.

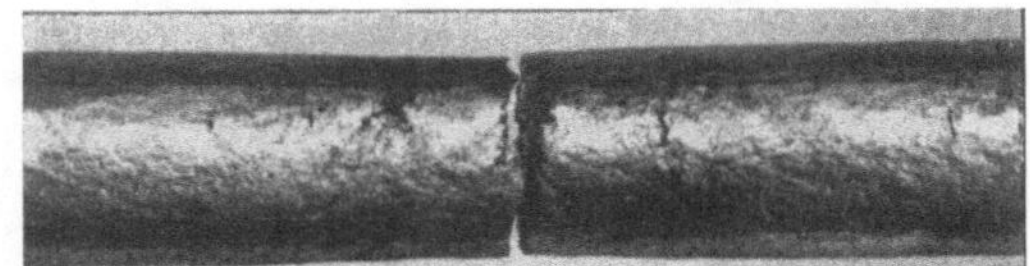

Material *M*. (431) Figur 554. $t = 200^0$ C.

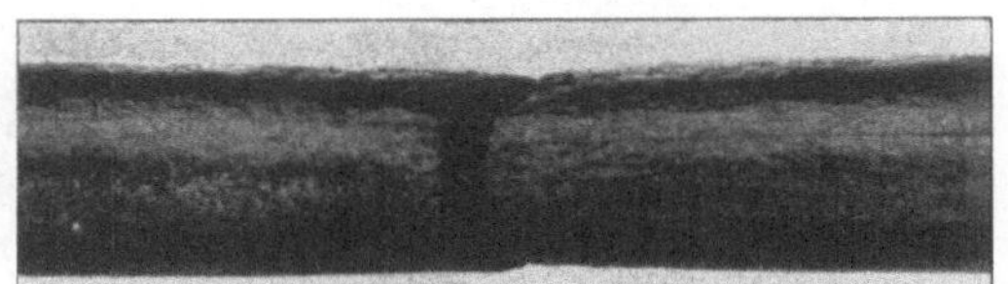

Material *M*. (432) Figur 555. $t = 300^0$ C.

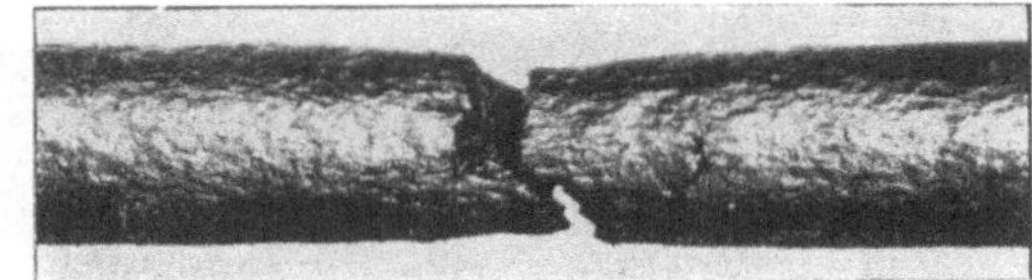

Material *M*. (433) Figur 556. $t = 500^0$ C.

Figur 557 bis 560. Gefügebilder von Stahlguß K, M, O, O_b. Figur 557 und 560 deuten auf bessere Wärmebehandlung (Ausglühen) hin, als Figur 559 und 558; Material K und O_b zeigen höhere Zähigkeit (s. o.).

Figur 561, 562. Zerrissener Stab aus grobkörnigem Stahlguß.

Figur 563 bis 567. Zerrissener Stab aus feinkörnigem Stahlguß und Gefüge desselben ($K_z = 4545$ kg/qcm, $\psi = 56^0/_0$, $A_k = 7$ bis 11 mkg/qcm). Als Kennzeichen gegenüber Flußeisen: Querrisse in Figur 563, runde Fehlstellen (Figur 565), runde, nicht durch Walzen gestreckte Einschlüsse (a, Figur 567). Das Gefüge ist bei gut geglühtem Stahlguß dem des Flußeisens ähnlich (Figur 566), eine ausgesprochene Grenze zwischen diesem und Stahlguß besteht nicht. Bei weniger sorgfältigem Glühen treten die kennzeichnenden Bilder Figur 558, 559, 577, 586, 588 auf, welche Reste der beim Erstarren zuerst gebildeten Kristallisation darstellen, vgl. Figur 535, 680.

Figur 568, 569. Grobkörniger, sehr kohlenstoffarmer Stahlguß. Zerrissener Stab und Gefügebild. $K_z = 3180$ kg/qcm. $\varphi = 37{,}0^0/_0$, $\psi = 77^0/_0$, $H = 87$.

Figur 570. Harter Stahlguß (widerstandsfähig gegen Abnützung usf.) ($0{,}72^0/_0$ C, $0{,}61^0/_0$ Mn, $0{,}25^0/_0$ Si, $0{,}05^0/_0$ Ni, $0{,}04^0/_0$ S, $0{,}05^0/_0$ P); $K_z = 8950$ bis 9020 kg/qcm; $\varphi = 7{,}5$ bis $11{,}5^0/_0$; $\psi = 17{,}5$ bis $21{,}5^0/_0$). $H = 309$. Das Gefüge besteht aus Perlit mit sehr wenig Ferrit.

Figur 571. Bruchfläche an mangelhaft geglühtem Elektrostahlguß[1]. $K_z = 4780$ kg/qcm, $\varphi = 8{,}5$, $\psi = 10^0/_0$. $A_k = 1{,}8$ mkg/qcm; geglüht: $K_z = 4900$ kg/qcm, $\varphi = 12{,}7$, $\psi = 10^0/_0$, $A_k = 2{,}6$ mkg qcm; geschmiedet: $K_z = 5441$ kg/qcm, $\varphi = 19{,}7$, $\psi = 33^0/_0$,

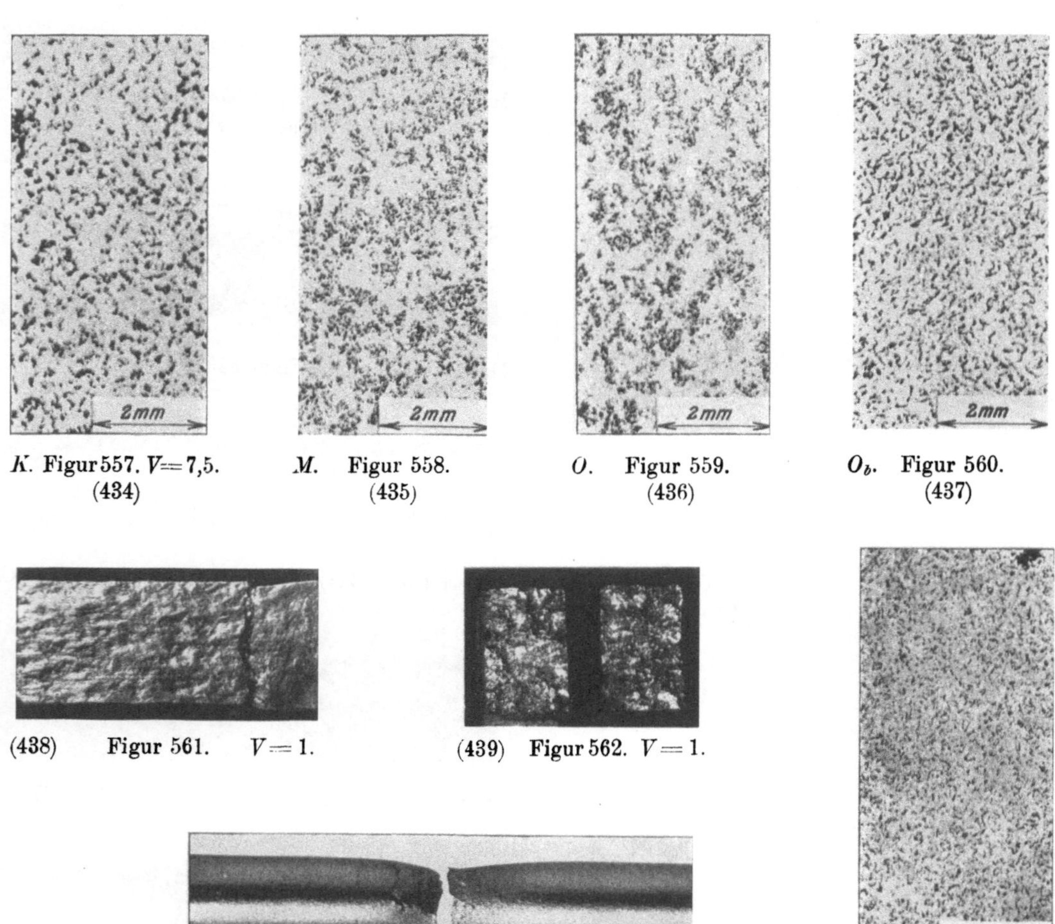

K. Figur 557. $V = 7{,}5$. M. Figur 558. O. Figur 559. O_b. Figur 560.

(434)   (435)   (436)   (437)

(438) Figur 561. $V = 1$.   (439) Figur 562. $V = 1$.

(440)   Figur 563. $V = 1$.   (441) Fig. 564. $V = 7{,}5$.

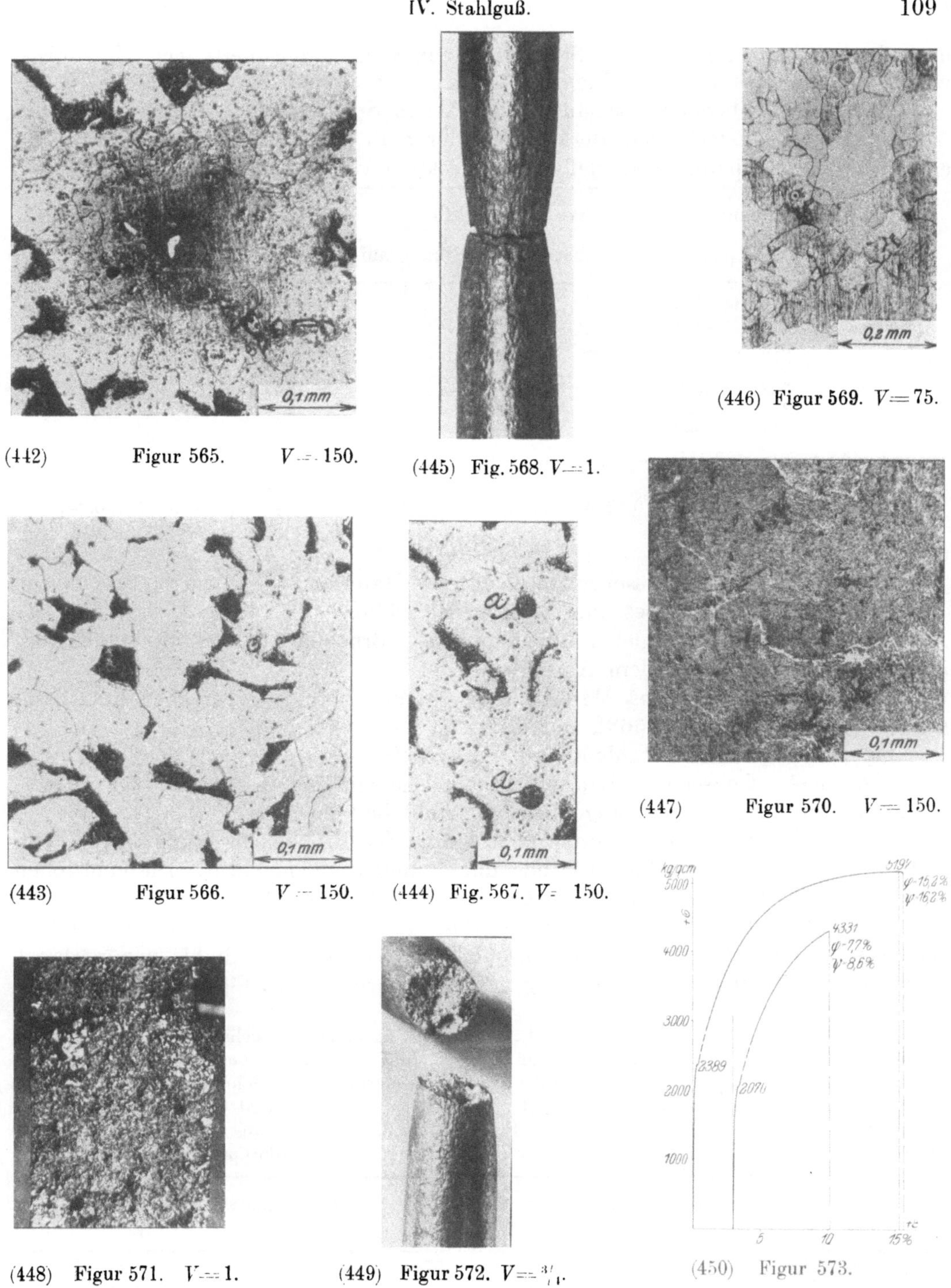

(442)   Figur 565. $V = 150$.

(445) Fig. 568. $V = 1$.

(446) Figur 569. $V = 75$.

(443)   Figur 566. $V = 150$.   (444) Fig. 567. $V = 150$.

(447)   Figur 570. $V = 150$.

(448) Figur 571. $V = 1$.   (449) Figur 572. $V = {}^{3}/_{4}$.

(450)   Figur 573.

$A_k = 5$ mkg qcm. Gefüge im Einlieferungszustand ähnlich Figur 586, nach dem Schmieden ähnlich Figur 560.

Figur 572. Bruchfläche von Stahlguß üblicher Beschaffenheit. Graue, matte Farbe. gröbere Staboberfläche als bei Figur 549, 563.

Figur 573. Zugversuche mit 2 senkrecht zueinander entnommenen Stäben aus

[1] „Elektrostahlguß" kann jedes Flußmaterial genannt werden, das im elektrischen Ofen geschmolzen ist. In dieser Bezeichnung an sich darf daher keine Gewähr für besondere Güte oder für eine gewisse Mindestfestigkeit erblickt werden, wie häufig geschieht. Dasselbe gilt hinsichtlich des als „Elektrostahl" bezeichneten Materials.

überschmiedetem Stahlguß, als Siemens-Martin-Stahl bezeichnet. Die Ergebnisse waren bei den 2 Stäben, wie Figur 573 zeigt, sehr verschieden[1]).

Auch die bleibenden Formänderungen beim Spiegelversuch ergaben sich für die beiden Stäbe verschieden, derart, daß der Stab mit der höheren Zugfestigkeit erst bei höheren Spannungen bleibende Streckung von Erheblichkeit ergab:

Spannungsstufe	Stab I; $K_z = 5197$	Stab II; $K_z = 4331$
kg/qcm	bleibende Verlängerung auf $l = 15$ cm in $\frac{1}{1000}$ cm	
318 bis 796	0,00	0,02
318 „ 1274	0,09	0,12
318 „ 1592	0,18	0,83
318 „ 1911	1,02	12,09
318 „ 2070	2,04	49,99
318 „ 2229	4,69	—
318 „ 2389	20,88	—

Die Dehnungszahl α ergibt sich

$$\text{für Stab I zu } \alpha = \frac{1}{2170000} = 0.46 \text{ Milliontel, für Stab II zu } \alpha = \frac{1}{2150000} = 0,465 \text{ Milliontel}$$

also kaum verschieden.

Figur 574, 575. Zerrissener Stab II dieses Materials, s. Figur 573, Bruchfläche eines anderen solchen Stabes, mit Schlackeneinschluß.

Figur 576. Zum Vergleich mit Figur 575; Bruchfläche eines Stahlgußstabes ähnlicher Festigkeit nach dem Ausglühen.

Figur 577. Gefüge des Materials, das Figur 573 bis 575 ergeben hat; Gußgefüge, vgl. das bei Figur 563f. Bemerkte.

Figur 578 bis 583. Stahlguß mit Fehlstellen.

Figur 584. Gebrochene Kurbel; Bruchfläche mit „Jahresringen" (vgl. Bemerkung zu Figur 209f., S. 42), angeblich aus Stahl bestehend.

Figur 585. Querschnitt unmittelbar hinter der Bruchfläche Figur 584. Fehlstellen; Ausbesserung am linken Rande durch eingeschlagenen Stift. Die Fehlstellen wirken hier ähnlich wie scharfe Kerben usf. (s. S. 18, 36, 42).

Figur 586. Stelle aus Figur 585, Gefüge im Einlieferungszustand. Fehlstellen, Kristallstruktur. Das Material ist also nicht geschmiedeter Stahl, wie verlangt, sondern Stahlguß und nicht sorgfältig ausgeglüht, vgl. das zu Figur 563f. Bemerkte.

[1]) Die Eigenschaften von Flußeisen usf., das in geringem Maße mechanische Durcharbeitung erfahren hat, sind denjenigen von Stahlguß ähnlich, was namentlich bei großen Schmiedestücken von Bedeutung sein kann. Erfolgt die Formänderung beim Schmieden vorzugsweise in einer Richtung, was sehr häufig der Fall ist, so entstehen in Längs- und Querfaser beträchtliche Unterschiede, wie aus den Bemerkungen zu Figur 123, 518, 571 sowie aus den folgenden Zahlengruppen hervorgeht, s. auch die Zahlen bei Figur 64, S. 18. Über Aufdornproben s. S. 18.

„Geschmiedeter Siemens-Martin-Stahl"					„Nickelstahl"				
σ_s	K_z	φ	ψ	A_k	σ_s	K_z	φ	ψ	A_k
Längs 2390 bis 2440	5080 bis 5200	15,2 bis 20,2	16 bis 23	1,6	4660 ob. 4190 unt.	5780	22,1	60	13,6 bis 16,7 je nach Verschmiedung
Quer 2070 bis 2090	4050 bis 4330	6,6 bis 7,7	6 bis 9	—	4450 ob. 4040 unt.	5710	19,7	40	10,4 bis 13,9 je nach Verschmiedung
Längs 2280 bis 2360	4830 bis 4880	20,9 bis 25,6	37 bis 45	—					Kerbschlagstäbe von nur 10 mm Breite gaben höhere Werte, vgl. S. 16. Längs 19,2 bis 24,3
Quer 2360 bis 2390	4830	9,5 bis 15,5	8 bis 23	2,4					

Fortsetzung s. S. 112 unten.

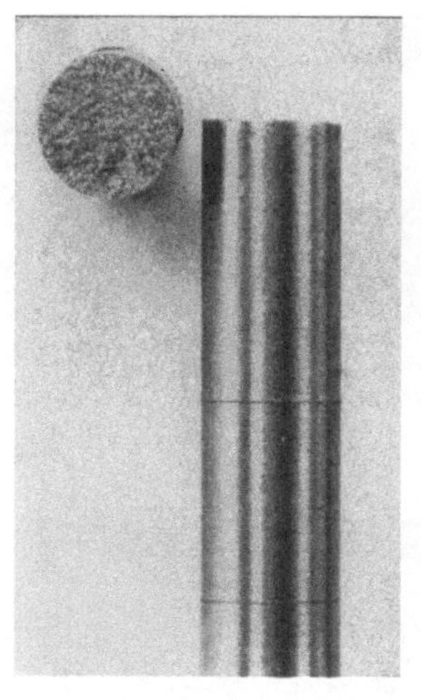

(451)   Figur 574. $V = {}^2/_3$.

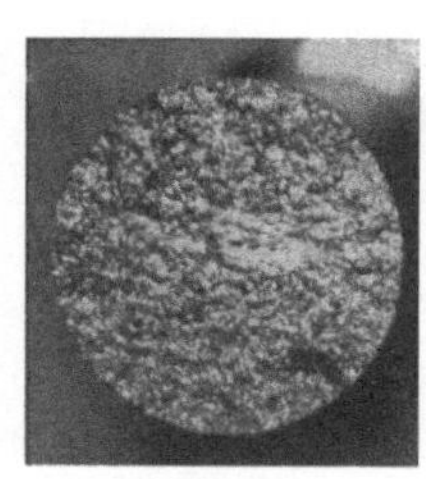

(452) Figur 575. $V = 1$.

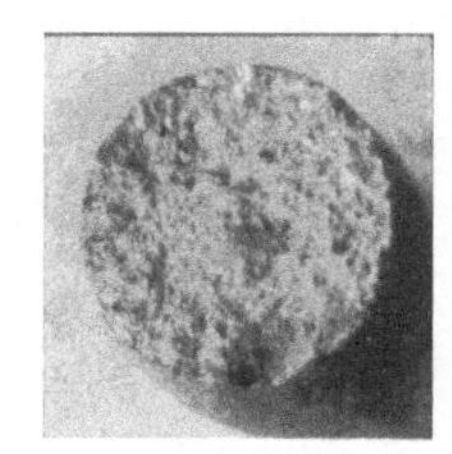

(453) Figur 576. $V = 1$.

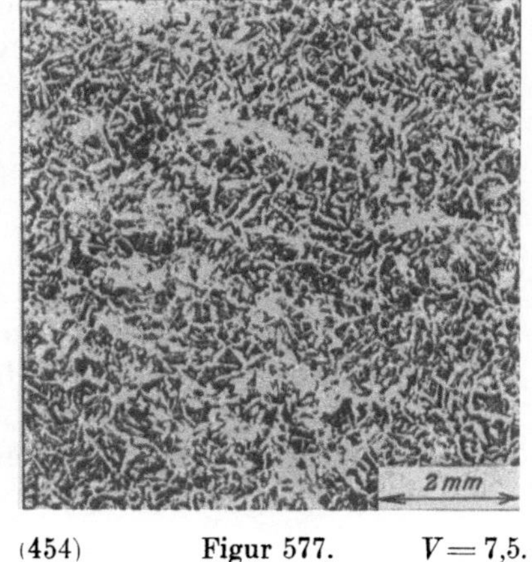

(454)   Figur 577. $V = 7{,}5$.

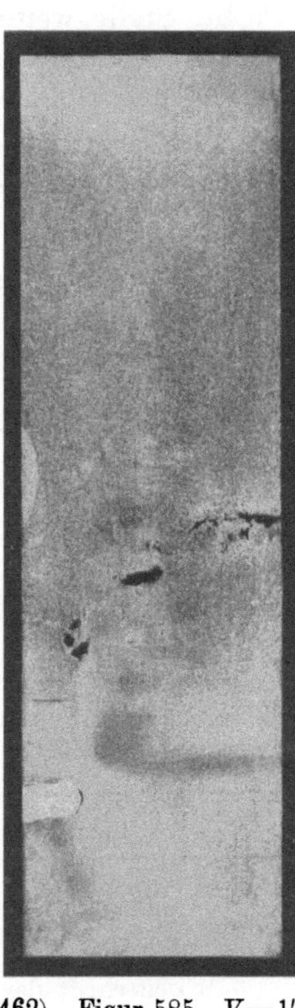

(463)   Figur 586. $V = 3$.

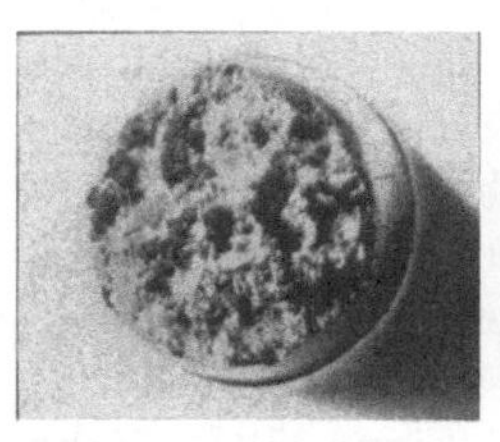

(457)   Figur 580. $V = 1$.

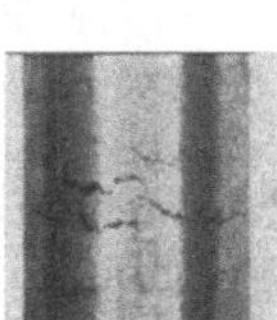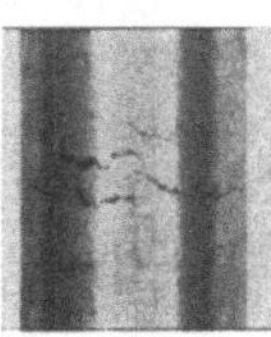

Figur 578. $V = {}^2/_3$.   Figur 579. $V = {}^2/_3$.   Figur 581. $V = {}^3/_4$.
(455)   (456)   (458)

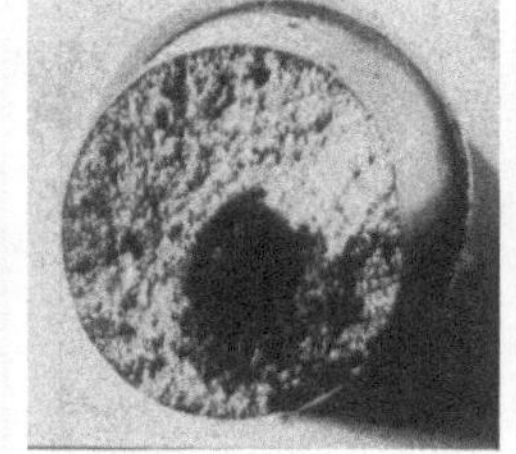

(459) Figur 582. $V = 1{,}5$.

(460)   Figur 583. $V = 1$.

(461)   Figur 584. $V = {}^1/_3$.

(462)   Figur 585. $V = {}^1/_2$.

Figur 587. Gefüge nach dem Ausglühen, die grobe Kristallstruktur ist verschwunden, vgl. Figur 586.

Figur 588. Querschnitt durch die Bruchfläche eines Scherengestelles. Grobe Körner, Kristallbäumchenstruktur: mangelhaftes Ausglühen (s. Figur 563 f.).

Figur 589. Hohlstelle in Stahlguß mit doppelpyramidenartigen Kristallgebilden ausgefüllt.

Figur 590. Bruchfläche einer Stahlgußflansche[1]. Fehlstelle (Saugstelle).

Figur 591. Stelle aus Figur 590. Kristallbäumchen.

Figur 592 bis 601. Gefügebilder aus einem verbrannten Rost-Abstreifer (Dampfkesselfeuerung). Figur 592: Schwefeldruck; Anreicherung des Schwefels an der ausgebrannten Stelle. Figur 593: Gefüge am Rande derselben. Oxyd- und schwefelhaltige Schlacken. letztere heller. Figur 594: Schlacken vom Rande. Figur 595: Einschluß aus dem Innern, aus 2 Bestandteilen aufgebaut. Figur 596: Stark mit Oxyden durchsetzte Stelle etwas weiter innen. Figur 597: Sehr wenig Perlit in den Kornfugen. Figur 598: Mehr Perlit, Stelle weiter innen. Figur 599: Gefüge vom Innern des Materials mit noch mehr Perlit. Der Vergleich der Gefügebilder zeigt anschaulich, daß am Rande infolge der Oxydation völlige Entkohlung stattgefunden hat. Figur 600. 601: Bäumchengefüge aus demselben Stück.

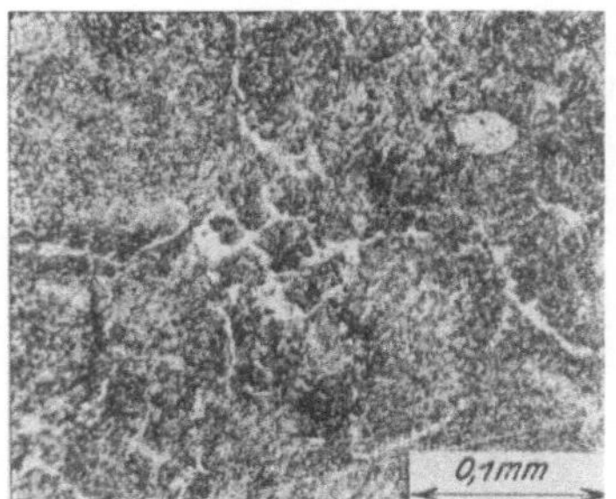

(464)   Figur 587. $V = 150$.

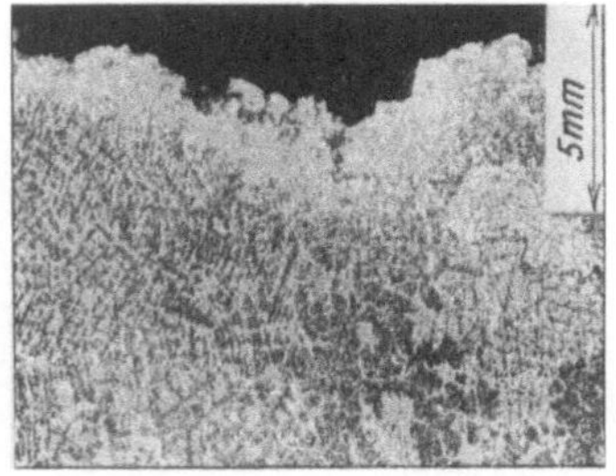

(465)   Figur 588. $V = 3$.

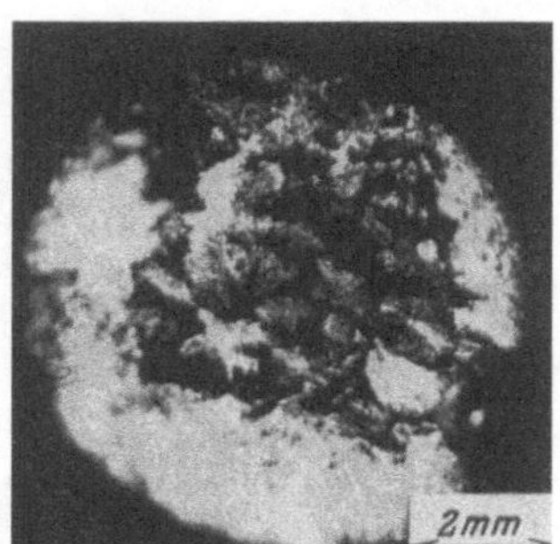

(466)   Figur 589. $V = 5$.

(468)   Figur 591. $V = 1$.

σ_s	K_z	φ	ψ	σ_s	K_z	φ	ψ
„Nickelflußeisen" aus Kurbelachsen							
Längs 3110 bis 3290	5180 bis 5380	18,1 bis 23,0	32 bis 47	—	—	—	—
Quer 3130 bis 3240	4890 bis 4920	9,7 bis 9,9	16 bis 18	—	5880 bis 6070	9,3 bis 13,7	14 bis 18

Überschreitet die mechanische Durcharbeitung ein gewisses Maß, so ist eine weitere Verbesserung von Bedeutung nicht mehr zu erwarten. So ergaben sich z. B. bei Prüfung von Blechen verschiedener Dicke, je aus demselben Material, folgende Werte (Längsstäbe):

	K_z	φ	ψ	K_z	φ	ψ
Dicke 15 mm	—	—	—	6088	19,9	52
„ 30 „	4592	24,8	61	6199	18,8	50
„ 40 „	4567	27,0	62	6059	19,4	46

[1] Zeitschrift des Bayerischen Revisionsvereins 1912, S. 61 f.

(467)   Figur 590. $V = {}^1/_2$.

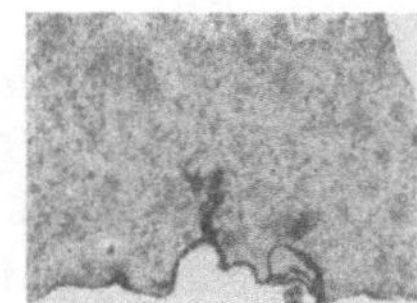

Figur 592. $V = {}^3/_4$.

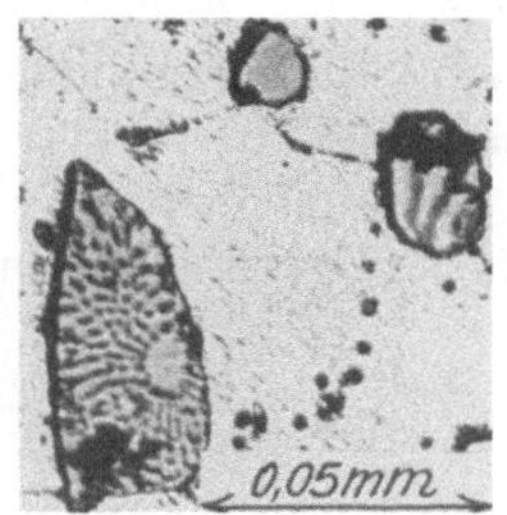

Figur 595. $V = 400$.

Figur 593. $V = 150$.

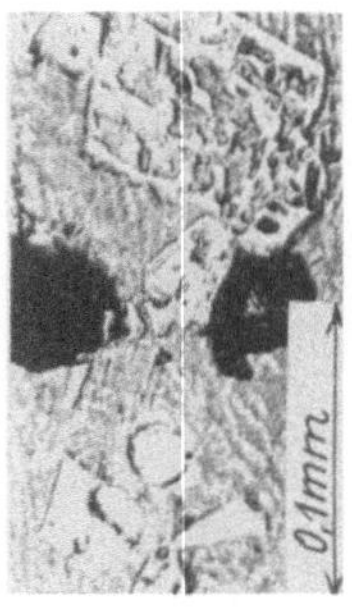

Figur 594. $V = 200$.

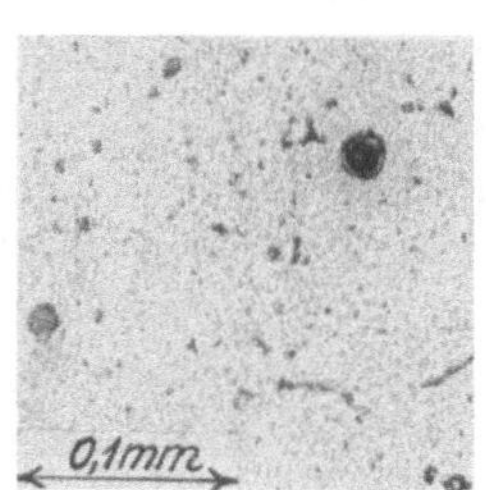

Figur 596. $V = 150$.

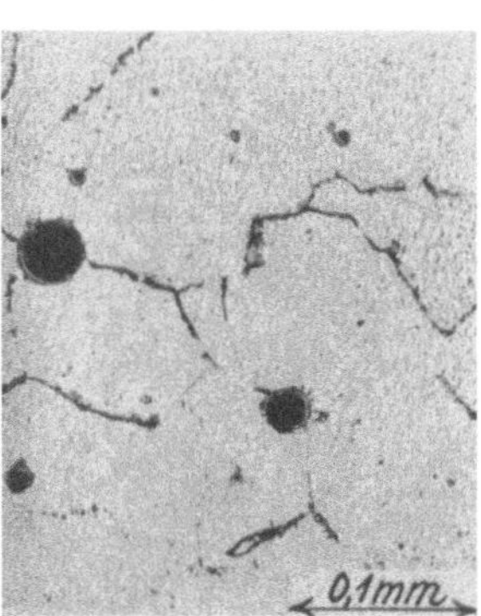

Figur 597. $V = 150$.

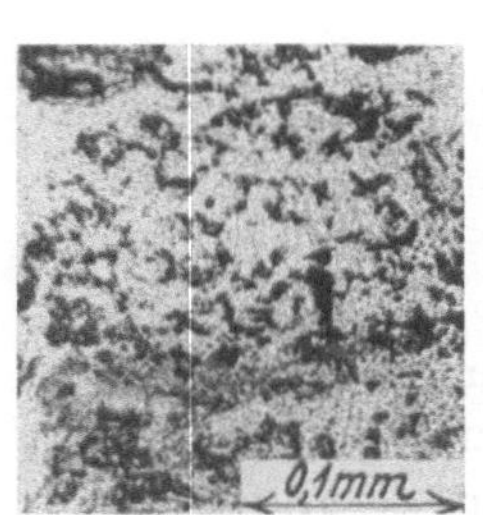

Figur 598. $V = 150$.

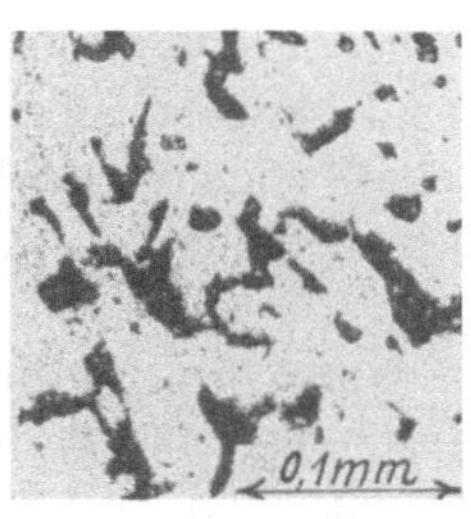

Figur 599. $V = 150$.

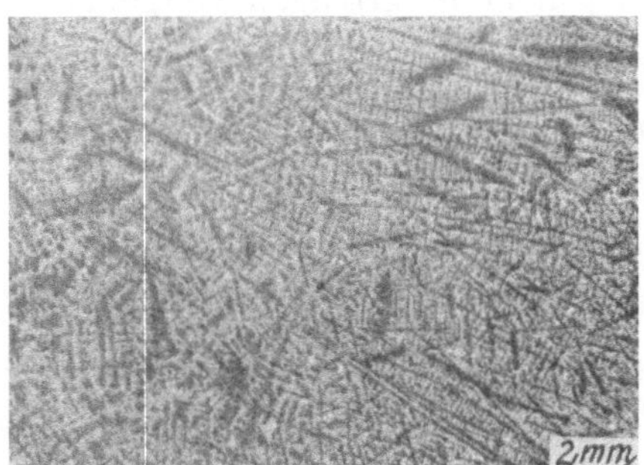

Figur 600. $V = 4$.

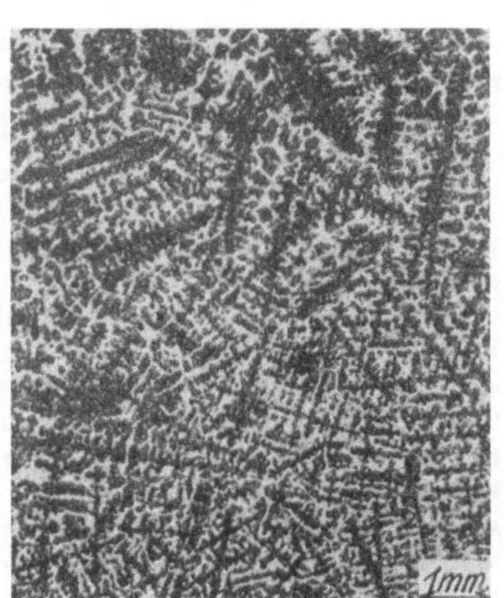

Figur 601. $V = 7{,}5$.

V. Temperguß. Temperstahlguß[1].

Figur 602 bis 606. Gefüge an 5 Stellen in verschiedener Entfernung vom Rand (0, 0,9. 2,0, 3,5, 7,5 mm); Entkohlung am Rand, das Gefüge besteht aus Ferrit und Perlit; Ausgleichsbestreben der festen Lösung wie bei der Einsatzhärtung (S. 64f.), jedoch in umgekehrter Richtung. Abwanderung des Kohlenstoffes von innen (wo das Gefüge nach langsamem Erkalten zum größten Teil aus Perlit besteht — Zersetzung des in den gegossenen Stücken enthaltenen Eisenkarbids in Temperkohle, Figur 606, 617, 622, 631f., dunkle Teile, die den Zusammenhang des Materials verhältnismäßig wenig stören, und Eisen —) nach außen.

Figur 607. Querschnitt, von dem Figur 602 bis 606 herrühren.

Figur 608. Verlauf der Härte über diesen Querschnitt. Größte Härte dort, wo das Gefüge aus reinem Perlit besteht, vgl. Bemerkung zu Figur 395, S. 74.

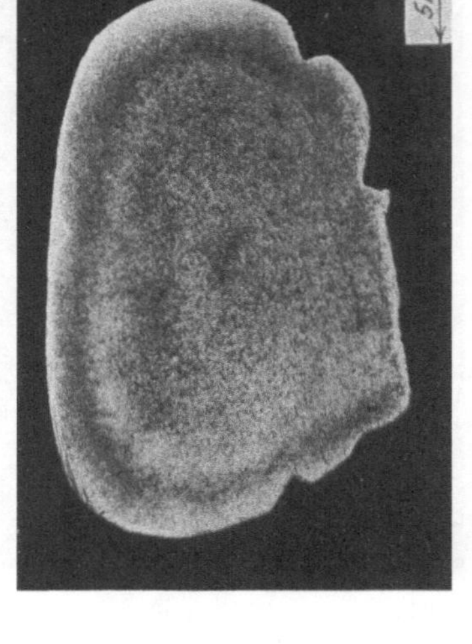

(474)   Figur **607.** $V = 2$.

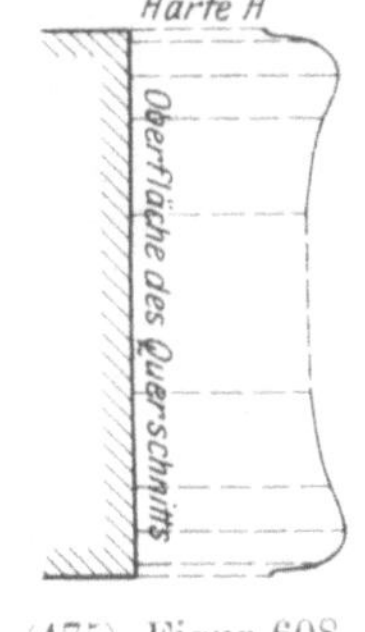

(475) Figur 608.

Figur 609. Rohmaterial für Temperguß (Schlüsselbart). Kristallinischer Aufbau — Hartguß, dessen Gefüge aus Zementit (hell) und Perlit oder Sorbit (dunkel, Mischkristalle, s. S. 127, Fußbemerkung 1) besteht, während die beim Gußeißen auftretenden groben Graphitblättchen fehlen — vgl. S. 124. Die Kristalle stehen häufig ungefähr senkrecht zur Abkühlungsfläche.

Figur 610. Bruchfläche, vor dem Tempern entstanden, welche den Kristallaufbau deutlich erkennen läßt und daher ein Urteil über den Zeitpunkt der Rißbildung gestattet. Mit der Zersetzung des Eisenkarbids (s. o.) verschwindet auch dessen strahliger Aufbau aus Nadeln oder Blättern. Der Bruch würde also im entkohlten Stück nicht mehr nadelig, sondern körnig, meist mit dunklem Kern ausfallen, vgl. Figur 628. Als weiteres Kennzeichen für den Zeitpunkt der Bruchbildung kann an außen liegenden Stellen nach Herstellung eines Querschnitts die Beobachtung des Vorhandenseins oder Fehlens von Entkohlung am Rande der Bruchflächen dienen, vgl. Fig. 613.

Figur 611. Schnitt durch einen Konstruktionsteil, der am oberen Ende gebrochen ist. Er besteht aus Temperguß und hat auf der rechten Seite Bearbeitung erfahren, wobei die am stärksten entkohlte Schicht entfernt wurde. Infolgedessen ist das weniger zähe Kernmaterial an die Oberfläche gelangt, was zum Bruch führte.

Figur 612. Dünne Streifen, aus den verschiedenen Querschnittsteilen dieses Stückes entnommen. Nur die Stäbe aus den Randschichten vertrugen weitgehende

---

[1] Die Erzeugung von schmiedbarem Guß geschieht bekanntlich beim Tempern (Glühfrischen) derart, daß die gegossenen Stücke, die ein dem Hartguß ähnliches, gleichförmiges Gefüge aufweisen, längere Zeit geglüht werden. Dabei verbrennt in oxydierender Umgebung, wie aus dem zu Figur 592 bis 601 Bemerkten anschaulich hervorgeht, an der Oberfläche Kohlenstoff und es bildet sich dort eine Schicht kohlenstoffarmen, schmiedbaren Eisens, die um so dicker wird, je länger das Glühen währt. Das Glühen seinerseits bewirkt im ganzen Stück Zersetzung des ursprünglich vorhandenen Eisenkarbids (s. die Bemerkungen zu Figur 609, 602f., 630, 631). Würde statt Hartguß, bei dem die Graphitbildung durch rasche Abkühlung und entsprechende Zusammensetzung des Einsatzes verhindert ist, sodaß sein Gefüge aus dem graphitlosen „Ledeburit" (s. S. 127) besteht, langsam abgekühltes Gußeisen verwendet, so entstünde durch Tempern ein schwammiges Gebilde, das Ferrit und die Hohlstellen enthielte, die zuvor vom Graphit ausgefüllt waren. Hierüber vgl. Figur 687f.

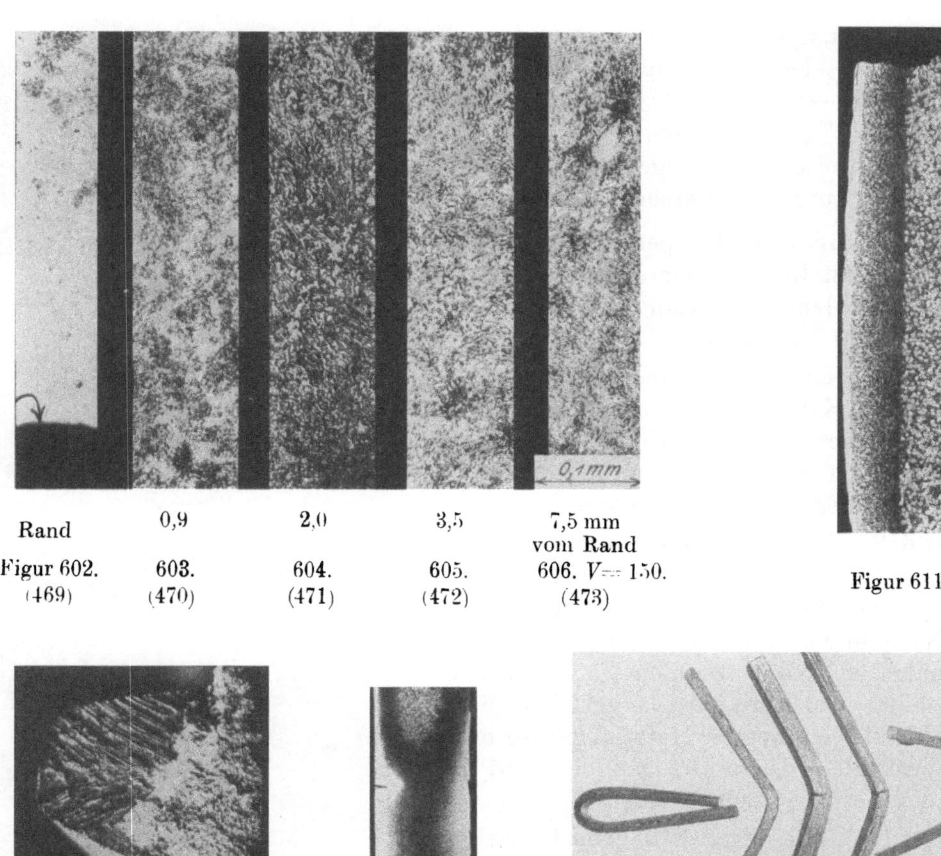

Rand	0,9	2,0	3,5	7,5 mm vom Rand
Figur 602.	603.	604.	605.	606. $V = 150$.
(469)	(470)	(471)	(472)	(473)

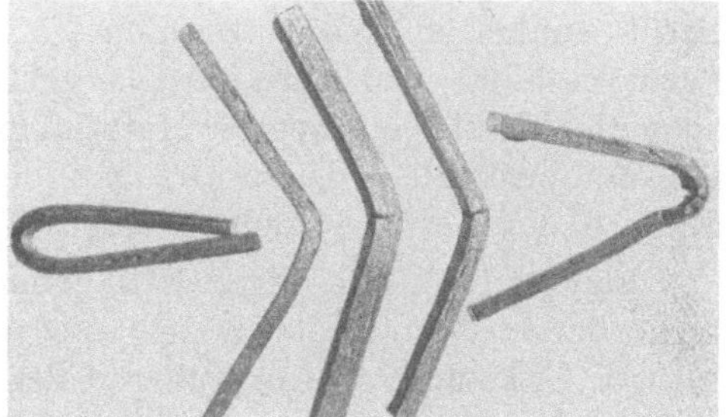

Figur 611. $V = 3,5$.

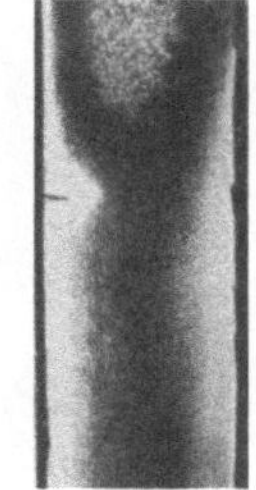

(477) Figur 610. $V = 2,5$.   Fig. 613. $V = 1$.   Figur 612. $V = {}^3/_4$.

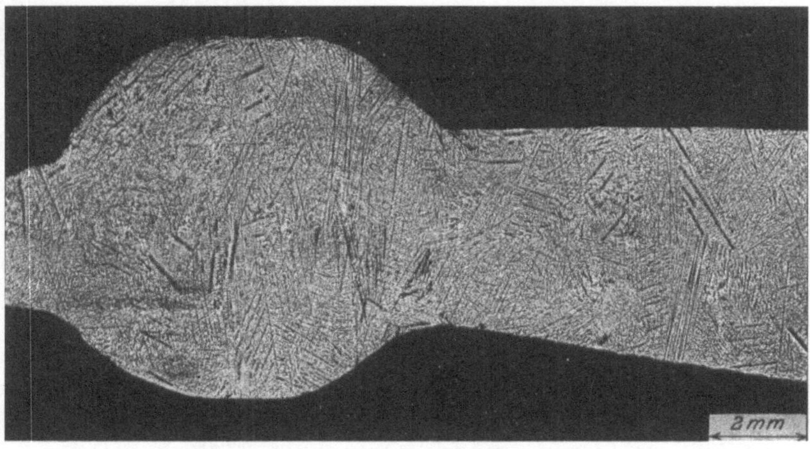

(476)   Figur 609. $V = 6$.

Biegung, ehe sie brachen. Das Beispiel zeigt, daß bei der Bearbeitung getemperter Stücke Vorsicht geboten ist. Die zähe Außenschicht darf nicht entfernt werden, wenn auf ihre guten Eigenschaften gerechnet wird. — Derselbe Gesichtspunkt war bei eingesetzten, gehärteten Stäben zu erwähnen.

Figur 613. Querschnitt durch ein Tempergußstück mit Anriß. Dieser ist vor

8*

dem Tempern entstanden, wie der Verlauf der hellen Randzone zeigt. Drei Stäbe (ohne Riß) ergaben: $\sigma_s = 2868$, 2880, —; $K_z = 4154$, 4094, 3076 kg/qcm; $\varphi = 30,4$, 32,0, $0^0/_0$; $\psi = 66$, 69, $0^0/_0$. Diese Werte lassen die teilweise guten Eigenschaften und die starken Schwankungen derselben erkennen.

Figur 614, 615, 616. Tempergußstück mit Fehlstelle sowie Kristalle aus der Mitte der letzteren und Gefüge aus dem hellen Rand um die Fehlstelle mit unzersetztem Eisenkarbid.

Figur 617. Teilweise getempertes Stück. Die Anordnung der Kristallnadeln, die in Figur 609 ungefähr senkrecht zu den Abkühlungsflächen stehen, ist durch die in Reihen angeordneten Temperkohlenester noch zu erkennen.

Figur 618. Rand des Stückes, das Figur 617 ergeben hatte. Das Gefüge besteht außen aus Ferrit (weiß) mit — vgl. Figur 619 — grauen Schlackenteilen. Nach innen hin nimmt der Gehalt an Perlit (dunkel) zu, bis in eine Zone, die ganz aus Perlit besteht. Der Kern enthält, vgl. Figur 617, noch nicht fertig getempertes Material mit Nestern aus Temperkohle. Diese Gefügebilder sind in Figur 619 bis 622 wiedergegeben.

Figur 619. Wie Figur 618, jedoch stärker vergrößert. Beginn der Zone, die mehr Perlit enthält, links unten. Am äußeren Rande ist ein dünner Perlitsaum zu beobachten, vgl. Fig. 624.

Figur 620. Weiter innen gelegene Stelle aus dem in Figur 618 abgebildeten Stück mit Ferrit und Perlit.

Figur 621. Noch weiter innen gelegene Stelle aus dem in Figur 618 abgebildeten Stück mit Perlit.

Figur 622. Stelle aus dem Kern des in Figur 618 abgebildeten Stückes mit Perlit und Temperkohle. (Noch weitergehende Zerlegung auch des Eisenkarbids, das im Perlit enthalten ist, würde zu einem aus Ferrit und Temperkohle bestehenden Kerngefüge führen, vgl. Figur 630.)

Figur 623. Längsschnitt durch ein Stück mit Gewinde. Nicht ganz fertig getempert. Die Entkohlung ist an den vorspringenden Querschnittsteilen weiter fortgeschritten als an den zurücktretenden, vgl. das zu Figur 373, S. 70 Bemerkte, sowie Figur 624, 625.

Figur 624. Ecke eines Gewindeganges von Figur 623. Dünner Saum von Perlit außen. (Rückkohlung.)

Figur 625. Stelle vom Gewindegrund, Figur 623.

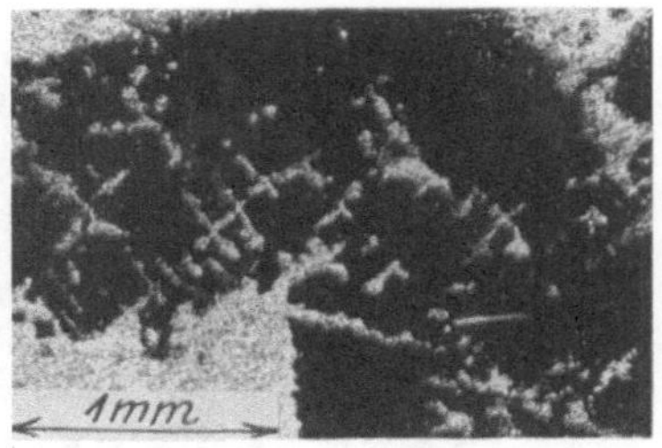

Figur 615. $V = 20$.

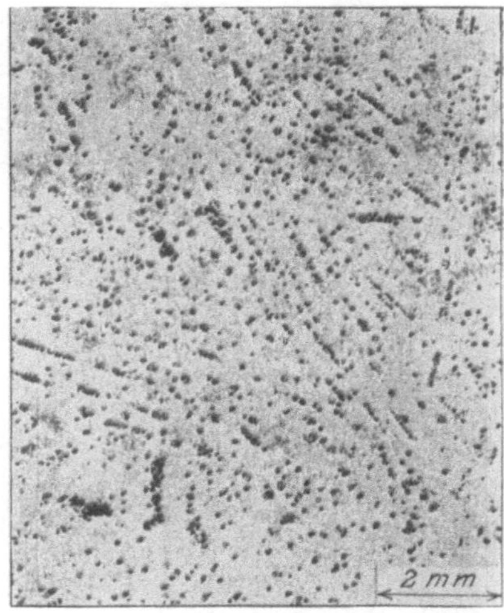

(478)   Figur 617. $V = 6,5$.

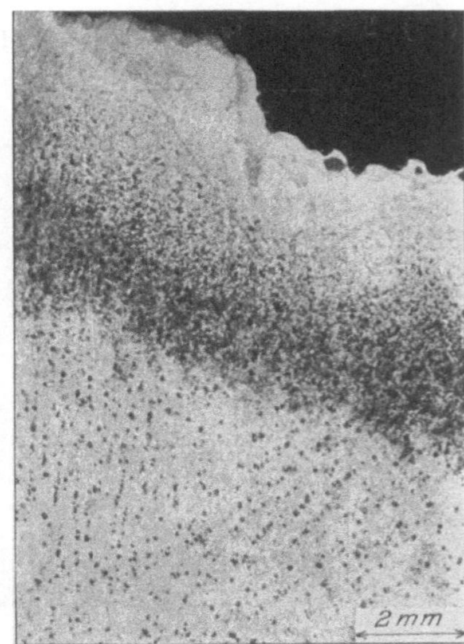

(479)   Figur 618. $V = 6,5$.

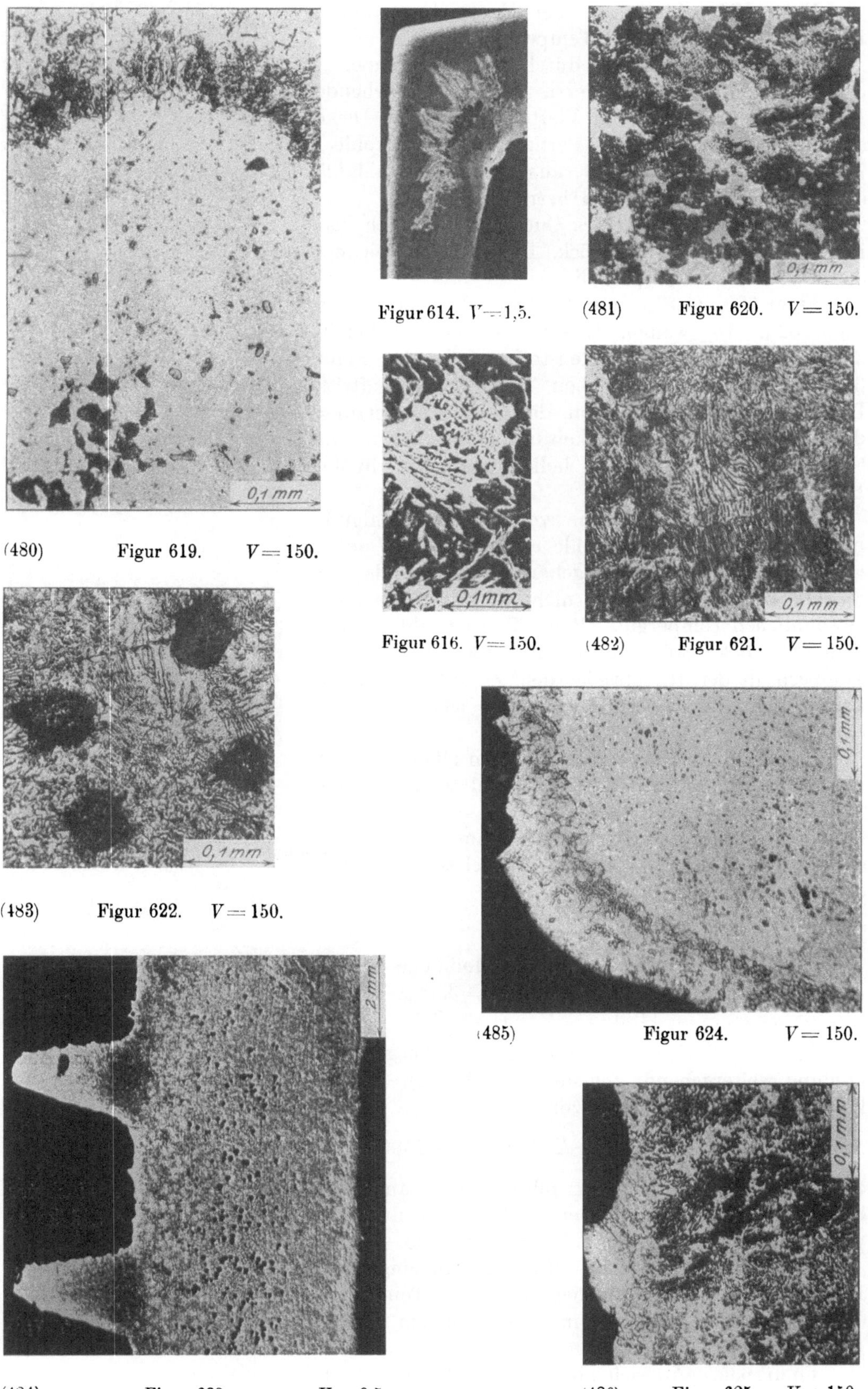

(480) Figur 619. $V = 150$.

Figur 614. $V = 1{,}5$. (481) Figur 620. $V = 150$.

Figur 616. $V = 150$. (482) Figur 621. $V = 150$.

(483) Figur 622. $V = 150$.

(485) Figur 624. $V = 150$.

(484) Figur 623. $V = 6{,}5$. (486) Figur 625. $V = 150$.

Figur 626. Stelle aus der Mitte. Unzersetztes Karbid neben Perlit und Temperkohle.

Figur 627. Querschnitt durch ein gut getempertes Stück. Die entkohlte, aus Ferrit und Perlit bestehende Randschicht macht je ein Viertel der ganzen Dicke aus, der Kern besteht aus Perlit und Temperkohle.

Figur 628. Bruchfläche, angeblich von Stahlguß, in der Tat von Temperguß herrührend.

Figur 629. Ecke eines Querschnitts durch das in Figur 628 abgebildete Stück. Das Bild kennzeichnet das Material als Temperguß.

Figur 630. Gefüge aus der Mitte des Kernes von Figur 629. Die weißen Inseln bestehen aus Ferrit, deren Einschlüsse aus Kohlenstoff, vgl. dagegen Figur 622, bei welcher Perlit neben Temperkohle auftritt. Der Unterschied dürfte von der Zusammensetzung, der Abkühlungsgeschwindigkeit u. a. m. herrühren. Die Grundmasse zwischen den hellen Inseln ist in der Hauptsache Perlit.

Figur 631. Bruchfläche von „Temperstahlguß" mit Nestern, die Temperkohle enthalten. Der unten gelegene Rand ist weitergehend entkohlt als das dickere Mittelstück, jedoch nicht so stark, wie beim gewöhnlichen Temperguß. Beim Temperstahlguß, aus dem sehr dicke Stücke gegossen werden, bewirkt das Tempern in der Hauptsache den Zerfall des Eisenkarbids, der im Innern ebenso vor sich geht, wie am Rande.

Figur 632. Zerrissener Stab aus demselben Material. $K_z = 3800$ kg/qcm, $\varphi = 2$, $\psi = 2^0/_0$. Material aus dem Inneren desselben Stückes ergab $K_z = 2800$ kg/qcm, $\psi = 1,5^0/_0$. Kleine Stäbe, aus dem Rand des in Fig. 631 abgebildeten Stückes, ergaben folgende Werte:

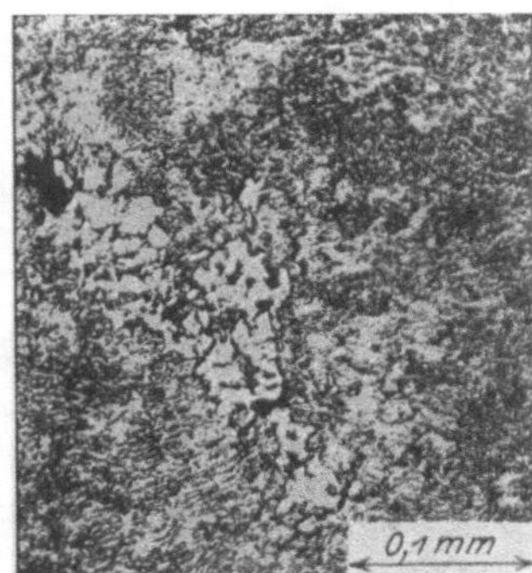

(487)   Figur 626. $V = 150$.

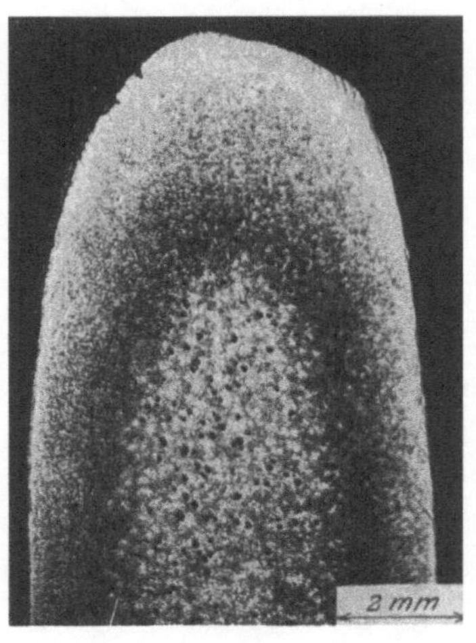

(488)   Figur 627. $V = 6,5$.

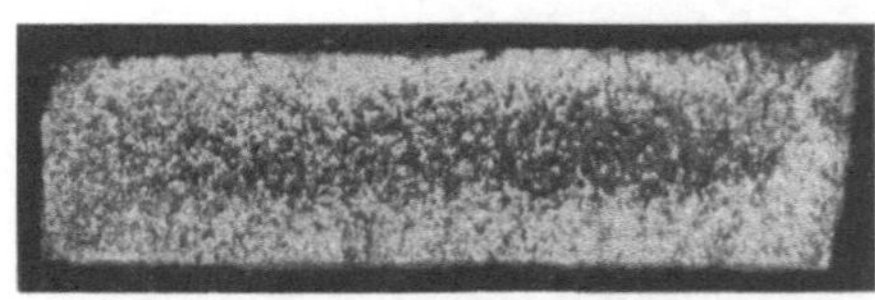

(489)   Figur 628. $V = {}^3/_4$.

Rand . . . $K_z = 4450$ kg qcm
  — Bruch außerhalb Meßlänge
2 mm vom Rand 4420 kg qcm $\psi = 3,3^0/_0$,
5 „ „ „ 4420 „ $\psi = 2,2^0/_0$.

Temperguß der gewöhnlichen Art (Ausgangsmaterial kohlenstoffreicher, Entkohlung weitergehend, Fehlstellen zahlreich) erreicht so hohe Werte der Zugfestigkeit nicht; oft sind Werte von

$$K_z \leqq 1500 \text{ bis } 2500 \text{ kg/qcm}$$

zu beobachten; die Dehnung pflegt sich in ähnlichen Grenzen zu halten. Höchster bisher beobachteter Wert der Zugfestigkeit 6487 kg/qcm; an demselben Stück ergab ein zweiter Stab nur $K_z = 2796$ kg qcm.

Figur 633. Gefüge des Materials, an einer der in Figur 632 dunklen Stellen. Die länglichen und rundlichen schwarzen Teile sind Temperkohle und Graphit.

Figur 634. Fehlstelle in Temperguß in Form einer Kristallabtreppung, vgl. Figur 610.

Figur 635. An sich hochwertiger Temperguß mit Fehlstelle.

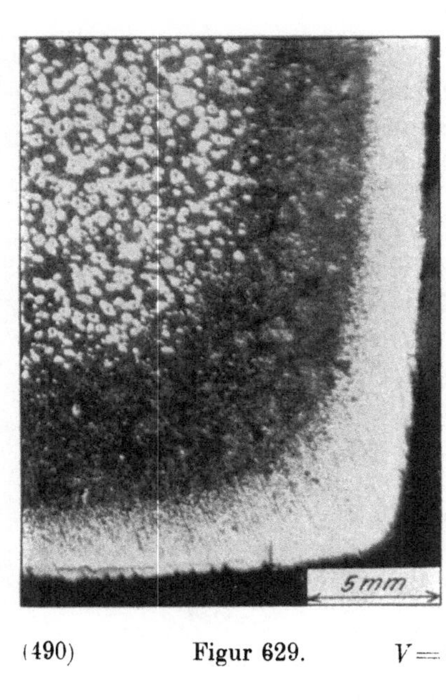

(490)   Figur 629. $V = 3$.

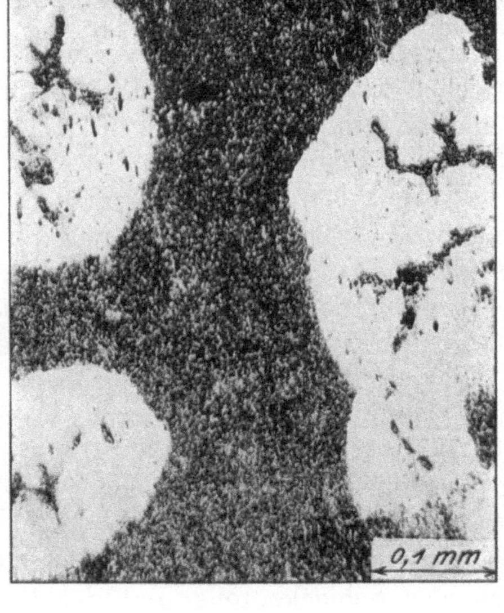
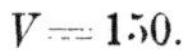

(491)   Figur 630. $V = 150$.

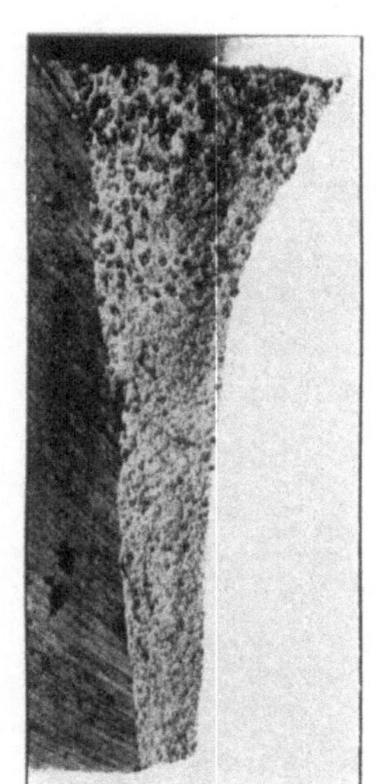

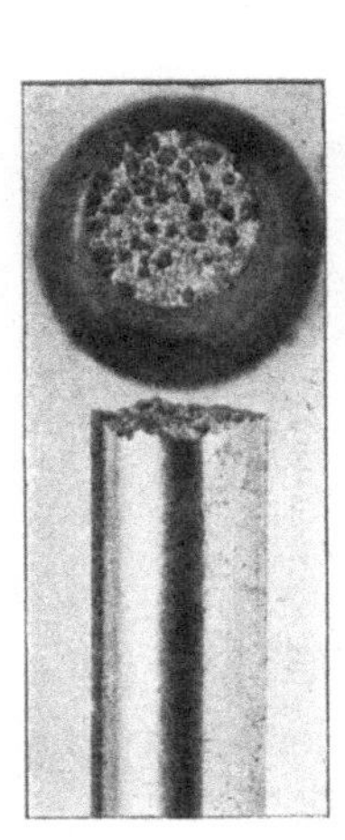

(492) Figur 631. $V = {}^2\!/_3$.   Figur 632. $V = {}^2\!/_3$.   (494)   Figur 633. $V = 150$.
(493)

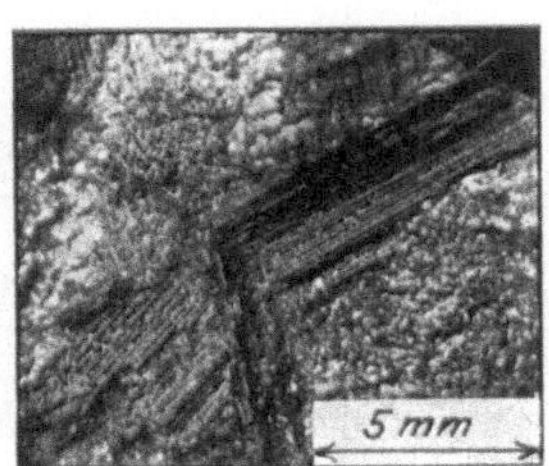

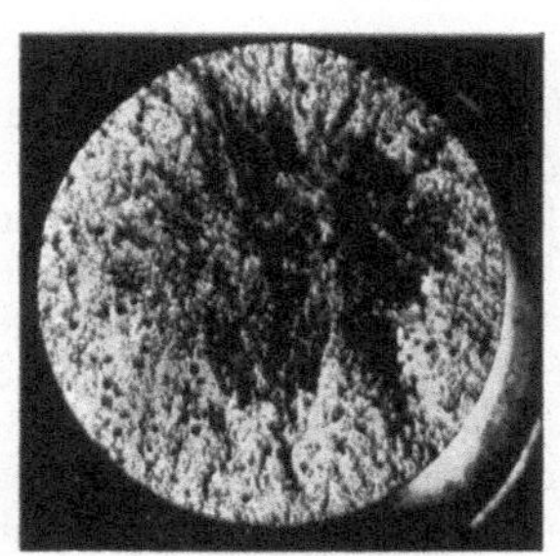

(495)   Figur 634. $V = 3$.   (496)   Figur 635. $V = 1,5$.

VI. Schweißeisen.

Figur 636, 637. Zugversuch. Niedere Streckgrenze. Kurzer Abfall nach Erreichen der Zugfestigkeit, verhältnismäßig geringe Einschnürung beim Bruch; $\psi = 36\,^0/_0$. Arbeitsvermögen $A = 6{,}7$. in der Regel 5 bis 7 mkg/ccm. Druckversuch s. Figur 6, S. 6 und Figur 648.

Figur 638. Drehungsversuch[1]). Material wie bei Figur 637. Streckgrenze unter $M_d = 23{,}8$ mkg, entsprechend 1520 kg/qcm. $A_d = 18{,}2$ mkg/ccm (Zugversuch s. Figur 637: $A = 6{,}7$ mkg/ccm, vgl. Bemerkung zu Figur 7, S. 7; Figur 158, S. 32)

Figur 639, 640. Zerrissene Stäbe aus gutem Schweißeisen. Fältelung der Oberfläche, geringe Einschnürung als Folgen des faserigen Aufbaues.

Figur 641. Stab mit grobem Schlackeneinschluß.

Figur 642, 643. Durch Verdrehung zum Bruch gebrachter Rund- und Flachstab[2]).

Figur 644. Bruchflächen; Schichtung parallel zur Walzhaut. Farbe im auffallenden Licht oft dunkelgrau.

Figur 645. Gefügebild, gekennzeichnet durch die parallelen Schlackenteile und das Fehlen der Seigerzone (vgl. Bemerkungen zu Figur 108, S. 24). Um die Vorteile zu erreichen, welche die Faserausprägung beim Schweißeisen für gewisse Fälle besitzt — Unempfindlichkeit gegen Kerben, weil Ablenkung der Anrisse durch die Schlackenteile erfolgt, vgl. auch das Seite 16 Bemerkte — wird „sehniges Flußeisen" erzeugt, d. h. Material mit reichlichem Schlackengehalt. Dabei ist nicht außer acht zu lassen, daß Schlacken bei Schweißeisen in ganz anderer Weise entstehen als in der Regel beim Flußeisen, also auch ganz anders zu beurteilen sind.

Figur 646. Längsschnitt durch „sehniges Flußeisen" (s. o.), als solches gegenüber Schweißeisen gekennzeichnet durch die Seigerzone (im Längs- und Querschnitt).

Figur 647. Reichlicher Schlackengehalt in Schweißeisen[3]). Geringe Widerstandsfähigkeit und Zähigkeit in der Querrichtung, vgl. das bei Figur 64, S. 18 Bemerkte, sowie Figur 648.

Figur 648. Druckprobe (vgl. Figur 6, S. 6).

Figur 649. Risse in dem Kesselblech, von dem Figur 647 herrührt[3]).

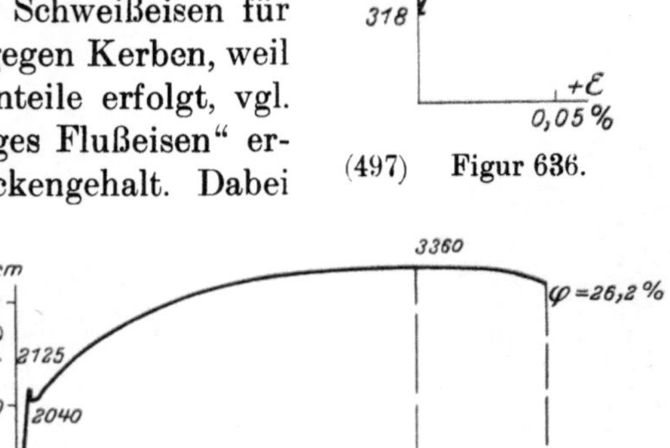

(497)　　　Figur 636.

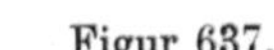

(498)　　　Figur 637.

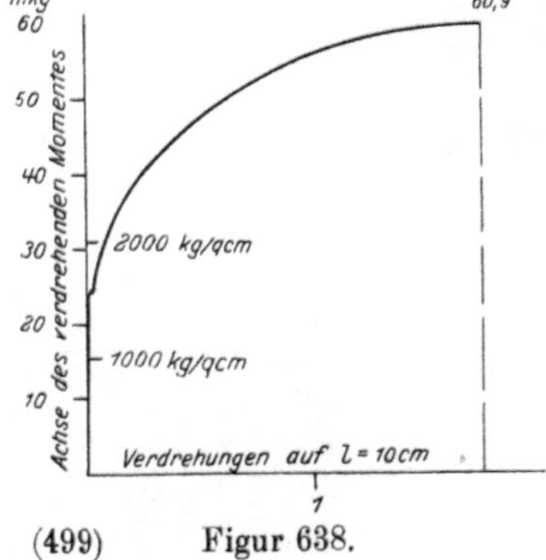

(499)　　　Figur 638.

---

[1]) Drehungs- und Zugversuche mit Schrauben: Z. Ver. deutsch. Ing. 1895, S. 854f.; S. 889f.

[2]) Bei letzterem tritt der Bruch in der Mitte der langen Seite ein (Näheres s. Elastizität und Festigkeit § 32. S. a. Z. Ver. deutsch. Ing. 1912, S. 440); infolge der geringen Schubfestigkeit verläuft er in der Faserrichtung. Die geringe Widerstandsfähigkeit des Schweißeisens infolge der Schichtung des Materials gegenüber Schubbeanspruchung ist auch sonst im Auge zu behalten. Über die Festigkeitseigenschaften in der Querrichtung vgl. S. 18.

[3]) Mitteil. über Forschungsarbeiten, Heft 135/136.

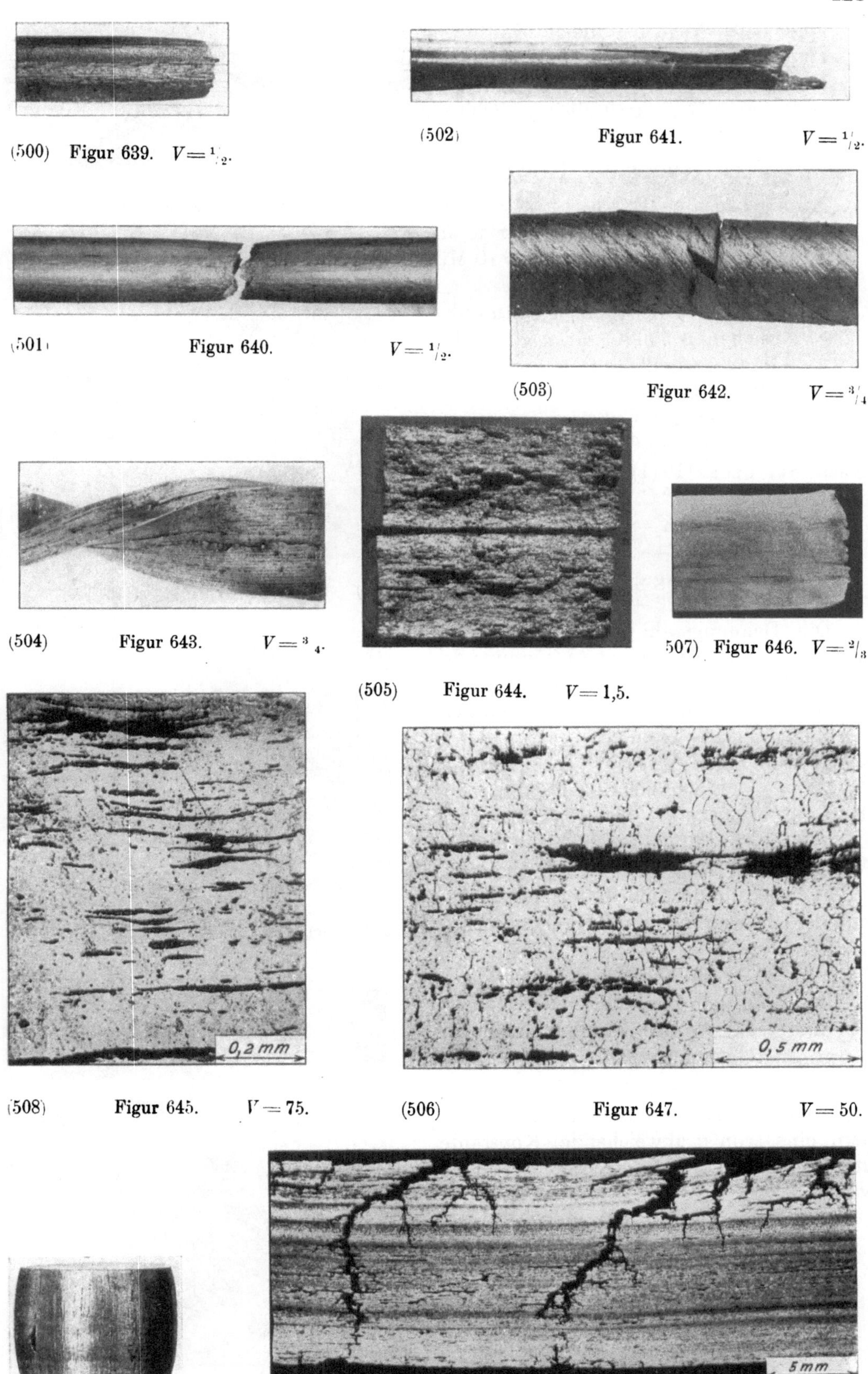

(500)   Figur 639. $V = \frac{1}{2}$.

(502)   Figur 641. $V = \frac{1}{2}$.

(501)   Figur 640. $V = \frac{1}{2}$.

(503)   Figur 642. $V = \frac{3}{4}$.

(504)   Figur 643. $V = \frac{3}{4}$.

507) Figur 646. $V = \frac{2}{3}$.

(505)   Figur 644. $V = 1,5$.

(508)   Figur 645. $V = 75$.

(506)   Figur 647. $V = 50$.

Figur 648. $V = \frac{3}{4}$.

(509)   Figur 649. $V = 3$.

Figur 650. Nicht bestandene Kaltbiegeprobe[1]).
Figur 651. Nicht bestandene Warmbiegeprobe[1]).
Figur 652, 653. Schlackeneinschlüsse aus mehreren Bestandteilen (kristallisierte Schlacke).

VII. Gußeisen, Hartguß.

Raumgewicht im Durchschnitt $\gamma = 7{,}1$ bis $7{,}25$.
Ausdehnung durch die Wärme angenähert $\alpha_w = 1 : 100\,000 = 10$ Milliontel.

Nach Dittenberger (1902)[2]) Geltungsbereich 0 bis 500°C, für gewöhnliches Maschinengußeisen $\alpha_w = (9{.}794 - 0{,}00566\,t)$ Milliontel.

Hochwertiges Gußeisen $\alpha_w = (9{,}816 + 0{,}00611\,t)$ Milliontel.

Nach Stribeck (1911)[3]), Geltungsbereich 20 bis 400° C.

Gußeisen, $K_z = 1700$ kg qcm:
$$\alpha_w = (10{,}24 + 0{,}0069\,t)\ \text{Milliontel.}$$
$K_z = 2300$ kg qcm:
$$\alpha_w = (10{,}26 + 0{,}0066\,t)\ \text{Milliontel.}$$

Die Dehnungszahl der Federung (das auf S. 4, 5 hinsichtlich der Abtrennung der bleibenden Formänderungen von den federnden Gesagte ist hier besonders wesentlich) schwankt in sehr weiten Grenzen, etwa zwischen (vgl. Figur 314, S. 61)
$$\alpha = 1 : 1\,800\,000 = 0{,}6\ \text{Milliontel für}$$
Hartguß bei geringer Beanspruchung und
$$\alpha = 1 : 400\,000 = 2{,}5\ \text{Milliontel für}$$
Maschinenguß bei hoher Beanspruchung.

Für ein und dasselbe Material wächst α mit der Beanspruchung. Im Durchschnitt pflegt
$$\alpha = 1 : 800\,000\ \text{bis}\ 1 : 1\,000\,000 =$$
$1{,}25$ bis 1 Milliontel gesetzt zu werden. Der Veränderlichkeit von α kann durch eine entsprechende Gleichung, z. B.[4])
$$\varepsilon = \alpha_1\,\sigma^m,$$
— worin α_1 nicht die Dehnungszahl, sondern eine (von α abweichende) Konstante und m eine Zahl > 1 — Rechnung getragen werden.

Bemerkt sei noch, daß die Größe der

---

[1]) Mitteil. über Forschungsarbeiten, Heft 135/136.
[2]) Z. Ver. deutsch. Ing. 1902, S. 1536. Mitteil. über Forschungsarbeiten, Heft 9.
[3]) C. Bach, Die Maschinenelemente. XII. Aufl. S. 126.
[4]) C. Bach, Elastizität und Festigkeit § 5; Z. Ver. deutsch. Ing. 1898, S. 855f.; 1902, S. 25f.

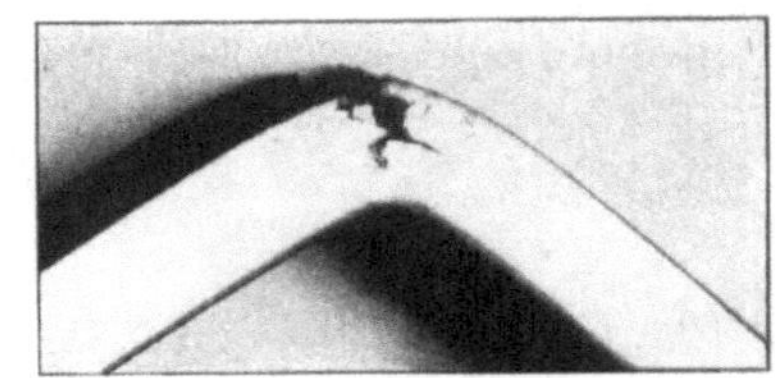

(511)   Figur 650. $V = \frac{1}{2}$.

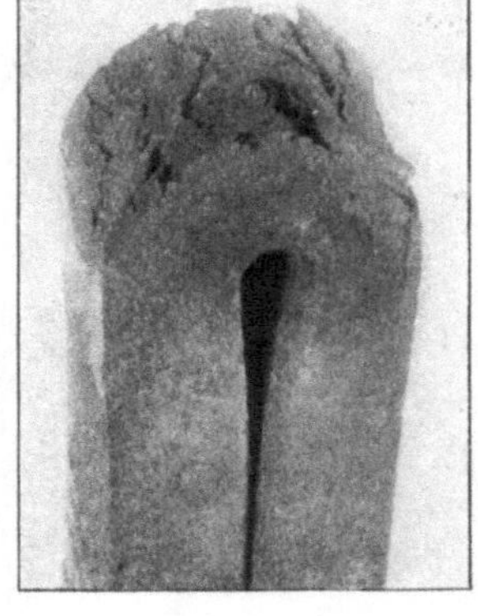

(510)   Figur 651. $V = \frac{3}{1}$.

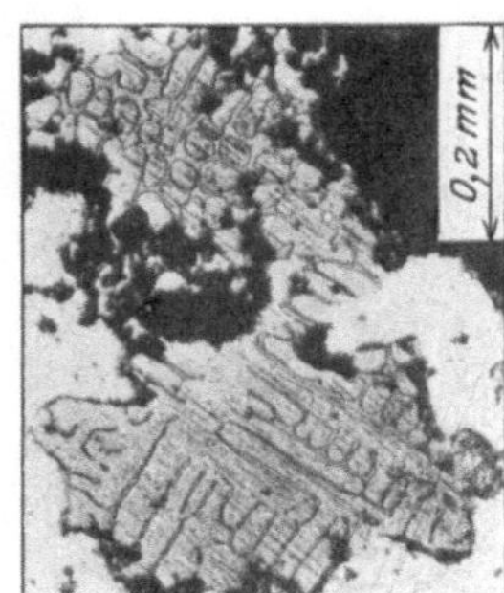

Fig. 655. $V = 0{,}9$.

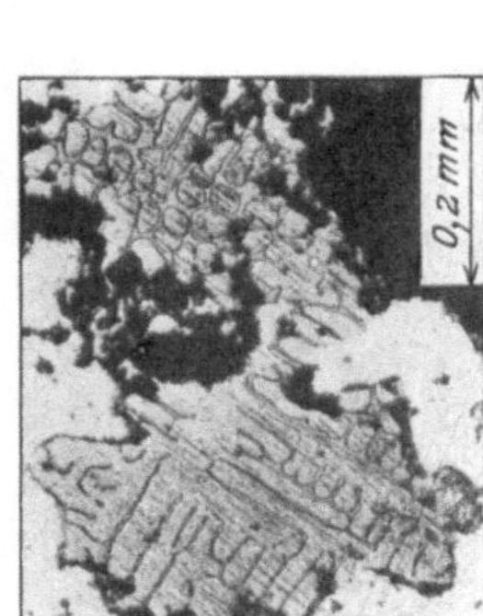

(513)   Figur 652. $V = 75$.

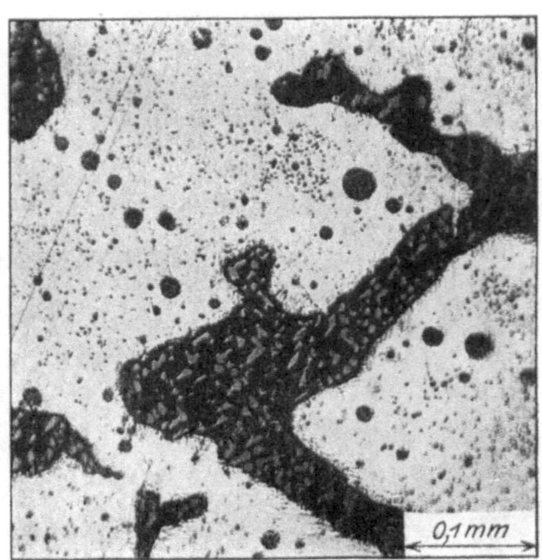

(512)   Figur 653. $V = 150$.

bleibenden und federnden Dehnungen auch von der Höhe der Spannungsstufen abhängt[1]). Die Dehnungszahl ergibt sich verschieden groß, je nachdem beim Belastungswechsel auf die jeweils vorhergehende Laststufe oder auf die Anfangslast zurückgegangen wird. Auch die Koeffizienten der eben angeführten Gleichung werden hierdurch bedeutend beeinflußt.

Hinsichtlich des Einflusses der Krümmung der Dehnungslinie auf die Ergebnisse der üblichen Festigkeitsrechnungen vgl. die unter[2]) erwähnten Stellen sowie die Zahlentafeln auf S. 126. Über den geringen Einfluß der Erzeugung einer oxydierten, das Rosten hindernden Oberflächenschicht (Inoxydation) auf die Festigkeitseigenschaften vgl. Z. Ver. deutsch. Ing. 1884, S. 507f.

Figur 654, 655. Zugversuch[3]). Dehnungen den Spannungen nicht proportional[4]), die Dehnungslinie weicht von der Geraden ab, sie kehrt der Achse der Spannungen die erhabene Seite zu. Die Neigung der Dehnungslinie ist erheblich größer als bei Flußeisen, vgl. z. B. Figur 2, S. 4; Gußeisen federt also bei gleicher Spannung weit mehr als Flußeisen und Stahl, dagegen bricht es nach viel geringerer Formänderung als diese, auch ist sein Arbeitsvermögen sehr klein, es beträgt bei Zugbeanspruchung 0,06 bis 0,15 mkg/ccm, ein Wert, den Flußeisen etwa beim Eintreten der oberen Streckgrenze erreicht. Die Teilung in Figur 655 läßt die geringe Dehnung beim Bruch erkennen. Bemerkenswert ist in Figur 654 das Auftreten von nicht unbeträchtlichen bleibenden Formänderungen schon bei geringen Spannungen.

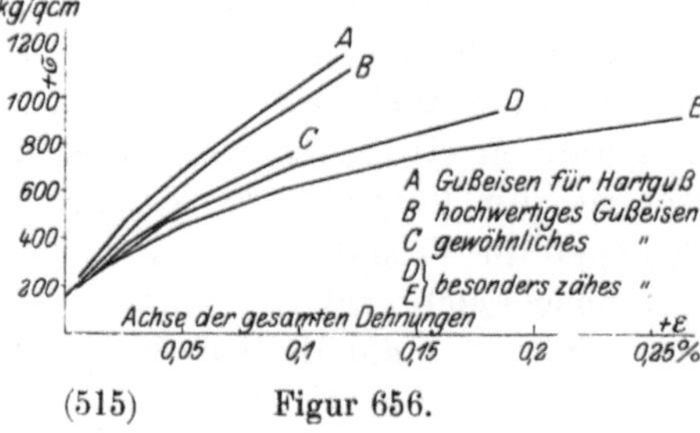

(514)   Figur 654.

(515)   Figur 656.

Figur 656. Gesamte Dehnungen von Gußeisen verschiedener Herkunft. Sehr verschiedene Größe derselben bei gleicher Spannung, in der Hauptsache eine Folge der verschieden starken Graphitausscheidung. Je stärker gekrümmt die Linienzüge verlaufen, um so mehr weichen die Ergebnisse gewisser Festigkeitsrechnungen, welche eine Gerade als Dehnungslinie voraussetzen, von der Wirklichkeit ab.

Figur 657 (Seite 125). Bruchquerschnitt von sehr weichem, zähem Gußeisen, E, Figur 656 ganz rechts. $K_z = 914$ kg/qcm. Grobe Graphitblätter, teilweise in Sternform ausgeschieden, vgl. Figur 670.

Figur 658 (Seite 125). Bruchquerschnitt von weichem, zähem Gußeisen. Grobkörnig.

Figur 659 (Seite 125). Bruchquerschnitt von hartem Gußeisen, feinkörnig (Zugfestigkeit bis 3200 kg/qcm und mehr).

Figur 660 (Seite 125). Bruchquerschnitt von hartem Gußeisen, das an sich von vorzüglicher Güte ist, aber Fehlstellen (Perlen, Kugeln, Figur 663, 664) enthält.

Figur 661 (Seite 125). Wie Figur 660; die Fehlstelle ist durch Ausbildung der Kristallstruktur bei k verursacht ($K_z = 1998$ kg/qcm statt 4427 kg/qcm, s. S. 126).

---

[1]) Elastizität und Festigkeit § 4.

[2]) C. Bach, Die Maschinenelemente, XII. Aufl., S. 59f.; Z. Ver. deutsch. Ing. 1888, S. 193f., 1089f.; 1911, S. 140f. (gekrümmte Stäbe). Elastizität und Festigkeit § 22.

[3]) Wie auf S. 5 in Fußbemerkung 3 angegeben, sind in allen derartigen Figuren gezeichnet: in voller Linie die federnden, gestrichelt die bleibenden, strichpunktiert die gesamten Formänderungen. Figur 654 ist bei der Wiedergabe schwächer verkleinert als die anderen derartigen Figuren.

[4]) Z. Ver. deutsch. Ing. 1888, S. 193f., 221f.; 1888, S. 1089f.; 1889, S. 137f., 162f. (Drehungsversuche), 1899, S. 857 (Hartguß), Mitteil. über Forschungsarbeiten, Heft 1. Z. Ver. deutsch. Ing. 1900, S. 409f.; 1901, S. 168f. (Einfluß der Temperatur), 1906, S. 481f. (Drehung), 1907, S. 1700f. (Rohre mit und ohne Rippen), 1908, S. 2061f.; 1909, S. 299f.; Z. d. Bayer. Revisionsvereins 1909, S. 31f.

Figur 662. Hohlstelle (Saugstelle) in Gußeisen, mit bäumchenförmigem Kristall.

Figur 663. Querschnitt durch eine der Kugeln in Figur 660.

Figur 664. „Schwefeldruck" von der Oberfläche eines Stabes mit „Kugeln". Die letzteren erweisen sich eingehüllt in stark schwefelhaltige Bestandteile, die an einzelnen Stellen als Nester angesammelt sind. S. S. 26, 187.

Figur 665. Zerdrückte Zylinder. $K = 6500$ kg/qcm (s. u.).

Figur 666. Zerdrückter Zylinder, vgl. Figur 6.

Figur 667. Durch Verdrehung zum Bruch gebrachter Hohlzylinder. Bruch längs Schraubenlinie an den Stellen der größten Zugbeanspruchung.

Figur 668 bis 670. Gefüge von Gußeisen (vgl. Figur 671f.) mit zunehmendem Graphitgehalt. Dieser beeinträchtigt die Zugfestigkeit bedeutend (Bruchdehnung $\leq 1\,^0/_0$, Figur 655), die Druckfestigkeit vergleichsweise nur wenig (Stauchung bis etwa $10\,^0/_0$, Figur 665, 666 und 6), was begreiflich erscheint. Die Abscheidung von Graphit wird begünstigt durch langsame Abkühlung (dicke Stücke mit geringer Oberfläche) sowie entsprechende Zusammensetzung. Der Graphitgehalt bedingt auch die Krümmung der Dehnungslinie. Er bewirkt ferner Änderung der Klangfarbe (und der Schwingungszahl, d. h. der Dehnungszahl), so daß aus dem Klang eine Schätzung der Zugfestigkeit möglich wird. Als Güteprobe hat sich der Biegungsversuch[1]) eingebürgert. Da die Biegungsfestigkeit infolge der Krümmung der Dehnungslinie auch mit der Querschnittsform veränderlich gefunden wird (Näheres s. Elastizität und Festigkeit, § 22), ist zum Vergleich die Tafel S. 126 angeführt. Ähnlich liegen die Verhältnisse beim Drehungsversuch, vgl. S. 7. Als Zähigkeitsmaß dient die Durchbiegung y in der Mitte beim Bruch. Die chemische Zusammensetzung ist ebenfalls angegeben.

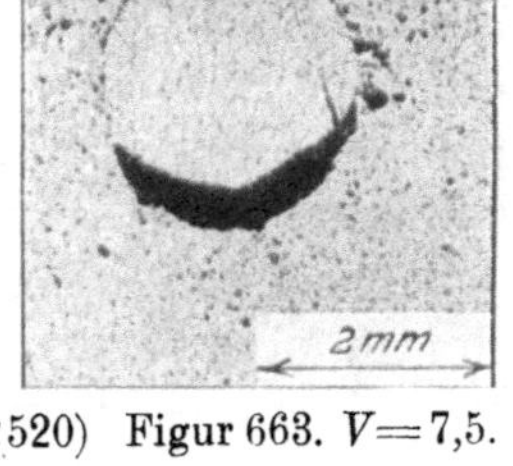

(520)   Figur 663. $V = 7{,}5$.

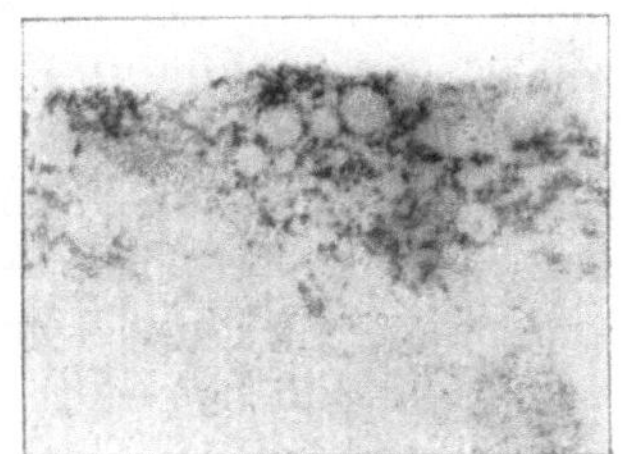

(521)   Figur 664. $V = 1$.

(523)   Figur 665. $V = {}^3/_4$.

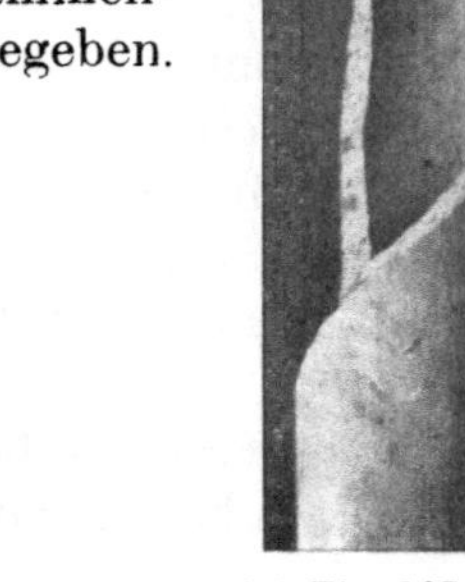

Figur 666. $V = {}^3/_4$.

(524) Fig. 667. $V = {}^1/_5$.

(525) Figur 668. $V = 150$.

(526)   Figur 669. $V = 150$.

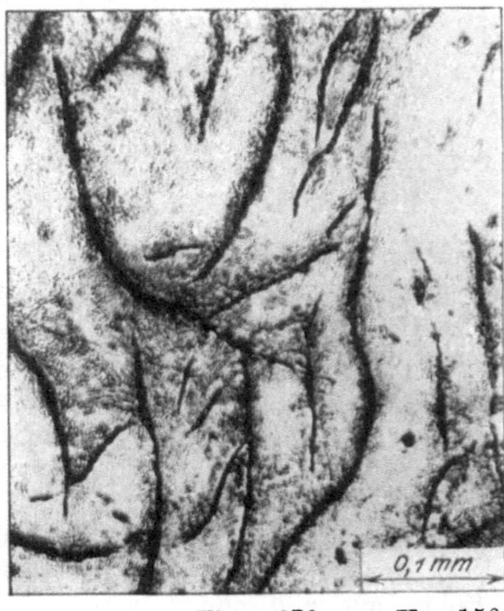

(527)   Figur 670. $V = 150$.

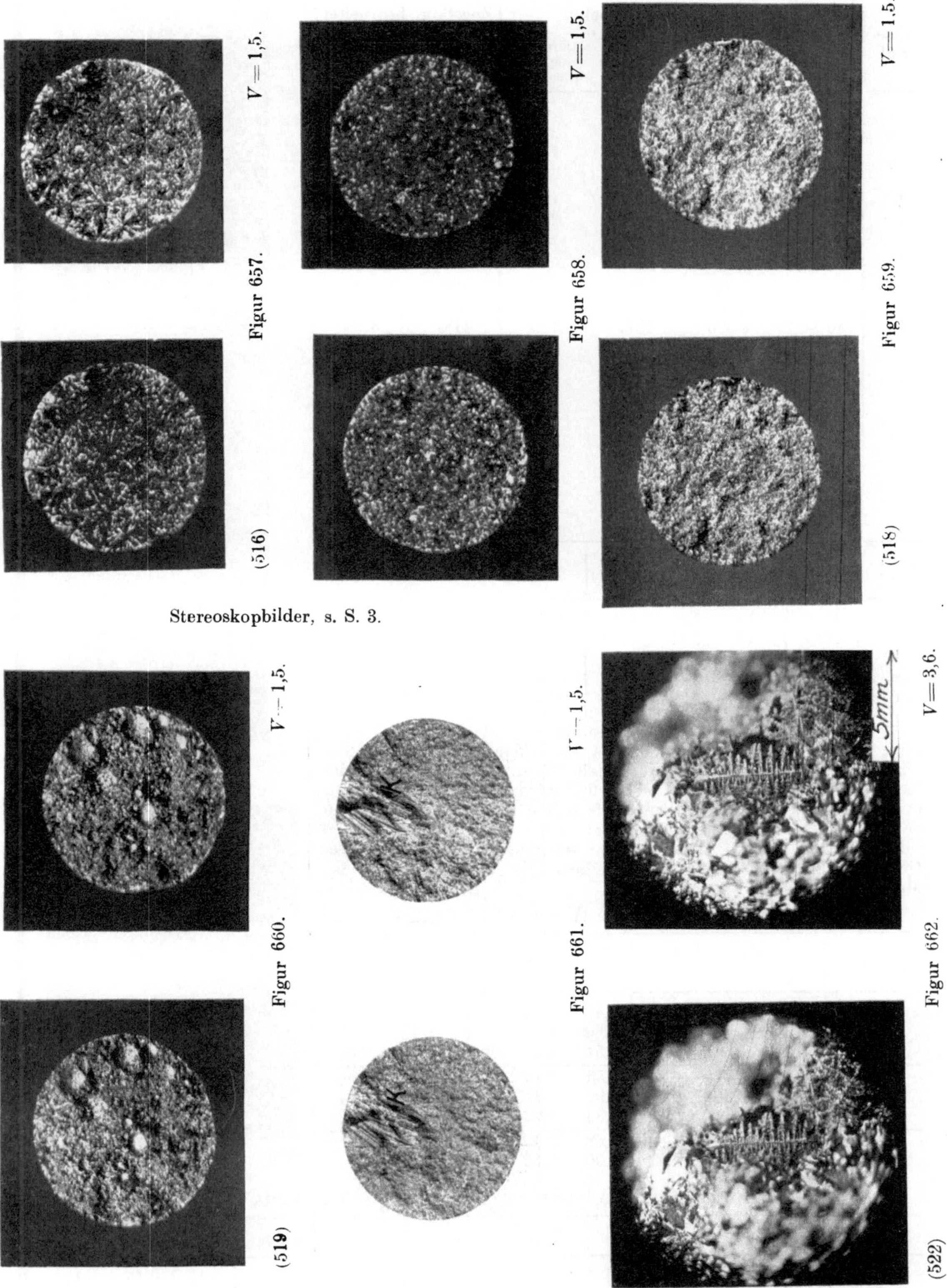

[1]) Zu Biegungsversuchen pflegen unbearbeitete Stäbe verwendet zu werden. Diese besaßen früher quadratischen Querschnitt von 30 mm Kantenlänge, Prüfung erfolgte bei 1000 mm Auflagerentfernung. Seit 1909 sind kreiszylindrische Stäbe von 30 mm Dmr., 600 mm Auflagerentfernung, (650 mm Stablänge) üblich geworden. Die belastende Kraft wirkt in der Mitte zwischen den Auflagern.

Mate-rial	Biegungsstäbe, unbearbeitet				Zugstäbe, bearbeitet	
	Stabform mm	Auflager-entfernung mm	K_b kg/qcm	Durchbie-gung beim Bruch mm	K_z kg/qcm	$\dfrac{K_b}{K_z}$
a	40 ○	800	4370	16,7	2233	1,96
	30 ○	1000	3831	23,9	2666	1,44
	30 ○	600	4568	11,6	2547	1,79
	20 ○	400	4957	6,9	—	—
b	40 ○	800	4561	15,6	2377	1,92
	30 ○	1000	3988	23,7	2542	1,57
	30 ○	600	4855	11,2	2801	1,73
	20 ○	400	5739	7,5	—	—
c	40 ○	800	4109	16,0	2118	1,94
	30 ○	1000	3476	23,4	2381	1,46
	30 ○	600	4571	12,6	2484	1,84
	20 ○	400	4786	8,0	—	—
d	40 ○	800	3011	10,1	1670	1,80
	30 ○	1000	3013	19,4	1956	1,54
	30 ○	600	3678	9,5	2001	1,84
	20 ○	400	4793	6,7	—	—
e	40 ○	800	4264	15,1	2608	1,63
	30 ○	1000	4072	25,1	2750	1,48
	30 ○	600	4138	9,1	2757	1,50
	20 ○	400	4991	6,3	—	—

Mate-rial	K_z kg/qcm	C %	Graphit %	Rest %	Mn %	Si %	S %	P %
d	1956	3,18	2,47	0,71	0,70	1,67	0,08	0,66
c	2381	3,13	2,41	0,72	0,49	1,72	0,09	0,41
b	2542	3,23	2,12	1,11	0,65	1,29	0,14	0,25
a	2666	3,23	2,45	0,78	1,00	1,53	0,07	0,11
e	2750	3,14	2,12	1,02	0,53	1,25	0,14	0,33

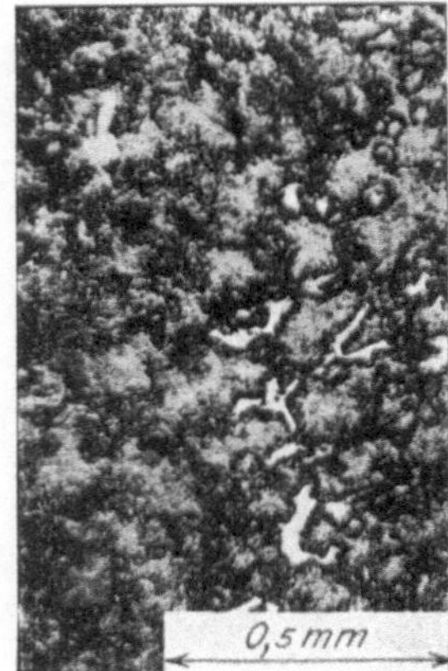

(528)   Figur 671. $V = 50$.

Die Stäbe, sämtlich hochwertiges Material, stammen von 5 ver-
schiedenen Gießereien. Trotzdem ist zu erkennen, daß, wenn der
Unterschied zwischen Kohlenstoffgehalt (C) und Graphit, d. h. der
Rest, der in der Hauptsache auf Perlit und freien Zementit entfällt,
etwa 0,8 % oder mehr ist, höhere Zugfestigkeit erreicht wird, als wenn
er nur 0,7 % beträgt. Das sehr feste Eisen *b*, *a* und *e* weist geringeren
Siliziumgehalt (Si), das Eisen *a* hohen Mangangehalt (Mn) auf. Der
Gehalt an Schwefel (S) ist in allen Fällen, der an Phosphor (P) bei
Material *a* klein.

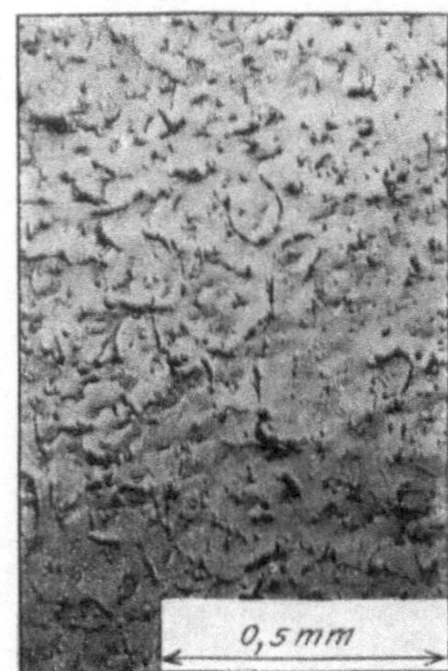

(529)   Figur 672. $V = 50$.

Weitere zusammengehörige Werte anderen Gußeisens:

K_z kg/qcm	C %	Graphit %	Rest %	Mn %	Si %	S %	P %	As %
1068	3,46	2,97	0,49	0,48	1,83	0,09	0,87	0,06
1348	3,50	2,79	0,71	0,60	1,52	0,08	0,73	0,07
1413	3,54	2,80	0,74	0,51	1,72	0,08	0,48	0,05
2334	3,65	2,91	0,74	1,53	1,13	0,09	0,19	0,03
2399	3,41	2,65	0,76	0,91	1,41	0,14	0,32	0,04
2525	3,63	2,79	0,84	1,93	1,22	0,08	0,12	0,02
4016	2,63	1,80	0,83	2,68	2,00	—	—	—
4427	2,64	1,72	0,92	1,00	3,13	0,09	0,11	—

(530)   Figur 673. $V = 20$.

Das zuletzt angeführte Gußeisen ergab folgende Festigkeits-Einzelwerte:

Stab	K_b kg/qcm				Durchbiegung, mm				K_z kg/qcm		A_k kg/qcm		
40 ○	5034	5169	5073	5005	11,5	11,6	10,6	11,4	—	—	0,17	0,15	0,17
30 ○	3832	4520	4031	—	16,6	22,2	18,2	—	3913	3681	—	—	—
30 ○	4676	4878	4523	5167	8,3	7,8	7,3	8,6	1998*)	4427	—	—	—
20 ○	4966	4534	4534	4671	5,8	4,7	4,7	5,0	—	—	—	—	—

*) Der Stab zeigte auf der Bruchfläche Kristallbäumchen (Figur 661). Diese Stelle leitete den
Bruch ein und bewirkte Abnahme der Zugfestigkeit von 4427 auf 1998 kg/qcm. Beim Biegungsversuch

Höchste bis jetzt beobachtete Zugfestigkeit an Gußeisen $K_z = 4446\,\text{kg/qcm}$ ($K_b = 6250\,\text{kg qcm}$, $y = 5,7\,\text{mm}$ — Rundstab von 20 mm Durchmesser, unbearbeitet —). Derartiges Gußeisen zeigt auf der Bruchfläche helle und dunkle Stellen (vgl. Figur 677).

Figur 671 bis 677. Gefüge von Gußeisen folgender Festigkeitseigenschaften (Figur 672 und 674 ungeätzt, die übrigen Schliffe geätzt)[1]. S. auch Figur 206, S. 42.

Stabdurchmesser . .	40 mm		30 mm				20 mm			
K_b kg/qcm	5510	4185	3820	3810	3670	3650	4820	4610	3730	3720
H (10 mm, 3000 kg) .	235	187	202	207	187	183	286	235	196	217
$K_b : H$	23,4	22,4	18,9	18,4	19,6	20,0	16,9	19,6	19,0	17,1
$K_z : H$	13,8	13,2	11,1	10,8	11,5	11,8	10,0	11,5	11,2	10,1
Figur	671	—	672, 673	—	674, 675	—	676, 677	—	—	—

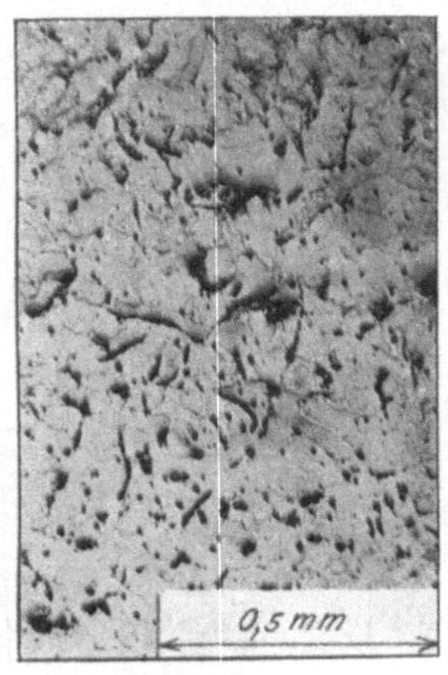
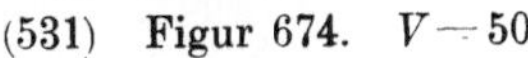

(531) Figur 674. $V = 50$.

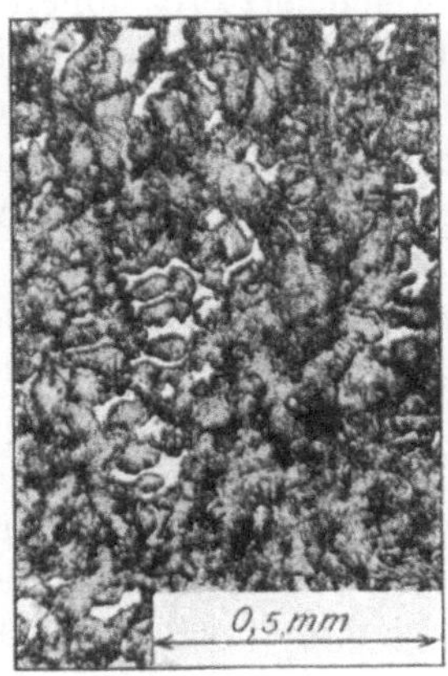

(532) Figur 675. $V = 50$.

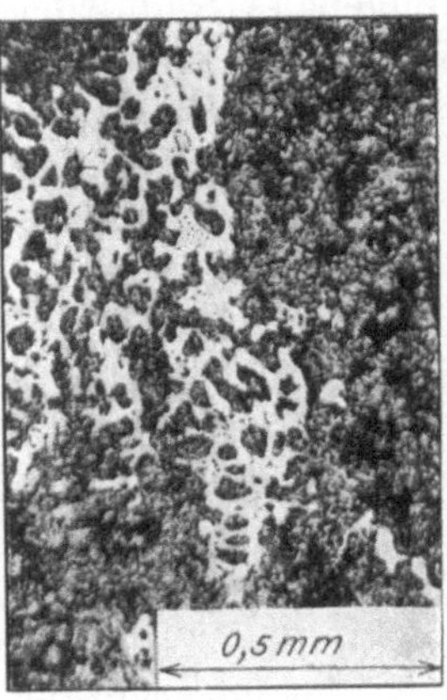

(533) Figur 676. $V = 50$.

würde diese Festigkeitsabnahme nur bemerkt worden sein, wenn die kristallinische Stelle in stark beanspruchten Teilen gelegen hätte.

[1] Wichtigste Gefügebestandteile: Zementit (Eisenkarbid) weiß; Perlit — oder bei rasch abgekühlten Stücken, Sorbit, Troostit, vgl. S. 56 — dunkel; Graphit in Form von Blättchen, die im Querschnitt als Stäbchen erscheinen; fein verteilte Temperkohle. Das auf S. 124 f. Gesagte ist zu beachten. Figur 671 und 675 scheinen z. B. sehr ähnlich. Genauere Betrachtung zeigt aber, daß auf ersterer die dunklen Teile geringeren Raum einnehmen, auch stärkere Graphitteile fehlen, während solche auf Figur 675 auftreten. Die Bilder geben auch die Erklärung, weshalb sich Gußeisen zum Lagermetall eignet. Der Perlit gibt eine widerstandsfähige Gleitfläche. Anfressen — s. Figur 208, S. 42 — wird durch die Graphiteinlagen verhindert. Daß trotzdem unter Umständen ziemlich weitgehende Formänderung möglich ist, zeigt Figur 206, S. 42.

Das Schmelzdiagramm der Eisen-Kohlenstoff-Legierungen hat in dem hier in Betracht kommenden Gebiet Ähnlichkeit mit dem mittleren Teil von Figur 282, S. 55. Es enthält eine eutektische Linie

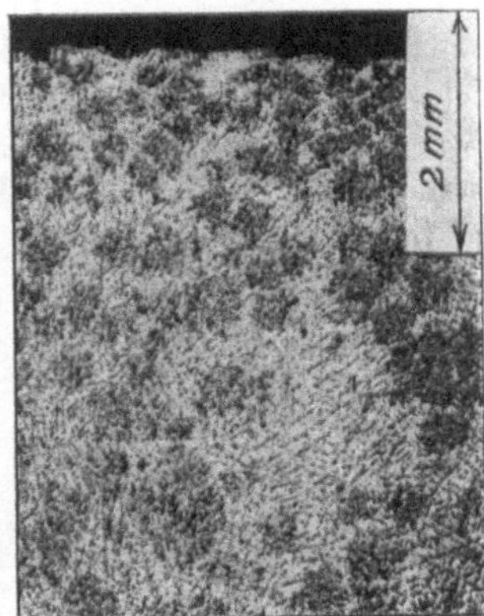

(534) Figur 677. $V = 10$.

$D - D$ in der Höhe von 1130° C, einen eutektischen Punkt A auf dieser bei $4,3\%$ C, der die Zusammensetzung der am leichtesten schmelzenden, d. i. eutektischen Legierung kennzeichnet. Nach rechts oben verläuft von A aus der Linienzug AZ, der die Abscheidung von Eisenkarbid aus der Schmelze angibt. (Dieses Eisenkarbid zerfällt bei langsamer Abkühlung und liefert Graphit, der als Garschaum aufsteigt; in abgeschreckten Stücken oder bei entsprechender Zusammensetzung bleibt es erhalten — Hartguß, weißes Roheisen.) Das Eutektikum besteht aus Zementit und Mischkristallen (s. u.). Bei rascher Abkühlung liefert es das „Ledeburit“ genannte Gefügebild, Figur 676, 677, 679 bis 681, in den beiden ersteren die helleren Gebiete. Bei langsamer Abkühlung zerfällt der Zementit zum größten Teil und ergibt (kleinere) Graphitteile sowie Perlit — Grauguß, graues Roheisen; über Zwischenstufen („halbiertes“ Roheisen) vgl. Fig. 677. — Im Punkt A des Schmelzdiagramms schließt sich ferner nach links oben ein Zweig AA' an, der den Beginn der Abscheidung der „Mischkristalle“ angibt. Diese sind Eisen-Kohlenstoff-Legierungen, deren Zusammensetzung nach beendeter Erstarrung je nach der Abscheidungstemperatur zwischen 0

Figur 678. Gefüge von Gußeisen mit $K_z = 3204$ kg/qcm; a ungeätzt, b geätzt.

Figur 679. Gefüge von Hartguß. ($K_b = 2260$ kg/qcm.) Die weißen Teile sind Zementit. Die Kristallisation erfolgt bekanntlich bei rascher Abkühlung in blätter- oder bäumchenartigen Gebilden (vgl. Figur 609, 680, 681), die von den Abkühlungsflächen in das Innere der Form dringen. Hierdurch entsteht das strahlige Aussehen der gelblich-weißen Bruchflächen (Figur 610). Bei langsamer Abkühlung der Schmelze tritt Zersetzung des Eisenkarbids, das $6{,}7\,^0/_0$ C enthält, ein, und es entsteht freier Kohlenstoff in Form von Graphit. Graphithaltiges Gußeisen zeigt bekanntlich grauen Bruch, vgl. Figur 657 f. Als Zwischenstufe kommt Gußeisen mit hellen Flecken in den Bruchflächen vor, vgl. Figur 677. Die Abscheidung des Graphits kann bekanntlich verzögert und die Festigkeit erhöht werden außer durch rasche Abkühlung, durch Zusätze (Mangan usf., gegenteilig wirkt Silizium) oder durch Verminderung des Kohlenstoffgehalts (Schmiedeeisenzusatz), welch letzteres höhere Temperaturen erfordert. Daß zwischen Grau- und Hartguß Übergänge bestehen, zeigen Figur 668 f.

Figur 680. Gefüge von Hartguß ($K_z = 1250$ kg/qcm, K bis 15800 kg/qcm).

Figur 681. Gefüge von Hartguß (Rädchen zum Abdrehen der Schmirgelscheiben[1]).

Figur 682. Zwei Stücke aus Gußeisen, das eine unbekannte Wärmebehandlung erfahren hat.

Figur 683. Stelle vom unteren Rand des Stückes II, Figur 682, vor dem Ätzen. Die dunklen Teile sind Graphit.

Figur 684 bis 686. Stelle a, b, c aus Figur 682. Figur 684: Perlit neben Zementit; am Rande unten Ferritkörner. Figur 685: Ferrit in Körnern neben Graphit und sehr wenigen Zementitresten, die auch Eisen-Phosphid enthalten werden. Figur 686 zeigt von diesem Bestandteil mehr. Im dunklen Teile des Stückes II ist das Gefüge der Figur 684 ähnlich. Die Kugeldruckprobe ergab folgende Härtezahlen:

Stelle	a	b	c	Stück II, Mitte
H	179	128	131	184

Figur 687. Schnitt durch ein Bruchstück aus einer lange Zeit benutzten gußeisernen Retorte (Gaswerk).

Figur 688 bis 690. Gefügebilder von der Stelle a, b, c der Figur 687. Figur 688: Ferrit neben Resten des verbrannten Graphits. Figur 689: Zementit neben Perlit und etwas Graphit. Letzterer scheint Zementit gebildet zu haben. Figur 690: Ferrit, Oxydteile, Reste von Perlit und Zementit. Am Rande des Querschnitts über der Stelle c waren nur Ferrit und Oxydteile zu erkennen (ähnliches Bild wie Figur 596).

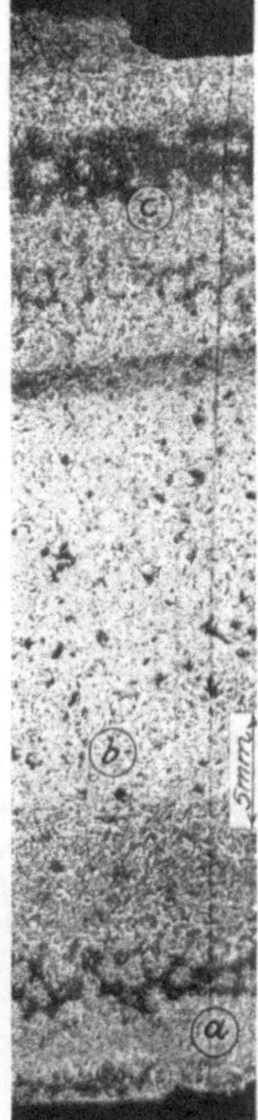

Figur 688. $V = 150$.   Figur 689. $V = 150$.   Figur 690. $V = 150$.   Figur 687. $V = 2$.

und etwa $1{,}7\,^0/_0$ C gelegen ist. Jede untereutektische Schmelze (Flußeisen, Stahl usf.) erstarrt also in Mischkristallen veränderlicher Zusammensetzung. Diese haben jedoch, weil sie eine feste Lösung (s. S. 52) bilden, das Bestreben nach Ausgleich des Kohlenstoffgehalts, so daß nach langsamer Erstarrung ein mehr oder minder gleichförmiges Gefüge entsteht. Weiter kann hier auf das Schmelzdiagramm nicht eingegangen werden.

[1] Infolge seiner großen Härte ist Hartguß auch für andere Werkzeuge geeignet, sofern auf

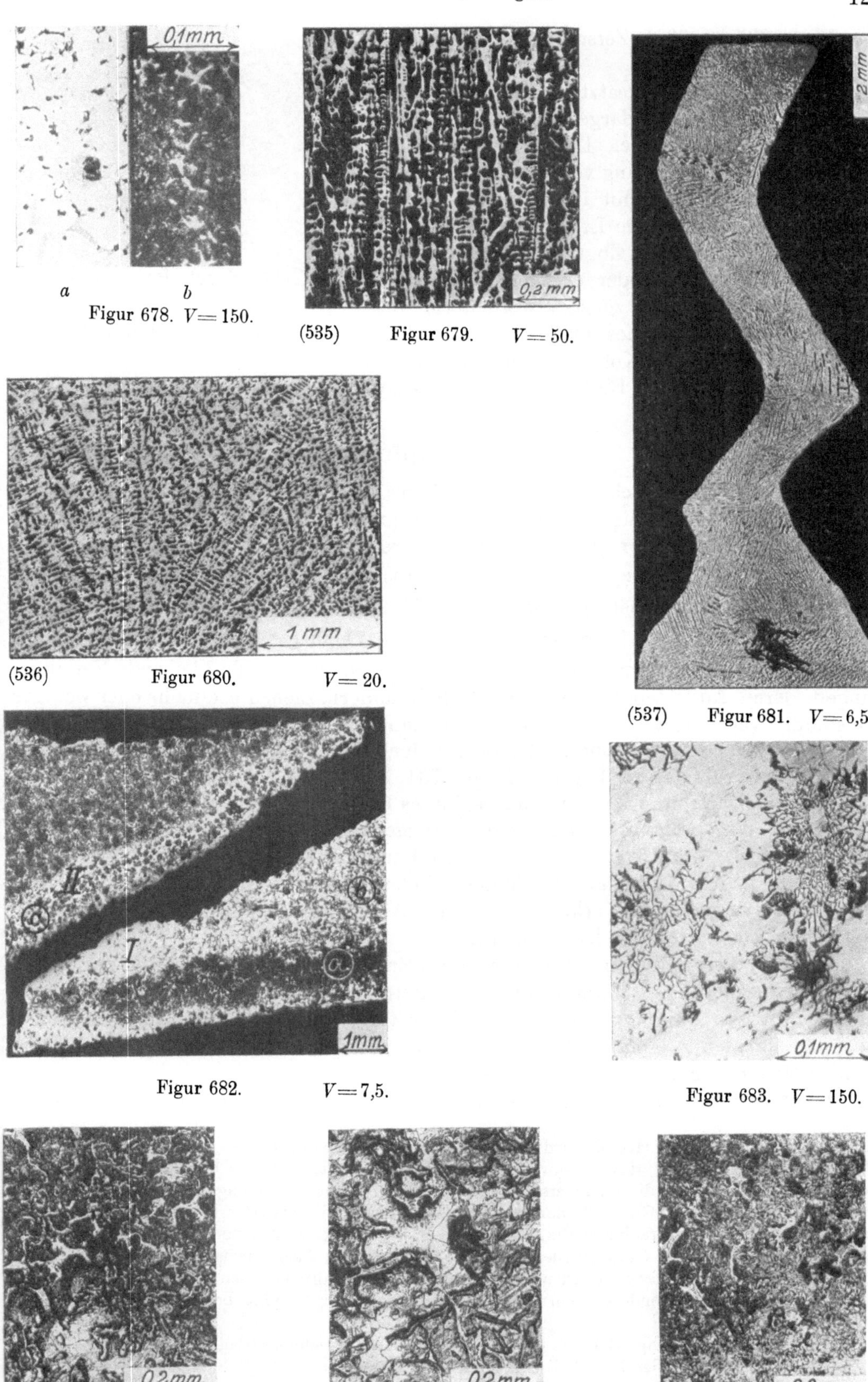

Figur 678. $V = 150$.

(535)   Figur 679. $V = 50$.

(536)   Figur 680. $V = 20$.

(537)   Figur 681. $V = 6,5$.

Figur 682. $V = 7,5$.

Figur 683. $V = 150$.

Figur 684. $V = 75$.

Figur 685. $V = 75$.

Figur 686. $V = 75$.

Figur 691 bis 693. Zerstörungserscheinungen an Wasserleitungsrohren.

Figur 694, 695. Ungeätzte Querschnitte durch die in Figur 691 bis 693 dargestellten Stücke. Das Material war völlig mürbe. Die Zersetzung ist den Graphiteinschlüssen entlang vor sich gegangen und im vorliegenden Fall damit in Zusammenhang zu bringen, daß dort, wo die Leitung im Boden eingebettet lag, zahlreiche Zugtiere gerastet haben.

(538)   Figur 691. $V = {}^1/_6$.

Ganz ähnliche Gefügebilder ergeben sich bei Gußeisen, das durch Berührung mit hochüberhitztem Dampf zerstört worden ist.

Figur 696. Ähnliches Gefügebild wie Figur 695 (ungeätzt), herrührend von dem rasch verrosteten Kolben eines Wassermessers.

Figur 737, S. 139. Einfluß der Temperatur auf die Zugfestigkeit hochwertigen Gußeisens.

VIII. Kupfer.

Raumgewicht je nach der Reinheit 8,7 bis 8,95.

Ausdehung durch die Wärme im Durchschnitt $\alpha_w = 1 : 60\,000 = 16,7$ Milliontel.

Nach Dittenberger (1902)[1], Geltungsbereich 0 bis 500° C:

$$\alpha_w = (16,07 + 0,004\,34\ t)\ \text{Milliontel.}$$

Nach Henning[2] betrug zwischen -191 und $+16°$ C:

$$\Delta l = 0,002\,917\ l, \text{ entsprechend } \alpha_w = 1 : 71\,000 = 14,1 \text{ Milliontel.}$$

Figur 697. Zugversuch mit ausgeglühtem Kupfer. Große bleibende Verlängerungen, deren Auftreten bekanntlich durch Hämmern, Ziehen usf. mehr oder weniger vollständig verhindert werden kann[3]. Dehnungzahl der Federung im Durchschnitt $\alpha = 1 : 1\,100\,000 = 0,9$ Milliontel. Gezogenes Kupfer zeigt Zugfestigkeiten bis etwa 5000 kg/qcm (vgl. das zu Figur 712 und 731 Bemerkte).

Figur 698. Dehnungslinie für ausgeglühtes Kupfer. $A = 7,1$ mkg/ccm, $\psi = 62\,°/_0$. Fehlen der ausgeprägten Streckgrenze. Langgestreckter Abfall nach der Höchstlast.

Figur 699. Stauchversuch mit einem Kupferzylinder (Crusher) von 15 mm Höhe und 10 mm Durchmesser (übliche Belastungsdauer $^1/_2$ Min.). Einfluß der Durchmesservergrößerung, erkennbar an der Abnahme der Zusammendrückung für je 1000 kg von etwa 3000 kg Belastung an.

Figur 700. Einfluß der Temperatur auf Zugfestigkeit, Bruchdehnung und Querschnittsverminderung. Material eines im Betriebe gerissenen Rohres zur Leitung von überhitztem Dampf[4]. Stetiger Abfall der Zugfestigkeit — vgl. dagegen Figur 9, Seite 8 — rascher Abfall von Dehnung φ ($l = 5$ cm, $f = 0,5$ qcm) und Querschnittsverminderung ψ jenseits 200° C.

Figur 701. Zerrissenes Stehbolzenkupfer, $K_z = 2141$ kg/qcm, $\varphi = 49,2\,°/_0$, $\psi = 62°/_0$.

---

seine geringe Zähigkeit geachtet wird. Ähnlich verhalten sich in bezug auf geringe Abnutzung Werkzeuge aus Flußeisen, das so stark im Einsatz gekohlt ist, daß eine Haut aus Zementit entsteht. Solche Werkzeuge dienen in erster Linie zur Bearbeitung von weniger festem Material, das z. B. sandhaltig ist usf. Grauguß, der wie Stahl erwärmt und gehärtet wird, ist außerordentlich spröde, eine Folge des Graphitgehalts, worauf auch beim Zuschweißen von Fehlstellen zu achten sein wird. Aus demselben Grund eignet sich Grauguß nicht als Ausgangsmaterial zum Tempern — an Stelle der Graphitblättchen würden oxydierte Hohlstellen zurückbleiben —. Auch beim wiederholten Erwärmen, insbesondere beim Glühen, macht sich der Graphit bemerkbar (Wachsen der Roststäbe usf.).

[1] Z. Ver. deutsch. Ing. 1902, S. 1536 f. Mitteil. über Forschungsarbeiten, Heft 9.

[2] Tätigkeitsbericht der Physikalisch-Technischen Reichsanstalt 1906, S. 9.

[3] C. Bach, Elastizität und Festigkeit, § 4.

[4] Z. Ver. deutsch. Ing. 1907, S. 1667 f. Mitteil. über Forschungsarbeiten, Heft 70.

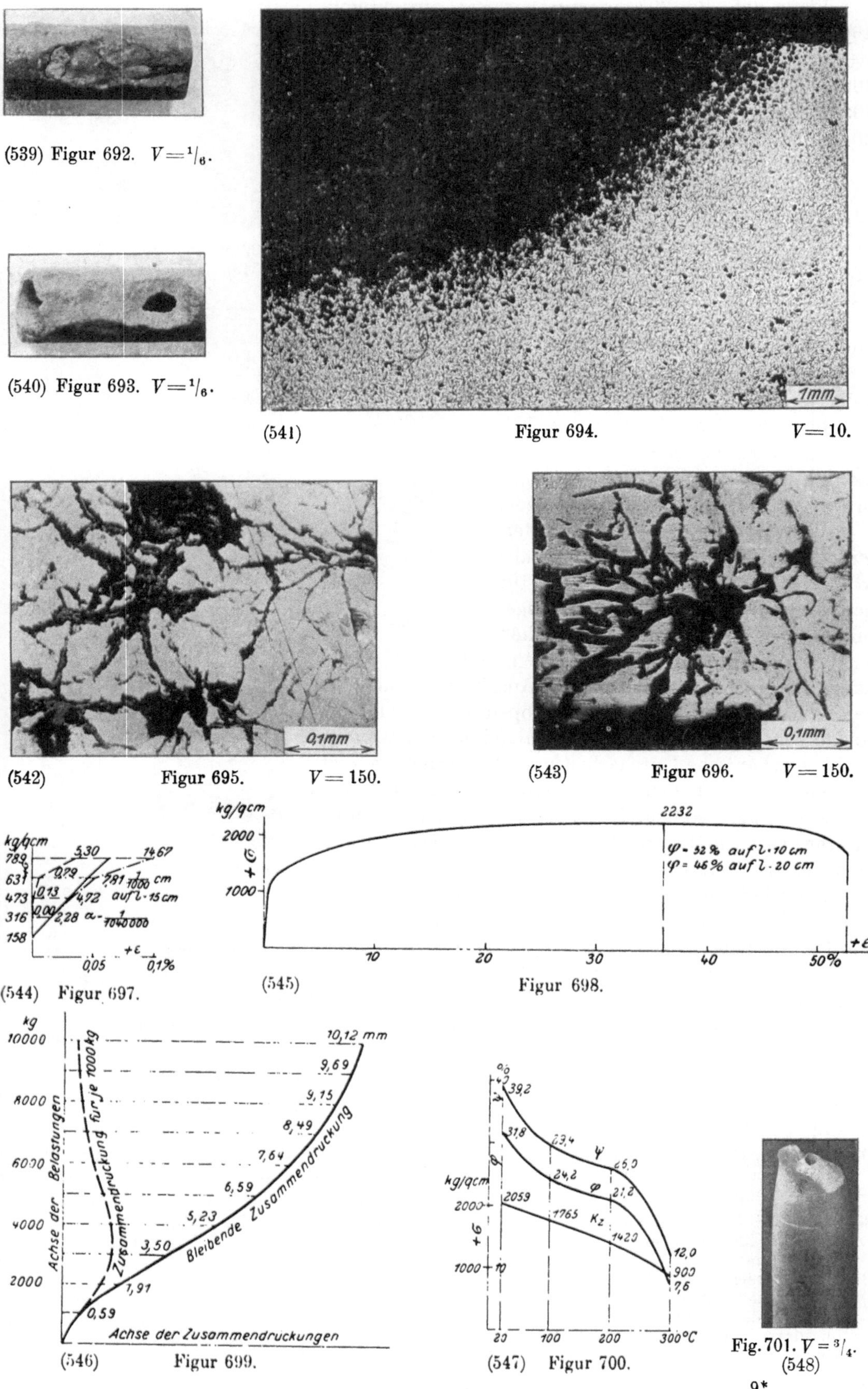

(539) Figur 692. $V = \frac{1}{6}$.

(540) Figur 693. $V = \frac{1}{6}$.

(541) Figur 694. $V = 10$.

(542) Figur 695. $V = 150$.

(543) Figur 696. $V = 150$.

(544) Figur 697.

(545) Figur 698.

(546) Figur 699.

(547) Figur 700.

Fig. 701. $V = \frac{3}{4}$. (548)

9*

Figur 702. Bei 20^0 C zerrissener Stab aus gutem, feinkörnigem Kupfer; $K_z = 2500$ kg/qcm, $\varphi = 48{,}0$, $\psi = 68\,^0/_0$. $(K_z = 1500$ kg/qcm, $\varphi = 25{,}2$, $\psi = 28\,^0/_0$ bei 300^0 C.) An ähnlichem Material wurde bei 20^0 C K_z bis 3020 kg/qcm, φ bis 57, ψ bis $77\,^0/_0$, bei 300^0 C K_z bis 2080 kg/qcm, φ bis 32, ψ bis $40\,^0/_0$ beobachtet.

Figur 703. Bei 20^0 C zerrissener Stab aus weniger gutem, grobkörnigem Kupfer; $K_z = 2250$ kg/qcm, $\varphi = 44{,}8$, $\psi = 58\,^0/_0$ $(K_z = 1250$ kg/qcm, $\varphi = 25{,}0$, $\psi = 25\,^0/_0$ bei 300^0 C). Ähnliches Material lieferte $K_z \geqq 2210$ kg/qcm, $\varphi \geqq 42$, $\psi \geqq 50\,^0/_0$ bei 20^0 C und $K_z \geqq 1050$ kg/qcm, $\varphi = 6$, $\psi \leqq 23\,^0/_0$ bei 300^0 C.

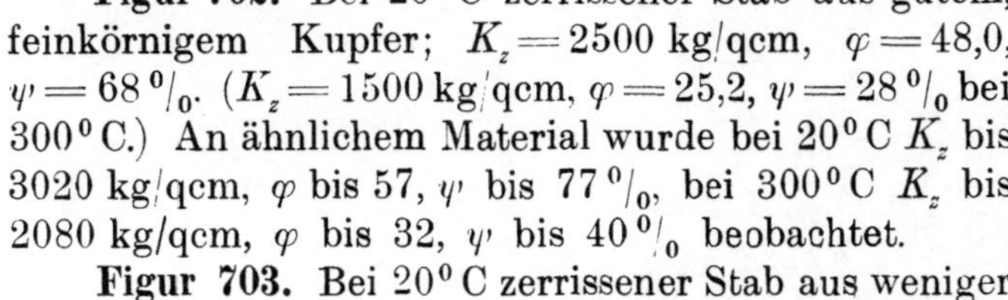
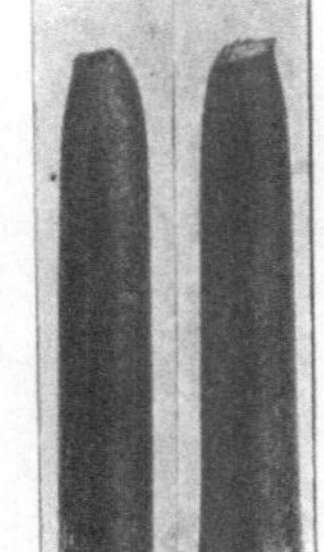
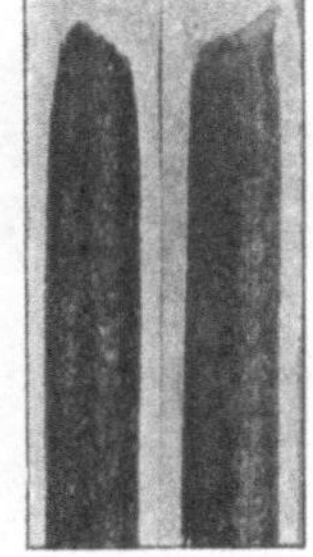

Figur 702. $V = {}^3/_4$. (549) Figur 703. $V = {}^3/_4$. (550)

Figur 704 bis 708. Schöpfproben aus Kupferschmelzen, sauerstoffhaltig („blauwürfelig"), schwefelhaltig (stengelig) und rein (sehnig). Eine Fläche des „blauwürfeligen" Kupfers, Fig. 704, 707 mit Kristallbäumchen aus Kupferoxydul. Ausgehämmerte, reine Schöpfprobe, gekerbt und zusammengebogen.

Figur 709, 710. Gefüge von Kupfer, fein- und grobkörnig. Fig. 709: Kristallkörner, ähnlich wie bei Eisen; Fig. 710: gewachsenes Korn, häufige Zwillingsbildungen in demselben. Durch Glühen wird Kupfer grobkörnig, wie Eisen, vgl. S. 46f., doch kann es nicht, wie dieses, durch Ausglühen feinkörnig gemacht werden, weil keine allotropen Umwandlungen stattfinden (S. 46). Soll das Material feinkörnig werden, so ist mechanische Durcharbeitung erforderlich, gefolgt von kurzem Erwärmen etwa auf 700^0 C, um die Zähigkeit wieder herzustellen. Letzteres tritt schon bei Temperaturen von 250 bis 300^0 C ein, jedoch umso rascher, je höher die Temperatur steigt.

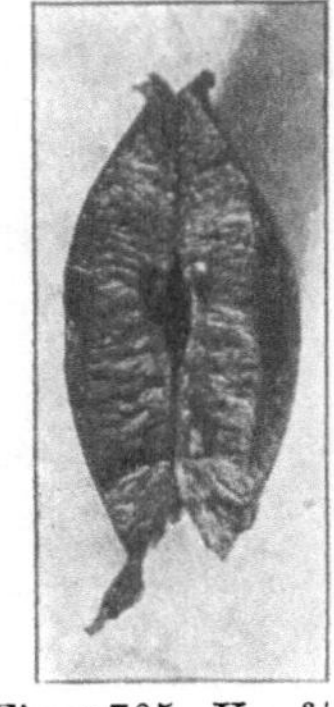
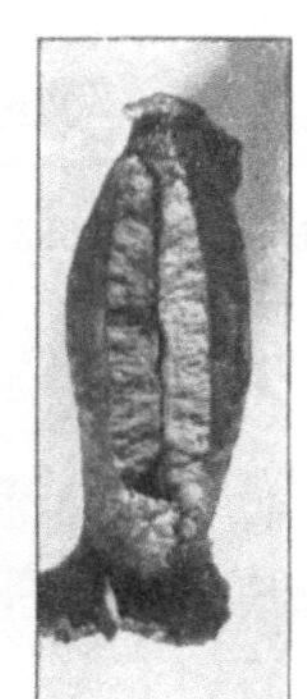

Figur 704. $V = {}^3/_4$. (551) Figur 705. $V = {}^3/_4$. (552) Figur 706. $V = {}^3/_4$. (553)

Figur 707. $V = 7{,}5$. (554)

Figur 711. Bruchstelle eines Rohres (nähere Angaben Figur 700), nahe der Lötnaht. Die Zuschärfung war durch Hämmern erfolgt, das Gefüge daher nach dem Schmelzen des Lotes an den Blechrändern feinkörnig (Figur 709), am andern Rande der Lötnaht, wo kein Hämmern und keine Zertrümmerung der Körner stattgefunden hatte, grobkörnig (Figur 710), wenig zäh, dauernder Biegungsbeanspruchung in höherer Temperatur nicht gewachsen.

Figur 712. Gefüge eines Kupferrohres. Ähnliches Material ergab bei 20^0 C: $K_z = 2879$ kg/qcm. $\varphi = 7$, $\psi = 39\,^0/_0$; bei 400^0 C: $K_z = 682$ kg/qcm, $\varphi = 14$, $\psi = 11\,^0/_0$. Kupferblech ergab folgende Werte $(20^0$ C):

(555) Fig. 708. $V = {}^3/_4$.

Dicke 0,7 mm, längs $K_z = 2276$ kg/qcm, $\varphi = 48$, $\psi = 43\,^0/_0$; quer $K_z = 2275$ kg/qcm, $\varphi = 47$, $\psi = 39\,^0/_0$

„ 0,7 „ „ $K_z = 2198$ „ $\varphi = 41$, $\psi = 35\,^0/_0$; „ $K_z = 2192$ „ $\varphi = 42$, $\psi = 36\,^0/_0$

„ 1,7 „ blank $K_z = 2305$ „ $\varphi = 41$, $\psi = 67\,^0/_0$; verzinnt $K_z = 2282$ „ $\varphi = 43$, $\psi = 63\,^0/_0$

Segmentkupfer für Elektromotoren . $K_z = 2730$ bis 2910 kg/qcm, $\varphi = 6$ bis $17\,^0/_0$, $\psi = 57$ bis $60\,^0/_0$

Draht für Straßenbahnoberleitung . $K_z =$ rd. 3700 „ $\varphi = 3{,}6$ „ $6{,}6\,^0/_0$, auf $l = 200$ mm (Dmr. 8 mm)

Bindedraht, weich, 1 mm Dmr. . . $K_z = 2550$ bis 2670 „ $\varphi = 28$ „ $39\,^0/_0$, „ $l = 100$ „

Draht aus Seilen, 1,8 mm Dmr. . . $K_z = 4040$ „ 4500 „ $\varphi = 1{,}7$ „ $4\,^0/_0$, „ $l = 100$ „

Draht aus Seilen, 2,2 mm Dmr. . . $K_z = 4050$ „ 4160 „ $\varphi = 2$ „ $3{,}6\,^0/_0$, „ $l = 70$ „

Leitungsdraht aus „Siliziumbronze" $K_z = 5980$ „ 7020 „ $\varphi = 3{,}3$ „ $3{,}8\,^0/_0$, „ $l = 100$ „ (Dmr. 3 mm).

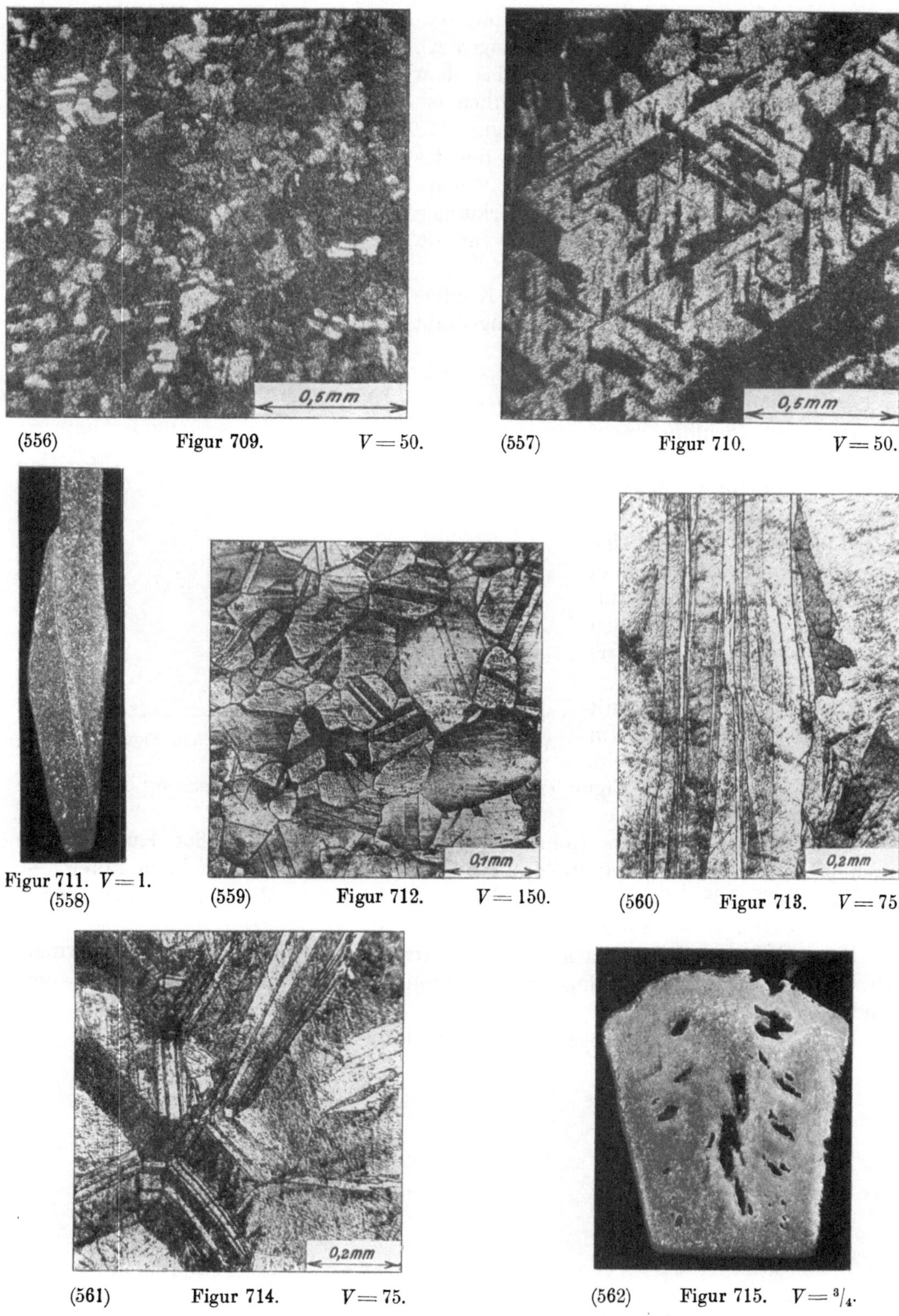

(556) Figur 709. $V = 50$.   (557) Figur 710. $V = 50$.

Figur 711. $V = 1$.
(558)   (559) Figur 712. $V = 150$.   (560) Figur 713. $V = 75$.

(561) Figur 714. $V = 75$.   (562) Figur 715. $V = {}^3/_4$.

Figur 713, 714. Gefügebilder aus elektrolytisch niedergeschlagenem Kupfer. Zwillingskristalle.

Figur 715. Querschnitt durch einen gegossenen, aus Abfällen geschmolzenen Kupferbarren mit Blasen, die vom Sauerstoffgehalt der Schmelze herrühren. Abhilfe: Polen (Umrühren mit Holzstangen), Zugabe von Desoxydationsmitteln usf.

Figur 716 bis 719. Dunkles Kupferoxydul, in Kupfer eingelagert (Schliffe ungeätzt). Figur 716 rührt von Material her, das dem in Figur 715 abgebildeten Barren ähnlich ist. Figur 719 bildet eine Stelle aus Figur 718 ab. Die zusammenhängenden Flächen, die das Oxydul enthalten, stellen das Eutektikum Kupfer — Kupferoxydul dar (vgl. die Bemerkungen zu Figur 282, S. 54), das 3,4 $^0/_0$ Oxydul enthält. Das Oxydul ist blaugrau.

Figur 720. Mäßige Mengen von Kupferoxydul in einem Straßenbahn-Oberleitungsdraht (Schliff ungeätzt).

Figur 721, 722. Nichtmetallische Einschlüsse in Feuerbüchskupfer von weniger guter Beschaffenheit (Schliffe ungeätzt). Zerrissene Stäbe haben etwa das aus Figur 703 hervorgehende Aussehen.

Figur 723. Geringfügige Einschlüsse in besonders reinem Feuerbüchskupfer (Schliff ungeätzt). Zerrissene Stäbe haben etwa das aus Figur 702 hervorgehende Aussehen.

Figur 724. Kupferrohr mit aufgelöteter Bronzeflansche. Im Betrieb trat bei a ein Riß ein.

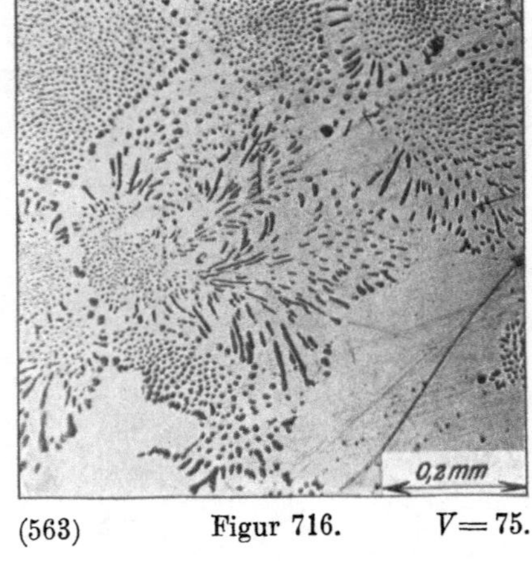

(563)   Figur 716. $V = 75$.

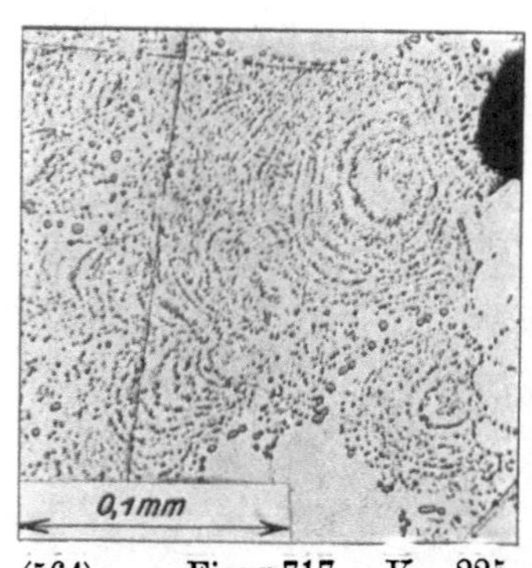

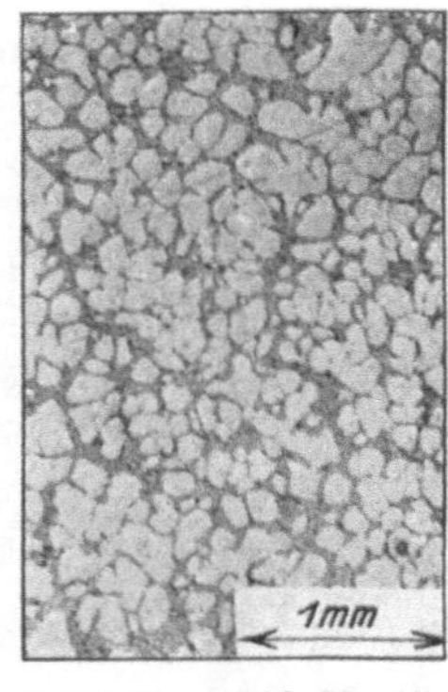

(564)   Figur 717. $V = 225$.   (565) Figur 718. $V = 15$.

Figur 725. Stelle b, Figur 724. Grobe Körner im Lot; Zersetzung des Randes der eingelegten Kupfermuffe.

Figur 726. Stelle c des Rohres, ungeätzt. Einhüllung großer Kupferkörner durch nichtmetallische Bestandteile. — Bruchursache Verbrennen beim Löten. —

Figur 727, 728. Stelle d und e der Muffe, ungeätzt. Weitgehende Schädigung durch eingedrungenes Oxydul.

Figur 729. Stelle d nach leichtem Ätzen. Sehr kleine Körner, vermutlich beim Löten durch eindringende Zersetzungsprodukte der Bronzeflansche entstanden.

Figur 730. Riß oder unganze Stelle in der Flansche bei f, ungeätzt.

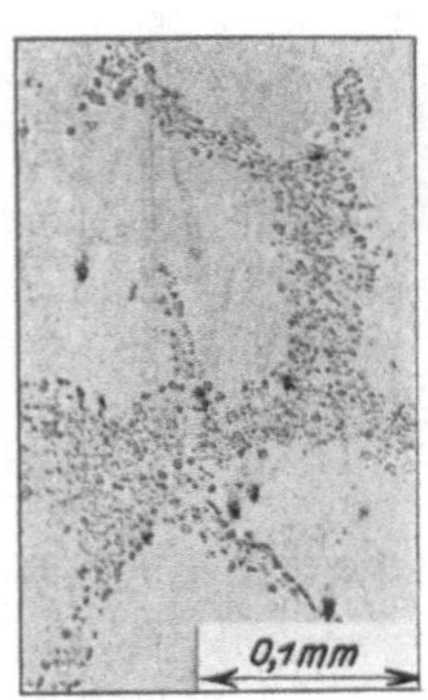

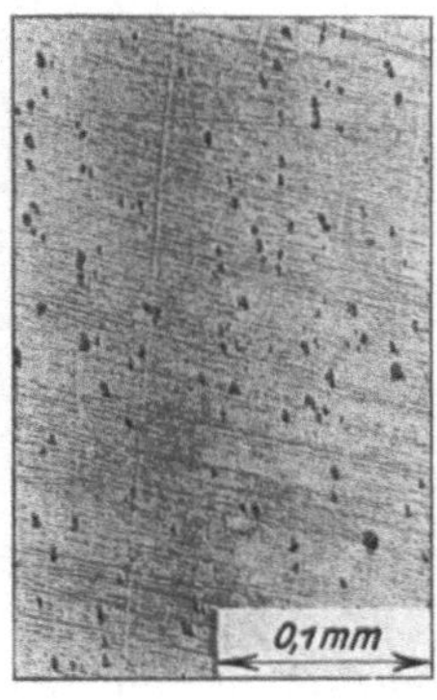

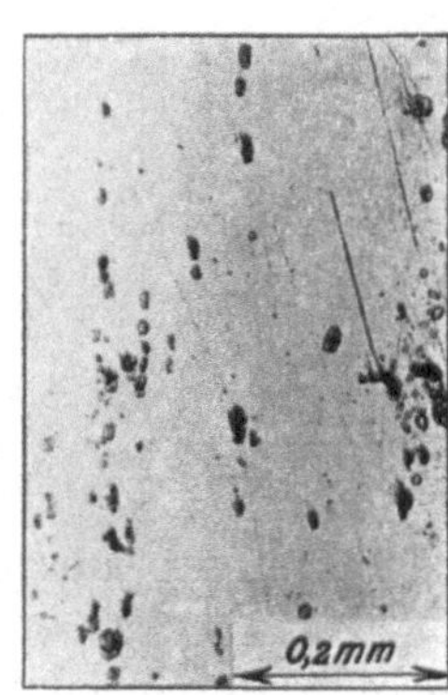

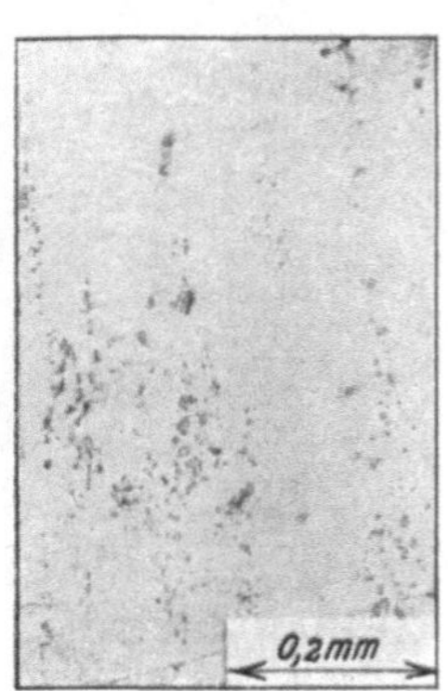

Figur 719. $V = 150$.   Figur 720. $V = 150$.   Figur 721. $V = 75$.   Figur 722. $V = 75$.
(566)   (567)   (568)   (569)

Figur 723. $V = 75$.
(570)

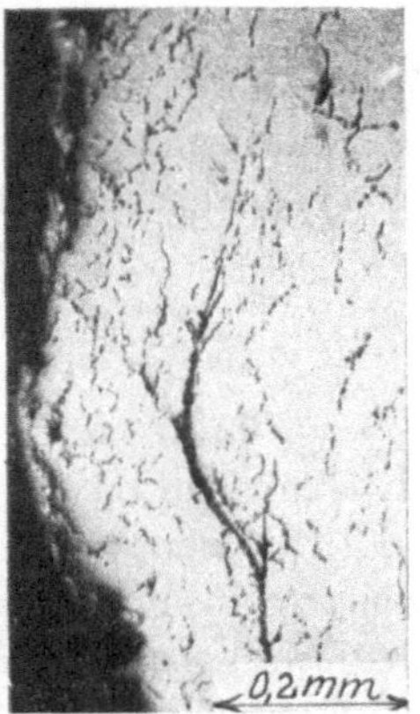

Figur 727. $V = 75$.

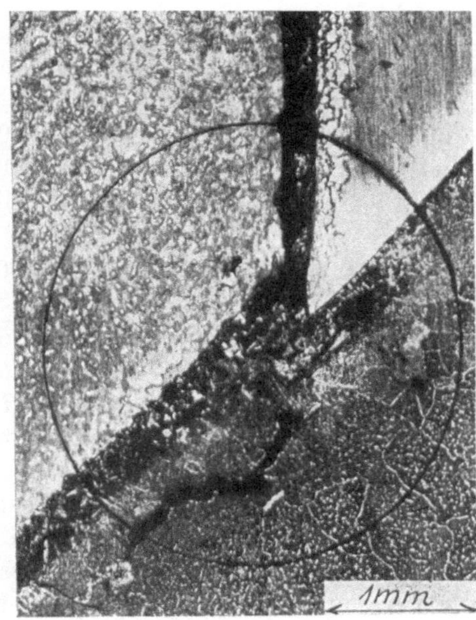

Figur 725. $V = 20$.

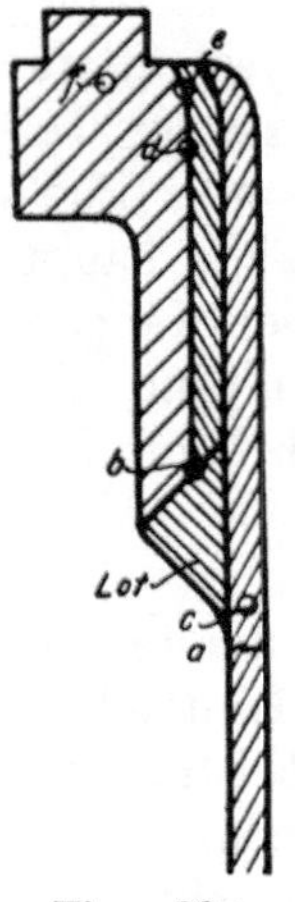

Figur 724.
$V = {}^1/_2$.

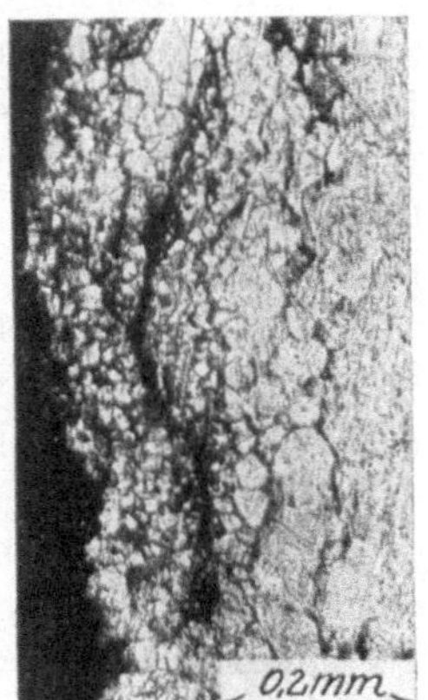

Figur 729. $V = 75$.

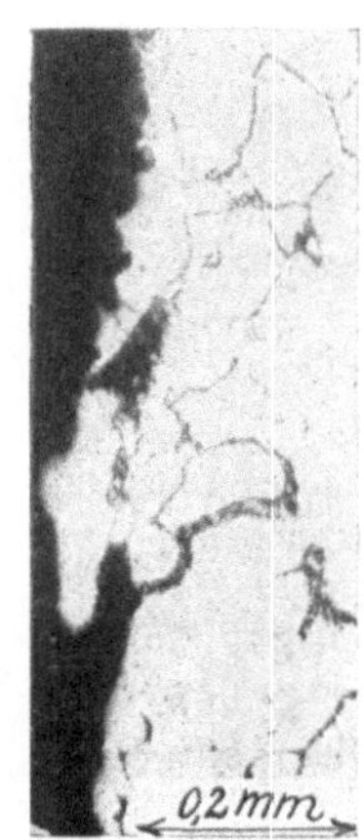

Figur 728. $V = 75$.

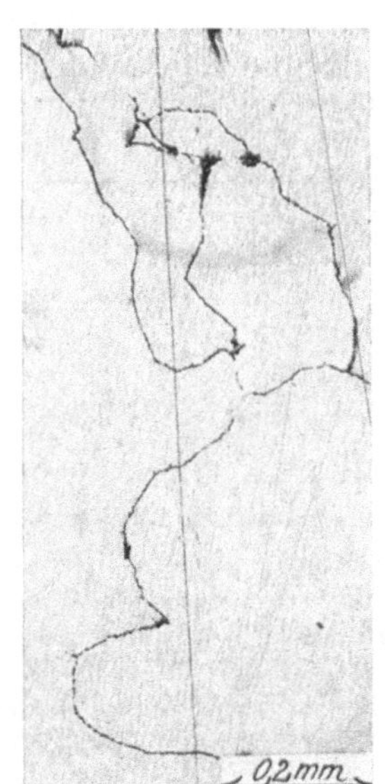

Figur 726. $V = 75$.

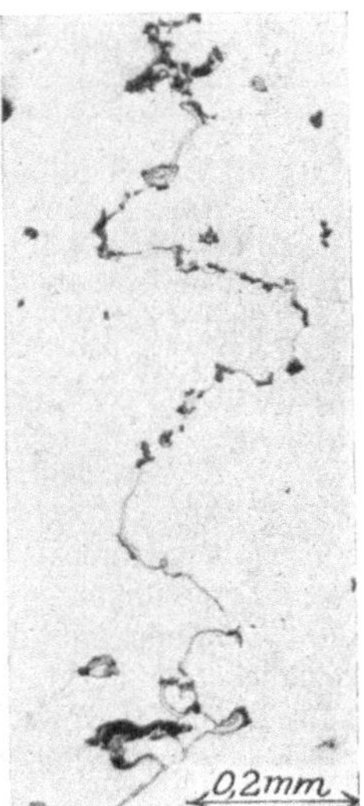

Figur 730. $V = 75$.

IX. Kupferlegierungen.

Raumgewicht, verschieden nach Zusammensetzung, etwa zwischen 7,9 (Aluminiumbronze mit $10\,^0/_0$ Aluminium) und 8,9.

Ausdehnung durch die Wärme angenähert $\alpha_w = 1 : 60000 = 17$ Milliontel.

Nach Dittenberger (1902)[1], Geltungsbereich 0 bis 500 bzw. 375^0 C

$$\text{für Bronze} \quad \alpha_w = (17,044 + 0,004\,34\ t)\ \text{Milliontel}$$
$$\text{„ Messing} \quad \alpha_w = (17,487 + 0,008\,767\ t) \quad \text{„}$$

Dehnungszahl der Federung im Durchschnitt $\alpha = 1 : 800000$ bis $1 : 1200000 = 1,25$ bis 0,8 Milliontel.

In neuerer Zeit werden die Benennungen Bronze und Messing nicht immer scharf auseinandergehalten. Während ursprünglich als Bronze eine Zinn-Kupferlegierung, als Messing eine Zink-Kupferlegierung galt, sind neuerdings zahlreiche Zinklegierungen als Bronzen bezeichnet — Manganbronze, Phosphorbronze, Siliziumbronze usf. —. Auch die Aluminiumlegierungen werden Bronzen genannt. Außerdem sind Namen im Gebrauch, die vom Erfinder usf. herrühren. Im folgenden können daher die Bronzen nicht streng geschieden werden von den Messingarten, doch sind diejenigen Metalle, die auch im Handel als Messing bezeichnet werden, sowie die ihnen verwandten Legierungen zum großen Teil an den Schluß gestellt[2]. In Mangan- oder Phosphorbronze läßt sich durch die chemische Analyse oft nur ein geringer Gehalt an Mangan oder Phosphor nachweisen, weil ein großer Teil des Zusatzes beim Desoxydieren der Schmelze verbraucht ist. Mangan- oder Phosphorbronze werden sehr verschiedene Legierungen genannt, teils solche, die hauptsächlich aus Kupfer bestehen — diese sind hier als „rote" Phosphor- oder Manganbronze bezeichnet, vgl. Figur 731, 733 —, teils solche, die größere Mengen Zinn oder Zink enthalten — hier „gelbe" Phosphor- oder Manganbronze genannt, vgl. Figur 750, 752, 762.

Über Siliziumbronze („rot") findet sich eine Angabe bei Figur 712.

Figur 731. Gefüge eines Rohres aus roter „Phosphorbronze", d. h. Kupfer mit geringem Phosphorzusatz. Sehr feines Korn, an dem die Wirkung des Kaltziehens zu erkennen ist (Zertrümmerung der Körner; an einem Längsschnitt würde Streckung derselben in der Ziehrichtung zu beobachten sein, vgl. Figur 787. Zwillingsbildungen, die als parallele Streifungen in den Körnern erscheinen; die Trennung der einzelnen Körner beim Ätzen erfolgt weniger leicht). Die Festigkeitseigenschaften nach verschiedener Behandlung läßt die folgende Zahlentafel erkennen.

Zustand	K_z	φ	ψ	H	$K_z : H$	γ	Figur
Kalt gezogen	6230	8,8	64	170	37	8,9	—
Rotglut, Luftabkühlung	3720	55	85	—	—	—	731
„ Wasserabkühlung[3])	3760	58	79	—	—	—	—
Weißglut, Luftabkühlung	3520	—	—	—	—	8,8	—
geschmolzen an der Luft	—	—	—	—	—	8,6	732

Figur 732. Phosphorbronze, an der Luft geschmolzen, vgl. Figur 731, und dadurch verdorben.

---

[1]) Z. Ver. deutsch. Ing. 1902, S. 1536 f.; Mitteil. über Forschungsarbeiten, Heft 9.

[2]) Auf die Schmelzdiagramme von Bronze, Messing usf. kann hier nicht eingegangen werden. Für manche Zwecke werden die bei Figur 799, 800, S. 148, gemachten Angaben ausreichen. Auch diese Legierungen sind, wie alle andern Metalle, aus Kristallen aufgebaut. Das Gefüge ähnelt in der Zeichnung teils dem des weichen Eisens (Figur 754, 759, 787 usf.), teils dem von Stahlguß mit reichlicherem Perlitgehalt (Figur 750, 767, 806 usf.) oder auch demjenigen von Gußeisen bzw. Hartguß (Figur 746, 747). Hinsichtlich der Wirkung der Formänderung und des Ausglühens gilt, insbesondere für Messing, das zu Figur 709, 710, S. 132 und zu Figur 749, 789 f. Bemerkte.

[3]) Abkühlung in Wasser, Lauge usf. befördert das Weichwerden des Materials nicht, entfernt aber den harten Glühspan.

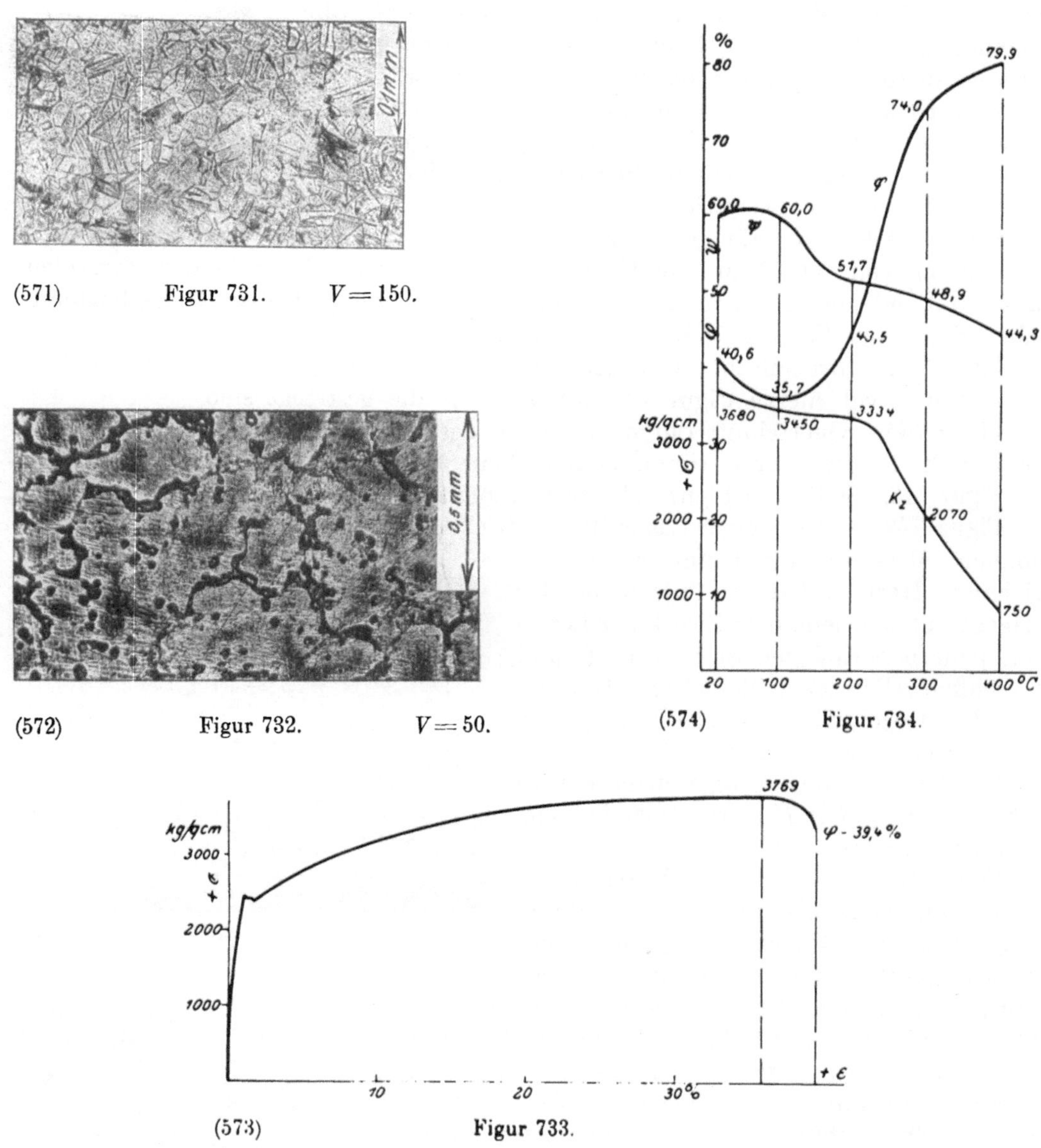

(571) Figur 731. $V = 150$.

(572) Figur 732. $V = 50$.

(574) Figur 734.

(573) Figur 733.

Figur 733. „Manganbronze"; rot $(98^0/_0\ Cu,\ 1,5^0/_0\ Sn,\ 0,2^0/_0\ Mn$, d. h. Kupfer mit geringem Zinn- und Mangangehalt), Zugversuch bei 20^0 C. Der Stab ist vor der Prüfung bei 300^0 C angelassen worden und zeigt ausgeprägte Streckgrenze. Das nicht angelassene Material zeigte diese Erscheinung nicht $(\psi = 61\ ^0/_0)$.

Figur 734. Abhängigkeit der Zugfestigkeit, Bruchdehnung und Querschnitts-verminderung dieses Materials von der Temperatur. (Durchschnittswerte.)

Bronze.

Figur 735 bis 737 (S. 138). Zugversuche mit Bronze für Armaturzwecke[1] $(Cu = 91,4\ ^0/_0,\ Sn = 5,5\ ^0/_0,\ Zn = 2,8\ ^0/_0,\ Pb = 0,3\ ^0/_0,\ \gamma = 8,7)$. Frühzeitiges Auftreten bleibender Dehnungen, Fehlen der ausgeprägten Streckgrenze. Verhältnismäßig geringe örtliche und beträchtliche gleichförmig über die Meßlänge verteilte Einschnürung vor dem Zerreißen. Die große Dehnung kommt durch diese gleichförmige Streckung der Meßlänge zustande. Kugeldruckhärte $(d = 10$ mm, $P = 1000$ kg$)\ H = 61,\ K_z = 39\ H$.

---

[1] Z. Ver. deutsch. Ing. 1900, S. 1745f.; 1901, S. 1477f. Mitteil. über Forschungsarbeiten, Heft 1 und 4.

Abfall der Festigkeit und Dehnung bei 200 bis 300° C: die Bruchdehnung, die bis 200° C sehr groß war, sinkt nach Überschreiten dieser Temperatur nahezu plötzlich fast auf Null. Ähnlich verhält sich die Querschnittsverminderung. ψ: 52; 47; 48; 16; 0; 0 % bei den in Figur 737 eingetragenen Temperaturen. Das Material erscheint hiernach für Heißdampfleitungen nicht mehr verwendbar.

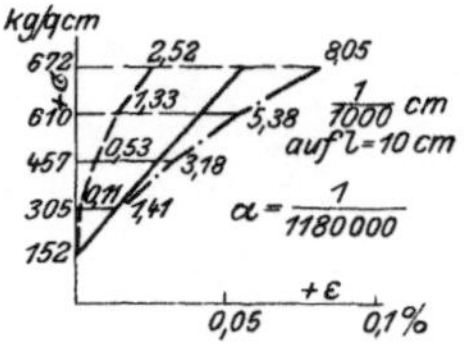

(575)   Figur 735.

Figur 738 bis 743. Einige der zerrissenen Stäbe. Fehlen der Dehnung von 400° C an. Die Unebenheiten der Oberfläche nach dem Zerreißen bei 20, 100 und 200° C lassen den kristallinen Aufbau zutage treten. Diese letzteren Stäbe zeigen, vgl. Figur 737, hohe Bruchdehnung.

Figur 744. Bruchfläche eines der bei 400° C zerrissenen Stäbe. Treppenartiger Kristallbruch, vgl. hierzu Figur 738, wo die Kristalle gestreckt sind.

Figur 745. Querschnitt durch den Kopf des in Figur 738 abgebildeten Stabes. Grobe Kristalle, in Übereinstimmung mit Figur 744, 738.

Figur 746. Stelle aus Figur 745. Bäumchenstruktur innerhalb der Körner.

Figur 747. Gefüge einer Lager-Bronze ($Cu = 88$ %, $Zn = 12$ %, also streng genommen Messing) mit bäumchenförmiger Zeichnung. Harte und weiche Teile ineinander gelagert, entsprechend dem Zweck der Legierung, polierbare Einlagen auf weichem Grund zu schaffen. (Bei stark bleihaltigen Bronzen wird das Gegenteil — weiche Einlagen in harter Grundmasse — angestrebt).

Figur 748. Gefüge kaltgewalzter Bronze (93 % Cu, 6 % Sn) $K_z = $ rd. 5000 kg/qcm, $\varphi = $ rd. 10, $\psi = $ rd. 30 %.

Figur 749. Gebogener Stab aus dieser Bronze, mit Quecksilber bestrichen, wodurch die Querrisse zu erklären sind. Quecksilber bringt Kupferlegierungen bei gleichzeitiger Beanspruchung zum Bruch. Innere Spannungen führen dabei ohne Mitwirkung äußerer Kräfte zu Rißbildungen, doch wirken äußere Kräfte, Temperatur- und Feuchtigkeitsschwankungen usf. in gleicher Weise. Dasselbe kann durch Sublimat, Ammoniak, Atmosphärilien, Säuren, Dämpfe, Anstriche usf. hervorgerufen werden, namentlich in der Kälte, vgl. Figur 789 f. (Stangen aller Art, ferner z. B. Kontaktfedern von im Freien stehenden elektrischen Anlassern — besser wäre: Trennung der Aufgaben von Stromführung und federnder Anpressung — Heiz- und Kühl-Rohre, Lampenzylinderfassungen, Gefäße aller Art, Achsen von Turmuhren usf.). Abhilfe: Verwendung von genügend hoch angelassenem oder nur wenig kalt gezogenem Material. Ähnliche Rißbildungen können entstehen bei Flußeisen unter der Einwirkung von Lauge[1]), sowie unter Umständen bei Einwirkung von Salpetersäure usf. Vgl. hierzu Figur 220 bis 223.

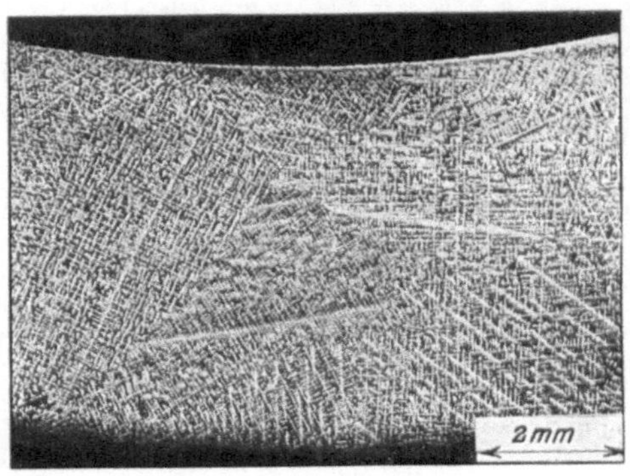

(587)   Figur 747. $V = 7{,}5$.

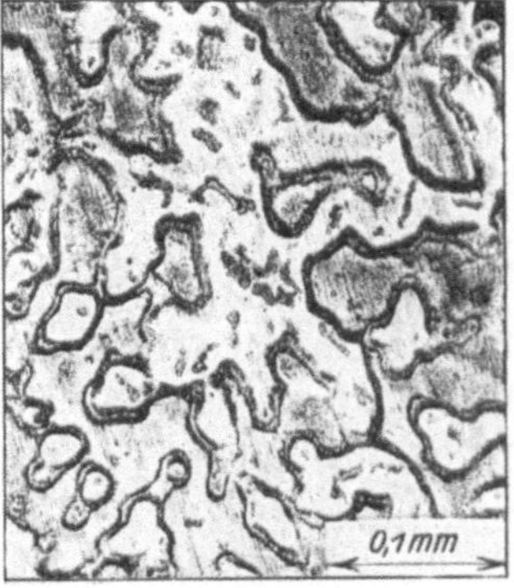

(588)   Figur 748. $V = 150$.

(589)   Figur 749. $V = {}^3/_4$.

---

[1]) Näheres s. Protokoll der 45. Delegierten- und Ingenieurversammlung des Internationalen Verbandes der Dampfkessel-Überwachungsvereine zu Chemnitz 1914, S. 66 f.

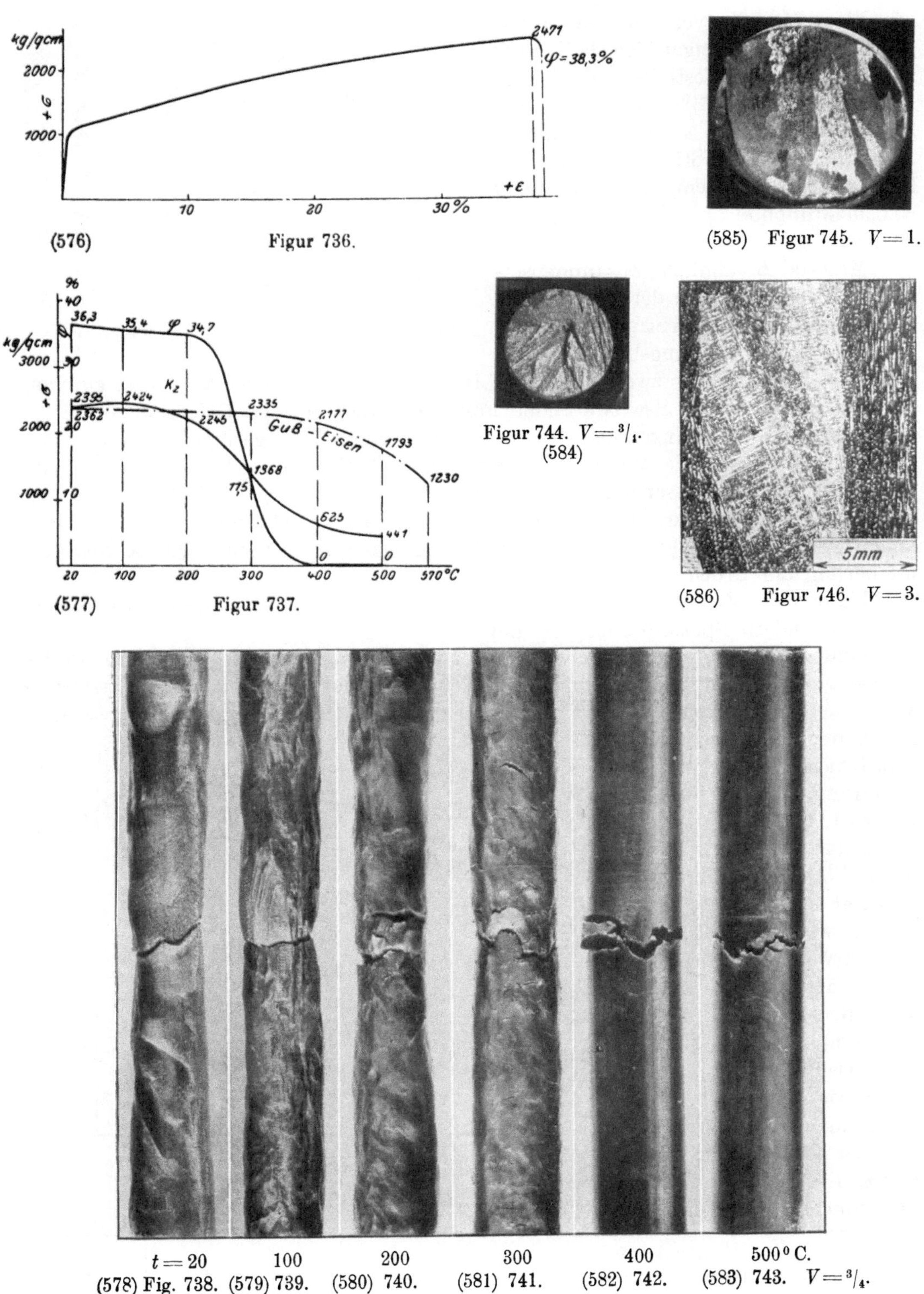

Figur 750, 751 (S. 140). „Phosphorbronze" (gelb, $Cu = 90$, $Sn = 10^0/_0$), Gefüge und zerrissener Stab (feinkörnig):

K_z	φ	ψ	Härtezahlen[1] für $d = 10$ mm			Werte von $K_z : H$		
kg/qcm	$^0/_0$	$^0/_0$	$P = 3000$	1000	500	3000	1000	500 kg
2050	12	16	$H = 80$	66	65	26	31	32
2350	17	21	$H = 78$	62	67	30	38	35	Fußbem. S. 141.

Figur 752. Zugversuche mit „Manganbronze" (gelb, eigentlich als Messing
zu bezeichnen, hohe Festigkeit, feinkörnig).

Material A: $53^0/_0$ Cu, $41^0/_0$ Zn,
$3,5^0/_0$ Mn, $2,5^0/_0$ Fe; $\psi = 25^0/_0$. Andere
Stäbe aus demselben Stück ergaben: $K_z =$
5000 bis 6500 kg/qcm, $\alpha = 1:1050000$
$= 0,95$ Milliontel, $\varphi = 7$ bis $19^0/_0$, $\psi =$
10 bis $23^0/_0$.

Material B: ähnliche Zusammensetzung. Großer Einfluß der Herstellung.
Fehlen der ausgeprägten Streckgrenze und
des Abfalls der Dehnungslinie vor dem

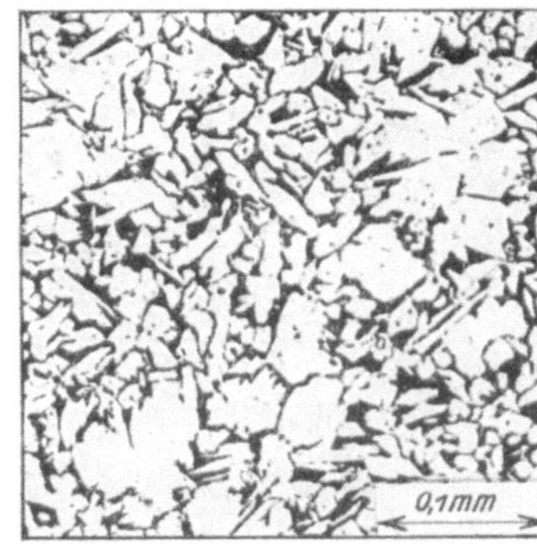

(590)　　　　Figur 750.　$V = 150$.　　　Fig.751. $V = {}^1/_2$.
(591)

Bruch bei A und B. Ein zweiter Stab der Lieferung B hatte ergeben $K_z = 4387$ kg/qcm,
$\varphi = 4,5^0/_0$, $\psi = 10^0/_0$, also zwar hohe Festigkeit, aber geringe Dehnung.

Figur 753. Biegungsbruch des Materials A, Figur 752; geringe Formänderung.

Figur 754. Gefüge des Materials A, Figur 752; große Körner von homogenem Aufbau.

Figur 755. Zerrissener Bronzestab $K_z = 4170$ kg/qcm, $\varphi = 48,3^0/_0$, $\psi = 47^0/_0$.
Grobkörnige Oberfläche. Die Bruchdehnung ist fast gleichförmig über die Meßlänge verteilt, die Querschnittsverminderung ebenso; örtliche Querschnittsverminderung am Bruch klein.

Figur 756. Zugversuche je mit geschmiedeten und nichtgeschmiedeten Stäben
von zwei andern Spezialbronzen A und B.

Figur 757 bis 759. Ähnliches Material wie die in Figur 756 behandelten Stäbe.
Strecken der Körner beim Schmieden. Solches Material ergab in anderer Lieferung
ausgeprägte Streckgrenze bei $\sigma_s = 3300$ kg/qcm, $K_z = 5310$ kg/qcm, $\varphi = 34$, $\psi = 46^0/_0$.

Abfall der Dehnungslinie vor
dem Bruch, ausgeprägte Einschnürung, ähnlich wie bei
Figur 31, S. 13.

Figur 760, 761. Zerrissener Stab aus ähnlichem
Material. Ausgeprägte Streckgrenze wie bei Stahl. Bemerkenswert ist außer dieser
bei Bronze seltenen Erscheinung der Umstand, daß die
Spannung, bei der die bleibende Dehnung $0,2^0/_0$ erreicht,
die nicht selten als Streckgrenze angesehen wird, unterhalb der ausgeprägten Streckgrenze liegt, wie die folgende
Zusammenstellung zeigt.

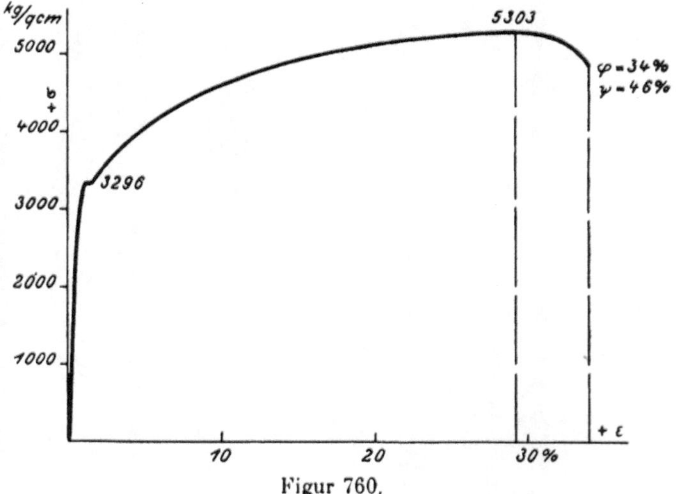

Figur 760.

Streckgrenze		K_z	φ	ψ
$0,2^0/_0$ bleibende Dehnung	ausgeprägt (Figur 760)			
kg/qcm	kg/qcm	kg/qcm	$^0/_0$	$^0/_0$
3185	3296	5303	34,0	46
2707	2930	5312	33,1	46
3344	3742	5344	34,0	38
3496	3683	5393	34,2	53
3352	3464	5464	32,2	50
3911	4078	5687	26,0	42

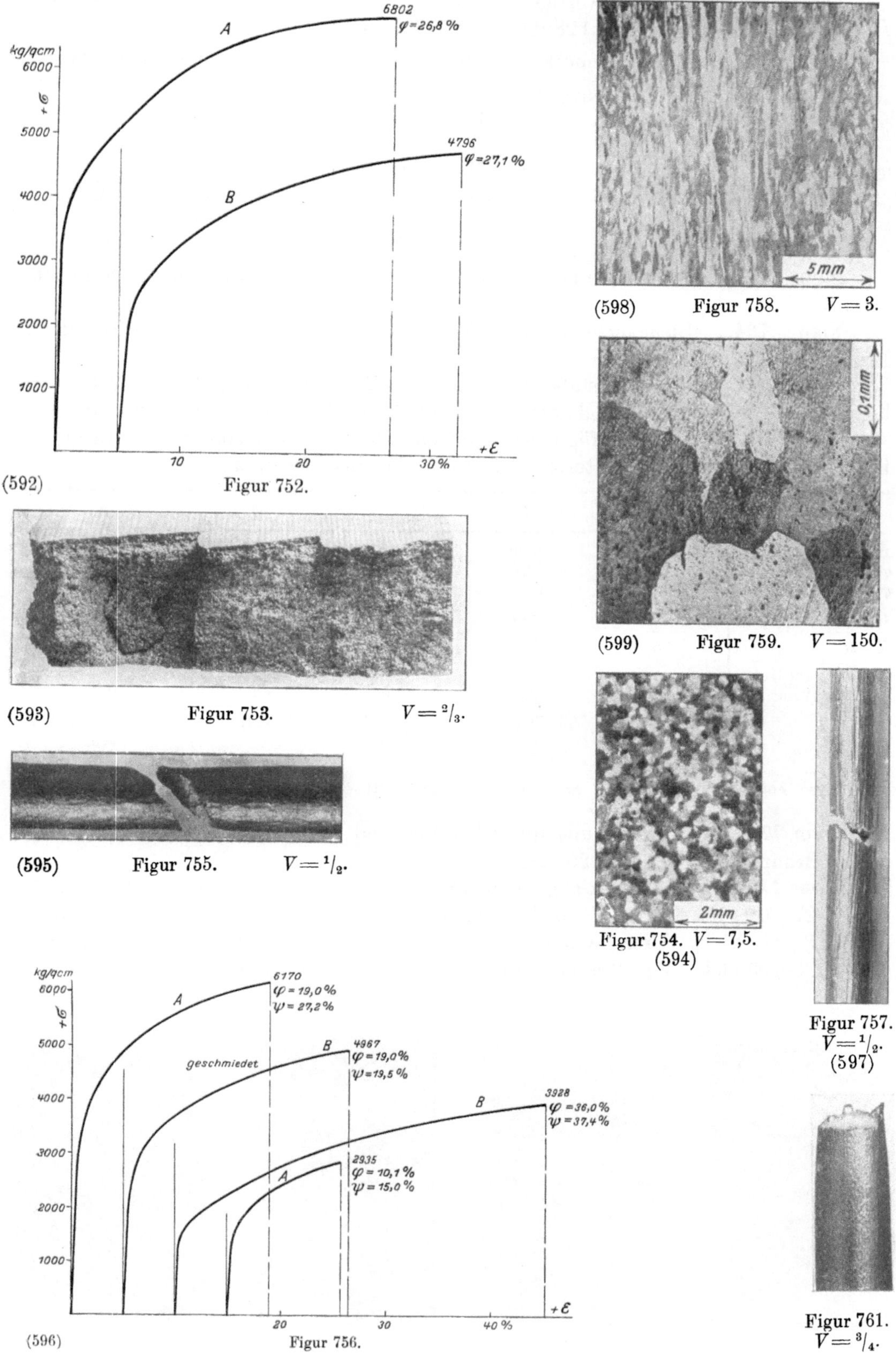

(592)   Figur 752.

(593)   Figur 753. $V = {}^2/_3.$

(595)   Figur 755. $V = {}^1/_2.$

(596)   Figur 756.

(598)   Figur 758. $V = 3.$

(599)   Figur 759. $V = 150.$

Figur 754. $V = 7,5.$
(594)

Figur 757.
$V = {}^1/_2.$
(597)

Figur 761.
$V = {}^3/_4.$

---

[1]) (S. 139.) Die Härtezahlen schwanken infolge der Ungleichförmigkeit des Materials. Zum Vergleich mit der Zugfestigkeit scheint sich die Härtezahl für $d = 10$ mm und $P = 1000$ kg zu eignen.

Figur 762. Gefüge hochwertiger Bronze ($K_z = 7642$ kg/qcm, $\varphi = 15{,}0$, $\psi = 16\,^0/_0$. $H = 207$, $K_z = 37\,H$; $\alpha = 1 : 1\,280\,000 = 0{,}78$ Milliontel).

Andere Bronzen von bemerkenswerten Eigenschaften ergaben folgende Werte:

„Bronze" . . . . $K_z = 4747$ kg/qcm $\varphi = 40\ ^0/_0$ $\psi = 46\ ^0/_0$
  „ . . . . $K_z = 4720$ „ $\varphi = 40\ ^0/_0$ $\psi = 39\ ^0/_0$
  „ . . . . $K_z = 4700$ „ $\varphi = 39\ ^0/_0$ $\psi = 39\ ^0/_0$
„Phosphorbronze" . . $K_z = 3850$ „ $\varphi = 71\ ^0/_0$ $\psi = 66\ ^0/_0$ (gelb)
„Harte" Bronze . . . $K_z = 3250$ „ $\varphi = 1{,}7\,^0/_0$ $\psi = 5{,}5\,^0/_0$ $\alpha = 1 : 930\,000 = 1{,}08$ Milliontel
  „ „ . . . $K_z = 3540$ „ $\varphi = 2{,}5\,^0/_0$ $\psi = 6{,}5\,^0/_0$ $\alpha = 1 : 980\,000 = 1{,}02$ „
  „ „ . . . $K_z = 4950$ „ $\varphi = 32\ ^0/_0$ $\psi = 29\ ^0/_0$ ($55\,^0/_0$ Cu, $42\,^0/_0$ Zn, $2{,}5\,^0/_0$ Fe).

Figur 763. Zugversuche mit 5 **warm geschmiedeten** Bronzen, vgl. Figur 764 bis 773.

Figur 764. Biegeversuche mit 5 Stäben derselben warm geschmiedeten Bronzen.

Figur 765. Kerbschlagstäbe des Materials E, Figur 763, 764, 772, 773. Abbiegen des Bruchverlaufs nach der Seite, vgl. Figur 61, S. 16. Faserstruktur.

Figur 766 bis 773. Gefüge der Bronzen A bis E, Figur 763 bis 765. Bronze E ist sehr ähnlich wie das Material, das Figur 755 bis 759 ergab.

Material	A	B	C	D	E
K_z kg/qcm	8842	8548	8169	6418	4695
φ $^0/_0$	7,9	12,7	14,7	18,9	38,0
ψ $^0/_0$	11	17	18	27	38
H (10 mm, 3000 kg)	255	235	217	192	163
$K_z : H$	35	36	38	33	29
A_k mkg/qcm Kerbschlagprobe . .	1,5	2,3	2,9	4,2	21,1
Figur	763, 764, 766	763, 764, 767, 768	763, 764, 769, 770	763, 764, 771	763, 764, 765, 772, 773.

Diese hochwertigen Bronzen ergeben im Durchschnitt etwa $\alpha = \dfrac{1}{1\,200\,000} = 0{,}8$ Milliontel.

Figur 774 (S. 145). Dehnungslinien bei Zug- und Druckversuchen mit 4 verschiedenen Bronzen ($\psi = 11$, 22, 29, $9\,^0/_0$).

Figur 775 (S. 145). Stark abgenutztes Schneckenrad aus „Stahlbronze" ($50\,^0/_0$ Cu, $36{,}5\,^0/_0$ Zn, $0\,^0/_0$ Sn, $4{,}2\,^0/_0$ Pb, $6{,}6\,^0/_0$ Mn, $1{,}2\,^0/_0$ Fe, $1{,}5\,^0/_0$ Ni). $K_z = 6160$ kg/qcm, $\varphi = 19{,}8$, $\psi = 20\,^0/_0$. Ursache der starken Abnützung also nicht in der Zusammensetzung begründet. Vgl. die Bemerkungen zu Figur 780, 781.

A   B   B   C

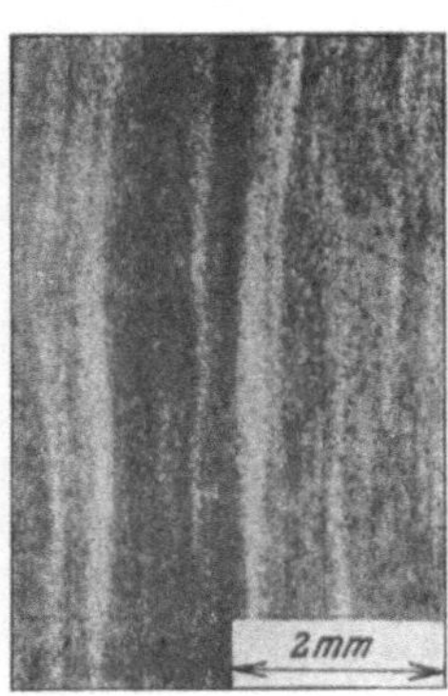
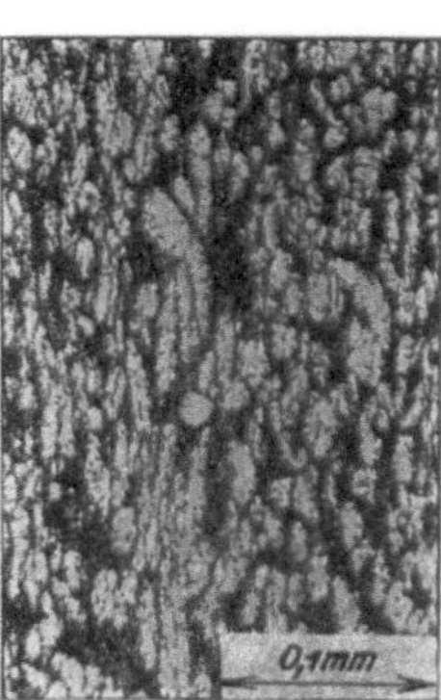

Figur 766. $V = 150$. (604)   Figur 767. $V = 150$. (605)   Figur 768. $V = 7{,}5$. (606)   Figur 769. $V = 150$. (607)

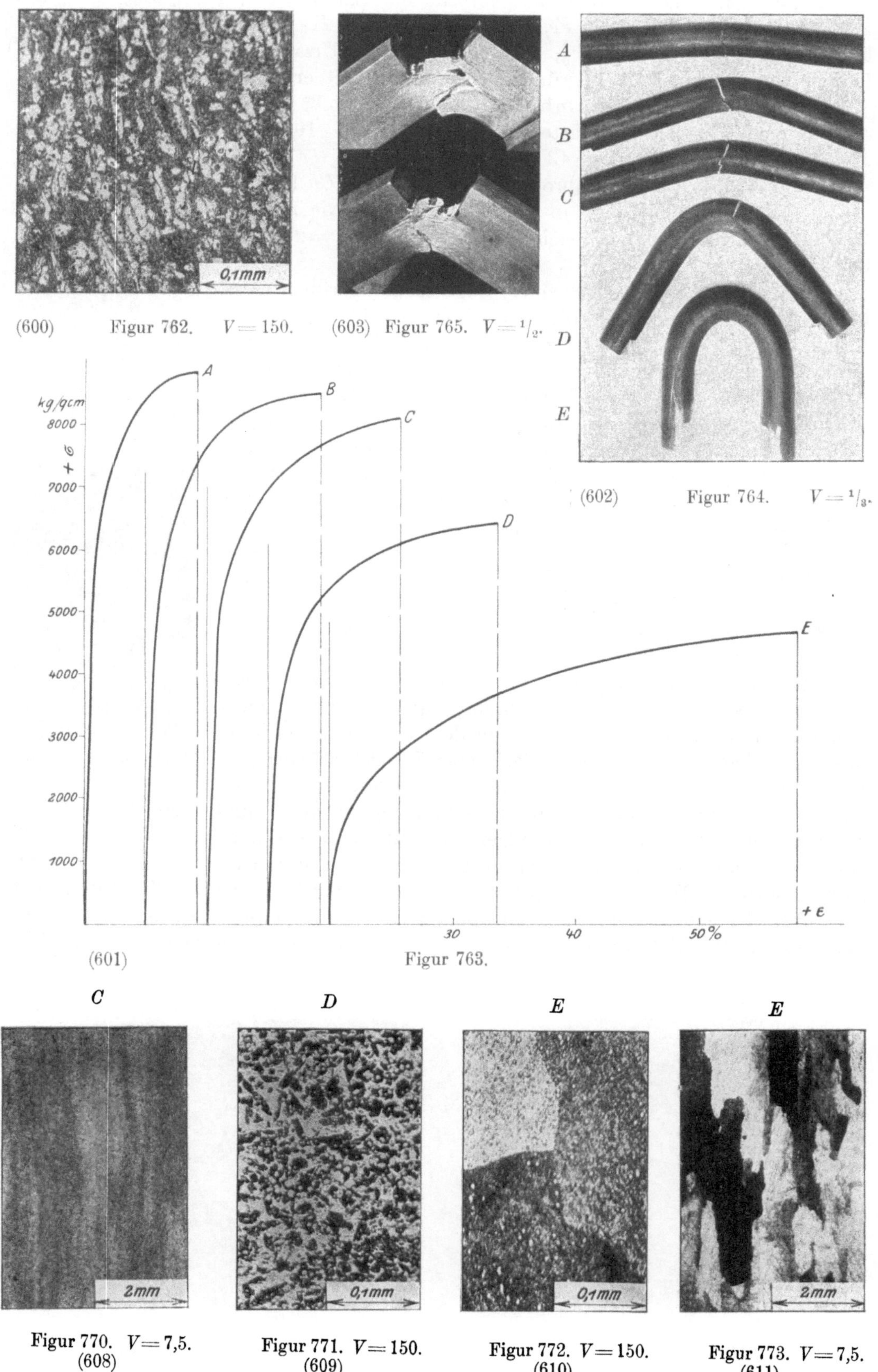

(600) Figur 762. $V = 150.$

(603) Figur 765. $V = \frac{1}{2}.$

(602) Figur 764. $V = \frac{1}{3}.$

(601) Figur 763.

Figur 770. $V = 7,5.$ (608)

Figur 771. $V = 150.$ (609)

Figur 772. $V = 150.$ (610)

Figur 773. $V = 7,5.$ (611)

Figur 776. Zahn eines ausgebrochenen Zahnrades ($81,5\,^0/_0\ Cu$, $8,2\,^0/_0\ Zn$, $5,4\,^0/_0\ Sn$, $3,2\,^0/_0\ Pb$, $1,2\,^0/_0\ Fe$, $0,4\,^0/_0\ Ni$, $0,02\,^0/_0\ P$, $0,05\,^0/_0\ S$). $K_z = 890$ bis 1509 kg/qcm. $\varphi = 2$ bis $2,6\,^0/_0$, $\psi = 3$ bis $5\,^0/_0$. Die Ursache der Beschädigung liegt in den vielen Fehlstellen begründet. Der Bleigehalt erscheint reichlich.

Figur 777. Aluminiumbronze, warm gepreßt $K_z = 4759$ kg/qcm, $\varphi = 25,0\,^0/_0$. Härtezahl ($d = 10$ mm, $P = 1000$ kg), $H = 110$, entsprechend $K_z = 43\,H$.

Figur 778. Aluminiumbronze, kalt gezogen ($Cu\ 92,5\,^0/_0$, $Al\ 7\,^0/_0$) $K_z = 10080$ kg/qcm, in anderen Fällen wurde nur $K_z = 6000$ bis 6200 kg/qcm beobachtet, $\varphi = 2{,}1\,^0/_0$ auf $l = 200$ mm bei 4,5 mm Dmr.

Figur 779. Hobelspäne einer Lagerschale geringer Abnützung (geringelt) und einer solchen von hoher Abnützung (kurzer Bruch), erzeugt mit nicht ganz scharfem Hobelstahl, wodurch die deutliche Unterscheidung der beiden Materialarten gelang.

Figur 780, 781. Gefügebilder der beiden Lagermetalle (Figur 780: gut). Als Ursache für das ungleiche Verhalten ergibt sich die verschiedene Wärmebehandlung, wie sie im Gefüge zum Ausdruck gelangt; ferner ist (s. u.) das erstere Material stärker kaltgezogen. Die Zusammensetzung war in beiden Fällen sehr ähnlich. Die mechanische Prüfung ergab:

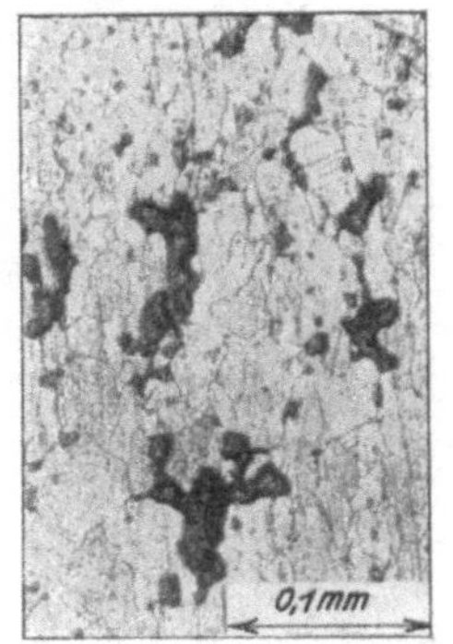

(615) Figur 780. $V = 150$.

(616) Figur 781. $V = 150$.

K_z	φ	ψ	H (10 mm, 1000 kg)	Kerbschlagprobe, kleiner Stab	Figur
4982	20,0	54	143	3,5 mkg/qcm	780
5400	26,8	28	130	3,0 ,,	781

Hiernach hat das Material mit geringer Abnutzung etwas kleinere Festigkeit und Bruchdehnung, aber größere Querschnittsverminderung. Dies rührt von dem verschiedenen Grad des Kaltziehens her. Das Material Figur 780 ist stärker gezogen. Es hat dabei mehr von seiner Bruchdehnung verloren. Da es aber eine starke örtliche Einschnürung aufweist, und diese bei solchem Material durch das Kaltziehen weniger beeinflußt wird (vgl. Bemerkung zu Figur 156, S. 32), so kommt die ursprünglich größere Zähigkeit durch den Wert von ψ noch zum Ausdruck. Das Material mit dem Gefüge Figur 781, wenig kaltgezogen, hat eine über die ganze Länge fast gleichmäßig verteilte Dehnung. Das an sich zähere kaltgezogene Material hat also im Lager geringere Abnützung ergeben, s. Figur 779.

Stereoskopbild, s. S. 3.

(614)   Figur 779. $V = 1,25$.

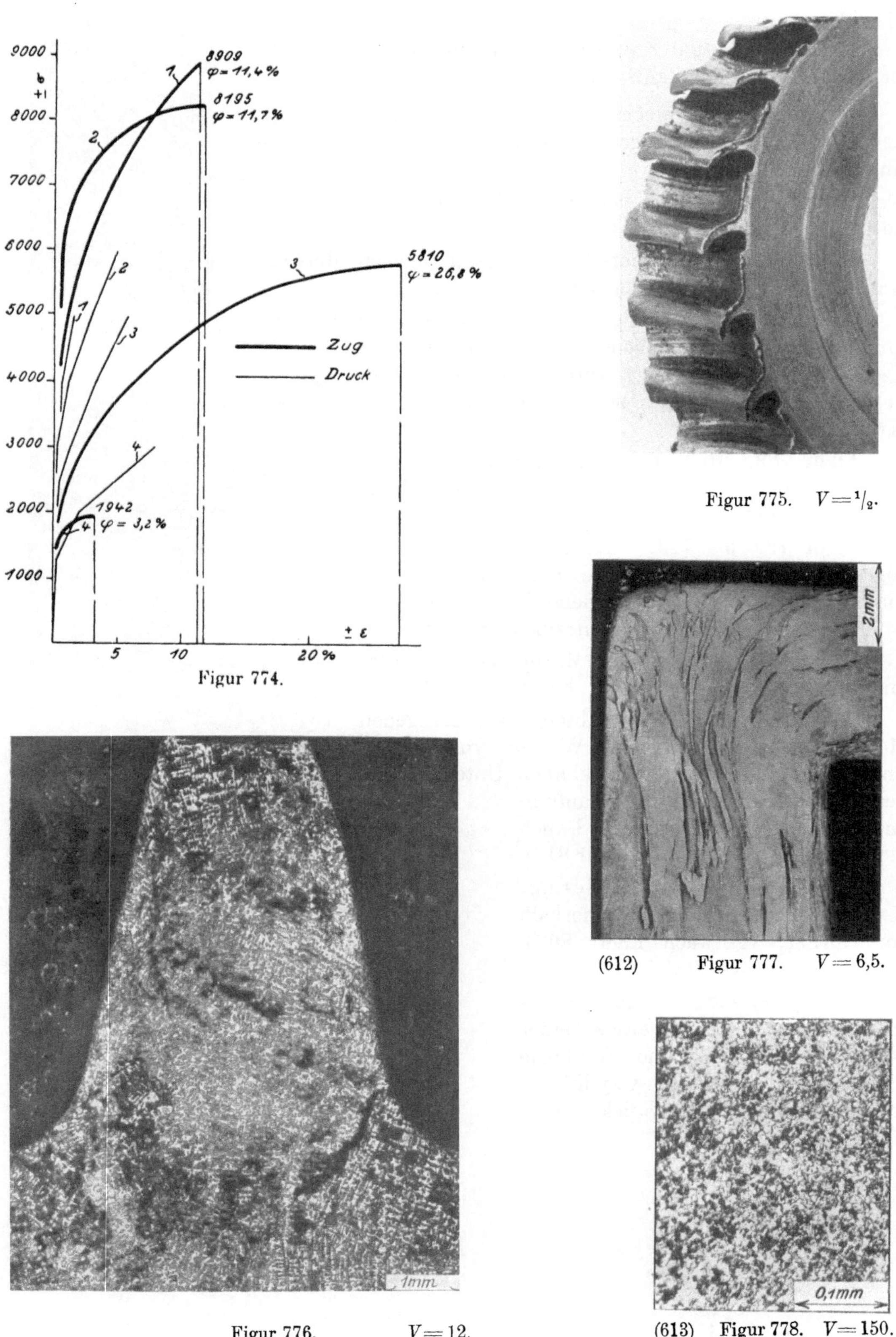

Figur 774.

Figur 775. $V = {}^1\!/_2$.

(612)   Figur 777. $V = 6{,}5$.

Figur 776. $V = 12$.

(613)   Figur 778. $V = 150$.

Figur 782 (S. 146). Gefüge von Bronze, die nach dem Vernickeln Ausschwitzungen zeigte. Poröse Stellen.

Figur 783 (S. 146).   Fehlstellen in Bronzeguß.

Messing.

Vgl. auch das auf S. 136 und zu Figur 747, 752 f., 799 f. Bemerkte, sowie die Zahlen auf S. 34.

Figur 784. Zugversuch mit gezogenem Messing. Fehlen der ausgeprägten Streckgrenze und des Abfalls der Dehnungslinie.

Figur 785. Zerrissener Stab, der Figur 784 geliefert hatte.

Figur 786. Bruchquerschnitt eines gezogenen Messingstabes. $K_z = 4564\,\mathrm{kg/qcm}$, $\varphi = 6{,}4\,^0/_0$, $\psi = 12\,^0/_0$.

Figur 787, 788. Gefüge von kaltgewalztem und ausgeglühtem Messing; homogener Aufbau der Körner. („α-Kristalle", feste Lösung Kupfer-Zink, beim Ätzen hellgefärbt im Gegensatz zu den zinkreicheren „β-Kristallen", s. u.).

Figur 789. Rohr aus dem Material mit dem Gefüge Figur 787, im Betrieb ohne Beanspruchung aufgerissen (vgl. Fig. 749).

Figur 790 bis 793. Gegenstände aus kaltgezogenem Messing, die infolge der Witterungseinflüsse aufgerissen sind. Vgl. Bemerkungen zu Figur 749. Ausglühen hätte das Aufreißen verhütet.

Figur 794. Stanzteil aus Messingblech. Formänderung der Körner, ähnlich Figur 179, S. 38.

Figur 795. Stelle aus einem kalt gezogenen Messingmaterial. Plötzlicher Wechsel von grobem und feinem Korn, Folge von kleinen Unterschieden der Gestalt des Randes zweier aufeinanderfolgenden Ziehöffnungen. S. auch die Zahlen auf S. 34 und Figur 813 f.

Figur 796. Verbranntes Messing. Kraterförmige Erhöhungen innerhalb der Körner; vgl. auch Figur 808 f. (Verdampfung des Zinks).

Figur 797, 798. Gefüge des angeschmolzenen Kohlenhalters einer Bogenlampe. Zahlreiche rundliche Oxydteile, kugelförmige Oxydhüllen (Blasen). Andere solche Stücke waren von Blasen durchsetzt.

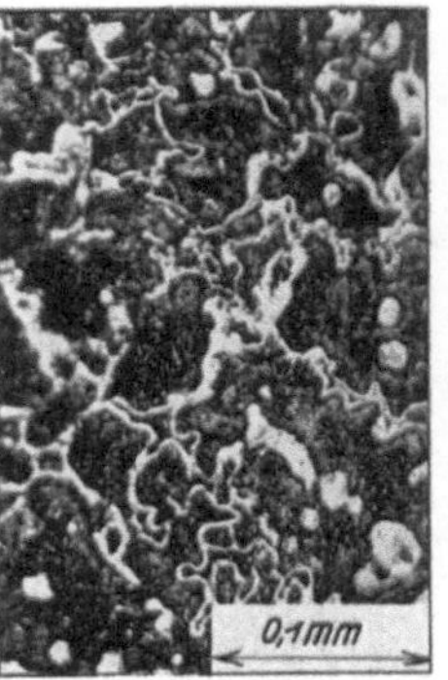

(617) Fig. 782. $V = 150$.

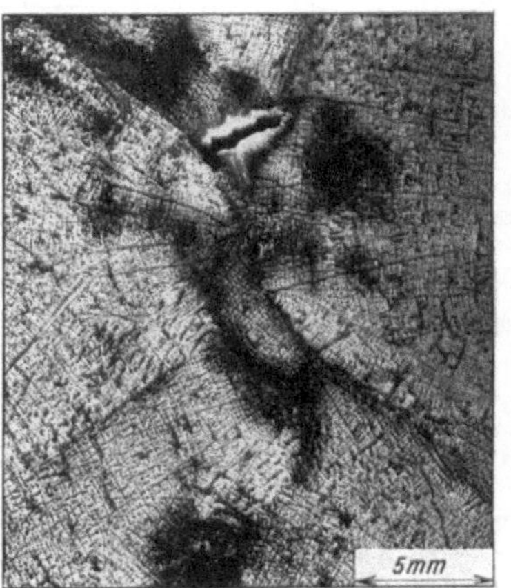

(618)   Figur 783. $V = 3$.

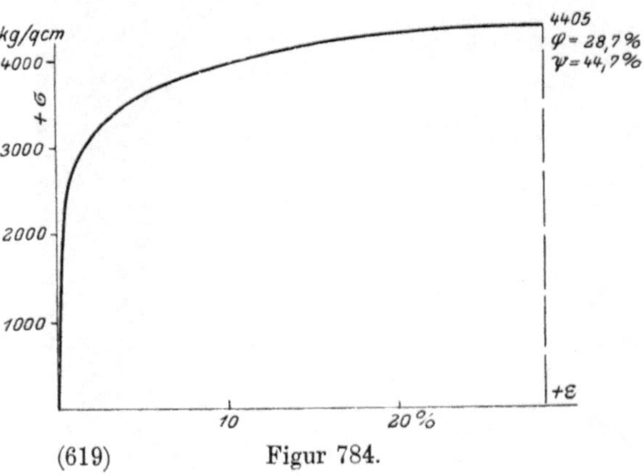

(619)   Figur 784.

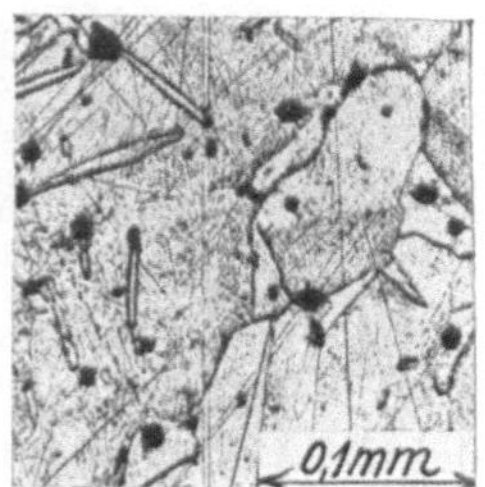

Figur 797. $V = 150$.

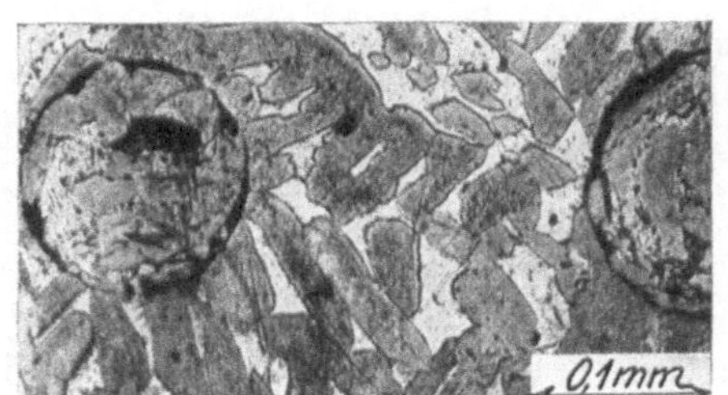

Figur 798. $V = 150$.

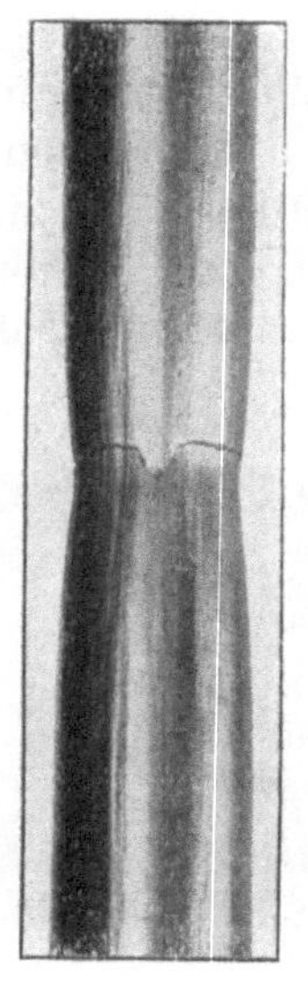

Figur 785. $V=1$.
(620)

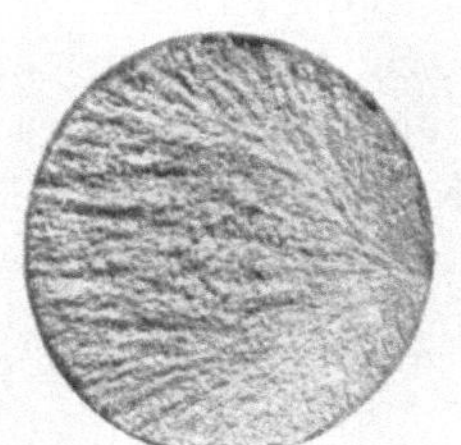

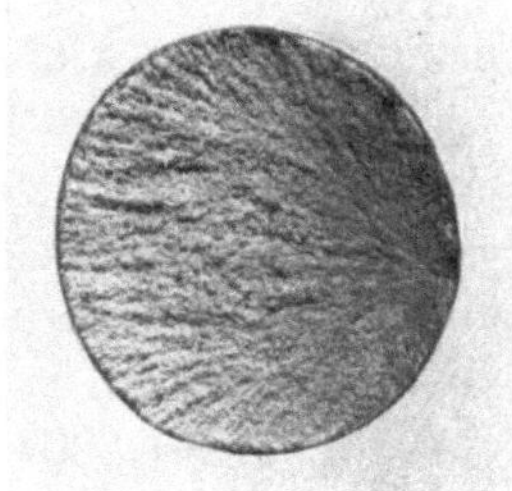

Figur 786. $V=1,25$.
Stereoskopbild, s. S. 3.

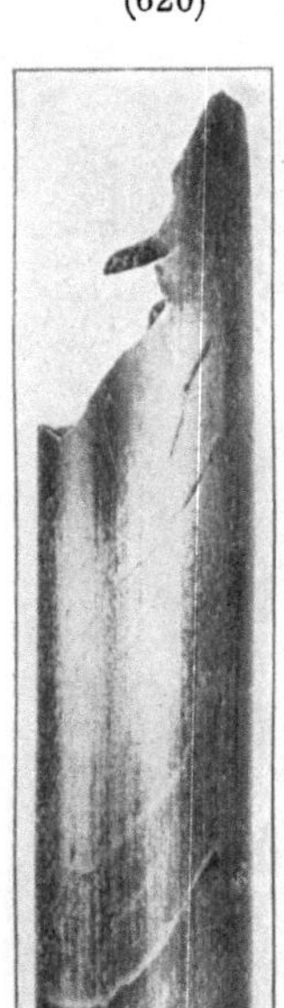

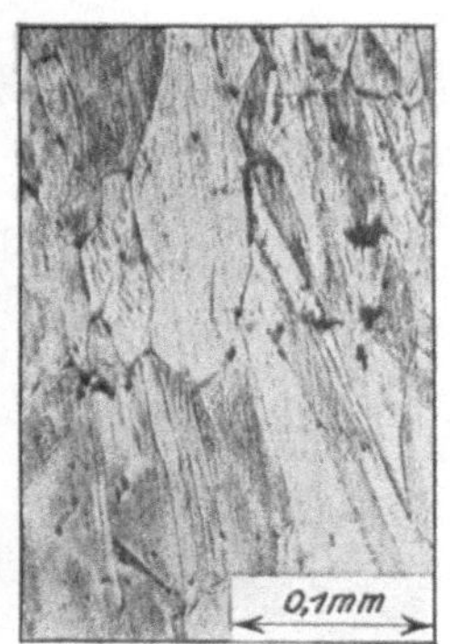

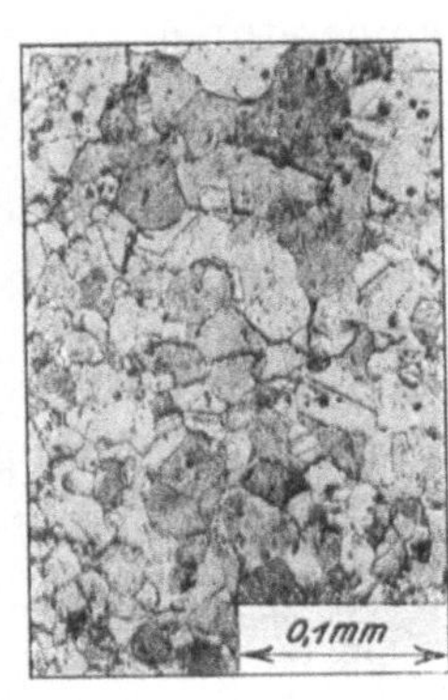

(621)　Figur 787. $V=150$.　　(622)　Figur 788. $V=150$.　　Fig. 790. $V={}^1/_2$.

Figur 791. $V={}^1/_2$.　　Figur 792. $V={}^1/_2$.　　Fig. 793. $V={}^1/_2$.

Figur 789. $V={}^1/_2$.
(623)

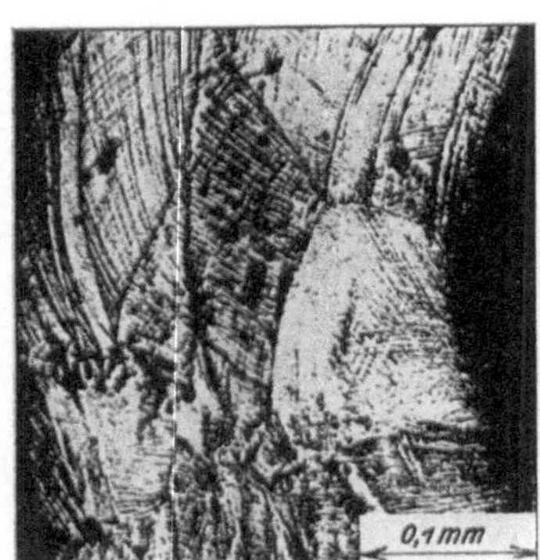

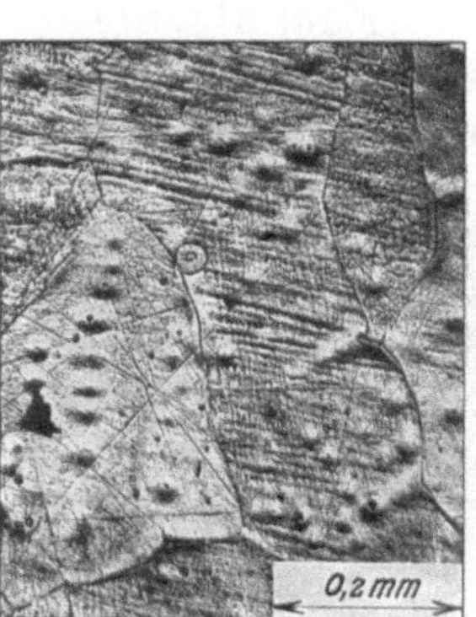

(624)　Figur 794. $V=150$.　　(625)　Figur 795. $V=75$.　　(626)　Figur 796. $V=75$.

10*

Figur 799, 800. Messing durch Säure zersetzt. Das Gefüge dieses Messings besteht nicht, wie Figur 787 zeigt, aus lauter gleichartigen Kristallen, sondern, ·vgl. auch Figur 801, aus hellen, kupferreicheren (etwa bis $33^0/_0\,Zn$) und dunklen, zinkreicheren Kristallen (α- und β-Kristalle genannt). Letztere werden zersetzt, vgl. Figur 800; das Zink geht in Lösung und schwammförmiges Kupfer bleibt übrig. Nach Polieren wird dieses rötlich, vorher erscheint es braunrot. Das Material mit β-Kristallen ist warm schmiedbar (Preßmessing, „Deltametall").

Figur 801, 802. Gefüge eines Kondensatorrohres vor und nach Eintritt von Anfressungen, die in Figur 802 unten gelegen sind und im vorliegenden Fall durch zu hohen Sodagehalt des Speisewassers verursacht waren. Vgl. Bemerkung zu Figur 799, 800.

Figur 803, 804. Zugversuche mit Preßmessing bei verschiedenen Temperaturen. $\gamma = 8{,}5$. $H = 98$ entsprechend $K_z = 48\,H$ ($d = 10$ mm, $P = 1000$ kg). Die Kugeldruckprobe scheint geeignet, den Grad des Kaltwalzens zu ermitteln, den das Material erfahren hat. Für dünne Bleche sind kleine Kugeln und geringe Anpressungsdrücke zu verwenden (vgl. auch das zu Figur 163, S. 35 Bemerkte.)

Stetige Abnahme der Zugfestigkeit, Zunahme der Bruchdehnung, im Gegensatz zu der sprungweisen Abnahme beider Größen bei der Bronze, Figur 735 bis 737. Vgl. dagegen Figur 805.

Messingblech hatte bei gewöhnlicher Temperatur ergeben z. B.:

$$K_z = 4460 \text{ kg/qcm}, \quad \varphi = 24^0/_0, \quad \psi = 46^0/_0$$
$$K_z = 4700 \quad\quad\text{„} \quad\quad \varphi = 14^0/_0, \quad \psi = 43^0/_0.$$

Figur 805. Ergebnisse der Kerbschlagproben (kleine Stäbe, vgl. Figur 62, S. 16). Die sprungweise Verminderung der Zähigkeit der Legierung in höherer Temperatur tritt hier zutage (s. oben).

Figur 806 bis 812. Gefüge von Preßmessing nach verschiedener Behandlung. Vgl. das bei Figur 799, 800 Bemerkte. Figur 806, 807: Einlieferungszustand, K_z vgl. Figur 803, 804. Figur 808: Erwärmt auf Rotglut, $K_z = 4120$ kg/qcm bei $t = 20^0$ C. Figur 809: Erwärmt auf Weißglut, $K_z = 3980$ kg/qcm bei $t = 20^0$ C. Figur 810 bis 812: Geschmolzen an der Luft.

Figur 813, 814 (S. 150). $A.\ B.$ Ergebnisse von Zugversuchen mit anderem Preßmessing, Gefüge: Figur 795. D: Zugversuche mit „Deltametall"; Bruchdehnung für dieses bei 400^0 C: $\varphi = 73{,}0^0/_0$, bei 500^0 C: $\varphi = 95{,}5^0/_0$.

(627)   Figur 799. $V = 3$.

(628)   Figur 800. $V = 150$.

(629)   Figur 801. $V = 50$.

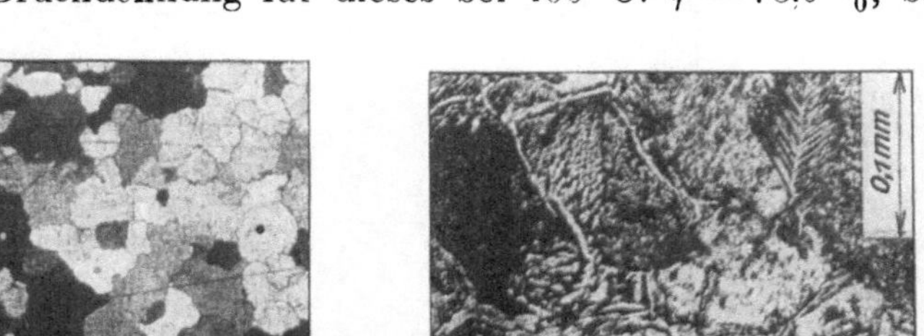

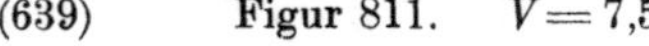

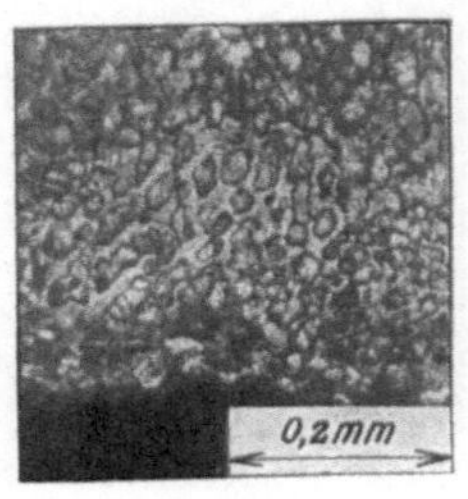

(639)   Figur 811. $V = 7{,}5$.   (640)   Figur 812. $V = 150$.   (630) Figur 802. $V = 75$.

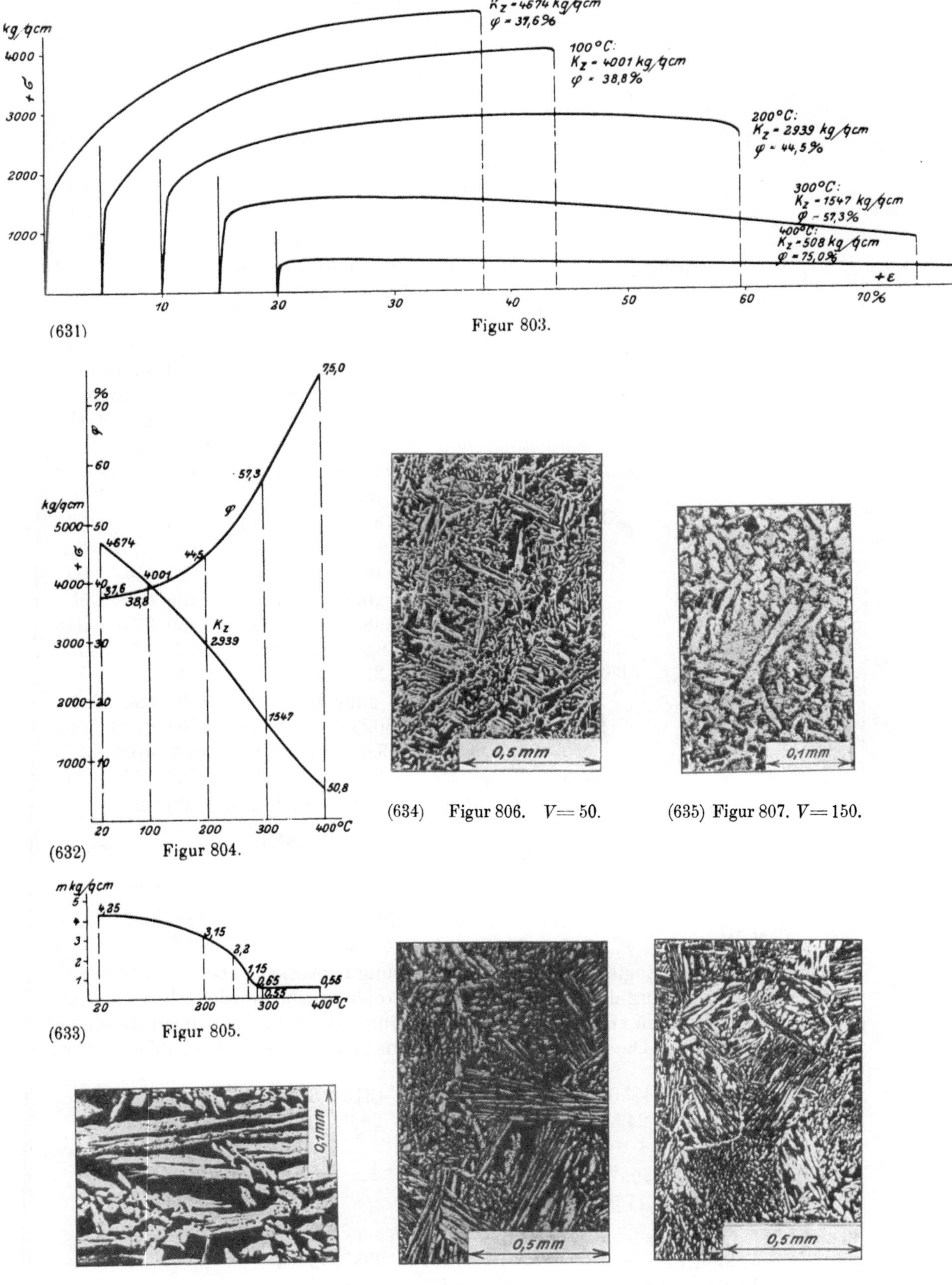

(631)   Figur 803.

(632)   Figur 804.

(633)   Figur 805.

(634)   Figur 806.   V = 50.

(635) Figur 807. V = 150.

(638)   Figur 810.   V = 150.

(636)   Figur 808.   V = 50.

(637)   Figur 809.   V = 50.

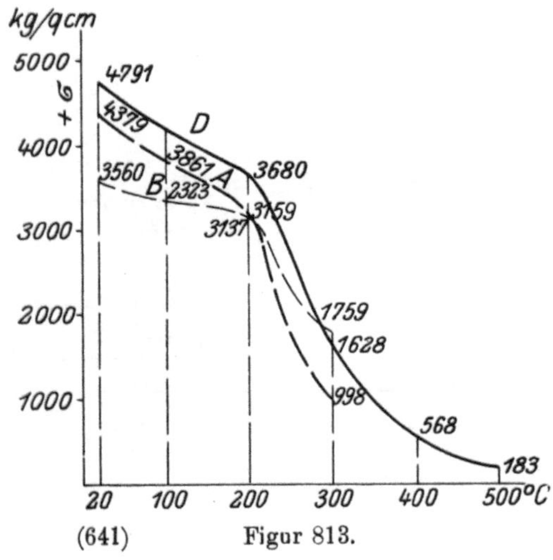

(641)   Figur 813.

(642)   Figur 814.

Werte der Querschnittsverminderung ψ $^0/_0$:

	20	100	150	200	250	300	400	500° C
A	49	38	45	41	30	27	—	—
B	67	67	67	42	18	17	—	—
D	52	—	—	69	—	66	53	60

Preßmessing verschiedener Herkunft ergab z. B. bei 20° C folgende Werte:

K_z kg/qcm	4017	4050	4515	4740	4881
q $^0/_0$	5,0	21,6	8,2	25,4	16,9
ψ' $^0/_0$	12	28	15	41	38

K_z =	5075	5331	5538	5751	5785	6337	7194	7612
q =	10,8	17,5	15,2	11,8	17,8	10,6	16,2	20,3
ψ' =	37	35	33	24	24	38	8	22

Figur 815 bis 820. Material für Dampfturbinenschaufeln pflegt dem Preßmessing ähnlich zu sein. Die verschiedenen Profilteile erhalten je nach Gestalt, Arbeitsgang, Ausglühen usf. verschieden starke Kaltbearbeitung und infolgedessen verschiedene Eigenschaften. Es seien folgende Beispiele angeführt (vgl. auch S. 34):

Figur 815.

	dünnster Teil			dickster Teil		
K_z kg/qcm	5557	5443	5443	4623	4601	4590
φ $^0/_0$	9,3	7,7	9,3	20,4	21,6	22,2
ψ $^0/_0$	46	44	44	50	53	55

Figur 816.

	dünnster Teil			dickster Teil		
K_z kg/qcm	5388	5342	5388	3550	3746	3648
q $^0/_0$	8,0	8,7	8,7	46,3	47,0	47,3
ψ $^0/_0$	36	36	36	74	73	72

Figur 817.

	dünnster Teil			dickster Teil		
K_z kg/qcm	6095	5881	5929	3667	3703	3667
φ $^0/_0$	9,0	8,5	9,0	48,4	46,8	47,7
ψ' $^0/_0$	33	38	36	72	73	75

Ganze Schaufeln lieferten z. B. folgende Werte

Figur 818.   Figur 819.   Figur 820.

		Figur 818	Figur 819					Figur 820	
K_z kg/qcm	3542	3271	2929	3881	2536	4143	4045	5571	4000
φ $^0/_0$	24,4	28,2	16,5	32,6	8,8	25,2	21,7	8,0	24,4

Sie zeigen, daß die Zugfestigkeit und Bruchdehnung an Stücken derselben Stange weit weniger gleichförmig ausfallen, wenn die ganzen Profile geprüft werden, als wenn Teilstücke verwendet werden, eine Folge der ungleichmäßigen Verteilung der Beanspruchung über den Querschnitt. Die Wirkung des Ausglühens geht aus folgenden Zahlen hervor.

Einlieferungszustand									
K_z kg/qcm	4356	3683	3697	5000	4315	3713	4571	5643	5453
φ $^0/_0$	24,5	7,7	17,1	16,4	24,0	17,3	21,1	7,1	8,0
ausgeglüht (angelassen)									
bei 300° C K_z kg/qcm	4957	3524	3684	—	—	—	4257	5443	4929
φ $^0/_0$	17,5	11,1	20,4	—	—	—	28,9	11,1	17,8
ausgeglüht									
bei 800° C K_z kg/qcm	—	—	—	2714	2857	2863	—	—	—
φ $^0/_0$	—	—	—	50,0	68,5	63,6	—	—	—

Über die Festigkeitseigenschaften von 2 Materialarten bei höherer Temperatur geben die folgenden Zahlentafeln Auskunft (vgl. auch Figur 813, 814):

Material	Prüfungstemperatur ^{0}C	20	100	150	200	250	300
I	K_z kg/qcm	3560	3323	3274	3136	2363	1759
	φ $^0/_0$	50,9	49,1	49,0	40,0	16,2	18,6
	ψ $^0/_0$	67	67	67	42	18	17
II	K_z kg/qcm	4378	3861	3520	3159	1817	989
	φ $^0/_0$	31,2	36,3	38,3	35,8	35,8	36,5
	ψ $^0/_0$	49	37	45	41	30	27

Figur 821, 822. Preßfehler in Messing, wie sie z. B. bei ungeeigneter Formgebung oder Preßtemperatur leicht eintreten.

Über Nickelbronzen s. S. 162.

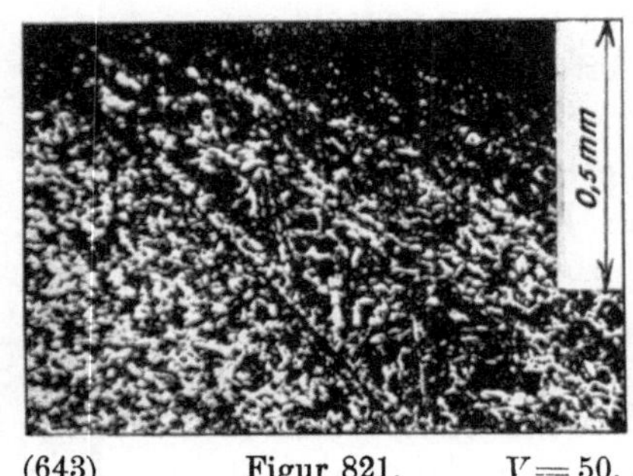

(643)   Figur 821. $V = 50$.

(644)   Figur 822. $V = 150$.

X. Aluminium, Aluminiumguß, Duralumin, Elektron.

(Über Aluminiumlegierungen s. Figur 777, 778, 846 f.)

Ausdehnung durch die Wärme im Durchschnitt $\alpha_w = 1 : 40000 = 25$ Milliontel.

Nach Dittenberger 1902[1]), Geltungsbereich 0 bis 500^{0}C.

$$\alpha_w = (23{,}536 + 0{,}007\,071\ t)\ \text{Milliontel.}$$

Figur 823. Abhängigkeit des Raumgewichtes bei Kupfer-aluminiumlegierungen (gegossen) von der Zusammensetzung. (Bei 90$^0/_0$ Cu ist $\gamma = 7{,}9$.)

(645) Figur 823.

Figur 824. Zugfestigkeit und Bruchdehnung für verschieden behandeltes Rein-Aluminiumblech von 4 mm Dicke, geprüft bei verschiedener Temperatur. Bezeichnung des Materials in Figur 824:

——————— ausgeglüht, nachher abgepritscht (d. i. mit flachem Hammer gehämmert),

— — — geschweißt, nachher abgepritscht (Verfahren von Heraeus, nicht bis zum Schmelzen erhitzt),

—·—·— nicht geschweißt und nicht ausgeglüht.

Näheres s. Mitteilungen über Forschungsarbeiten, Heft 112, Auszug in Z. Ver. deutsch. Ing. 1911, S. 2016f. Bei den Elastizitätsversuchen ergab sich $\alpha = 1 : 740000 = 1{,}35$ Milliontel. Kugeldruckhärte ($P = 500$ kg, $d = 10$ mm) $H = 26$ für das ausgeglühte Material ($K_z = 927$ kg/qcm) bis 45 für die gewalzten, nicht ausgeglühten Stäbe von 17 mm Dicke ($K_z = 1506$ kg/qcm), entsprechend $K_z = 36\,H$ bis $34\,H$.

(646)   Figur 824.

[1]) Z. Ver. deutsch. Ing. 1902, S. 1536f. Mitteil. über Forschungsarbeiten, Heft 9.

Figur 825. Längsschnitt durch einen 17 mm dicken Stab an der Schweißstelle (vgl. Figur 824).

Figur 826. Längsschnitt durch einen 4 mm dicken Stab an der Schweißstelle,
die nur sehr schwer zu erkennen ist. Grobes Korn daselbst, eine Folge der zum
Schweißen erforderlichen hohen Erhitzung. Durch mechanische Bearbeitung kann das grobe Korn beseitigt, durch kurz dauernde Erwärmung auf etwa 400°C (handwerksmäßig gekennzeichnet durch das
Verblassen der Farbe des Blaustiftes) die Zähigkeit wieder hergestellt
werden. Das hier vorgenommene Abpritschen hat nur die Körner
in der Nähe der Oberfläche betroffen.

Figur 827. Gefüge von 17 mm dickem Blech, abgepritscht;
Kristallkörner, ähnlich wie bei Eisen, Kupfer, Messing (vgl. Figur 826,
828f.).

Figur 828. Gefüge von 17 mm dickem Blech, abgepritscht, erwärmt auf 300°C; Abnahme der Härte. Das Material ist noch grobkörnig.

Figur 829. Gefüge von 17 mm dickem Blech, abgepritscht, wie
bei Figur 827, sodann erwärmt auf 400°C, feines Korn. Das Material
ist als „ausgeglüht" anzusehen. (Stark kaltbearbeitetes Aluminium
zeigt in der Feuchtigkeit ähnliche Erscheinungen, wie bei Fig. 749
für Messing beschrieben. Abhilfe: Anlassen, Ausglühen).

Figur 830. Gefüge von 17 mm dickem Blech, abgepritscht, erwärmt auf 630 C°, ähnlich wie Figur 829. Bei länger dauernder Erwärmung auf diese, nur etwa 20° unterhalb des Schmelzpunktes gelegene Temperatur entstehen grobe Körner.

Figur 831. An der Luft geschmolzener Stab, Bruchquerschnitt.
Grobes Korn. geringe Festigkeit und Dehnung ($K_z = 588$ kg/qcm,
$\varphi = 2,9^0/_0$). Durch Ausschmieden und Glühen bei 500°C wurde
$K_z = 812$ kg/qcm und $\varphi = 15,6^0/_0$ erreicht.

Figur 832. Bruchquerschnitt eines Stabes aus gutem Aluminiumblech, $\psi = 95^0/_0$ (bei höherer Temperatur).

Figur 833. Kerbschlagstab aus Aluminiumblech; $A_k > 2,4$ mkg/qcm.

Figur 834. Kristallbäumchen. Wird ein Stück Reinaluminium
an der Luft geschmolzen, so bildet sich eine Oxydhaut, in der das
flüssige Metall wie in einem Sack enthalten ist. Wird diese Haut
zerrissen, so tritt das Gefüge, wie Figur 834 zeigt, zutage.

Figur 835, 836. Oberfläche und Querschnitt durch autogen ge-
schweißtes, also bis zum Schmelzen erwärmtes, Reinaluminium
(Schoopsches Verfahren; $K_z = 1089$ und 1227 kg/qcm; Bruch erfolgte außerhalb der Schweißstelle). Grobes Korn in der Umgebung
der Schweißstelle. Dunkelfärbung am Rand der grobkörnigen Zone
beim Ätzen. Gelötete Streifen ergaben $K_z = 910$ und 800 kg/qcm
bei einer Blechfestigkeit von 1455 kg/qcm.

Figur 837 bis 839. Zug- und Kerbschlagversuche mit Aluminiumguß (Eisen-
legierung $\gamma = 3,05$ g/ccm). Die Maßstäbe sind dieselben wie bei den früheren
gleichartigen Figuren. Die gestrichelt gezeichnete Linie der bleibenden Dehnungen
überschneidet den voll ausgezogenen Linienzug der Federungen. Gefügebild Figur 840,
$H = 85$ (1000 kg, $d = 10$ mm); $K_z = 11 H$.

Aluminium-Spritzguß enthielt z. B.:

zähes Material: $14^0/_0\ Cu$, $3^0/_0\ Pb$, $9^0/_0\ Sn$, $46^0/_0\ Zn$, $6^0/_0\ Fe$, $22^0/_0\ Al$,
sprödes „ :   4 „ Cu,   1 „ Pb,   2 „ Sn,   68 „ Zn,   4 „ Fe,   21 „ Al.

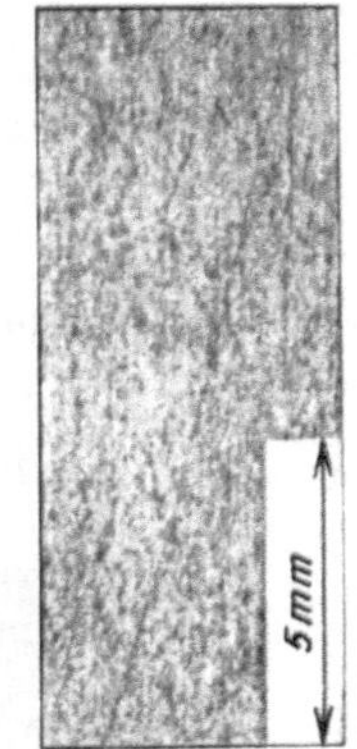

Figur 825. $V = 4$.
(647)

(648)
Figur 826.
$V = 4$.

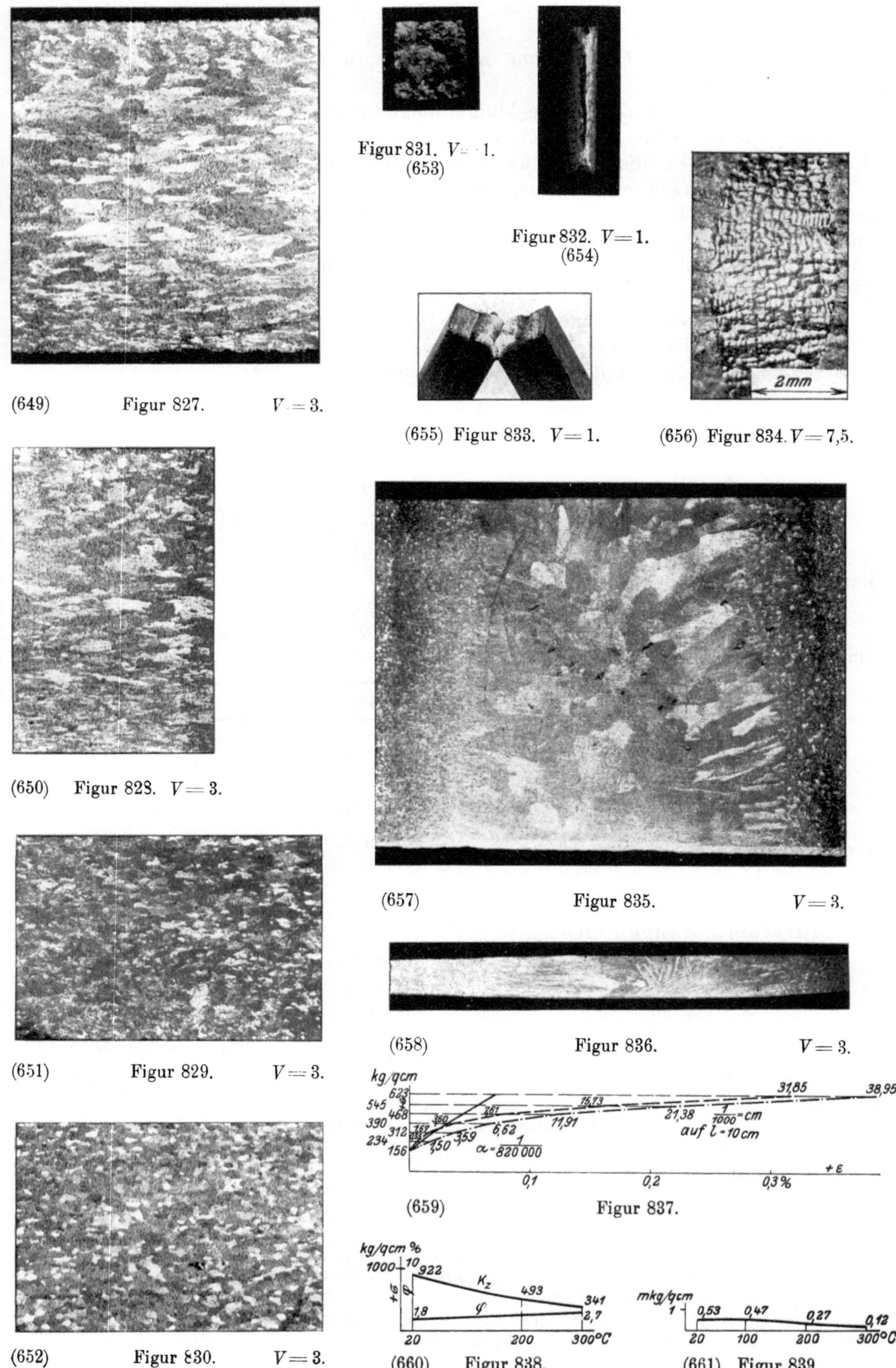

(649) Figur 827. $V=3$.

Figur 831. $V=1$.
(653)

Figur 832. $V=1$.
(654)

(655) Figur 833. $V=1$. (656) Figur 834. $V=7,5$.

(650) Figur 828. $V=3$.

(651) Figur 829. $V=3$.

(657) Figur 835. $V=3$.

(658) Figur 836. $V=3$.

(659) Figur 837.

(652) Figur 830. $V=3$.

(660) Figur 838. (661) Figur 839.

Figur 840. Gefüge des Materials, von dem Figur 837f. herrühren, Bäumchenkristalle.

Figur 841, 842. Gefüge von Aluminiumguß anderer Herkunft. K_z bis 1811 kg/qcm.

Figur 843 bis 845. Zerrissene Aluminiumgußstäbe $K_z = 1020, 455, 442$ kg/qcm.

Figur 846 bis 848. Bruchquerschnitte der Stäbe Figur 843 (846) und 844 (Figur 847 und 848). Solche geringe Festigkeiten sind häufig anzutreffen.

Kupferlegierungen ergaben gegossen $K_z = 1000$ bis 1200 kg/qcm, φ bis $5\,^0/_0$ gewalzt $K_z = 2200$ kg/qcm, $\varphi = 6\,^0/_0$. Draht lieferte je nach dem Grad des Ausglühens und der Zieharbeit $K_z = 850$ bis 3500 kg/qcm. Gegossene Aluminiumbronze mit $90\,^0/_0\ Cu$ ergab $K_z =$ bis 3300 kg/qcm, φ bis $50\,^0/_0$. Vgl. auch Figur 777, 778, S. 144.

Über Aluminium-Zinklegierungen s. S. 160f.

Aluminiumlegierung für Schrauben:

$$K_z = 4300 \text{ kg/qcm}, \qquad \varphi = 22\,^0/_0, \qquad \psi = 45\,^0/_0.$$

Aluminiumbleche, hart gewalzt (0,8 bis 1,2 mm dick):

K_z	3840	3800	3340	3960	3560	$3440^1)$
φ	11	9	4	11	12	12
ψ	20	14	14	22	29	18

Bruch erfolgt meist schräg zur Stabachse, ähnlich wie Figur 44, S. 15 erkennen läßt.

Draht von 2,2 mm Dmr. ergab $K_z = 2250$ kg/qcm, $\varphi = 3\,^0/_0$ auf $l = 80$ mm.

„Duralumin"-Bleche (0,7 bis 1,2 mm dick). Zwischen Längs- und Querfestigkeit ergab sich kein ausgeprägter Unterschied.

K_z	3800	4540	4460	4400	4480	$4290^2)$
φ	4	4	9	6	4	—
ψ	21	20	19	25	23	28

„Duralumin" in Stangen von 17 mm Dmr.; Raumgewicht $\gamma = 2,76$ g/ccm.

$$\text{vergütet, d. h. gehärtet, ganzer Querschnitt:}\quad K_z = \left\{ \begin{matrix} 3310 \text{ kg/qcm,} \\ 3470 \quad„ \end{matrix} \right. \quad \varphi = \left\{ \begin{matrix} - \;\;^0/_0 \\ 15,5 \;\;„ \end{matrix} \right. \quad \psi = \left\{ \begin{matrix} 44\,^0/_0 \\ 46 \;\;„ \end{matrix} \right.$$

$$\text{Kern:}\quad K_z = \left\{ \begin{matrix} 3100 \quad„ \\ 3200 \quad„ \end{matrix} \right. \quad \varphi = \left\{ \begin{matrix} 19,5 \;\;„ \\ - \;\;„ \end{matrix} \right. \quad \psi = \left\{ \begin{matrix} 44 \;\;„ \\ 48 \;\;„ \end{matrix} \right.$$

Duraluminstangen ergaben ferner

K_z kg/qcm	4314	4256	3326
$\varphi\ ^0/_0$	17,1	16,9	22,8
$\psi\ ^0/_0$	35	40	52

Elektron (Magnesiumlegierung vom Raumgewicht $\gamma = 1,8$; brennt an der Luft bei entsprechender Erwärmung). Im folgenden sind einige Versuchswerte zusammengestellt:

$$\text{Dehnungszahl } \alpha \text{ der Federung.}$$

Spannung bis 724	1085	1447 kg/qcm
$1:456800$	$1:449800$	$1:429500$
$= 2,19$	$= 2,23$	$= 2,33$ Milliontel.

---

[1]) Die „Streckgrenze" ($0,2\,^0/_0$ bleibende Dehnung, vgl. S. 1) liegt für Material, das so stark gewalzt ist, daß seine Dehnung $\varphi = 4\,^0/_0$ beträgt, etwa 600 bis 700 kg/qcm, bei $\varphi = 10\,^0/_0$ bis reichlich 1200 kg/qcm unterhalb der Zugfestigkeit.

[2]) Der Unterschied zwischen Streckgrenze und Zugfestigkeit beträgt bei einem Walzgrad, der eine Dehnung $\varphi = 4\,^0/_0$ bewirkt, etwa 300 kg/qcm, bei $9\,^0/_0$ 600 kg/qcm.

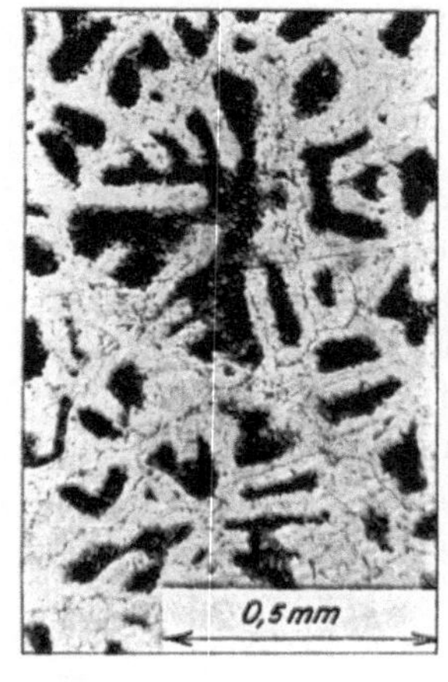
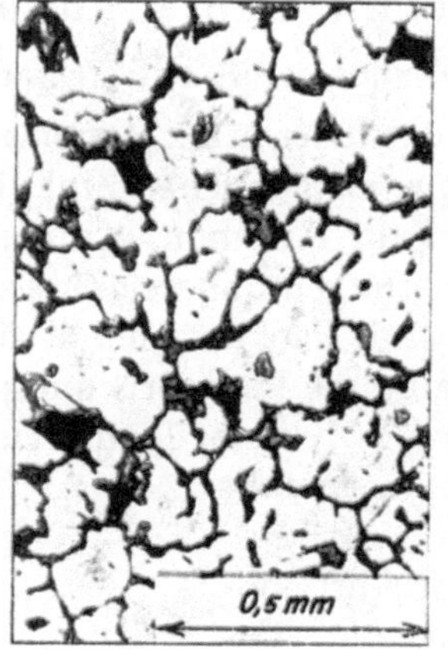
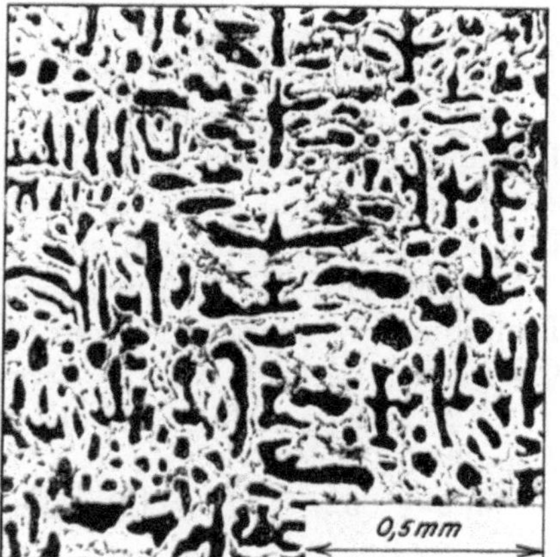

(662)   Figur 840. $V = 50$.   (663)   Figur 841. $V = 50$.   (664)   Figur 842. $V = 50$.

(665)   Figur 843. $K_z = 1020$.

(666)   Figur 844. $K_z = 455$.

(667)   Figur 845. $K_z = 442$.

$V = {}^3/_4.$

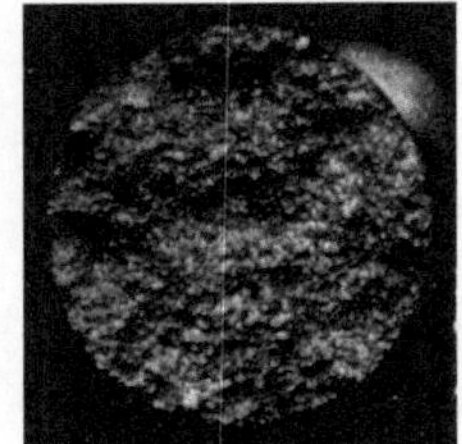
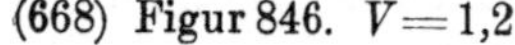
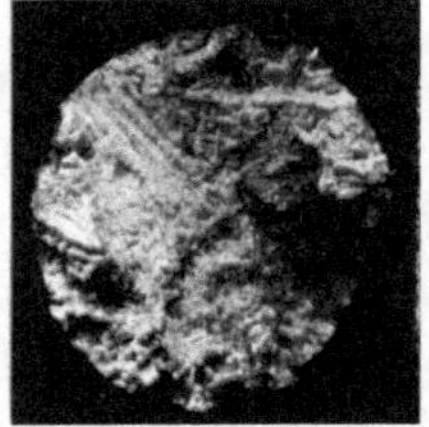

(668) Figur 846. $V = 1,2$.   (669) Figur 847. $V = 1,2$.   (670) Figur 848. $V = 4$.

Schon bei $\sigma = 724$ kg/qcm stellten sich erhebliche bleibende Dehnungen ein (1,7 °/₀ der Federungen); bei $\sigma = 1085$ kg/qcm war dieser Anteil 5,6 °/₀, bei $\sigma = 1447$ kg/qcm betrug er 19,3 °/₀. Für dasselbe Material ergab sich $K_z = 2996$ kg/qcm, $\varphi = 9,0$ °/₀, $\psi = 15$ °/₀, $H = 74$, $K_z = 40 H$. Weitere zusammengehörige Werte für Drähte von 6 bis 10 mm Stärke:

	ungehärtet					gehärtet, d. i. spiralgewalzt			
K_z kg/qcm	2739	2721	2634	2590	2853	3445	3534	3333	3813
φ °/₀	23	21	24	13,3	15,3	6,0	5,0	5,5	1,7
ψ °/₀	28	25	26	19	24	16	13	13	3

XI. Sonstige Metalle und Legierungen.

a) Weißmetall (Packungsmetall und Lagermetall).

Diese Legierungen bestehen meist entweder in der Hauptsache aus Blei oder aus Zinn. Beimengungen (neben dem nicht immer vorhandenen Zink) im ersten Fall: Antimon, etwas Kupfer und Zinn; im zweiten Fall: Antimon, Kupfer und mehr oder weniger Blei. Doch sind auch zahlreiche Legierungen anderer Zusammensetzung im Handel.

Figur 849, 850. Druckversuche mit Packungsmetall für Stopfbüchsen. Starker Einfluß der Temperatur. Figur 850 gibt die Beanspruchung auf den ursprünglichen Querschnitt bezogen, bei $2{,}5\,^0/_0$ Stauchung (Zylinder 20 mm Durchmesser, 20 mm hoch).

Figur 851. Gefügebild des Packungsmetalls[1]) $\gamma = 9{,}9$, $H = 28$ (bei $d = 10$ mm, $P = 200$ kg).

Figur 852. Gefügebild einer Blei-Antimonlegierung mit $30\,^0/_0$ Antimon. Grundmasse: „Eutektische" Legierung[2]). Helle Einschlüsse: Antimon. Wird eine solche Legierung erwärmt, so schmilzt zuerst das Eutektikum, die Grundmasse, das Metall erweicht (Erweichungspunkt). Es besteht dann aus Schmelze und darin schwimmenden Antimon-Kristallen. Steigt die Temperatur weiter, so lösen sich die letzteren, bis eine homogene flüssige Lösung vorhanden ist (Schmelzpunkt). Bei der Abkühlung spielen sich dieselben Vorgänge umgekehrt ab. Die Abkühlungskurve ist der Figur 281, S. 55, ähnlich. Für die Beanspruchung ist der Erweichungspunkt, der auch vom Druck abhängt, maßgebend (vgl. Figur 862).

Figur 853, 854. Lagermetall aus Blei und Antimon mit Zinn- und Kupferzusatz. Das Gefüge besteht aus hellen, würfeligen Einschlüssen einer Lösung von Zinn in Antimon, Nadeln aus einer Kupfer-Antimonverbindung (graugefärbt, in Wirklichkeit nach Liegen an der Luft rötlich-braun) und einer Grundmasse aus Blei + Zinn + Antimon (ternäres Eutektikum).

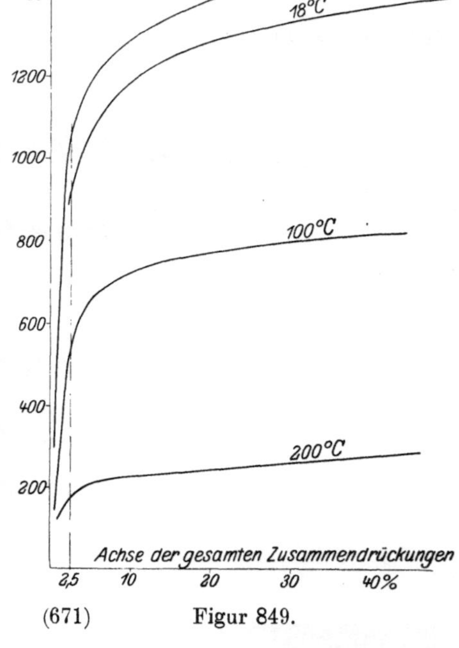

(671)   Figur 849.

Figur 855. Linie A: Abkühlungslinie dieses Metalls. Linie B: Abkühlungslinie des Metalls mit dem Gefüge Figur 857. Linie A: Beginn der Erstarrung bei rund 390^0 C (Unstetigkeit), Ausscheidung einer größeren Menge fester Kristalle bei 259^0 C. Ende der Erstarrung bei 237^0 C. Linie B: Beginn der Erstarrung nicht deutlich ausgeprägt; die beiden anderen Punkte liegen bei 250 bezw. 236^0 C.

Figur 856. Linie der Zusammendrückungen für Körper aus dem Metall A und B. Ursprünglicher Durchmesser 2,00 cm. Bruch erfolgte nach weitgehender Zusammendrückung und Zunahme des Querschnitts für die Körper aus Metall A

---

[1]) Näheres Z. Ver. deutsch. Ing. 1913, S. 907 f.

[2]) Das Schmelzdiagramm der Blei-Antimon-Legierungen ist der Figur 282, S. 55 ähnlich. Die eutektische Legierung liegt bei $13\,^0/_0$ Antimon; sie schmilzt bei ungefähr 245^0 C (Blei: 327^0 C; Antimon: 631^0 C).

Bei mehr als zwei Bestandteilen treten an die Stelle der Schmelzkurve Flächen (3 Metalle) oder Flächenscharen (mehr als 3 Metalle); die Verhältnisse können dann sehr wenig einfach werden. Die Abkühlungskurven weisen mehrere Knick- und Haltepunkte auf, entsprechend den Abscheidungstemperaturen der verschiedenen Metalle und Mischkristalle, chemischen Verbindungen, eutektischen Legierungen usf. Von großer Bedeutung pflegt für Lagermetalle der Schmelzpunkt der zuerst schmelzenden, untersten, eutektischen Legierung zu sein, der z. B. bei Gegenwart von Blei und Zinn in der Nähe von 180^0 C oder darunter liegen kann. Vgl. Figur 862.

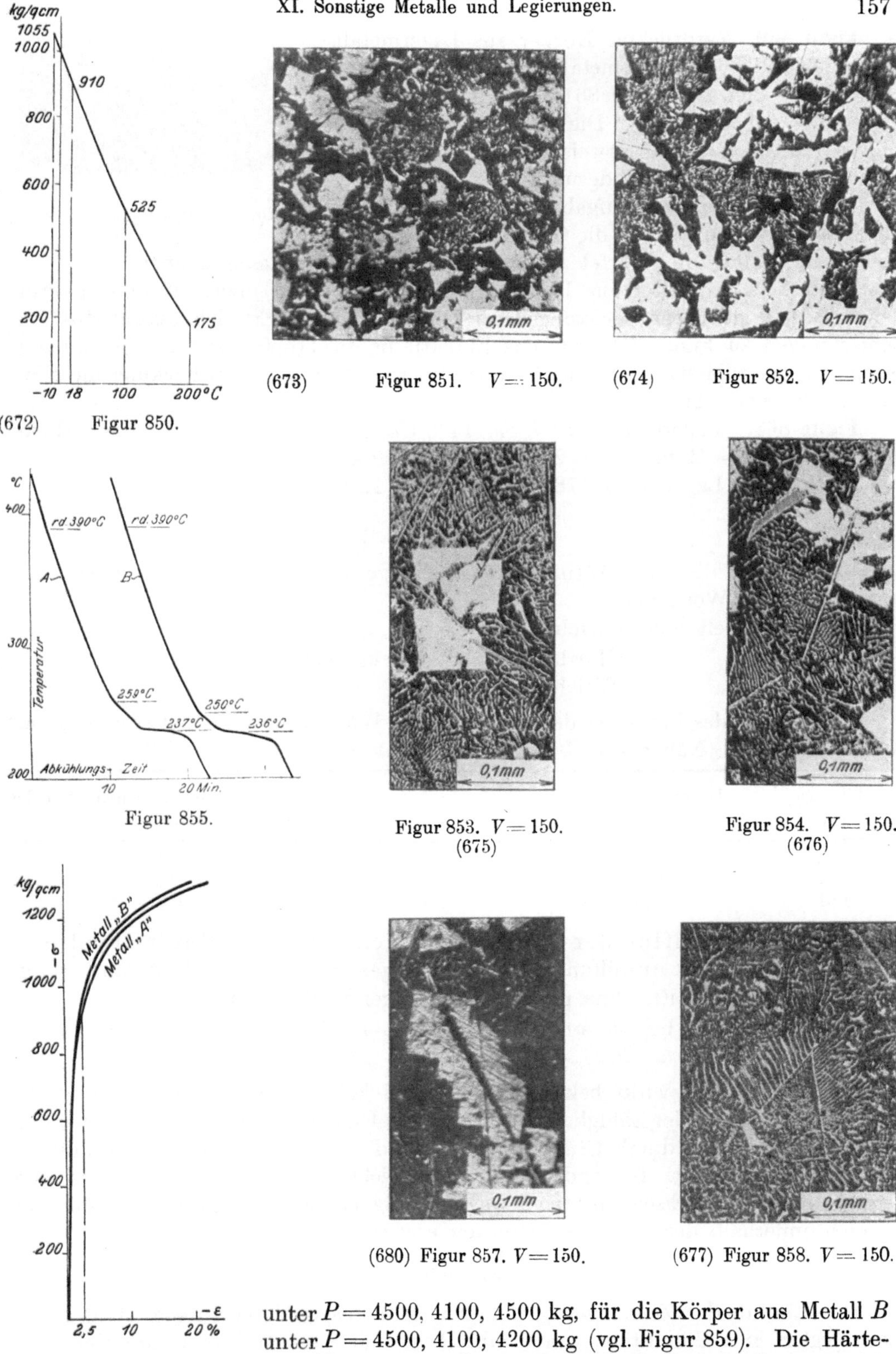

(672) Figur 850.

(673) Figur 851. $V = 150$.

(674) Figur 852. $V = 150$.

Figur 855.

Figur 853. $V = 150$.
(675)

Figur 854. $V = 150$.
(676)

Figur 856.

(680) Figur 857. $V = 150$.

(677) Figur 858. $V = 150$.

unter $P = 4500, 4100, 4500$ kg, für die Körper aus Metall B unter $P = 4500, 4100, 4200$ kg (vgl. Figur 859). Die Härtezahl ($P = 500$ kg, $d = 20$ mm, Eindruckzeit $45''$) ergab sich für das Metall A zu 26, 26, 27, 28, für das Metall B zu 24 bis 27. Das Raumgewicht betrug in beiden Fällen $\gamma =$ rund 9,7 g/ccm.

Figur 857. Gefüge des Metalls B (ungeätzt).

Figur 858. Gefüge eines ähnlichen Lagermetalls, rasch abgekühlt.

Figur 859. Zerdrückter Körper aus Lagermetall.

Figur 860, 861. Lagermetall aus Zinn + Antimon + Kupfer + Blei, bei Figur 861 nach geringer Beanspruchung auf Biegung. Die würfelförmigen Einschlüsse (Antimon + Zinn) erweisen sich als sehr spröde, da sie (nach leichter Formänderung) von Spalten durchsetzt sind; sie haben die Aufgabe, eine glatte, ziemlich harte Lauffläche zu bieten; die Grundmasse soll nachgiebig sein, damit die Würfel sich dem Zapfen usf. anpassen können.

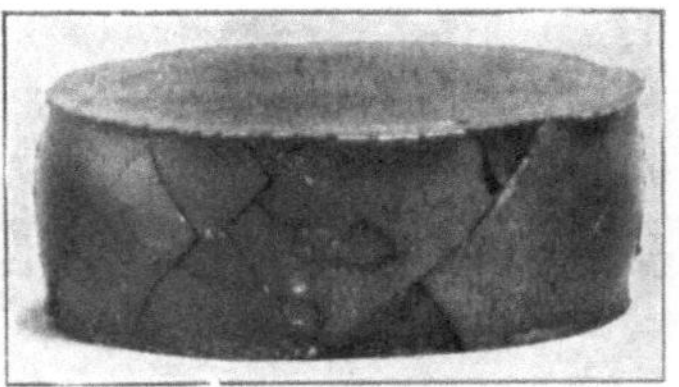

(682)   Figur 859. $V = 1$.

Figur 862. Zylinder aus Packungsmetall (Figur 849f.), belastet und erwärmt. Bei Erreichen des dem Belastungsdruck entsprechenden Erweichungspunktes (vgl. Bemerkungen zu Figur 852) tritt das Eutektikum in Tropfenform aus (Prüfung in bezug auf die zulässige Höhe der Temperatur bzw. Belastung bei Packungsmetallen) und der Körper gibt nach.

Figur 863. Lagermetall ($72\,^0/_0\ Sn$, $14\,^0/_0\ Cu$, $2\,^0/_0\ Sb$, $12\,^0/_0\ Pb$) $\gamma = 7{,}8$. Härtezahl $H = 20$ ($d = 10$ mm, $P = 200$ kg); $K_z = 730$ kg/qcm, $\varphi = 0{,}2\,^0/_0$.

Figur 864. Lagermetall ($78\,^0/_0\ Sn$, $8^c/_0\ Cu$, $12{,}8\,^0/_0\ Sb$, $1{,}3\,^0/_0\ Pb$).

b) Blei, Hartblei.[1]

Hartblei ist Blei mit Antimonzusatz (Gefüge vgl. Figur 852); es erweist sich feinkörniger als Weichblei.

Druckfestigkeit von Würfeln aus:

$$\text{Hartblei etwa: } 250 \text{ kg/qcm,}$$
$$\text{Weichblei } \text{„ : } 50 \text{ „ .}$$

Hinsichtlich des Einflusses der Höhe auf die Widerstandsfähigkeit seien folgende Zahlen angeführt (Näheres s. C. Bach, Elastizität und Festigkeit § 13).

Höhe H cm	Durchmesser D cm	γ g/ccm	Belastung beim seitlichen Abfließen kg/qcm
7,05	3,53	11,4	51
3,47	3,53	11,4	69
1,01	3,48	11,4	126

Ein solcher Einfluß der Höhe macht sich bei jedem Material geltend.

Platten, die zur Ausfüllung von Gelenkfugen bei Brücken bestimmt waren, hielten im Durchschnitt, ohne nachzugeben, folgende Belastungen aus:

$$\text{bei 15 mm Dicke: } 100 \text{ bis } 150 \text{ kg/qcm,}$$
$$\text{„ 20 „ „ : } 70 \text{ „ } 140 \text{ „ .}$$

Formänderung bewirkt bekanntlich bei Blei keine nennenswerte Zunahme der Härte und Abnahme der Zähigkeit, eine Folge des Umstandes, daß das Weichwerden, das z. B. beim Eisen durch Glühen erreicht wird (s. S. 37), schon bei gewöhnlicher Temperatur stattfindet. Bei anderen Metallen reicht (vgl. S. 132, 150, 152) geringere Erwärmung, als beim Eisen, zur Steigerung der Zähigkeit aus, die um so rascher zunimmt, je höher innerhalb der zulässigen Grenzen erwärmt wird.

c) Zink.

Der Einfluß der Zerreißgeschwindigkeit tritt ausgeprägter zutage, als z. B. bei Eisen (vgl. S. 88). Für Stäbe von 8 mm Dmr. und 8 cm Meßlänge, die einer „gespritzten", d. h. in der Wärme unter hohem Druck durch eine Öffnung gepreßten Stange entnommen waren, ergaben sich z. B. folgende Werte:

---

[1] Z. Ver. deutsch. Ing. 1885, S. 629f.; dort ist auch der große Einfluß der Belastungsgeschwindigkeit auf das Versuchsergebnis gezeigt, vgl. ferner das zu Figur 852 Bemerkte.

(678)   Figur 860. $V = 10$.

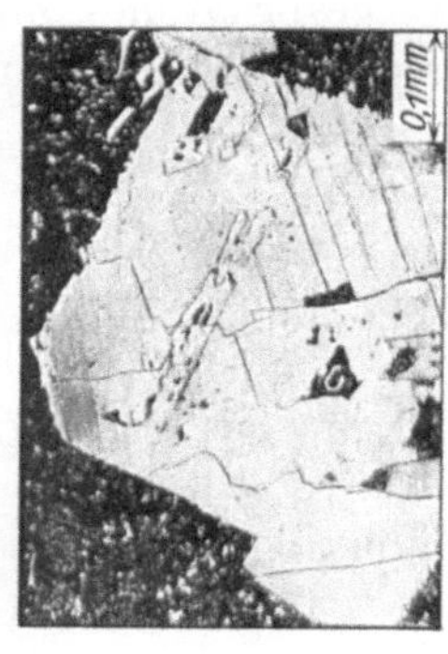

(679) Figur 861. $V = 75$.

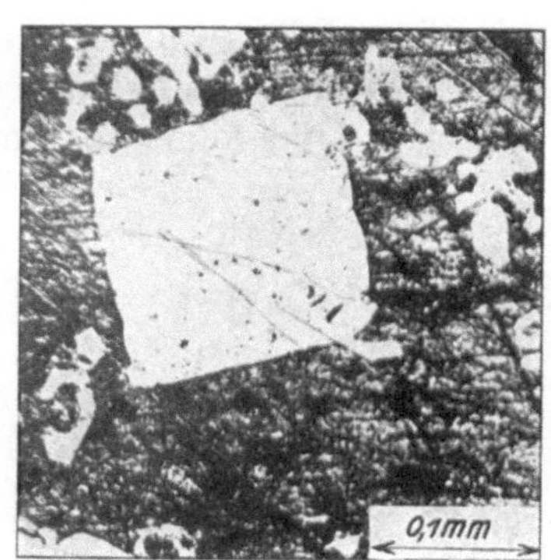

(683)   Figur 863. $V = 150$.

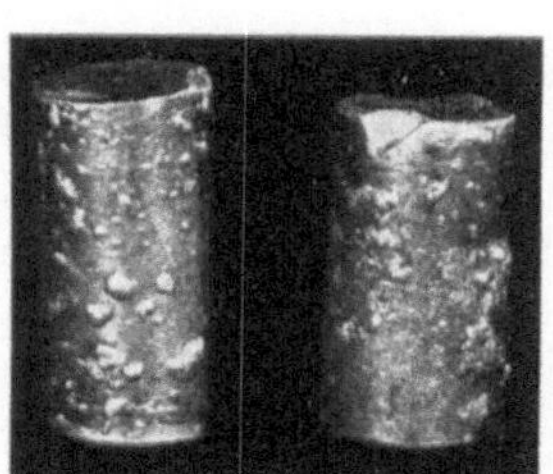

(681) Figur 862. $V = {}^3/_4$.

(684)   Figur 864. $V = 150$.

Figur 865. $V = {}^3/_4$.

Figur 866. $V = {}^3/_4$.

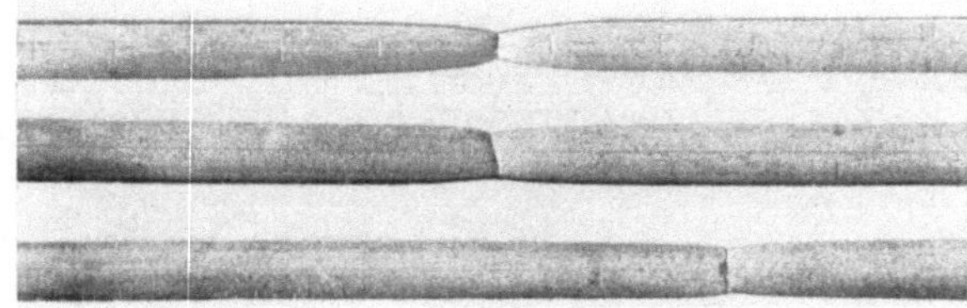

Figur 868. $V = {}^3/_4$

Figur 867. $V = {}^3/_4$.

Versuchsdauer 7 Sek.: $K_z = 2320$ kg/qcm, $\varphi = 30,1\,^0/_0$, $\psi = 78\,^0/_0$ mehrere Einschnürungen

„   9 Min.: $K_z = 2070$ „   , $\varphi = 20,8$ „ , $\psi = 30$ „ .

Die zerrissenen Stäbe ließen die gestreckten Körner an der Oberfläche erkennen, ähnlich wie bei Figur 867 der Fall ist.

Öfters kann ruckweises Fließen (Stufen in der Dehnungslinie) beobachtet werden.

Die Kugeldruckhärte fand sich für das gespritzte Zink zu $H = 49$ ($d = 10$ mm, $P = 1000$ kg), entsprechend $K_z = 42\,H$, das Raumgewicht betrug 7,15 g/ccm.

Figur 865.   Fehler in gespritztem Zink, welche häufig vorkommen.

Figur 866.   Gedrückte Körper aus gespritztem Zink; die Fehlstellen führen zum Aufreißen.

Figur 867.   Gedrückter Körper.   Dehnungslinie Figur 6.

Figur 868.   Zerrissene Walzzinkstäbe.

Figur 869. Zugversuch mit „gespritztem" Zink. Um zu zeigen, daß selbst innerhalb einer und derselben Stange erhebliche Unterschiede in den Eigenschaften auftreten, sind folgende Werte angeführt:

Nr.	1	2	3	4	5	6	7
K_z kg/qcm	2070	2310[1])	2320	2220	2150	2190	1370[1])
φ $^0/_0$	20,8	—[1])	30,1	21,4	19,6	27,5	—[1])
ψ $^0/_0$	30	—[1])	78	63	40	76	—[1])

Noch stärker sind die Schwankungen, die bei Zink aus verschiedenen Lieferungen auftreten. So ergaben sich z. B. für Zinkdrähte folgende Werte:

K_z kg/qcm	1460	1704	1779	1823	2319	2611
φ $^0/_0$	8,4	4,9	29,2	25,0	31,0	28,2
ψ $^0/_0$	8	6	80	80	73	77

Ähnlich liegen die Verhältnisse bei Blechen und Flachstäben. Bänder ergaben z. B. folgende Werte:

K_z kg/qcm	1265	1272	1296	1494	1576	1631	1718	1738	1778	1829
φ $^0/_0$	11,8	7,8	46,0	49,3	55,6	40,3	43,0	35,3	30,8	28,8
ψ $^0/_0$	14	9	62	55	66	73	82	79	75	71

K_z kg/qcm	1919	1971	2000	2104	2239	2319	2393	2743	3286	3261
φ $^0/_0$	32,0	24,0	38,3	28,8	35,4	11,5	17,0	15,0	12,0	15,5
ψ $^0/_0$	74	72	73	61	60	12	61	62	12	45

Wie ersichtlich, schwanken die Festigkeitswerte in sehr weiten Grenzen; ein bestimmter Zusammenhang zwischen K_z, φ und ψ ist nicht zu erkennen. Die meisten Versuche ergaben $K_z = 1600$ bis 1800 kg/qcm. Kleine Werte von φ und ψ können, abgesehen von Materialfehlern, auch durch ungünstige Wärmebehandlung — Zink hat bekanntlich bei etwa 150^0 C eine kritische Temperatur — verursacht werden. Solche Stangen zeigen körnigen Bruch; sie zerbrechen beim Herabfallen.

Figur 870. Zwei Zinkstäbe von derselben Lieferung; der eine zäh ($K_z = 2093$ kg/qcm, $\varphi = 34,3\,^0/_0$, $\psi = 81\,^0/_0$), der andere spröde ($K_z = 1695$ kg/qcm, $\varphi = 3,9\,^0/_0$, $\psi = 4\,^0/_0$).

d) Zinklegierungen.

Über kupferreiche Zinklegierungen s. S. 146f. Die hier besprochenen Legierungen enthalten etwa $5\,^0/_0$ Cu, daneben meist etwas Aluminium. Ausnahmsweise überwiegt letzteres. Über Spritzguß s. S. 152.

Figur 871. Bruchfläche eines zerrissenen Stabes ($92\,^0/_0$ Zn, $5\,^0/_0$ Cu, $3\,^0/_0$ Al) $K_z = 1111$ kg/qcm, $\varphi = 0,4\,^0/_0$, $\psi = 1\,^0/_0$ (zwei andere Stäbe ergaben $K_z = 971$ und 1134 kg/qcm, $\varphi = 0,3$ und $0,5\,^0/_0$, $\psi = 1\,^0/_0$).

Figur 872. Ähnliches Material. $K_z = 739$ kg/qcm, $\varphi = 0,1\,^0/_0$, $\psi = 0\,^0/_0$; zwei andere Stäbe ergaben $K_z = 659$ und 918 kg/qcm, $\varphi = 0,3\,^0/_0$, $\psi = 0\,^0/_0$.

Figur 873a, b, c. Gefügebilder des Materials, von dem Figur 872 herrührt.

---

[1]) Fehlstellen im Bruchquerschnitt.

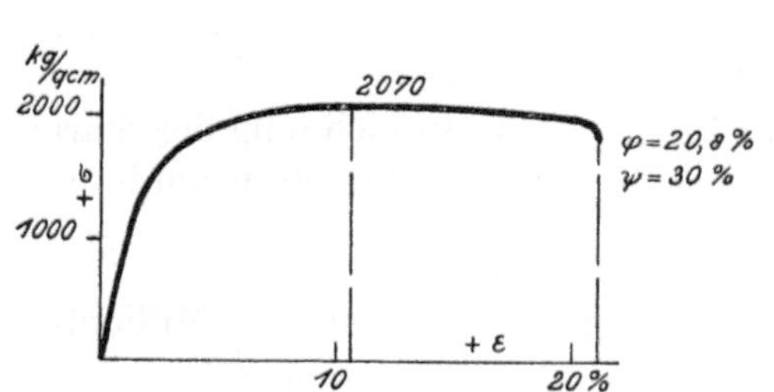

Figur 870. $V = {}^3/_4$.

Figur 873a. $V = 4$.

Figur 871. $V = 1,25$.

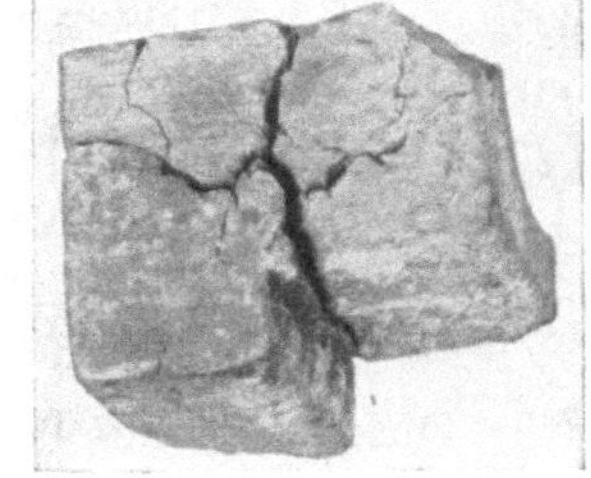

Figur 874. $V = 0,9$.

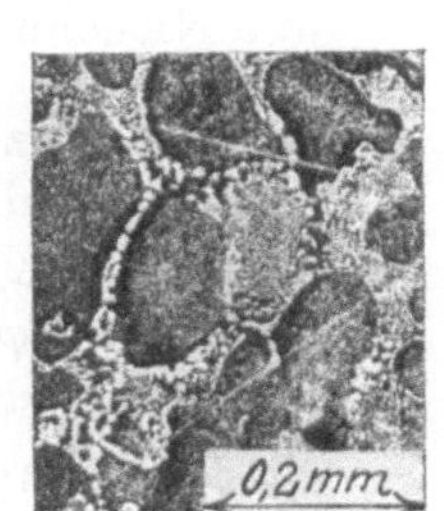

Figur 873b. $V = 75$.

Figur 872. $V = 0,9$.

Figur 875. $V = 150$.

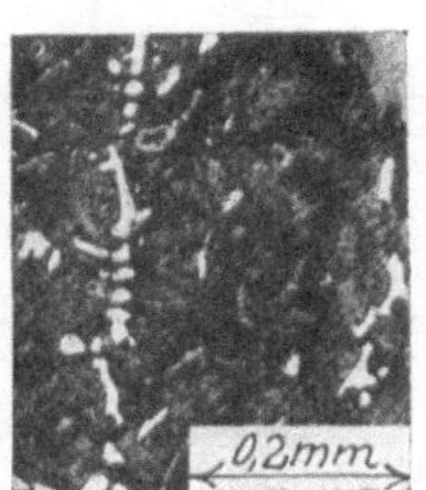

Figur 873c. $V = 75$.

Anderes Material ähnlicher Art hatte z. B. folgende Werte ergeben.

K_z kg/qcm	φ $^0/_0$	ψ $^0/_0$	K kg/qcm	H*)	A_k mkg/qcm	K_b kg/qcm
1288	0,1	0	4745	93	0,1	2139
1288	0,2	0	4904	83	0,1	2292
1128	0,2	0	4624	100	0,1	1719
1003	0,1	0	4904	119	0,1	1528
2255	0,8	1,6	9450	90	—	—
1417	—	—	8120	90	—	—
1180	0,1	—	—	—	—	—
2000	0,3	} bei 20° C				
2234	0,2					
1464	0,4	} bei 120° C				
1569	0,4					
710	1,2	} bei 200° C				
706	1,2					

*) $P = 500$ kg, $d = 20$ mm.

Figur 874, 875. Stück eines Ventils einer Niederdruckdampfleitung aus ähnlichem Material wie Figur 873. Das Metall ist von dem feuchten Dampf angegriffen worden (Figur 875). Das Stück weist zahlreiche Risse auf.

Figur 876 bis 880. Gefüge von Zinklegierungen mit etwa $5\,^0/_0$ Cu, $3\,^0/_0$ Al; verschieden feines Korn; Figur 880 mit Seigerstelle.

Eine Aluminium-Zink-Legierung wies auf $\gamma = 4{,}95$ g/ccm, $K_z = $ bis 1960 kg/qcm, $H = 85$ (10 mm, 1000 kg). Von Wasser wurde sie angegriffen.

(Über Prüfung verzinkter Rohre vgl. Figur 54, S. 14. Kennzeichnung der Stärke der Zinkschicht im Querschnitt durch Anlassen, bis das Eisen blaue Farbe annimmt.)

e) Nickelguß, Nickel, Nickelbronze.

Ausdehnung durch die Wärme für Nickel: angenähert $1:100\,000 = 10$ Milliontel.

Nickelguß ($15\,^0/_0$ Ni, $63{,}5\,^0/_0$ Cu, $17\,^0/_0$ Zn, $1{,}3\,^0/_0$ Pb) $K_z = 1800$ kg/qcm, $\varphi = 1{,}9\,^0/_0$.

Rein-Nickeldraht $\begin{cases} K_z = 4839 \text{ kg/qcm}, & \varphi = 50\,^0/_0, \\ K_z = 5267 \quad\text{,,}\quad, & \varphi = 50\,^0/_0. \end{cases}$

Nickelbronze ($20\,^0/_0$ Ni, $69\,^0/_0$ Cu, $9\,^0/_0$ Zn, $1\,^0/_0$ Fe) ergab:

bei	15	200	300	400	500^0 C
$K_z =$	1595	1447	1057	1021	775 kg/qcm
$\varphi =$	11,2	12,5	7,8	7,4	1,9 $^0/_0$
$\psi =$	20	21	11	10	3 $^0/_0$

Nickel-Manganbronze (für Düsen) lieferte bei gewöhnlicher Temperatur:
$$K_z \leqq 5320 \text{ kg/qcm}, \qquad \varphi \leqq 29{,}3\,^0/_0, \qquad \psi \leqq 29\,^0/_0.$$

f) Zinnlot.

Eingelötete Stahlrohre von 55,5 mm Durchmesser beanspruchten zum Herausziehen die im folgenden angegebenen Kräfte.

Eingelötete Länge mm	Lotfläche qcm	Höchstlast kg			Auf 1 qcm Lötfläche kg			Durchschnitt
10	17,44	4780	4400	4350	275	253	250	259
20	34,9	6900	7150	7400	198	205	212	205
30	52,3	10900	10850		208	208		208
40	69,8	11400	12200		163	175		169
50	87,2	16500	15700	15950	189	180	183	184

Rasches Abkühlen in Wasser nach dem Löten verminderte die Festigkeit der Verbindung bedeutend:

30	52,3	5500	105	105
40	69,8	3750	54	54

g) Silberlot.

Figur 881. Gefügebild mit gut ausgebildeten Kristallen.

h) Platinlegierungen.

Figur 882. Querschnitt durch den Rand einer ausgestanzten Scheibe von 1 mm Dicke. Quetschgrenze derselben rd. 10000 kg/qcm (vgl. die Bemerkung unter b) hinsichtlich der Höhe des Probekörpers), Härte $H = 160$ ($d = 5$ mm, $P = 500$ kg).

Figur 883. Schnitt leicht geneigt zur Walzebene eines Stückes ähnlich demjenigen, von dem Figur 882 herrührt.

i) Drahtseile[1]).

Festigkeit von Seilen aus Stahl-, Aluminium-, Kupfer- und Bronzedrähten, wenn von den äußersten Werten abgesehen wird, $= 70$ bis $90\,^0/_0$ der Summe der

---

[1]) Näheres C. **Bach**, Die Maschinenelemente; s. a. Z. Ver. deutsch. Ing. 1887, S. 221 f.; 241 f.; 891 f. Überaus wertvolle Erfahrungen über die Lebensdauer der Drahtseile von Kranen und Aufzügen enthält Heft 177 der Mitt. über Forschungsarbeiten. Vgl. auch Z. d. Bayer. Revisionsvereins 1915, S. 33 f.

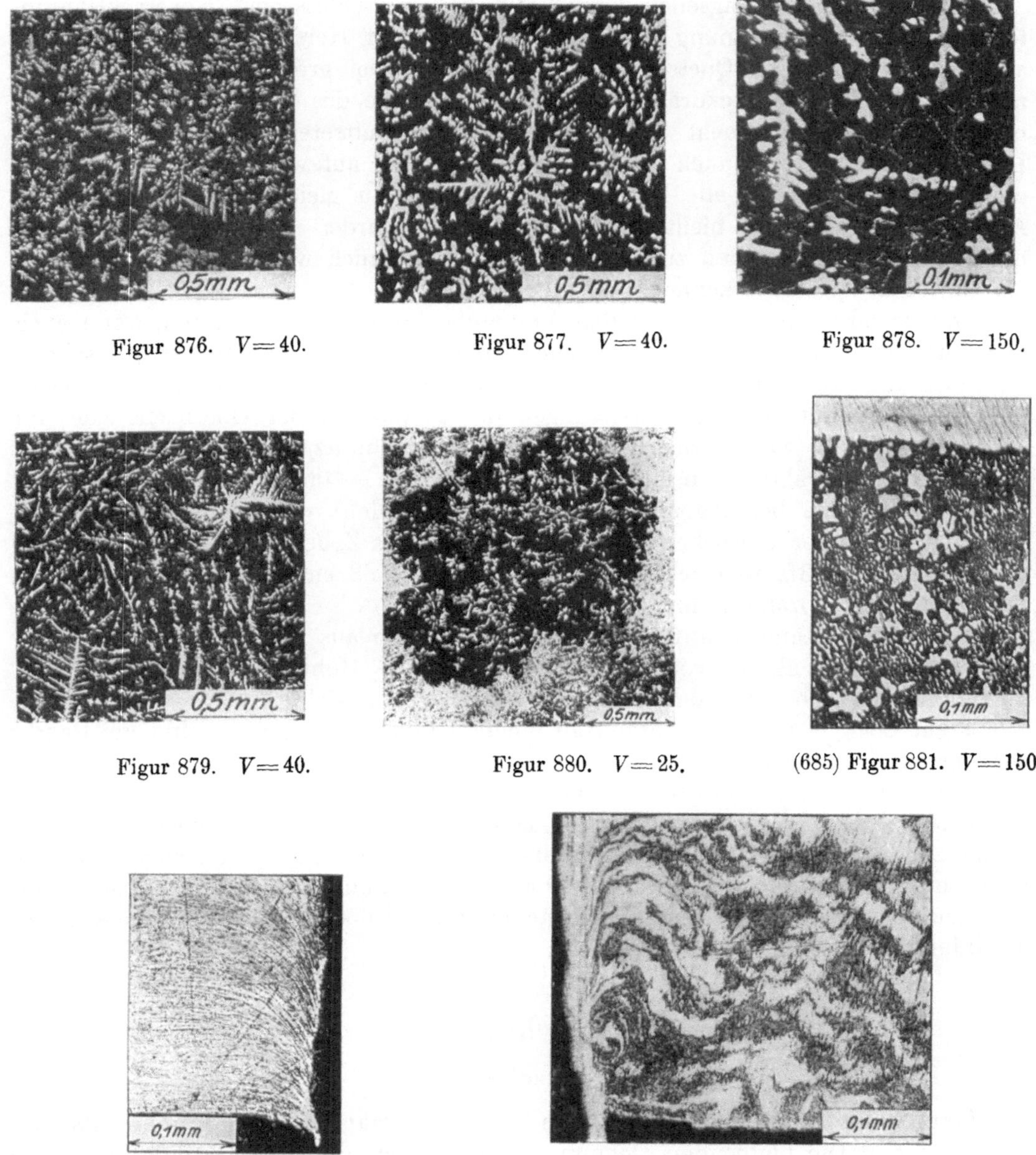

Figur 876. $V = 40.$ Figur 877. $V = 40.$ Figur 878. $V = 150.$

Figur 879. $V = 40.$ Figur 880. $V = 25.$ (685) Figur 881. $V = 150.$

(686) Figur 882. $V = 150.$ (687)   Figur 883. $V = 150.$

Drahtfestigkeiten[1]). Zugfestigkeit des Stahlmaterials in der Regel $K_z = 10\,000$ bis $14\,000$ kg/qcm, bei Stahl mit besonders hoher Festigkeit K_z bis $25\,000$ kg/qcm. Die Dehnungszahl der Stahldrahtseile für Aufzüge und Transmissionen beträgt ungefähr $\alpha = 1:750\,000$ bis $1:1\,900\,000 = 1{,}3$ bis $0{,}53$ Milliontel; sie ist von der Seilkonstruktion und von der Belastung abhängig, von letzterer derart, daß das Seil bei höherer Belastung sich als weniger nachgiebig erweist.

---

[1]) Häufig ist auch die Widerstandsfähigkeit der Seilbefestigung maßgebend. Im Zweifelsfall empfiehlt sich dahingehende Prüfung dringend. Seile, die über Zapfen und Rollen von geringem Durchmesser gelegt werden, erfahren zusätzliche Beanspruchungen, die sehr hoch sein können. Bei der Prüfung von über Bolzen gelegten Spannseilen (Bruchlast 2090 kg) mit 5,4 mm Durchmesser, die aus 84 Drähten von 0,4 mm Dicke bestanden, ergaben sich z. B. für stetig gesteigerte Belastung folgende Werte der zum Zerreißen erforderlichen Kraft

Bolzendurchmesser . . .	20	40	50	60	70 mm,
Bruchlast für ein Seil . .	1410	1740	1750	1835	1850 kg. (Forts. S. 164.)

11*

Figur 884. An Tragseilen kann auch bei „verschlossener" Konstruktion infolge ungleicher Anspannung der Deckdrähte bei der Herstellung des Seiles oder aber infolge bleibender Quetschung der Deckdrähte bei größerer Länge des Seiles, namentlich wenn die Deckdrähte an irgendeiner Stelle des Seiles nicht ganz gleich beschaffen oder beansprucht sind, Schleifenbildung auftreten, wie Figur 884 zeigt. Diese Erscheinung tritt auch bei runddrähtigen Seilen auf, wenn bei der Herstellung die Spannung nicht für alle Drähte und Litzen genau gleich groß war oder beim Abhauen des Seiles usf. nicht sorgfältig verfahren wurde. Sie ist häufiger zu beobachten, als angenommen zu werden pflegt, wenn auch weit weniger ausgeprägt, als auf Figur 884 zu erkennen. (Doldenbildung.)

Drähte oder Litzen, die aus dem Verbande des Seiles heraustreten, wenn auch nur sehr wenig, sind in hervorragendem Maße der Abnützung und der Quetschung unterworfen. Sie können so den Anlaß zur frühzeitigen Zerstörung des Seiles bilden. Überhaupt ist den Verletzungen der Drähte an der Oberfläche oder im Innern des Seiles (wie sie durch Quetschung oder Abnützung außen am Seil oder da, wo sich die Drähte gegenseitig scheuernd berühren — im Seilinnern — auftreten, in erhöhtem Maße bei ungenügend geschmierten Seilen), weit mehr Beachtung zu schenken als bisher geschehen sein dürfte. Näheres s. Z. des Bayerischen Revisionsvereins 1915, S. 33f., welcher Arbeit Figur 885 bis 888 entnommen sind.

Figur 885. Drahtseil mit abgenützten Stellen.

Figur 886. Längsschnitt durch einen der Drähte aus Fig. 885. Die Schichten zeigen keine Ablenkung vom geraden Verlauf; die Höhlung ist also durch Abnützung entstanden, ohne daß besonders hoher Druck wirkte.

Figur 887. Gequetschte Stelle an einem Draht; die Schichten sind am Rande der Vertiefung umgebogen.

Figur 888. Stark gerostete Drähte.

Figur 889. Zerrissenes Drahtseil. Das durch die Bruchlast angespannte Seil ist plötzlich gerissen. Dabei erfuhren die beiden Bruchstücke fast augenblicklich Entlastung, sie zogen sich deshalb sehr rasch zusammen und ihre Masse erfuhr Beschleunigung gegen die Befestigungsstellen hin. Infolgedessen trat die aus der Abbildung ersichtliche Stauchung ein.

XII. Nichtmetalle.

a) Hanfseile.

Figur 890. Zugversuch mit einem gedrehten Hanfseil von 32 mm äußerem Durchmesser. Die bleibenden Dehnungen überwiegen die Federungen. Die Dehnungen wachsen weit langsamer als die Spannungen; unter höheren Belastungen in solchem Maße, daß die Federungen bei Steigerung der Last nur sehr wenig zunehmen. Bei geflochtenen Seilen ist sogar manchmal keine Zunahme der Federung mehr festzustellen, trotzdem die Last steigt (dagegen wachsen die bleibenden Streckungen weiter).

Versuche aus neuer Zeit ergaben die folgenden Werte. Über ältere Versuche s. Z. des Ver. deutsch. Ing. 1887, S. 221 u. f. Die Zugfestigkeit, bezogen auf den umschriebenen Kreis, ergibt sich hiernach zu 260 bis 690, im Durchschnitt zu ungefähr 500 kg/qcm, die Dehnungszahl der Federung für gedrehte Seile zu $1:5000$ bis $1:20000 = 200$ bis 50 Milliontel (abnehmend mit der Spannung).

Die heute zur Berechnung der Aufzugseile usf. benützten Gleichungen können nur als Näherungsrechnungen aufgefaßt werden. Insbesondere ist zu beachten, daß das Verhältnis von Drahtstärke zu Seildicke und das Verhältnis von Seildicke zu Rollenhalbmesser die auftretende Beanspruchung und damit die Lebensdauer des Seiles in weitgehendem Maße zu beeinflussen vermag. Vgl. auch das bei Figur 884 Ausgeführte.

(688)
Figur 884.
$V = {}^1/_5$.

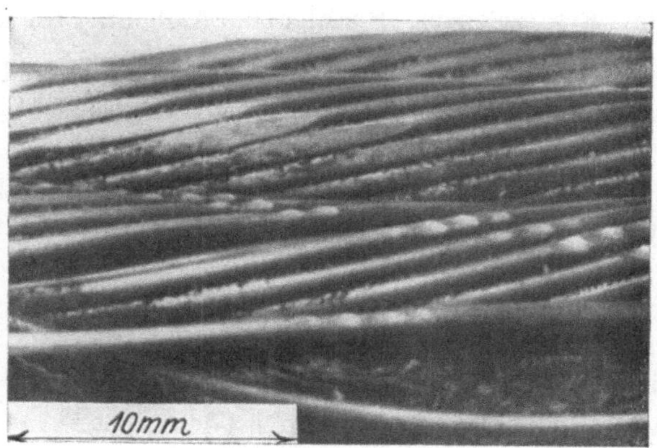

Figur 885. $V = 3,5$.

Figur 886. $V = 150$.

Figur 887. $V = 150$.

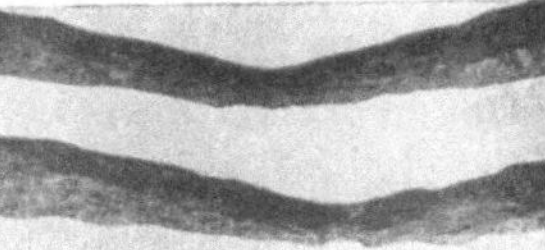

Figur 888. $V = 2,5$.

Figur 889. $V = {}^1/_{10}$.

Bezeichnung	Durchmesser mm	Gewicht g/m	Bruchlast kg
Russischer Manila- hanf geflochten	12	71—74	635—655
	18	162—172	1170—1195
	25	305—321	2120—2160
	32	436—442	2960—3220
Hanf geflochten	17,5	160	1020
	25	340	1280
Deutscher und italienischer Kern- hanf gedreht	32	532—541	5240—5390
Ebenso, geteert . .	17,5	234—250	1315—1450

Aloë - Faser - Leine ergab $K_z = 750$ bis 830 kg/qcm; Jute-Leine 216 bis 306 kg/qcm.

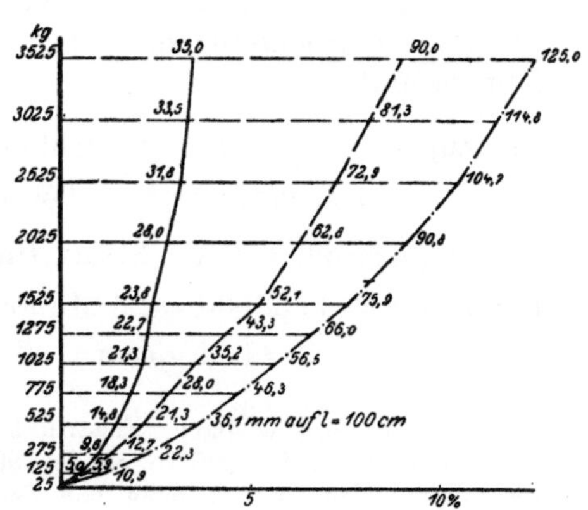

Figur 890.

b) Papiergarn, Papierseile, Ersatzriemen, Spaltleder, Aalhaut, Riemenverbinder.

Ersatzriemen aus Papiergarngeweben ergaben je nach Dicke Zugfestigkeiten von 58 bis 108 kg auf 1 cm Breite (ersterer Wert beim Gewicht von 155 g/m, letzterer bei einem solchen von 336 g/m.

Papiergarnseile lieferten $K_z =$ 142 bis 208 kg/qcm (Hanf- und ähnliche Seile reichlich das Doppelte); durch Drahteinlagen konnten die Werte um etwa $50\,^0/_0$ gesteigert werden.

Gliederriemen von 1 cm Dicke ergaben bei Gliedern

         aus Pappe 23 bis 113 kg auf 1 cm Riemenbreite,

         „ Holz   48 „ 103 „   „ 1 „   „

Kamelhaarriemen . . . . $K_z =$ 218 bis 282 kg/qcm

Baumwollriemen . . . . $K_z =$ 285 „ 417   „

Verleimtes Spaltleder . . $K_z =$ 81 „ 334   „

     an den Verbindungsstellen $K_z =$ 76 „ 220   „

Aalhaut, verleimt . . . . . $K_z =$ 159 kg/qcm ($\alpha =$ rd. 140 bis 220 Milliontel)

     „   unverleimt . . . $K_z =$ 806 bis 908 kg/qcm (Dicke 0,16 bis 0,19 mm).

Bei Beurteilung der Riemenfestigkeit ist nicht außer acht zu lassen, daß nicht selten die Verbindungsstellen recht geringe Widerstandsfähigkeit aufweisen. So ergab sich z. B. bei der Prüfung stählerner Riemenverbinder die Widerstandsfähigkeit für 1 cm Breite zu 25 bis 91 kg, angewendet an Lederriemen.

c) Leder[1]). Rohhaut. Papierstoff.

Figur 891. Dehnungslinie für Leder, Abweichung von der Geraden. $\alpha = \dfrac{1}{900}$

bis $\dfrac{1}{3500} =$ 1100 bis 280 Milliontel, mit der Spannung veränderlich, umgekehrt wie

bei Gußeisen. Die Dehnungen wachsen langsamer als die Spannungen. In der Gleichung $\varepsilon = \alpha_1 \sigma^m$ ist daher $m < 1$. Die Güte des Leders, die Lage des Riemens in der Haut, der Feuchtigkeitsgrad usf., üben weitgehenden Einfluß. Bei sehr langdauernder Belastung ist die Zugfestigkeit wesentlich kleiner, als bei Prüfung mit der üblichen Geschwindigkeit. Bei letzterer findet sich $K_z =$ etwa 250 bis 500 kg/qcm.

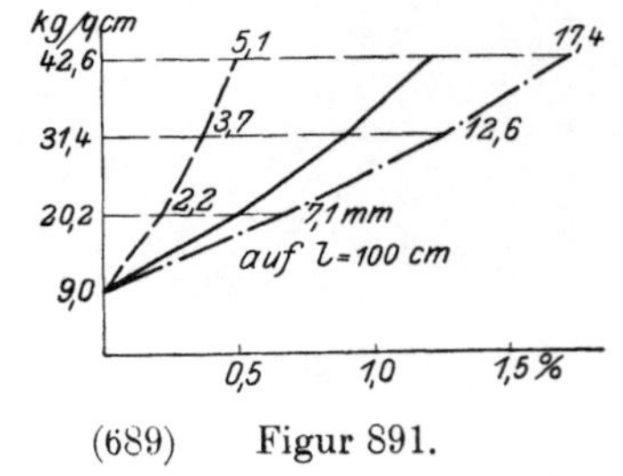

(689)   Figur 891.

Rohhaut für Zahnräder usf. ergab ebenfalls Abweichung von der Proportionalität zwischen Dehnungen und Spannungen, aber in viel geringerem Maß als Leder. Es fand sich im Durchschnitt:

für Zug $\alpha = 1 : 15\,000 =$ 67 Milliontel,   für Druck $\alpha = 1 : 9000 =$ 110 Milliontel,

     $\gamma = 1,29$ g/ccm, $K_z = 650$ bis 690 kg/qcm, $K = 1170$ bis 1830 kg/qcm.

Papierstoff, der als Ersatz für Rohhaut dienen sollte, lieferte:

für Zug $\alpha = 1 : 38\,000 =$ 26 Milliontel,   für Druck $\alpha = 1 : 7500 =$ 134 Milliontel,

     $\gamma = 1,34$ g/ccm, $K_z = 260$ kg/qcm, $K = 1730$ kg/qcm.

---

[1]) Näheres s. C. Bach, Elastizität und Festigkeit § 4, Z. Ver. deutsch. Ing. 1884, S. 740f., 1887, S. 221f., 241f.; 1887, S. 891f.; 1902, S. 985; Mitteil. über Forschungsarbeiten, Heft 5. Über die Abhängigkeit der Reibung von der Gleitgeschwindigkeit s. C. Bach, Die Maschinenelemente, XII. Aufl., S. 408f., 445f.

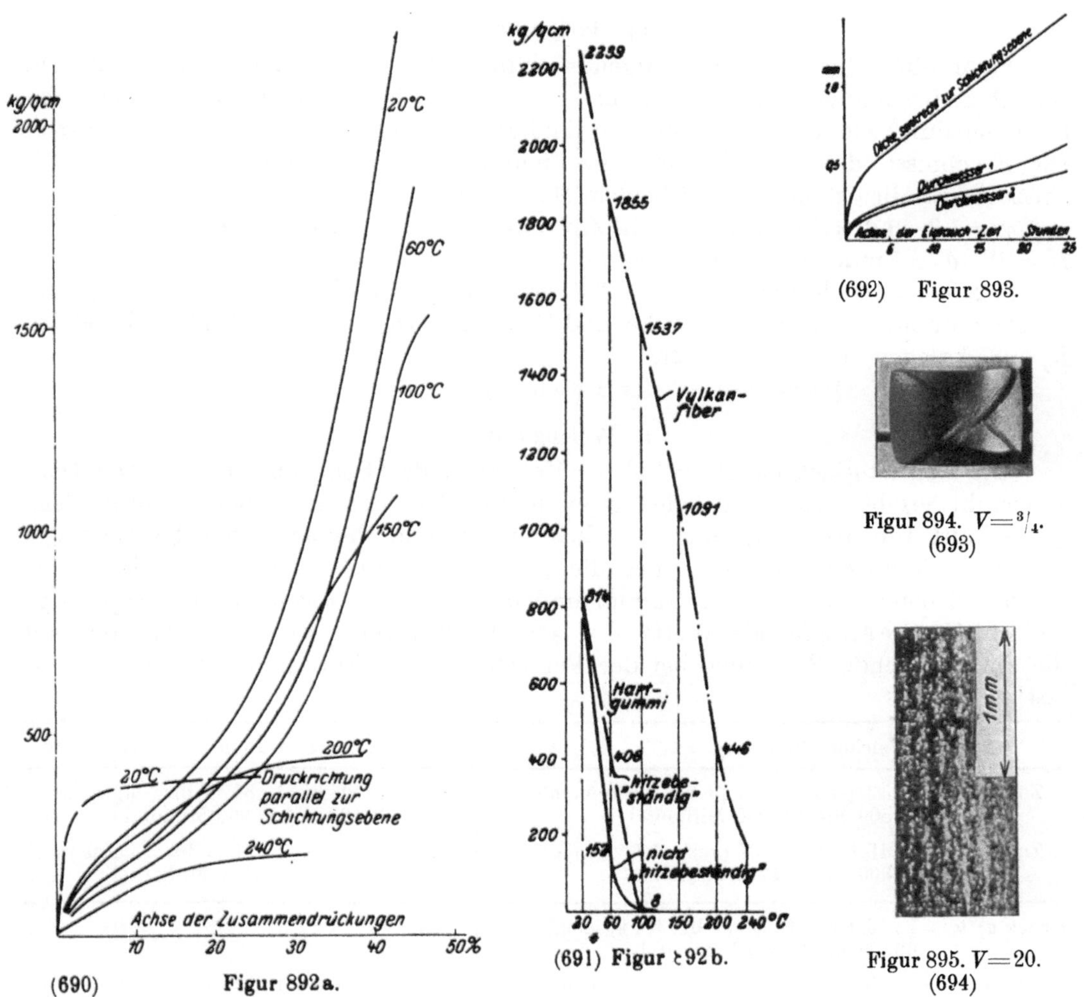

(690)   Figur 892a.

(691) Figur 892b.

(692)   Figur 893.

Figur 894. $V = {}^3/_4$.
(693)

Figur 895. $V = 20$.
(694)

d) Vulkanfiber[1].

Figur 892a. Druckversuche bei verschiedenen Temperaturen. Die gestrichelte Linie gehört zu einem Körper, dessen Schichtungsebene parallel zur Druckrichtung lag. Die übrigen Körper sind ⊥ zur Schichtungsebene gedrückt.

Figur 892b. Abhängigkeit der Druckfestigkeit von der Temperatur. Die Körper brechen, wenn der Druck ⊥ zur Schichtungsebene gerichtet ist, nach weitgehender Stauchung ähnlich wie die Gußeisenkörper, Figur 665, S. 124, oder der in Figur 859, S. 158, abgebildete Metallzylinder.

Figur 893. Quellung (Zunahme von Durchmesser und Dicke) einer Vulkanfiberscheibe von 50 mm Durchmesser und 10 mm Dicke nach Eintauchen in Wasser. Verschiedenheit in drei Richtungen (Verziehen des Materials erfolgt bekanntlich auch an der Luft).

Figur 894. Parallel zur Schichtungsebene gedrückter Körper, Ausknicken der einzelnen, papierähnlichen Lagen, vgl. Figur 895 und 896 sowie 900f.

Figur 895. Schnitt durch den Körper, Figur 894.

Figur 896 (S. 169). Querschnitt, der den Aufbau aus (wagrechten) papierähnlichen Schichten noch deutlicher erkennen läßt. $\gamma = 1$ bis 1,4, Härtezahl $H = 11$ bis 16 ⊥ Schichtung und $H = 7$ ‖ Schichtung ($d = 5$ mm, $P = 100$ kg).

---

[1] Z. Ver. deutsch. Ing. 1913, S. 907f.

e) Hartgummi[1].

Figur 897. Linie der Zusammendrückungen bei verschiedenen Temperaturen. Das „hitzebeständige" Material hat bei gewöhnlicher Temperatur eine sehr ähnliche Dehnungslinie wie das „nicht hitzebeständige", nur ist der Stauchvorgang kürzer. Die Ergebnisse der Versuche sind in Figur 892b mit eingezeichnet. Eigentlich „hitze"beständig ist keines der beiden Materialien.

$\gamma = 1{,}2$ und $1{,}35$ (letztere Zahl für das hitzebeständige Material). Härtezahl $H = 18$ ($d = 5$ mm, $P = 100$ kg) bis 26 ($d = 10$ mm, $P = 300$ kg). $\alpha = 1 : 2600 = 385$ Milliontel, $K_z = 260$ bis 550 kg/qcm, $K_b = 500$ bis 600 kg/qcm, an Hartgummi verschiedener Dicke und Herkunft ermittelt. Ein Ersatzstoff lieferte $K_z = 87$ kg/qcm, $K_b = 150$ kg qcm.

Figur 898. Querschnitt in der Durchsicht.

f) Weichgummi[2].

Die Zugfestigkeit hängt in hohem Maße von der Belastungszeit ab. Die Dehnungszahl ergibt sich verschieden groß, je nachdem der ursprünglich vorhandene Querschnitt für die Ermittlung der Spannungen und die ursprüngliche Meßlänge für die Dehnungen gerechnet oder die jeweiligen Werte verwendet werden. Für einen weicheren und härteren Gummi finden sich z. B., bezogen auf die **ursprünglichen Größen**, folgende Werte (bei der Versuchsreihe a) fand Entlasten auf die **vorausgehende** Belastung, bei der Versuchsreihe b) Entlasten auf die **Anfangslast** statt):

Weicher Gummi; $\gamma = 1{,}03$	Härterer Gummi; $\gamma = 1{,}48$
Zug a) $\alpha = 1 : 13{,}8$ bis $1 : 6{,}8$ (σ bis $5{,}6$ kg/qcm) $= 72\,500$ bis $147\,000$ Milliontel	$\alpha = 1 : 99$ bis $1 : 84$ (σ bis 7 kg/qcm) $= 10\,100$ bis $11\,900$ Milliontel
Zug b) $\alpha = 1 : 13{,}1$ bis $1 : 8{,}7$ (σ bis $5{,}6$ kg/qcm) $= 76\,300$ bis $114\,900$ Milliontel	$\alpha = 1 : 99$ bis $1 : 74$ (σ bis 7 kg/qcm) $= 10\,100$ bis $13\,500$ Milliontel
Druck a) $\alpha = 1 : 16{,}0$ bis $1 : 26$ (σ bis $5{,}4$ kg/qcm) $= 62\,500$ bis $33\,500$ Milliontel	
Druck b) $\alpha = 1 : 15{,}1$ bis $1 : 19$ (σ bis $5{,}4$ kg/qcm) $= 66\,200$ bis $52\,600$ Milliontel	$\alpha = 1 : 76$ bis $1 : 82$ (σ bis 23 kg/qcm) $= 13\,200$ bis $12\,200$ Milliontel

Mit dem Alter wird das Material weniger nachgiebig.

Durch Gummilösung verbundene Stücke von Flachgummi wiesen eine Widerstandsfähigkeit der überlappten Klebstelle gegenüber Zugbeanspruchung von 0,7 bis 1 kg für 1 qcm der Kittfläche auf.

g) Holz[3].

Figur 899. Druckversuche mit Tannen-, Buchen- und Eichenholz in verschiedener Richtung.

---

[1] Z. Ver. deutsch. Ing. 1913, S. 907 f.

[2] Näheres s. C. Bach, Elastizität und Festigkeit, 8. Aufl., § 4.

[3] Näheres s. in den ausführlichen Veröffentlichungen in Heft 131 und 231 der Mitteilungen über Forschungsarbeiten, sowie Techn. Berichte der Flugzeugmeisterei 1918, S. 97 u. f.; C. Bach, Die Maschinenelemente, I. Abschnitt, Elastizität und Festigkeit § 4.

Bei Holz derselben Art äußern Standort und Witterung, Wachstum und Alter, Zustand und Behandlung usf. weitgehenden Einfluß. Oft ist die Gleichförmigkeit selbst bei Material aus demselben Stamm, ja aus derselben Bohle, gering. Im folgenden sind deshalb mehrfach für eine Holzart verschiedene Werte angeführt. Bei den Nadelhölzern und manchen Laubhölzern hat das (im Sommer und Herbst gewachsene) Spätholz weit höhere Festigkeit als das Frühholz (Beispiele: Fichtenholz wies für das Frühholz $K_z = 501$ kg/qcm, für das Spätholz 1388 kg/qcm auf; Oregonpine ergab $K_z = 1170$ und 4408 kg/qcm). In solchen Fällen kann eine Bewertung des Holzes dadurch stattfinden, daß auf den verhältnismäßigen Anteil des Spätholzes an den einzelnen Jahresringen, d. h. auf den Aufbau, geachtet wird, vgl. auch Figur 908 f. Bei gleichförmig aufgewachsenem Holz ist oft das Raumgewicht kennzeichnend. Auch die Farbe gewährt manche Anhaltspunkte.

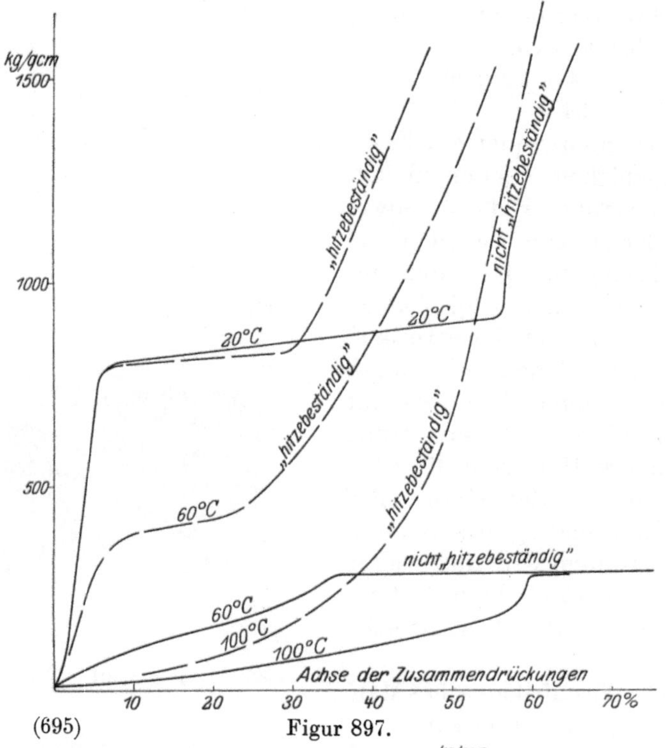

(695)   Figur 897.

Figur 896. $V=150$.

Figur 898. $V=150$.

Die im folgenden angegebenen Werte der Dehnungszahl, Biegungs- und Drehungsfestigkeit sind unter Anwendung der allgemein üblichen Gleichungen ermittelt, obwohl für Holz die bei deren Ableitung gemachte Voraussetzung des in allen Richtungen gleichen Verhaltens nicht erfüllt ist, auch, jedenfalls bei höheren Belastungen, zwischen Spannung und Dehnung keine Proportionalität mehr besteht. Da die Schubfestigkeit der weicheren Teile der Jahresringe sehr gering ist, hängt ferner die

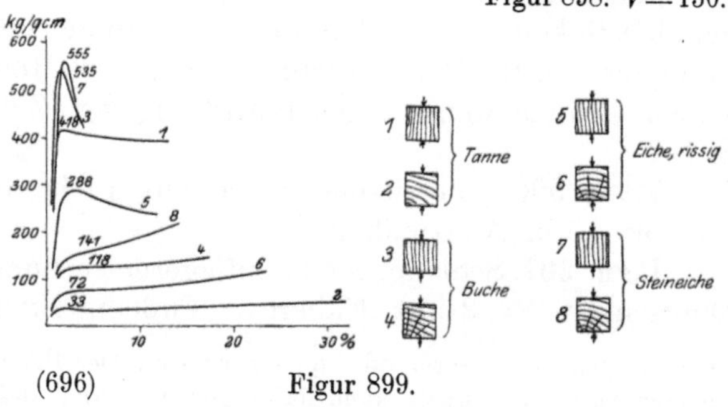

(696)   Figur 899.

Biegungsfestigkeit sowie die Größe der aus Biegungsversuchen ermittelten Dehnungszahl in weit stärkerem Maße als bei homogenem Material von dem Verhältnis Auflagerentfernung: Stabhöhe ab; die Biegungsfestigkeit verhältnismäßig kurzer Stücke ist geringer als die langer Stäbe, wie folgende Zahlen zeigen.

Verhältnis $l:h$	15	10	5	$2\,^1/_2$
Kiefer K_b kg/qcm	936	942	742	481
α Milliontel	8,49	9,12	12,08	—
Tanne K_b kg/qcm	923	924	794	563
α Milliontel	10,75	11,92	14,12	—

Der bei Figur 907 beschriebene Schlagversuch scheint ein einfaches Mittel darzustellen, um das Holz in gewisser Hinsicht, namentlich in bezug auf seine Gleichförmigkeit zu prüfen. Gleiche Stabform und Größe sind zur Erlangung vergleichbarer Werte erforderlich. Wie bei der Kerbschlagprobe (S. 17) ist auch hier die Schlagarbeit auf den Querschnitt bezogen worden. Bezugnahme auf das Stabvolumen, was richtiger wäre, kann nicht erfolgen, weil für jedes Holz ein anderes Volumen am Bruch und damit an der Arbeitsaufnahme beteiligt ist. Zähes Holz weist beim Schlagversuch wie beim Zerreißen faserigen, gewissermaßen pinselartigen, weniger zähes Holz stumpfen, kurzen Bruch auf.

Die Körpergröße scheint für Zug-, Druck- und Biegungsversuche bei fehlerfreiem Holz innerhalb gewisser Grenzen keinen ausgeprägten Einfluß auszuüben, sofern der Querschnitt mehrere Jahresringe umfaßt. Aststellen, Verwachsungen usf. äußern dagegen in hohem Maße Einfluß durch Verminderung der Festigkeit und Erhöhung der Formänderung, vorwiegend infolge des Abweichens der Faserrichtung vom geraden Verlauf: Bei Beanspruchung quer oder schräg zur Faser ist die Widerstandsfähigkeit weit geringer, vgl. Figur 904.

Wie S. 158 für Blei angegeben, ist auch bei Holz die Druckfestigkeit von der Höhe der Körper abhängig (hierzu kommt, daß der Einfluß von Aststellen usf. bei längeren Stücken größer ausfallen wird). Würfel ergeben daher höhere Druckfestigkeit als langgestreckte Prismen, namentlich auch

Figur 900, 901. Zerdrückte Würfel aus Fichten- und Buchenholz. Ausknicken der Fasern.

Figur 902. Kiefernholz $(K = 446\ \text{kg/qcm},\ K_z = 860\ \text{kg/qcm},\ K_b = 774\ \text{kg/qcm},\ \gamma = 0{,}45)$.

Figur 903. Prisma aus Eschenholz, quer zur Faser gedrückt. Weit größere Nachgiebigkeit, Gleiten in den Jahresringen. Vgl. das S. 168 genannte Heft 231 sowie

Figur 904. Abhängigkeit der Druckfestigkeit (Würfelfestigkeit) von der Faserrichtung für das Holz der Gotthardtanne. Querfestigkeit viel kleiner als die Längsfestigkeit, am geringsten bei schrägem Faserverlauf. Ähnlich niedere Werte werden in der Nähe von Ästen usf. erlangt, wo die Fasern schräg verlaufen. Versuche mit höheren Körpern lassen den Einfluß der Faserrichtung noch stärker hervortreten. Andere Holzarten lieferten ähnliche Verhältniszahlen, doch war der Unterschied zwischen der Querfestigkeit in Richtung des Stammumfanges und in Richtung des Halbmessers nicht selten kleiner, bei Laubholz z. T. umgekehrt als Figur 904 angibt, wie aus der Zahlentafel B, S. 179 (Querzugfestigkeit) hervorgeht.

Figur 905. Biegungsversuch (Westafrikanisches Mangroveholz, $K_b = 900$ bis $1030\ \text{kg/qcm}$), Überwindung der Schubfestigkeit in der Stabmitte, bei ausreichend hohem Stabquerschnitt. Beim Drehungsversuch ist Holz aus demselben Grunde wenig widerstandsfähig, vgl. Zahlentafel B, S. 179.

Figur 906. Zerrissene Stäbe aus Fichten-, Eschen-, Hickory- und Akazienholz.[1])

Figur 907. Schlagproben (Auflagerentfernung $l = 25\ \text{cm}$, Querschnitt $2 \times 2\ \text{cm}$). Näheres s. Fußbemerkung, S. 169).

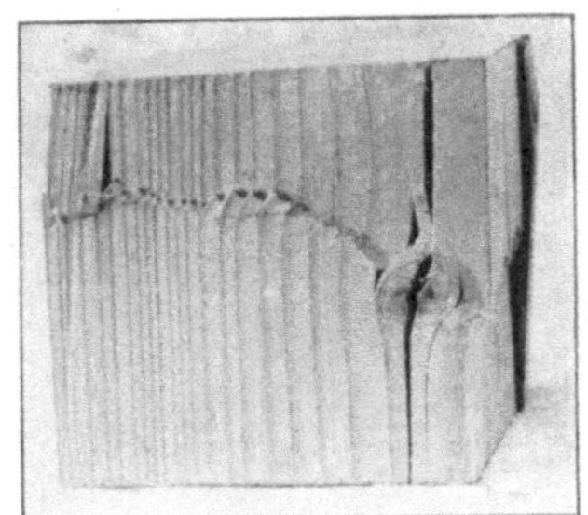

(697)   Figur 900. $V = {}^1/_2$.

(698)   Figur 901. $V = {}^1/_2$.

Figur 902. $V = {}^1/_2$.

bei Beanspruchung schräg oder quer zur Faser. Der Betrag des Unterschiedes hängt in weitgehendem Maße von dem Aufbau des Holzes (s. o.) ab. Es fanden sich z. B. für Probekörper von quadratischem Querschnitt mit 3 cm Kantenlänge folgende Werte für die Druckfestigkeit in kg/qcm (Druck in der Faserrichtung).

Holzart	Höhe der Probekörper in cm			
	1,5	3	6	12
Kauri-pine	510	511	491	490
White-pine (Kiefer)	397	387	393	392
Archangeler Rotholz (Kiefer) .	420	417	387	381
Spruce (amerik. Fichte) . . {	641	602	570	526
	611	577	548	531
Cotton-wood (Pappelart) . . .	406	408	405	395
Esche . . . . {	491	476	475	459
	516	454	394	350

Bei der Prüfung von quadratischen Prismen ohne sichtbare Aststellen usf. (Seitenlänge a cm) aus 16 Holzarten von über 30 Lieferungen fand sich:

Höhe der Probekörper		$0{,}5\,a$	a	$4\,a$ bis $5\,a$
Verhältnis der Druckfestigkeit zur Würfelfestigkeit längs der Faser { größter, bzw. kleinster Wert	1,14	1	0,77
{ Durchschnitt	1,02	1	0,93

Zu beachten ist ferner, daß Holz in hohem Maße elastische Nachwirkung zeigt — im Laufe der Zeit nehmen bei gleicher Belastung die Formänderungen zu; nach Entlasten ist während langer Zeit Abnahme der bleibenden Dehnungen zu beobachten (Näheres s. in Elastizität und Festigkeit,

Figur 903. $V = 1$.

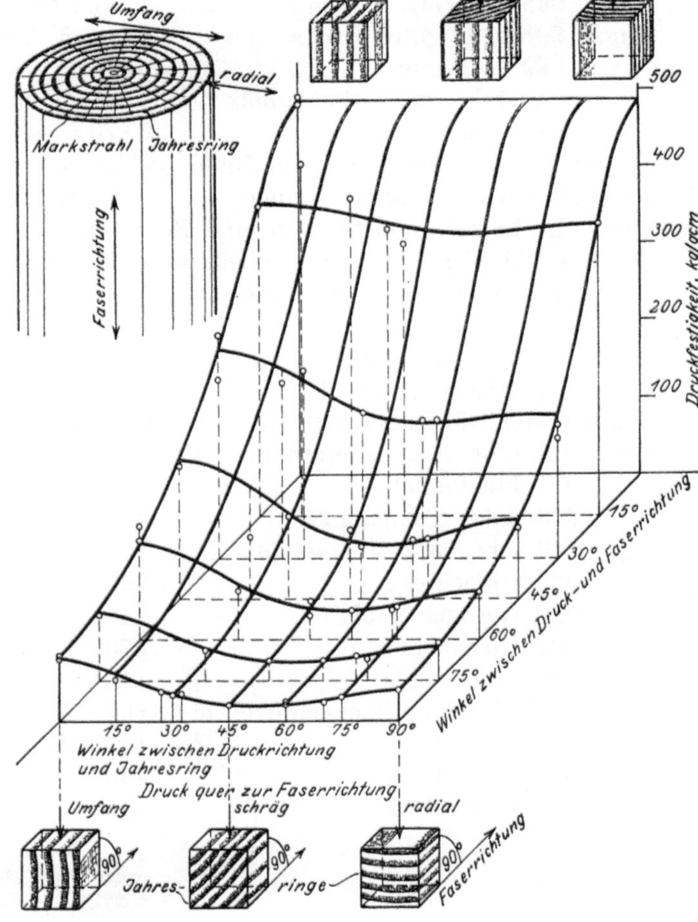

Figur 904.

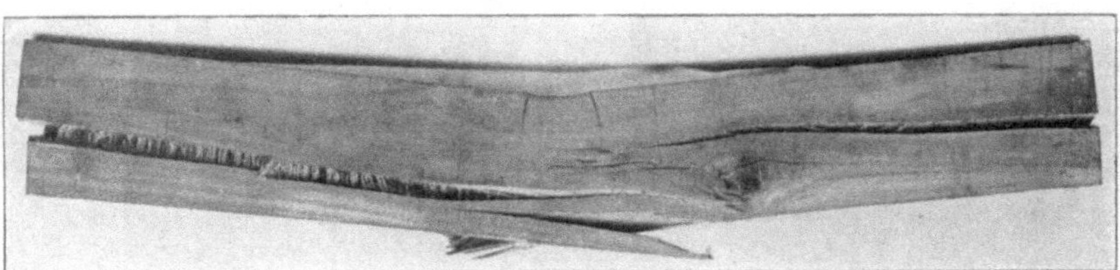

(699) Figur 905. $V = \frac{1}{6}$.

(700) Figur 906. $V = \frac{1}{3}$.

Akazien- Eschen- Eichen- Hickory- Tannenholz.
(701) Figur 907. $V = \frac{1}{2}$.

8. Aufl., § 5, sowie in Heft 231 der Mitteil. über Forschungsarbeiten). Feuchtes Holz ergibt größere Formänderungen als trockenes und geringere Festigkeit.

[1]) Um Verwechslungen vorzubeugen, sei besonders hervorgehoben, daß dieses gelbe Holz, das im täglichen Leben Akazie genannt wird, strenggenommen als Robinie zu bezeichnen ist (Robinia pseudacacia, Schotendorn).

Figur 908 bis 911. Ansichten von Querschnitten senkrecht zur Faserrichtung.

Figur 908 sehr gutes Kiefernholz K bis 629 K_z bis 1514 K_b bis 1291 kg/qcm

„   909 schlechtes   „ $= 308$ $= 681$ $= 534$ „

„   910 sehr gutes Eschenholz   bis 831   bis 1787   bis 1314   „

„   911 schlechtes   „ $= 376$ $= 303$ $= 497$ „

Je größer der Anteil des im Bilde hell erscheinenden (im Frühjahr gewachsenen) Frühholzes ist, desto geringer ist die Festigkeit des Holzes. Die Betrachtung des Hirnholzes gestattet also eine Beurteilung der Festigkeitseigenschaften.

Figur 912 bis 915. Querschnitte bei etwas stärkerer Vergrößerung in der Ansicht.

Figur 912 Eichenholz $K =$ bis 422 $K_z =$ bis 1388 $K_b =$ bis 750 kg/qcm

„   913 Eschenholz   476   „ 2179   928   „

„   914 Akazienholz[1])   bis 800   „ 1843   1079   „

„   915 Hickoryholz   556   „ 1628   1552   „

Figur 916 bis 923. Querschnitte in etwas stärkerer Vergrößerung in der Durchsicht.

Figur 916 sehr gutes Kiefernholz $K = 651$ $K_z = 1176$ $K_b = 1123$ kg/qcm

„   917 Fichtenholz   462   878   730   „

„   918 gutes Tannenholz   482   1168   950   „

„   919 sehr gutes Eschenholz   819   1646   1381   „

„   920 schlechtes   392   328   497   „

„   921 Rotbuchenholz   445   1345   —   „

„   922 Rüsternholz   573   2098   1315   „

„   923 Lindenholz   310   776   965   „

Figur 924 bis 926. Querschnitte bei starker Vergrößerung in der Durchsicht.

Figur 924 Kiefernholz $K = 625$ $K_z = 1152$ $K_b = 1072$ kg/qcm

„   925 Eschenholz   443   702   584   „

„   926 Lindenholz   310   776   965   „

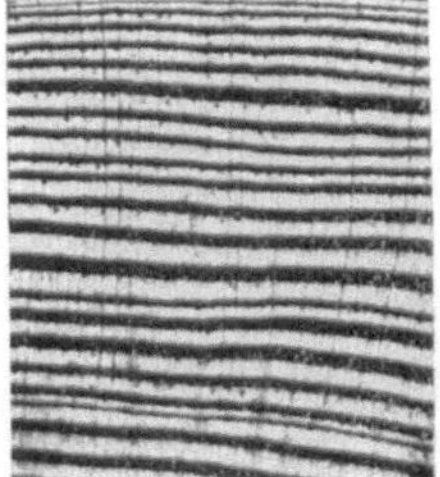

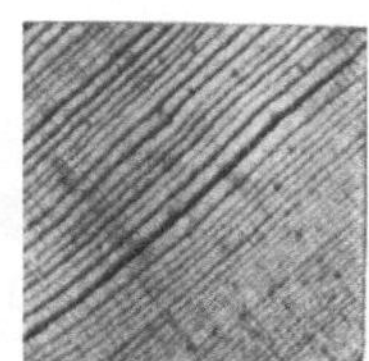
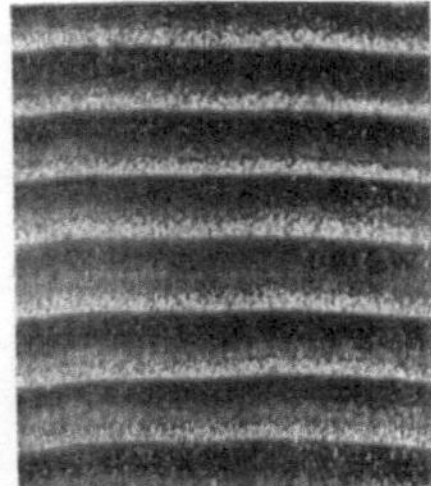
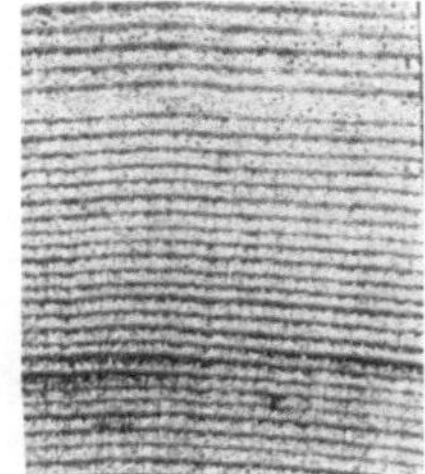

Figur 908. $V = 1{,}2$.   Figur 909. $V = 1{,}2$.   Figur 910. $V = 1{,}2$.   Figur 911. $V = 1{,}2$.

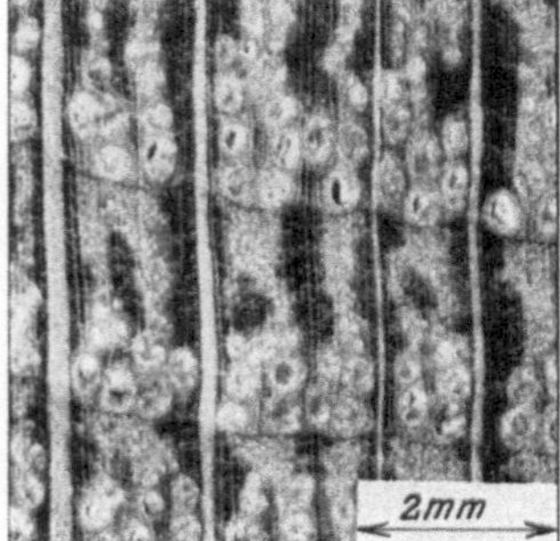

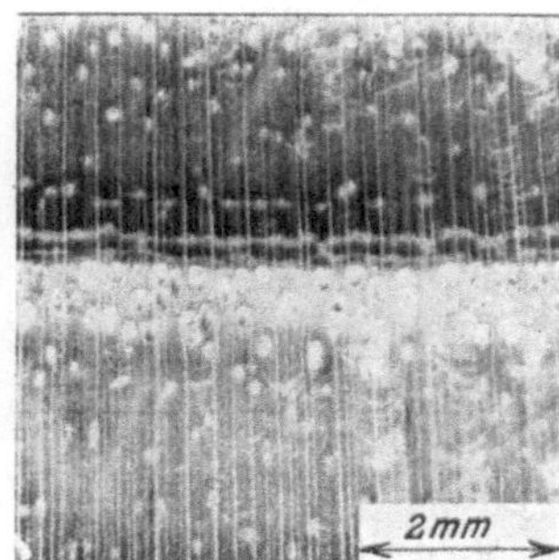

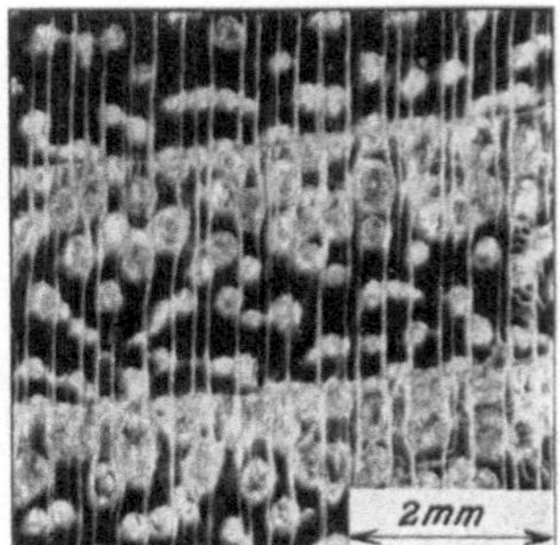

Eichenholz. Figur 912. $V = 7{,}5$.   Eschenholz. Figur 913. $V = 7{,}5$.   Akazienholz. Figur 914. $V = 7{,}5$.
(703)   (704)   (702)

[1]) S. Fußbemerkung 1, S. 171.

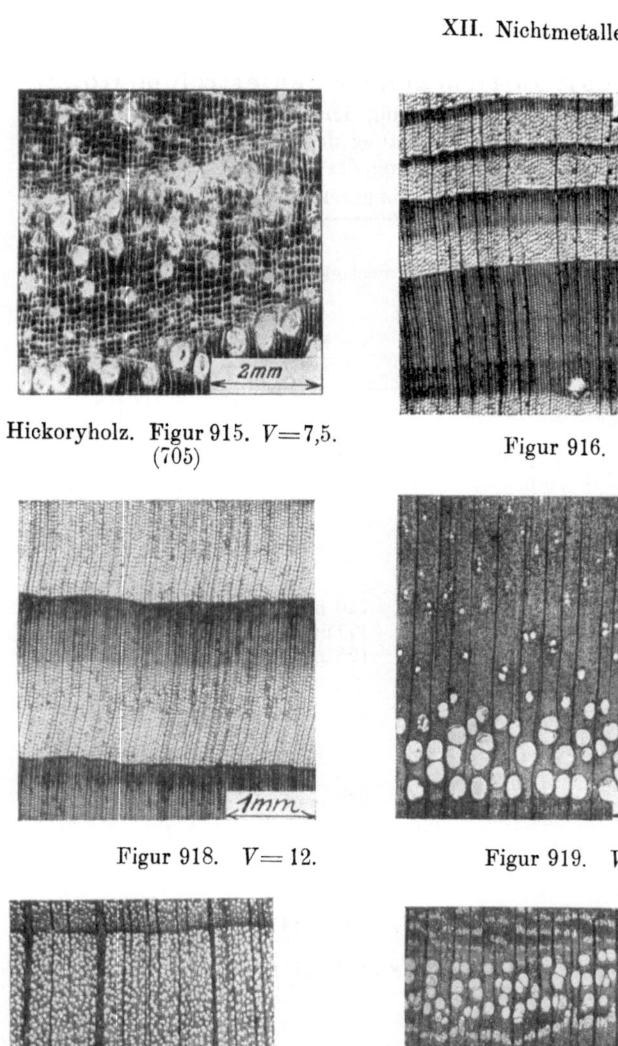

Hickoryholz. Figur 915. $V = 7{,}5$.
(705)

Figur 916. $V = 12$.

Figur 917. $V = 12$.

Figur 918. $V = 12$.

Figur 919. $V = 12$.

Figur 920. $V = 12$.

Figur 921. $V = 7{,}5$.

Figur 922. $V = 7{,}5$.

Figur 923. $V = 7{,}5$.

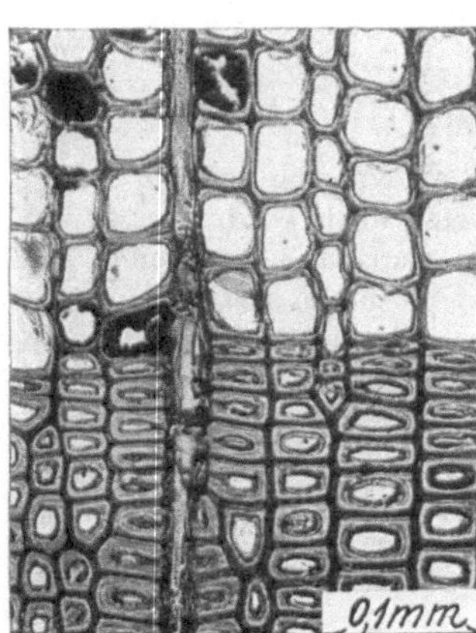

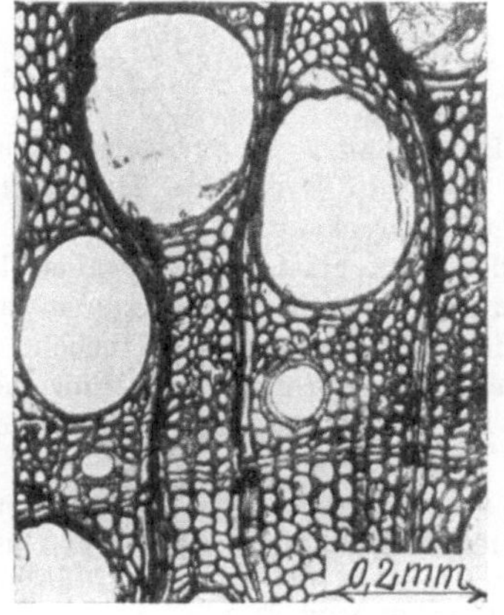

Figur 924. $V = 150$.

Figur 925. $V = 75$.

Figur 926. $V = 150$.

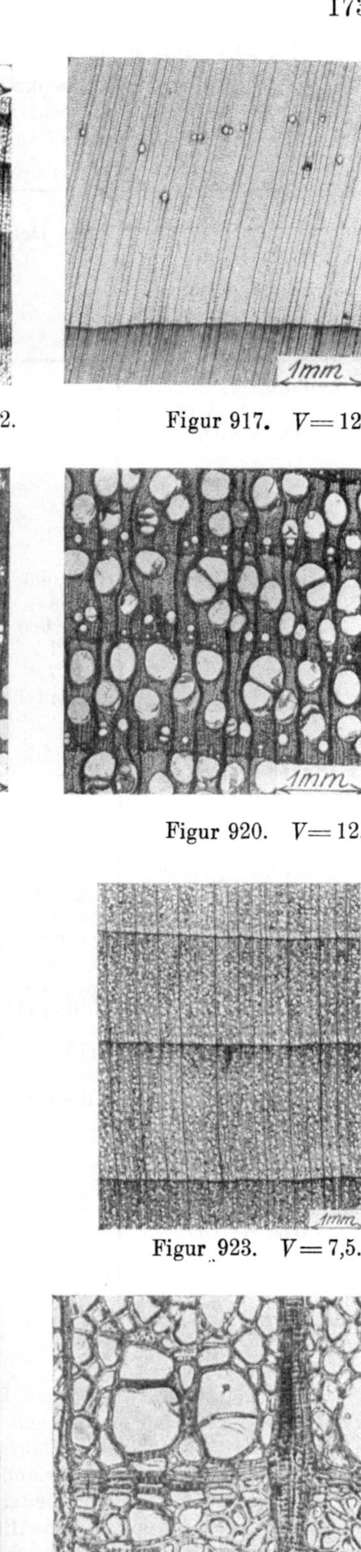

Prüfungsergebnisse.

A. Ergebnisse von Versuchen mit lufttrockenem, fehlerfreiem Holz[1]).

⊥ Druck, Zug, senkrecht zum Hirnholz, in Richtung der Fasern, vgl. Figur 904.
— Druck, senkrecht zu den Jahresringen, in Richtung des Halbmessers.
| Druck, parallel zu den Jahresringen, in Richtung des Umfangs.
Über Zugversuche quer zur Faser, sowie Drehungsversuche vgl. B.

Holzart und Raumgewicht	Dehnungszahl der Federung			Festigkeit kg/qcm			Arbeitsverbrauch zum Durchschlagen mkg/qcm
	Zug ⊥	Druck ⊥	Biegung	Zug ⊥	Druck (Würfel)	Biegung	
I. Laubhölzer. 1. Ahorn (Acer) 0,66 bis 0,68	—	—	1:152 000 = 6,6 Milliontel	1477 bis 1935	687 bis 724 ⊥ 178 bis 222 | 155 ‖	1400	0,7
2. Akazie (Robinie) (Robinia) 0,82 bis 0,86 Figur 906, 907, 914	1:89 000 bis 1:128 000 = 11,2 bis 7,8 Milliontel	1:173 000 = 5,8 Milliontel	1:150 000 = 6,7 Milliontel	1175 bis 1843	740 bis 800 ⊥ 177 und 195 ‖ 195 und 197 ‖	1079	1,1 bis 1,5
3. Birke (Betula) 0,63 bis 0,68	—	—	1:171 000 = 5,9 Milliontel	1077 bis 1550	623 bis 767 |	1198 und 1276	0,8 bis 1,3
4. Eiche (Quercus) Alte Eiche 0,77 bis 0,89 Figur 907, 912	1:61 000 und 1:173 000 = 16,4 und 5,8 Milliontel	1:106 000 = 9,4 Milliontel	1:114 000 = 8,8 Milliontel	491 und > 1388	396 und 422 ⊥ 110 bis 219 ‖ 124 und 135 ‖	750	0,1 bis 0,5
Junge Eiche 0,73 bis 0,81	1:156 500 = 6,4 Milliontel	1:151 800 und 1:173 000 = 6,6 und 5,8 Milliontel	1:152 700 und 1:168 600 = 6,6 und 5,9 Milliontel	1644 und 1682	743 bis 869 ⊥ 172 und 184 ‖ 117 und 136 ‖	1422 und 1541	1,3 und 1,6
Minderwertige Eiche[2]) 0,60 bis 0,62	1:67 000 = 14,9 Milliontel	1:65 000 = 15,4 Milliontel	1:61 200 = 16,3 Milliontel	667 und 692	446 und 448 | 156 ‖ 101 ‖	548	0,2
Ungarische Eiche 0,54	—	—	—	—	241 ⊥	406	—
Russische Eiche 0,75	—	—	—	—	382 ⊥	747	—
Württemb. Eiche 0,76	—	—	—	—	365 |	986	—

[1]) Stäbe aus verwachsenem Holz können (s. o.) bedeutend größere Federung ergeben infolge der zusätzlichen Beanspruchungen quer zur Faser. Bei Drehwuchs treten auch Verdrehungen ein.

Von Bedeutung ist für normale Zwecke die Ermittlung der Belastungen, unter denen sich zuerst größere bleibende Formänderungen einstellen. Angaben hierüber finden sich in Heft 131 der Mitteil. üb. Forschungsarbeiten, aus denen unter anderem hervorgeht, daß von den dort geprüften Holzarten Akazie und Hickory sich in dieser Hinsicht am günstigsten verhalten haben. Esche wies ziemlich früh bleibende Formänderungen auf. Einzelne Nadelholzarten scheinen geringe bleibende Dehnungen zu erfahren, besonders bemerkenswert verhielten sich die Außenfasern dünner Bambusrohre.

[2]) Bei Druckversuchen ergab sich für α (im Einlieferungszustand)
⊥ 1:8800 bis 1:11700 = 114 bis 86 Milliontel; ‖ 1:4800 bis 1:7600 = 208 bis 132 Milliontel, im nassen Zustand ergab sich für α (nach 8 bis 9 Tagen Lagerung unter Wasser)
‖ 1:8700 bis 1:10500 = 115 bis 95 Milliontel; ‖ 1:4500 bis 1:5700 = 222 bis 175 Milliontel.

Holzart und Raumgewicht	Dehnungszahl der Federung			Festigkeit kg/qcm			Arbeitsverbrauch zum Durchschlagen mkg/qcm
	Zug ⊥	Druck ⊥	Biegung	Zug ⊥	Druck (Würfel)	Biegung	
5. Esche (Fraxinus) Minderwertige Esche 0,44 bis 0,47 Figur 911, 920, 925	1:40200 = 24,9 Milliontel	1:43000 = 23,3 Milliontel	1:48450 = 20,6 Milliontel	303 und 353	376 und 408	108 und 111 ‖ 107 und 110 ‖	497	0,1 bis 0,2
Gute Esche 0,64 bis 0,77 Figur 903, 906, 907, 910, 913, 919 vgl. auch die Zahlen auf S. 172. Amerikan. Esche gibt ähnliche Werte	1:109000 bis 1:155000 = 9,2 bis 6,5 Milliontel	1:85000 = 11,8 Milliontel	1:105000 = 9,5 Milliontel	1333 und 2179	456 und 496	118 bis 130 ‖ 175 und 191 ‖	848 und 928	0,4 bis 1,8
6. Hickory (Carya) 0,71 bis 0,86 Figur 906, 907, 915	1:164700 bis 1:205000 = 6,1 bis 4,9 Milliontel	1:182000 = 5,5 Milliontel	1:145000 und 1:182000 = 6,9 und 5,5 Milliontel	948 bis 2198	546 bis 667 ⊥ 153 bis 267 ‖ 188 bis 270 ‖	997 bis 1562	0,7 bis 2,3
7. Linde (Tilia) Minderwertige Linde 0,35 bis 0,36	—	—	1:58400 = 17,1 Milliontel	225 und 231	214 und 219		391	—
Gute Linde 0,45 bis 0,58 Figur 923, 926	—	1:136000 = 7,4 Milliontel	1:140000 bis 1:172000 = 7,1 bis 5,8 Milliontel	696 bis 1424	392 bis 710	75 bis 106 ‖ 46 bis 66 ‖	891 bis 1255	0,4 bis 0,5
8. Mahagoni (Swietania) 0,53 bis 0,69	1:128000 bis 1:191000 = 7,8 bis 5,2 Milliontel	1:117000 bis 1:212000 = 8,6 bis 4,7 Milliontel	1:125000 bis 1:164000 = 8,0 bis 6,1 Milliontel	1051 bis 2040	423 bis 731	121 bis 147 ‖ 92 bis 113 ‖	1044 und 1195	0,3 bis 0,7
9. Pappel (Populus) einschließlich dem amerikanischen Cottonwood Minderwertige Pappel 0,34 bis 0,38	—	—	1:40900 = 24,4 Milliontel	701 und 734	220 und 222		433	0,5
Gute Pappel 0,43 bis 0,51	—	—	1:116700 = 8,6 Milliontel	1110	395 bis 483 ⊥	763 und 812	0,3 und 0,4
10. Pockholz (Guajacum) 1,30 bis 1,33	—	—	—	—	1000 b.1107	850 bis 943 // d. h. schräg zur Faser	—	—

Holzart und Raumgewicht	Dehnungszahl der Federung			Festigkeit kg/qcm			Arbeitsverbrauch zum Durchschlagen mkg/qcm
	Zug ⊥	Druck ⊥	Biegung	Zug ⊥	Druck (Würfel)	Biegung	
11. Rotbuche(Fagus) 0,63 bis 0,77 Figur 901, 921	—	—	—	1345	350 bis 739 ⊥ 121 bis 144 ∥ 85 bis 116 ∥	1049 bis 1822	—
12. Rüster (Ulme) (Ulmus) Minderwertige Rüster 0,56 bis 0,63	—	—	1:105000 = 9,5 Milliontel	628 und 960	351 bis 382 ⊥	878 und 930	0,2 bis 0,9
Gute Rüster 0,65 bis 0,66 Figur 922	—	—	1:160000 = 6,3 Milliontel	2076 und 2120	558 und 587 ⊥	1315	1,1
13. Teakholz (Tectona) 0,69 bis 0,84	1:146500 = 6,8 Milliontel	1:153000 = 6,5 Milliontel	1:130000 bis 1:156000 = 7,7 bis 6,4 Milliontel	969 bis 1550	687 bis 802 ⊥ 149 bis 245 ∥ 138 bis 193 ∥	576 bis 1270	0,3 bis 0,4
14. Tulpenbaum (Liriodendron) — Whitewood — 0,45 bis 0,48	—	—	1:118000 = 8,5 Milliontel	931 und 1091	407 und 434 ⊥ 78 und 86 ∥ 63 und 66 ∥	507 bis 662	0,2 bis 0,3
15. Tupelo (Nyssa?) 0,43 bis 0,51	—	—	1:45000 und 1:83700 = 22,2 und 11,9 Milliontel	> 355 bis > 588	344 und 380 ⊥	438 und 716	0,1 bis 0,4
16. Weide (Salix) 0,36 bis 0,41	—	—	1:52800 und 1:67600 = 18,9 und 14,8 Milliontel	481 bis 1000	237 bis 254 ⊥	531 und 635	0,6 und 0,8
17. Weißbuche (Carpinus Betulus) 0,77 bis 0,85	1:179000 und 1:191000 = 5,6 und 5,2 Milliontel	1:184000 = 5,4 Milliontel	1:147000 und 1:177000 = 6,8 und 5,7 Milliontel	1392 bis 1973	722 bis 809 ⊥ 256 ∥ 154 und 157 ∥	1417 und 1425	0,8
18. Zelebes (Buchs?) 0,71 bis 0,80 (gelbes Holz, sehr widerstandsfähig gegen Abnützung; splittert leicht)	—	1:132000 und 1:152000 = 7,6 und 6,6 Milliontel	1:137000 = 7,3 Milliontel	1189 und 1277	716 bis 799 ⊥ 219 ∥ 188 ∥	1467 und 1489	0,6 und 0,7

Holzart und Raumgewicht	Dehnungszahl der Federung			Festigkeit kg/qcm			Arbeitsverbrauch zum Durchschlagen mkg/qcm
	Zug ⊥	Druck ⊥	Biegung	Zug ⊥	Druck (Würfel)	Biegung	
II. Nadelhölzer. 1. Fichte (Picea) Rottanne Figur 900, 917 Minderwertige Fichte 0,39 bis 0,42	—	—	1:73000 = 13,7 Milliontel	453 bis 571	341 und 350 ⊥	520	0,1 bis 0,4
Gute Fichte 0,44 bis 0,46	1:160000 = 6,3 Milliontel	1:162000 = 6,2 Milliontel	1:164500 = 6,1 Milliontel	1435 und 1481	540 und 570 ⊥ 58 ∥ 71 ∥	948	0,7 und 0,9
Spruce (gut) 0,49 bis 0,57 amerikan. Fichte —	—	—	1:158000 = 6,3 Milliontel	1215 bis 1343	522 bis 612 ⊥	1027 bis 1036	0,7
2. Hemlock (Tsuga) Schierlingstanne 0,44 bis 0,55	—	—	1:149000 = 6,7 Milliontel	906 und 911	488 bis 644 ⊥ 55 ∥ 75 ∥	937 und 963	0,5 bis 0,7
3. Kauri (Agathis) (Araucarienart) 0,55 bis 0,60	—	—	1:162000 = 6,2 Milliontel	804 bis 888	498 bis 617 ⊥	822 und 1072	0,4 und 0,5
4. Kiefer (Pinus) Forche, Föhre, Rotholz, White- pine usf. Minderwertige Kiefer 0,41 bis 0,43 Figur 909, 902	—	—	1:69000 = 14,5 Milliontel	345	308 ⊥ 44 ∥ 77 ∥	506	0,2
Gute Kiefer 0,50 bis 0,61 vgl. auch die Zahlen bei Figur 908, 916, 924.	1:166000 = 6,0 Milliontel	1:162000 = 6,2 Milliontel	1:155000 = 6,5 Milliontel	1157 bis 1608	618 bis 766 ⊥ 55 bis 68 ∥ 92 bis 138 ∥	908 bis 1375	0,6 bis 1,6
5. Lärche (Larix) 0,52 bis 0,57	1:153000 bis 1:162000 = 6,5 bis 6,2 Milliontel	1:110000 bis 1:145000 = 9,1 bis 6,9 Milliontel	1:137000 bis 1:145000 = 7,3 bis 6,9 Milliontel	1190 und 1215	496 bis 547 ⊥ 58 bis 65 ∥ 98 bis 111 ∥	812 und 823	0,4 und 0,9
6. Oregonpine (Pseudotsuga) Douglastanne 0,45 bis 0,54	1:159000 = 6,3 Milliontel	1:160000 = 6,3 Milliontel	1:103000 bis 1:185000 = 9,7 bis 5,4 Milliontel	553 bis 1221	345 bis 688 ⊥ 48 bis 93 ∥ 72 bis 150 ∥	632 bis 1372	0,2 bis 1,5
7. Pitchpine (Pinus) 0,62 bis 0,64	1:160000 = 6,3 Milliontel	1:155000 = 6,5 Milliontel	1:155000 = 6,5 Milliontel	1026 und 1126	689 ⊥ 106 ∥ 168 ∥	835 und 1084	0,6

Holzart und Raumgewicht	Dehnungszahl der Federung			Festigkeit kg/qcm			Arbeitsverbrauch zum Durchschlagen mkg/qcm
	Zug ⊥	Druck ⊥	Biegung	Zug ⊥	Druck (Würfel)	Biegung	
8. Tanne (Abies) 0,47 bis 0,57 Figur 904, 918	—	1:166000 = 6,0 Milliontel	1:163000 = 6,1 Milliontel	1155 und 1181	480 bis 491 | 40 und 42 || 82 und 85 ||	929 und 971	0,8 bis 1,1
III. Bambus. (Bambusa) Ganzer Querschnitt Figur 927.	1:180000 = 5,6 Milliontel	1:200000 = 5,0 Milliontel	1:170000 bis 1:220000 = 5,9 bis 4,5 Milliontel	1500 bis 2500	500 bis 900 |	700 bis 3000 dicke Rohre weniger	2,5 bis 3,5
äußere Fasern	1:250000 = 4,0 Milliontel	1:300000 = 3,3 Milliontel	—	bis 3800	—		—
innere Fasern	1:110000 = 9,1 Milliontel	1:100000 = 10,0 Milliontel	—·	bis 1950	—		—
IV. Palmhölzer. Raffiapalme, Blattstiel	—	—	1:118000 = 8,5 Milliontel	—	—	476	—
Palme aus Togo (dunkelbraunrot)	1:212800 = 4,7 Milliontel	—	1:213000 = 4,7 Milliontel	1398	774 bis 846 ⊥ 225 bis 234 quer	1862	—

Figur 927. Querschnitt durch Bambus. Die dunklen Fasern sind kieselsäurehaltig und weit fester als die helleren; Anordnung der Fasern entsprechend einer Bewehrung der bei der Biegung am stärksten beanspruchten Außenschicht (ähnlich wie beim Eisenbeton), vgl. auch die Zahlen unter III.

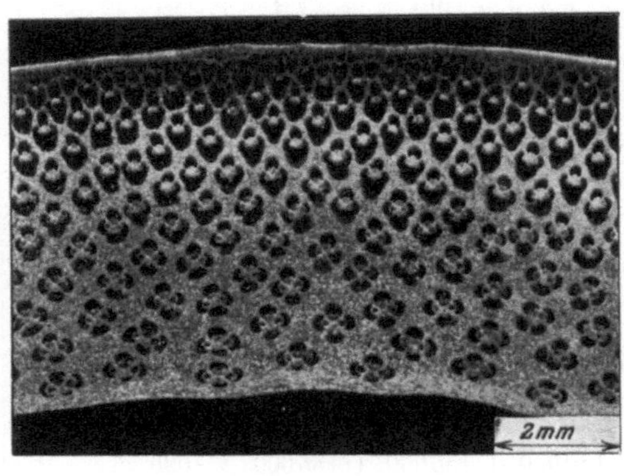

(706)   Figur 927. $V = 7,5$.

B. Widerstandsfähigkeit gegenüber Zugbeanspruchung quer zur Faser sowie gegenüber Drehungsbeanspruchung.

Zug, senkrecht zum Hirnholz, in Richtung der Fasern,

„ , „ zu den Jahresringen, in Richtung des Halbmessers,

„ , „ zu der Winkelhalbierenden zwischen $\perp$ und $\parallel$, d. h. unter 45° zu den Fasern in der Ebene des Halbmessers,

$\parallel$ „ parallel zu den Jahresringen, in Richtung des Umfangs.

Bei den Drehungsversuchen steht die Ebene des drehenden Momentes senkrecht zu den Fasern. Die Drehungsfestigkeit ist nach den üblichen Gleichungen berechnet.

Holzart	Zugfestigkeit K_z kg/qcm				Drehungsfestigkeit K_d kg/qcm
	$\perp$	$\parallel$		$\parallel$	
I. Laubhölzer					
Esche	1035	146	121	100	213
„	1500	115	88	98	225
Linde	891	50	59	73	154
„	1424	86	106	150	188
Mahagoni	1924	68	88	94	179
Rüster	794	98	91	68	168
Tulpenbaum . . .	1011	43	42	71	163
II. Nadelhölzer					
Fichte	1571	40	38	34	146
Kiefer	1608	33	70	40	207
„	1712	35	81	59	174
Oregonpine	621	20	34	17	130

h) Leimstellen.

Für Stäbe aus Spruce, mit kaltem Marineleim verbunden, ergab sich bei stumpfem Stoß $K_z = 250$ kg/qcm. Durch schräge Überlappung konnte die Widerstandsfähigkeit erhöht werden; sie erreichte bei einer Abschrägung 1:5 den Wert $K_z = 750$ kg/qcm, bezogen auf den Querschnitt des Holzstabes. Für Eschenholz ergab sich bei stumpfem Stoß $K_z = 45$ kg/qcm. Durch schräge Überlappung (1:6,5) wurde $K_z = 822$ kg/qcm erreicht. Im allgemeinen wird es sich jedoch empfehlen, für Stücke, die außerhalb der Leimstelle zerreißen sollen, die Stoßstelle im Verhältnis 1:12 abzuschrägen.

Buchenholz, quer zur Faser stumpf geleimt, ergab bei Verwendung von Kaltleim $K_z = 21$ kg/qcm, bei warmer Leimung $K_z = 36$ kg/qcm. Stäbe aus Kölner Leim selbst ergaben beim Zugversuch $K_z = 650$ bis 805 kg/qcm, bei Biegung $K_b = $ rd. 1500 kg/qcm.

Zahlreiche Versuche über die Festigkeit geleimter Stellen wurden derart ausgeführt, daß eine eben überlappte Verbindung (Länge derselben etwa 30 mm, Stabbreite etwa 30 mm) hergestellt und derart der Zugprobe unterworfen wurde, daß die Zugkraft in die Ebene der Berührungsflächen der beiden verbundenen Stücke fiel. Diese Versuche lassen nur dann einen Schluß auf die Verleimungsfestigkeit zu, wenn diese geringer ist als die Festigkeit der weichen Teile des Holzes (Frühholz). Näheres s. in Mitteil. über Forschungsarbeiten, Heft 231. Kaltleim ergab eine Festigkeit von 19 bis 62 kg/qcm (berechnet als Bruchlast: verleimte Fläche), Warmleim von 27 bis 62 kg/qcm. Harzige Stellen wiesen geringere Widerstandsfähigkeit auf (wenn Kaltleim Verwendung fand) als Holzteile, die sich nicht harzig bzw. fettig anfühlten. Gegen Wasserlagerung waren auch die mit dem geprüften Kaltleim angefertigten Verbindungsstellen nicht widerstandsfähig.

i) Holzrohre.

(Vgl. das in der Fußbemerkung 1, S. 174, bezeichnete Heft 131.)

Figur 928. Auf Drehung beanspruchtes Holzrohr; $K_d = 150$ bis 170 kg/qcm, Druckfestigkeit $K = 250$ bis 350 kg/qcm, Biegungsfestigkeit $K_b = 360$ bis 680 kg/qcm.

Diese durch Anwendung der üblichen Gleichungen berechneten Festigkeitswerte sind im Vergleich mit den in der vorstehenden Zahlentafel A enthaltenen Werten gering, zum großen Teil eine Folge des Umstandes, daß etwa die Hälfte der Holzlagen quer zur Faser beansprucht ist.

k) Sperrholz.

Aus drei Furnieren verleimte Platten, bei denen die Verhältnisse ähnlich liegen, wie oben zu Holzrohre erörtert, lieferten folgende Werte aus Zugversuchen. Die Dehnungszahl und die Zugfestigkeit sind auf den ganzen Querschnitt bezogen.

(707)   Figur 928. $V = {}^1/_7$.

Raumgewicht	Dicke mm	Zugrichtung der äußeren Lagen	Dehnungszahl	Zugfestigkeit kg/qcm	Bemerkungen
1. Birke					
0,67 bis 0,71	1,6 bis 1,8	längs	—	574 bis 881	
		quer	—	386 „ 631	
—	2,4 bis 2,6	längs	—	817 „ 928	mittlere Lage 2 bis
		quer	—	415 „ 526	4 mal so dick wie
0,75	3,3 bis 3,5	längs	1 : 87 800 = 11,4 Milliontel	684 „ 846	die Außenlagen
		quer	1 : 91 300 = 10,96 Milliontel	536 „ 1099	
0,72	3,5	längs	1 : 143 000 = 7,0 Milliontel	986 „ 1058	mittlere und äußere Lagen gleich dick
		quer	1 : 62 800 = 15,9 Milliontel	268 „ 281	
2. Erle					
0,52	3,0 bis 3,2	längs	—	335 „ 595	mittlere Lage um $^1/_3$ dicker als die äußeren Lagen
		quer	—	92 „ 312	
3. Gaboon.					
0,52	4,9 bis 5,0	längs	1 : 65 400 = 15,3 Milliontel	322 „ 435	mittlere Lage um $^1/_3$ dicker als die äußeren Lagen
4. Pappel					
0,51	3,0	längs	—	570 und 582	mittlere und äußere Lagen gleich dick.
		quer	—	370 „ 410	

Näheres s. in Heft 231 der Mitteil. über Forschungsarbeiten.

l) Beton. Steine[1].

Figur 929.   Mörtelkörper, zerdrückt, Bruch als Doppelpyramide[2].

Figur 930.   Zerdrückter Würfel aus gutem Beton.   Der Bruch erfolgte durch
die Steine des Zuschlagmaterials.   Höchster beobachteter Wert etwa $K = 550\,\mathrm{kg/qcm}$

(708)   Figur 929. $V = {}^1/_2.$ (709)   Figur 930. $V = {}^1/_7.$

[1]) Bei Beton und den meisten Steinarten wachsen die Dehnungen rascher als die Spannungen,
ähnlich wie bei Gußeisen, Figur 654, S. 123.   Für Zugbeanspruchung verläuft die Dehnungslinie
stärker gekrümmt als für Druck.   Von Einfluß auf die Größe der Dehnungszahl erweisen sich u. a.
das Mischungsverhältnis — fettere Mischungen ergeben unter sonst gleichen Verhältnissen kleinere
Werte von α —, die Art des Zementes, das Alter — die Formänderungen für gleiche Beanspruchung
nehmen im Laufe der Erhärtung ab — und namentlich der Wasserzusatz — Beton mit geringerem
Wasserzusatz ergibt kleinere Werte von α.   Als Anhalt seien folgende beobachteten Werte angeführt (Druckversuche).

	Zusammensetzung	γ	Alter	Spannungs-stufe kg/qcm	α	K
für Stampfbeton	1 Zement, 2,5 Sand, 1,75 Feinkies, 3,5 Grobkies, 5,7% Wasser	2,39	28 Tage	—	—	220
		2,42	100 „	0,2/41	1 : 341 000 = 2,93 Mill.	279
		2,41	6½ Jahre	0,2/40	1 : 404 000 = 2,48 „	465
	ebenso; jedoch 4% Wasser	2,38	28 Tage	—	—	245
		2,39	100 „	0,2/41	1 : 346 000 = 2,89 „	270
		2,41	6½ Jahre	—	—	451
	1 Zement, 4 Sand, 2,8 Feinkies, 5,6 Grobkies, 5,7% Wasser	2,39	28 Tage	—	—	152
		2,40	100 „	0,2/33	1 : 299 000 = 3,34 „	211
		2,39	6½ Jahre	0,2/31	1 : 405 000 = 2,47 „	351
	1 Zement, 2,5 Sand, 1,75 Feinschotter, 3,5 Grobschotter (weißer Jura), 5,7% Wasser	2,42	28 Tage	—	—	273
		2,45	100 „	0,2/40	1 : 418 000 = 2,39 „	341
		2,46	6½ Jahre	0,2/41	1 : 524 000 = 1,91 „	549
für Eisenbeton	1 Zement, 2 Rheinsand, 3 Rheinkies, 9,2% Wasser	2,30	46 Tage	0,1/37	1 : 273 000 = 3,67 „	225
	1 Zement, 2 Rheinsand, 4 Rheinkies, 9,7% Wasser	2,33	45 „	0,1/38	1 : 223 000 = 4,49 „	138
	1 Zement, 2 Rheinsand, 4 Bimskies, 27,9% Wasser	1,51	90 „	0,1/40	1 : 99 000 = 10,1 „	116

Nähere Angaben enthalten die folgenden Stellen.

Beton: Z. Ver. deutsch. Ing. 1895, S. 489 f.; 1896, S. 1381 f.; 1898, S. 238 f.; 1909, S. 828. Armierter
  Beton, 1910, S. 276 f.; 1911, S. 309 f., s. a. die unter Eisenbeton angeführten Stellen. Mitteilungen
  über die Druckelastizität und Druckfestigkeit von Betonkörpern mit verschiedenem Wasserzusatz. Stuttgart, 1903, 1906, 1909.

Granit: Z. Ver. deutsch. Ing. 1897, S. 241 f.; 1903, S. 1439 f. Mitteilungen über Forschungsarbeiten,
  Heft 17 (Brückengelenke).

im Alter von 6 Jahren. Geringster bisher beobachteter Wert im Alter von 4 Wochen: $K = 7$ kg/qcm[3]).

Figur 931. Treibender Zement. Die Risse in den Würfeln sind bei der Lagerung ohne Beanspruchung entstanden.

Figur 932. Zerdrückter Steinsalzkörper ($K = 150$ bis 333 kg/qcm, $\alpha = 1 : 210\,000$ bis $1 : 250\,000 = 4{,}75$ bis $4{,}0$ Milliontel). Die einzelnen, von weißen Ausblühungen umgebenen Kristalle treten deutlich hervor.

Figur 933. Betonsäule. Kegelförmiger Druckkörper, von der einen Endfläche ausgehend. (Bei eisenbewehrten Säulen erfolgt der Bruch, wenn die Herstellung sorgfältig erfolgte, häufig in der Mitte der Säule[4]).

Figur 931. $V = \tfrac{1}{3}$.

Figur 934. Beton, bei Frostwetter hergestellt. Die Eisblumen sind deutlich zu erkennen. Solcher Beton pflegt sehr geringe Festigkeit zu besitzen.

Figur 935, 936. Kunststeine, die dem Frost nicht widerstanden. Die Ecken sind abgebröckelt.

Sandstein: Z. Ver. deutsch. Ing. 1899, S. 1402f.   Mitteil. über Forschungsarbeiten, Heft 1 und 20 (Gelenke).

Eisenbeton: Mitteil. über Forschungsarbeiten, Heft 29, 39, 45 bis 47, 70, 72 bis 74, 90, 91, 95, 122, 123. Deutscher Ausschuß für Eisenbeton, Heft A, 9, 10, 12, 16, 19, 20, 24, 27, 30, 38, 43, 44, 45.

Backsteinmauerwerk: Z. Ver. deutsch. Ing. 1910, S. 1625, Einfluß der Körpergröße.

[2]) Die Elastizität des Mörtels hängt in hohem Maß vom Sandgehalt ab. Als Beispiel seien folgende Werte angeführt (Alter 100 Tage, feuchte Lagerung, Spannungsstufe 0,1/30 kg/qcm).

Teile Sand	Wasser	Teile Sand	Wasser	Teile Sand	Wasser	Teile Sand	Wasser	Teile Sand	Wasser
0,5	20,0 %	1	15,7 %	2	12,4 %	3	10,8 %	5	9,9 %
1 : 199 000		1 : 231 000		1 : 271 000		1 : 238 000		1 : 191 000	
= 5,04 Milliontel		= 4,33 Milliontel		= 3,70 Milliontel		= 4,21 Milliontel		= 5,24 Milliontel	

[3]) Fettere Mischungen liefern höhere Festigkeitswerte, wenn die Zuschlagstoffe einwandfrei sind und einen dichten Beton geben. Erhöhung des Wasserzusatzes vermindert die Festigkeit in hohem Maß, weshalb bei Herstellung von Probekörpern zur Erlangung eines Urteils über die Güte des Betons im Bauwerk usf. darauf zu achten ist, daß der Probekörper den ursprünglichen Wasserzusatz in gleicher Weise behält, wie der Beton im Bauwerk. Bei Verwendung dichter, eiserner Formen wird z. B. während des Stampfens weniger, bei Gebrauch schlechter Kisten weit mehr Wasser entweichen, als bei großen Bauteilen. Es darf dann nicht wundernehmen, wenn der gesondert hergestellte Würfel andere Festigkeit aufweist als der Beton des Bauwerks. Dieser Einfluß äußert sich auch im Raumgewicht.

Im Laufe der Zeit nimmt die Festigkeit zu (s. oben). Die Gleichung

$$K = a\left(1 - \sqrt[6]{\frac{1}{mA+1}}\right),$$

in der a und m Erfahrungswerte, A das Alter in Monaten bedeuten, ergibt eine Veränderlichkeit der Druckfestigkeit K, die mit den beobachteten Werten gut übereinstimmt (Z. Ver. deutsch. Ing. 1909, S. 828f.).

Bei Zugversuchen finden sich hiergegen manchmal scheinbare Widersprüche, die jedoch vom ungleichförmigen Austrocknen herrühren. In diesem Sinne können auch Anstrichmittel, indem sie das Austrocknen verzögern, die Festigkeit des Betons beeinflussen. Bei nasser Lagerung nimmt die Länge des Betons zu, bei trockener ab. Infolgedessen werden beim Austrocknen zwischen Kern und Oberfläche Zug- bzw. Druckkräfte wirksam, die die Zugfestigkeit bedeutend vermindern können. Zu beachten ist ferner, daß die Festigkeit des Betons unter sonst gleichen Verhältnissen in großen Körpern kleiner ausfällt als bei geringeren Abmessungen.

[4]) Wie S. 1 bemerkt, ist die Prismen- oder Säulenfestigkeit geringer als die Würfelfestigkeit. Man geht sicher, wenn man die erstere zu $80\,\%$ der letzteren annimmt.

Figur 932. $V = {}^1/_6$.

(710) Figur 933. $V = {}^1/_8$.

Figur 934. $V = 1{,}25$.
Stereoskopbild, s. S. 3.

Figur 935. $V = {}^1/_6$.

Figur 936. $V = {}^1/_5$.

Prüfungsergebnisse.

Durchschnittswerte[1]).

	α für Druck (veränderlich mit der Spannung)	K_z	K (Würfel)
Basalt bis	—	—	4000
Dolomit bis	—	—	1900
Porphyr bis	—	- -	3500
Granit	$\dfrac{1}{300\,000} = 3{,}3$ Milliontel	45	800 bis 2000
Sandstein	$\dfrac{1}{80\,000} = 12{,}5$ „	10	250 „ 1200
Marmor	$\dfrac{1}{200\,000} = 5$ „	—	800
Kalkstein	—	—	400 bis 2000
Backstein	—	- -	250[2])
Klinker	—	—	bis 1200[2])
Steinzeug ($\gamma = 2{,}4$ g/ccm)	$\dfrac{1}{900\,000} = 1{,}1$ „	40 bis 60	1800
Beton	$\dfrac{1}{250\,000} = 4$ „	bis 30	7 bis 550
Gips	—	—	180
Lehm	—	—	20

[1]) C. Bach, Elastizität und Festigkeit, § 4. Die angeführten Werte für die Druckfestigkeit sind an würfelförmigen Probekörpern ermittelt, vgl. die Bemerkungen auf S. 1.

Literaturangaben finden sich auf S. 181.

[2]) Mauerwerksteile bedeutend weniger.

Die neuesten vom Minister der öffentlichen Arbeiten in Berlin unterm 8. XII. 1919 erlassenen „Regeln für die Lieferung und Prüfung von Mauerziegeln (Backsteinen)" sehen zum Teil weit weniger vor: „Klinker 350, Hartbrandziegel 250, Mauerziegel 1. Klasse 150, 2. Klasse 100 kg/qcm."

Anhang.

I. Einiges über die Vorbereitung von Probestücken zur metallographischen Untersuchung.

A. Probeentnahme. Bei Herstellung der Probestücke ist zu beachten, daß gewaltsame Formänderung sowie erhebliche Erwärmung das Gefügebild verändern. Ersteres kommt namentlich bei zähen Metallen, letzteres in erster Linie bei gezogenem oder gehärtetem Material usf. in Frage.

Die zu untersuchende Fläche wird vorsichtig durch Feilen, Hobeln und Schleifen geebnet. Beim Überhobeln, das zuletzt in dünnem Span mit spitzem Stahl erfolgt, sowie beim Bearbeiten mit einer scharfen Schruppfeile treten Risse, Schlackenteile Seigerstellen usf. deutlich hervor. Auch Schweißstellen lassen sich leicht auffinden. (Vgl. Figur 126 und 127, S. 28.)

Die Mühe des Fertigschleifens wächst schneller als die Flächengröße[1]). Es empfiehlt sich daher, die Proben nicht unnötig groß zu wählen. Die Dicke sollte in der Regel 15 bis 20 mm betragen, um die Stücke gut halten zu können. Kleinere Stücke können in Rahmen mittels Schrauben gefaßt, zwischen Blechen, in Rohrabschnitten usw. festgeklemmt oder eingekittet werden (Bleiglätte und Glyzerin, Siegellack, Schellack, Pech, wo stärkere Erwärmung nichts schadet, Lot usf.) Darauf, daß die Kitte sich in den Ätzmitteln lösen und dann den Schliff trüben können, sei hingewiesen.

B. Schleifen. Schleifen erfolgt am einfachsten auf sauber abgedrehten Scheiben von z. B. 25 cm Durchmesser, die mit höchstens etwa 900 Umdrehungen in der Minute ruhig umlaufen und unter Vermeidung von Unebenheiten mit gutem Schmirgelpapier beklebt sind. In der Regel reichen 5 Scheiben (z. B. Papier Nr. 6, 4, 2, 1 F, 000). Während die vier ersten Scheiben aus kreuzweise verleimtem Holz bestehen können, empfiehlt es sich, die letzte Scheibe aus Metall herzustellen. Zur Kühlung der auf den ersten Scheiben trocken geschliffenen Stücke ist ein Wasserbad bereitzuhalten; die Scheiben selbst sind vor Benetzung zu bewahren. Die letzte Scheibe wird durch Anhalten von in Terpentin getränkter Putzwolle feucht gehalten.

Die Schliffe sind leicht an die Scheiben zu drücken, um Zerquetschung der Oberfläche und unzulässige Erwärmung zu vermeiden. Das Stück ist zunächst in einer Richtung anzuschleifen, sodann um 90^0 zu drehen und in dieser Richtung so lange zu schleifen, bis Schleifrisse nur noch in einer Richtung zu sehen sind. Sodann kann zur nächsten Scheibe übergegangen werden, wobei wieder Drehung um 90^0 stattfindet usf. Auf der ersten Scheibe sollen etwa vorhandene Grate usf. verschwinden. Im übrigen ist zu beachten, daß, je feiner die Scheibe schleift, desto länger es dauert, bis Schleifrisse von bestimmter Tiefe beseitigt sind, daß also zu rasches Verlassen einer Scheibe großen Zeitaufwand bei der nachfolgenden

---

[1]) Die Untersuchung großer Stücke läßt sich nicht immer umgehen. Wo an solchen nur eine kleine Stelle zu betrachten ist, kann Schleifen von Hand oder unter Verwendung eines kleinen Schleifmotors (Bohrmaschine u. dgl.) stattfinden.

feineren verursachen kann. Durch zu rasches Vorgehen bildet sich ferner an der Oberfläche eine zerquetschte Materialschicht, die sehr eigenartige Gefügebilder erzeugen kann.

Neu beklebte Scheiben werden zweckmäßigerweise zur Beseitigung der stets vorhandenen gröberen Körner mit einem beliebigen Stück etwas abgenützt, ehe sie zum Bearbeiten der Schliffe Verwendung finden. Auch kann man sich von jeder Nummer eine alte und eine neue Scheibe halten. Bei den feineren Sorten sollte das Auswechseln nicht zu rasch erfolgen, weil ältere Scheiben gleichmäßiger schleifen. Alte Scheiben können durch Einreiben mit Öl etwas aufgefrischt werden.

C. Polieren. Zum Polieren dienen Metallscheiben, die unter Verwendung eines Spannrings mit geeignetem Tuch belegt sind[1]). Die Umdrehungszahl betrage höchstens etwa 400 in der Minute. Wagrechte Lage der Scheibe ist vorzuziehen.

Als Poliermittel kommen für Eisen, Stahl usf. Tonerde und Polierrot in Betracht. Erstere arbeitet bei Flußeisen usf. rascher. In Einzelfällen scheint letzteres vorzuziehen. Messing, Kupfer usf. werden auf einer Scheibe mit guter Putzpomade vorpoliert, auf einer zweiten (nach vorausgegangener Reinigung) mit Wienerkalk und Alkohol fertiggestellt. Harte Bronzen können wie Flußeisen poliert werden.

Leicht zerquetschbare Metalle (Aluminium, Blei usf.) werden am besten von Hand poliert, zuletzt unter Zugabe einer geringen Menge von verdünntem Ätzmittel. Auch bei anderem Material kann sich dieses Vorgehen oder abwechselndes Ätzen und Polieren empfehlen.

Vor dem Polieren sind die Schliffe tüchtig abzubrausen und in Benzin abzuwaschen. Nach dem Polieren wird das Poliermittel unter der Wasserleitung abgespült unter vorsichtigem Reiben mit der zuvor entfetteten Fingerspitze. Sodann erfolgt rasches und kräftiges Abtupfen auf einem gut saugenden, reinen Tuch und Einlegen in einen Exsikkator. Beim Einbringen des Chlorkalziums in diesen ist vorsichtig zu verfahren, damit nicht auf den Schliffen Flecken entstehen. Salzsäure, Pikrinsäure usf. ist vom Innern fernzuhalten, weil sonst die Schliffe rosten oder sich beschlagen. Die Schliffe müssen deshalb nach dem Ätzen vom Ätzmittel gründlich befreit werden, was auch angezeigt ist, damit das Ätzmittel nicht in Rissen usf. festsitzt und nachträglich aus diesen hervordringt. Gelingt es nicht, Ausschwitzungen usf. durch sorgfältiges Abtrocknen zu verhindern, so kann der Schliff nach oberflächlicher Trocknung mit Vaseline eingerieben werden; diese Behandlung schützt ihn auch bei längerer Aufbewahrung vor Rost und hat sich besser bewährt als Lackieren usf. Wenn Austrocknen stattgefunden hat und das Stück unter dem Mikroskop betrachtet werden soll, kann das Schutzmittel leicht entfernt werden. Bemerkt sei noch, daß die Schliffe besonders leicht rosten, wenn sie während des Polierens usf. trocken werden.

D. Ätzen. Alkoholische Lösungen werden von den Schliffflächen gleichmäßiger angenommen. Sie sind daher namentlich bei Eisen vorzuziehen; auch kann wässerigen Lösungen Alkohol beigegeben werden. Ätzmittel, die kräftige Niederschläge geben, wie z. B. Kupfersalze bei Eisen, können im allgemeinen weniger empfohlen werden. Sie erweisen sich auch fast immer als entbehrlich.

Eisen, Stahl. Pikrinsäure, $5^0/_0$ in Alkohol. Für kräftigere Ätzung: Zufügung von etwas Salzsäurelösung (1 bis $5^0/_0$, in Alkohol) und gegebenenfalls von einigen Tropfen Salpetersäure. Letztere bringt auch Seigerungen sehr deutlich zum Ausdruck (z. B. Figur 115, S. 26). Zusatz von Salzsäure kann bei zähen Spezialstählen notwendig werden. Wiederholtes Ätzen und Polieren kann bei diesen von Vorteil

---

[1]) Geeignete Schleif- und Poliermittel sind z. B. durch die Firma P. Dujardin in Düsseldorf zu beziehen, was bemerkt sei, weil das Auffinden einer guten Bezugsquelle im vorliegenden Fall nicht immer leicht ist.

sein. $25\,^0/_0$ iger Nickelstahl usf. wird am besten kräftig geätzt und wieder poliert, sodann nochmals geätzt.

Die Ätzfiguren auf Figur 70, S. 19 sind mit Kupferchloridlösung, der Alkohol zugesetzt war, erlangt worden.

Zur Kennzeichnung von Überzügen (Zink, Aluminium usf.) auf Eisen kann Erwärmen, bis kräftige Anlauffarben eintreten, gute Dienste leisten. Anlassen, am besten nach leichtem Ätzen, liefert auch sonst farbenprächtige Bilder.

Zur Kennzeichnung phosphorreicher Stellen kann das von Oberhoffer in Stahl und Eisen, 1916, S. 798 angegebene Ätzmittel dienen.

Kupfer, Messing, Bronze. Eisenchloridlösung (1 bis $5\,^0/_0$ ig) oder Kupfer-ammonoxydlösung, letztere mit Zusatz von soviel Weinsäure, daß die Ätzgeschwindigkeit die gewünschte wird. Ätzpolieren kann vorteilhaft sein.

Aluminium. Schwache Eisenchloridlösung (Ätzpolieren).

Weißmetall usw. Salzsäure, 1 bis $5\,^0/_0$ in Alkohol.

Zink. Schwefelsäure, $1\,^0/_0$ in Wasser mit Alkoholzusatz.

Platinlegierungen. Geschmolzenes Ätzkali mit Salpeter (wiederholtes Ätzen und Polieren mit Polierrot).

Die Ätzmittel werden auf der zu ätzenden Fläche gleichmäßig verteilt (Pinsel) und häufig erneuert. Nach dem Ätzen ist kräftig abzuspülen und mit der entfetteten Fingerspitze sorgfältig abzureiben (s. oben). Wird dies gründlich besorgt, so kann das Ausziehen mit Alkohol und Äther entbehrt werden. Über Behandlung von Schliffen mit tiefen Spalten usf. vergleiche das unter C. Gesagte.

E. Schwefeldrucke. Zur Feststellung, ob Flußeisen, Schweiß- und Gußeisen durch Schwefel verunreinigt sind und wo dies der Fall ist, kann das auf S. 26 beschriebene Verfahren dienen. Bemerkt sei noch, daß Bromsilberpapier und nicht Gaslichtpapier zu verwenden ist.

II. Gefügebestandteile bei Eisen und Stahl.

a) Flußeisen, Flußstahl, Schweißeisen, Stahlguß im ausgeglühten Zustand.

Ferrit: reines Eisen (das jedoch geringere Mengen von Mangan, Phosphor, Silicium, Nickel, Oxyden usf. gelöst enthalten kann) weiß, weich; Kristallkörner, s. S. 18.

Perlit: Gemenge feiner Blättchen aus Ferrit und Eisenkarbid Fe_3C von konstanter Zusammensetzung, bei schwacher Vergrößerung dunkel oder perlmutterartig schillernd, tritt im ausgeglühten Material auf und enthält 0,8 bis $0,9\,^0/_0$ C (Kohlenstoffbestimmung, s. S. 18). Perlit ist die Legierung, die bei der niedersten Temperatur in (feste) Lösung geht, s. S. 52, 54, und wird deshalb „Eutektikum" oder zur Unterscheidung von flüssig werdenden Legierungen „Eutektoid" genannt. Das eigentliche Eutektikum für die Eisen-Kohlenstoff-Legierungen ist der „Ledeburit" s. unten.

Zementit: Eisenkarbid Fe_3C, Kohlenstoffgehalt $6,7\,^0/_0$, weiß bis gelblich, hart, s. S. 20, 72, 82, 128. Bestandteil des Perlit: tritt auch selbständig im Gefüge auf, namentlich bei Material mit mehr als $0,8\,^0/_0$ C („übereutektisches" Material), am Rand eingesetzter Stücke usf. Vgl. jedoch auch Fig. 225.

Karbide, die außer Fe und C noch andere Bestandteile enthalten („Doppelkarbide" usf.), treten in Sonderstählen auf; letztere können bei entsprechender Zusammensetzung auch im ausgeglühten Zustand die Bestandteile Austenit, Martensit usf. enthalten, die bei Kohlenstoffstahl nur in gehärteten Stücken vorkommen (s. unten).

Das Gefüge von Flußeisen ganz geringer Zugfestigkeit (sehr niedriger Kohlenstoffgehalt) besteht aus Ferrit (Figur 65, S. 19, Figur 226, S. 45, Figur 569, S. 109). Über das Wachsen der Ferritkörner s. S. 46, 48.

Zähes Flußeisen weist im Gefüge Ferrit und Perlit auf (Figur 66, 67, S.19, Figur 566, S. 109 und viele andere); bei entsprechendem Glühverfahren kann der im Perlit enthaltene Zementit sich zusammenballen (Figur 225, S. 45, körniger Perlit, zur Unterscheidung von dem blättrigen Perlit, den Figur 71, S. 19 zeigt).

Flußstahl enthält mehr Perlit im Gefüge (Figur 68, S. 19, Figur 304, S. 58 usf.).

Werkzeugstahl zeigt entweder Perlit mit wenig Ferrit (Figur 450, S. 83) oder nur Perlit (Figur 73, S. 19) oder Perlit mit Zementit (Figur 449, 452, S. 83 usf.)

Schlackenteile: meist grau, bläulich bis schwarz gefärbt, teilweise kristallisiert, s. S. 19 f., 109 f. Über die Unterscheidung von Flußeisen und Stahlguß s. S. 108. Über Schwefeldruck s. S. 26, 81, 124, 187.

b) Flußeisen, Flußstahl, Schweißeisen. Stahlguß im gehärteten oder angelassenen Zustand.

Austenit: Feste Lösung von Zementit in γ-Eisen (s. S. 52, 101 f.), Kristallkörner (Polyeder), weiß, zäh-hart, widerstandsfähig gegen Abnützung und Bearbeitung, nur zu erhalten in Stahl mit hohem Gehalt an Kohlenstoff bei Abschrecken von hoher Temperatur oder (auch ohne Härtung) in Stahl mit Beimengungen wie Nickel (etwa $25\,^0/_0$), Mangan etwa ($13\,^0/_0$) usf. (s. Figur 482 f., S. 90, Figur 523, S. 101, Figur 528, S. 103, Figur 535 f., S. 105, usf.). Andernfalls bildet sich Martensit, in den Austenit leicht übergeht (auch durch Beanspruchung, s. S. 92).

Martensit: Gefüge von im Wasser gehärtetem Flußmaterial, das nicht angelassen ist, hell, nadelig-strahlig, hart, s. S. 52, 54, sowie Figur 283 f., S. 55, 56. Die Zusammensetzung des Martensit ist keine bestimmte, im Gegensatz zum Perlit, das Eisenkarbid ist noch in „fester Lösung" (s. oben). Martensit kann allein sowie neben Austenit, Ferrit (Figur 288 f., S. 56) oder neben Zementit Figur 321, S. 61) sowie neben seinen Zersetzungsprodukten (Troostit, seltener Sorbit oder gar Perlit) auftreten, in Sonderstahl entsprechender Zusammensetzung auch ohne Härtung, wie auf S. 85 und auf S. 90 bei Figur 482, 483 bemerkt.

Hardenit: Martensit von der Zusammensetzung des Perlit (s. oben), entstanden nach Erwärmung bis wenige Grade über den Umwandlungspunkt (Linie $D—D$, Fig. 282). Es ist fast strukturlos und äußerst feinkörnig.

Troostit: Zersetzungsprodukt des Martensit beim Anlassen (etwa auf gelbe Farbe), kann auch auftreten, wenn bei so niederer Temperatur, oder unter so langsamer Wärmeentziehung gehärtet wird, daß Martensit nicht entstehen kann („Übergangsgefüge"); beim Ätzen dunkel, ziemlich hart (Figur 290, 294, S. 56).

Sorbit: Zerfallprodukt des Martensit bzw. Troostit beim stärkeren Anlassen (etwa bis zur blauen Farbe; „Übergangsgefüge" zwischen perlitischem und martensitischem Gefüge; kann auch durch entsprechendes Härtungsverfahren erlangt werden, wie oben bei Troostit angegeben), beim Ätzen sehr dunkel, von Niederschlag begleitet, mäßig hart (Figur 292, S. 57). Bei noch weitergehendem Anlassen entstehen die Gefügebilder des vergüteten Materials (s. S. 56, 58, 83, 97 usf.).

c) Gußeisen. Hartguß, Temperguß.

Ledeburit: Eutektische Legierung Eisen-Kohlenstoff (s. oben bei Perlit) mit $4{,}3\,^0/_0$ C, bleibt nur erhalten bei rascher Abkühlung (Hartguß), besteht aus Zementit und Mischkristallen (s. S. 127, 189); hart, bei schwacher Vergrößerung hell (Figur 609, S. 115, Figur 676 f., S. 127).

Graphit: Kohlenstoffblättchen, im Querschnitt schwarz oder dunkelgrau bis bräunlich, meist Zerfallprodukt des Zementit, Figur 668 f., S. 124 f.

Temperkohle: Kohlenstoff, fein verteilt, entstanden durch Zerfall des Zementit beim Glühen (Tempern) der ursprünglich aus Ledeburit bestehenden Gegenstände, s. S. 114 f., sowie Figur 617 f., S. 116 f.

Mischkristalle: Eisenkristalle mit je nach der Abscheidungstemperatur verschiedenem Kohlenstoffgehalt, S. 127; Figur 586, S. 111. Figur 588 f., S. 112, Figur 662, S. 125, Figur 679 f., S. 129 (Kristall-Bäumchen).

Die übrigen Gefügebestandteile sind dieselben wie beim Flußmaterial.

Roheisen zeigt im wesentlichen dieselben Gefügebestandteile wie Gußeisen.

III. Buchstabenbezeichnungen.

A mkg/ccm Arbeitsvermögen beim Zugversuch, s. S. 1; Zahlenwert s. S. 182, 190,

A_d mkg/ccm „ „ Drehungsversuch, s. S. 2,

A_k mkg/qcm Arbeit zum Durchschlagen des Stabes bei der Kerbschlagprobe s. S. 16 f.

Al Aluminium,

As Arsen,

B Zahlenwert, S. 190,

C Kohlenstoff,

Cr Chrom,

Cu Kupfer,

d cm Durchmesser, bei der Kugeldruckprobe der Kugeldurchmesser (mm),

E Elastizitätsmodul, s. S. 1, reziproker Wert der Dehnungszahl α,

f qcm Querschnitt, ursprünglicher Querschnitt der Probekörper; kugelige Oberfläche des Eindrucks bei der Kugeldruckprobe in qmm,

Fe Eisen,

H Härtezahl nach Brinell, s. S. 35,

K kg/qcm Druckfestigkeit s. S. 1, 2 und 158, 169 bezogen auf den ursprünglichen Querschnitt,

K_b kg/qcm Biegungsfestigkeit, s. S. 2, 5, 86 und 124, berechnet nach den üblichen Gleichungen, unter der Voraussetzung, daß die Dehnungen den Spannungen proportional sind,

k_b kg/qcm Biegungsbeanspruchung,

K_d kg/qcm Drehungsfestigkeit,

K_z kg/qcm Zugfestigkeit, bezogen auf den ursprünglichen Stabquerschnitt,

l cm Länge, Meßlänge, Auflagerentfernung,

m Zahl, s. S. 122, 166, 182,

M_b, M_d biegendes, drehendes Moment,

Mn Mangan,

Ni Nickel,

P kg Kraft, Anpressungskraft; Phosphor,

Pb Blei,

s Wandstärke,

S Schwefel,

Sb Antimon,

Si Silizium,

Sn Zinn,

t °C Temperatur,

Γ lineare Vergrößerung,

Va Vanadium,

x cm Länge, s. Figur 5, S. 6,

Zn Zink.

α Dehnungszahl, Dehnung der Längeneinheit für 1 kg/qcm Spannungsänderung, reziproker Wert des Elastizitätsmodul E, s. S. 1, 4, 60, 122 (über α-Eisen s. S. 46, 54, 55, über α-Kristalle bei Messing s. S. 148),

α_1 Zahlenwert s. S. 122, 166,

α_w Wärmedehnungszahl;

β Schubzahl s. S. 2; im allgemeinen ist $\beta = 2{,}5\,\alpha$ bis $2{,}7\,\alpha$ (über β-Kristalle bei Messing s. S. 148),

γ g/ccm   Raumgewicht (über γ-Eisen s. S. 54, 90, 101),

$\varDelta l$ cm   Längenänderung,

ε Dehnung, d. h. Änderung der Längeneinheit, s. S. 122,

σ kg/qcm   Spannung,

σ_e kg/qcm   Spannung an der Elastizitätsgrenze, s. S. 1,

σ_p kg/qcm   Spannung an der Proportionalitätsgrenze, s. S. 1,

σ_s kg/qcm   Spannung an der Streckgrenze, Quetschgrenze, s. S. 1, 2, 10, 140; über obere und untere Streckgrenze, S. 6,

φ $^0/_0$ Bruchdehnung s. S. 1 und 6, d. i. prozentuale Verlängerung der Meßlänge l[1]),

ψ $^0/_0$ Querschnittsverminderung, s. S. 1, 32, 144, d. i. die prozentuale Verminderung des Bruchquerschnitts gegenüber dem ursprünglichen Querschnitt (Einschnürung).

---

[1]) Aus der Beziehung $\varphi = A + \dfrac{B}{\sqrt{l}}$ läßt sich (nach Ausmessung der Dehnungen φ_1, φ_2 für zwei Meßlängen l_1, l_2 und Ausrechnung der Werte A, B aus den zwei so entstandenen Gleichungen) der Wert der Bruchdehnung für Meßlängen genügend genau ausrechnen, die auf dem Stabe nicht mehr ausgemessen werden können, was bei Entnahme von Material aus Bruchstücken oft erforderlich sein kann. Näheres s. C. Bach, Elastizität und Festigkeit, § 8.

Elastizität und Festigkeit. Von Professor Dr.-Ing. **C. Bach** (Stuttgart). Unter Mitwirkung von Professor R. Baumann (Stuttgart). Achte, vermehrte Auflage. Mit in den Text gedruckten Abbildungen, 2 Buchdrucktafeln und 25 Tafeln im Lichtdruck. Gebunden Preis M. 88,—.

Die Grundlagen der deutschen Material- und Bauvorschriften für Dampfkessel. Von Professor **R. Baumann** (Stuttgart). Mit einem Vorwort von Professor Dr.-Ing. C. v. Bach. Mit 38 Textfiguren. Preis M. 2,80.*)

Die Kessel- und Maschinenbaumaterialien nach Erfahrungen aus der Abnahmepraxis kurz dargestellt für Werkstätten- und Betriebsingenieure und für Konstrukteure. Von **O. Hönigsberg** (Wien). Mit 13 Textfiguren. Preis M. 2,—.*)

Konstruktion und Material im Bau von Dampfturbinen und Turbodynamos. Von Dr.-Ing. **O. Lasche**, Direktor der AEG. Mit 345 Textabbildungen. Preis M. 38,—; gebunden M. 48,—.

Lagermetalle und ihre technologische Bewertung. Ein Hand- und Hilfsbuch für den Betriebs-, Konstruktions- und Materialprüfungsingenieur. Von Oberingenieur **J. Czochralski** (Frankfurt a. M.) und Dr.-Ing. **G. Welter.** Mit 130 Textabbildungen. Preis M. 9,—; gebunden M. 12,—.

Die Verfestigung der Metalle durch mechanische Beanspruchung. Die bestehenden Hypothesen und ihre Diskussion. Von Prof. Dr. **H. W. Fraenkel** (Frankfurt a. M.). Mit 9 Figuren im Text und 2 Tafeln. Preis M. 6,—.

Handbuch der Materialienkunde für den Maschinenbau. Von Professor Dr.-Ing. **A. Martens**, Direktor des Materialprüfungsamts in Großlichterfelde. In 2 Bänden.

I. Band. Materialprüfungswesen, Probiermaschinen und Meßinstrumente. Von Professor **A. Martens.** Zweite Auflage. In Vorbereitung.

II. Band. Die technisch wichtigen Eigenschaften der Metalle und Legierungen. Von Professor **E. Heyn.** Hälfte A: Die wissenschaftlichen Grundlagen für das Studium der Metalle und Legierungen. Metallographie. Mit 489 Abbildungen im Text und 19 Tafeln. Unveränderter Neudruck. Gebunden Preis M. 66,—.*)

Die praktische Nutzanwendung der Prüfung des Eisens durch Ätzverfahren und mit Hilfe des Mikroskopes. Kurze Anleitung für Ingenieure, insbesondere Betriebsbeamte. Von Dr.-Ing. **E. Preuß †** in Darmstadt. Zweite, verbesserte und vermehrte Auflage. Herausgegeben von Professor Dr. **E. Berndt** (Charlottenburg) und Ingenieur **A. Cochius** (Marienfelde). Mit etwa 140 Textfiguren und 1 Tafel. In Vorbereitung.

*) Hierzu Teuerungszuschläge.

Die Formstoffe der Eisen- und Stahlgießerei. Ihr Wesen, ihre Prüfung und ihre Aufbereitung. Von Ingenieur **Carl Irresberger,** Gießereidirektor a. D. Mit 241 Textabbildungen. Preis M. 24,—.

Das schmiedbare Eisen. Konstitution und Eigenschaften. Von Professor Dr.-Ing. **Paul Oberhoffer** (Breslau). Mit 345 Textabbildungen und einer Tafel.
Preis M. 40.—; gebunden M. 45, —.

Härtepraxis. Von **Carl Scholz.** Preis M. 4,—.

Lehrgang der Härtetechnik. Von Oberlehrer Dipl.-Ing. **Joh. Schiefer** und **E. Grün.** Zweite, neubearbeitete Auflage. In Vorbereitung.

Die Werkzeugstähle und ihre Wärmebehandlung. Berechtigte deutsche Bearbeitung der Schrift: „The heat treatment of tool steel" von **H. Brearley** (Sheffield). Von Dr.-Ing. **Rudolf Schäfer** (Berlin). Zweite, durchgearbeitete Auflage. Mit 212 Textabbildungen. Gebunden Preis M. 16,—.*)

Metallurgische Berechnungen. Praktische Anwendung thermochemischer Rechenweise für Zwecke der Feuerungskunde, der Metallurgie des Eisens und anderer Metalle. Von **Jos. W. Richards,** Professor der Metallurgie an der Lehigh-Universität. Autorisierte Übersetzung nach der 2. Auflage von Professor Dr. **B. Neumann** (Darmstadt) und Dr.-Ing. **P. Brodal** (Christiania). Unveränderter Neudruck.
Gebunden Preis M. 64,—.

Probenahme und Analyse von Eisen und Stahl. Hand- und Hilfsbuch für Eisenhütten-Laboratorien. Von Professor Dipl.-Ing. **O. Bauer** und Dipl.-Ing. **E. Deiß.** Mit 128 Textabbildungen. Gebunden Preis M. 9,—.*)

Die Praxis des Eisenhüttenchemikers. Anleitung zur chemischen Untersuchung des Eisens und der Eisenerze. Von Dozent Dr. **Carl Krug** in Berlin. Mit 31 Textabbildungen. Gebunden Preis M. 6,—.*)

Taschenbuch für den Maschinenbau. Unter Mitarbeit bewährter Fachmänner herausgegeben von Professor **H. Dubbel**, Ingenieur, Berlin. Dritte, erweiterte und verbesserte Auflage. Mit 2620 Textfiguren.
In einem Bande Preis M. 70.—; in zwei Bänden Preis M. 84,—.

*) Hierzu Teuerungszuschläge.